The Rise and Development of the Japanese Automobile Industry, 1910s-1950s

日本自動車工業史
小型車と大衆車による二つの道程

呂 寅満 ──［著］
Inman YEO

東京大学出版会

本書は財団法人東京大学出版会の
刊行助成により出版される

The Rise and Development of
the Japanese Automobile Industry, 1910s-1950s
Inman YEO
University of Tokyo Press, 2011
ISBN978-4-13-046103-0

目　次

図表一覧　vii

序　章 ……………………………………………………………… 1
　1．産業史分析の意義と方法 …………………………………… 1
　2．自動車工業史の先行研究 …………………………………… 4
　3．本書の課題と方法 …………………………………………… 7
　4．本書の構成 …………………………………………………… 11

第Ⅰ部　戦間期：小型車と大衆車の二つの市場・供給構造の形成

第1章　1910年代における自動車の普及と生産の試み ………… 17
　はじめに　17
　1．欧米における自動車工業の形成と確立過程 ……………… 18
　　(1) アメリカにおける大量生産システムの形成　18
　　(2) ヨーロッパにおける自動車工業の形成　26
　2．日本における自動車の普及と生産 ………………………… 29
　　(1) 市　場　29　　(2) 生　産　36
　　(3) 軍用自動車補助法　46
　小　括　57

第2章　1920年代における外国メーカーによる大衆車工業の展開 ……………………………………………………… 59
　はじめに　59
　1．市場構造：自動車の増加とその影響 ……………………… 60

(1) 自動車保有台数の増加　60
　　　(2) フォードとシボレーの市場席巻と自動車の増加による影響　63
　2. 国内メーカーの不振 …………………………………………… 71
　　　(1) 乗用車メーカー　71　　(2) 軍用車メーカー　74
　3. フォードと GM の進出とその影響 …………………………… 88
　　　(1) 進出過程と経営成績　88　　(2) 進出の影響　101
　小　括　110

第3章　1920年代における小型車工業の形成 …………… 113

　はじめに　113
　1. 小型車の市場基盤 ……………………………………………… 115
　　　(1) 貨物用自動自転車の登場　115　　(2) 三輪車市場の形成　120
　2. 小型車の製造技術 ……………………………………………… 127
　　　(1) フレーム　127　　(2) エンジン　130
　3. 小型車生産の担い手 …………………………………………… 133
　　　(1) 純国産二輪車　133　　(2) 半国産三輪車　138
　小　括　143

第4章　1930年代前半における国産普通車工業の停滞と小型車工業の成長 …………………………………………… 145

　はじめに　145
　1. 商工省標準車政策 ……………………………………………… 147
　2. 国産普通車工業の停滞 ………………………………………… 155
　　　(1) 市　場　155　　(2) 生　産　162
　3. 小型車工業の成長 ……………………………………………… 169
　　　(1) 市　場　169　　(2) 技　術　176
　　　(3) 生産と販売　183
　小　括　196

第Ⅱ部　戦時期：日本自動車工業の再編成

第5章　自動車製造事業法と戦時統制政策による自動車工業の再編成 …………………………………………… 201

　はじめに　201
　1．自動車工業法案要綱の公布と国産化論争 ……………… 204
　　（1）要綱の公布　204　　（2）要綱に対する反応と国産化論争　212
　2．自動車製造事業法の成立とその意義 …………………… 219
　　（1）事業法案の内容　219　　（2）事業法案の審議過程　223
　　（3）事業法施行令・施行細則の公布　228
　　（4）事業法の構想と影響　232
　3．戦時統制政策と自動車工業の再編成 …………………… 237
　　（1）戦時統制政策とその影響　237　　（2）小型車工業の没落　244
　　小　括　248

第6章　戦時期における国産大衆車工業の形成と展開 ……… 251
　はじめに　251
　1．自動車製造事業法制定前後（1936〜1937年度上半期） ……… 253
　　（1）事業法における大衆車事業計画　253
　　（2）事業法制定後のトヨタの事業計画　257
　2．設備拡張期（1937年度下半期〜1939年度） ……………… 261
　　（1）生産力拡充計画における大衆車の生産目標　261
　　（2）過剰投資と原価問題　264　　（3）技術問題　269
　3．生産拡大期（1940〜1943年度） ………………………… 274
　　（1）自動車工業の地位低下　274　　（2）原価・技術問題　277
　　（3）自動車工業における大量生産方式の到達水準　283
　　小　括　287

第7章 戦時期における小型車工業と自動車販売業の「民軍転換」 ……………………………………… 289

はじめに　289

1. 戦時統制政策と「民軍転換」 ……………………………………… 291
2. 小型車製造部門：日本内燃機の事例 ……………………………… 296
   - (1) 日本内燃機の沿革と性格　296
   - (2) 戦時期の企業拡張　298
3. 販売業部門：日本自動車の事例 …………………………………… 306
   - (1) 日本自動車の沿革と性格　306
   - (2) 戦時期の企業経営　307

小　括　316

第Ⅲ部　戦　後：日本自動車工業の復興と成長基盤の構築

第8章 戦後における「小型車」工業の復興と再編 …………… 321

はじめに　321

1. 復興期（敗戦〜1949年） ………………………………………… 323
   - (1) 三輪車の市場状況と新規メーカーの登場　323
   - (2) 三輪車の生産と販売　328
2. 小型三輪車の全盛期（1950〜56年） …………………………… 333
   - (1) 三輪車市場の拡大と三輪車の大型化　333
   - (2) メーカー間の競争と格差　342
3. 小型三輪車の小型四輪車への代替と軽三輪車の登場
   （1957〜60年） ……………………………………………………… 347
   - (1) 小型三輪車から小型四輪車への代替　347
   - (2) 三輪車メーカーの小型四輪車への進出と軽三輪車の開発　352

小　括　359

第9章 戦後におけるトラック部門を中心とした自動車工業の確立 ……………………………………………………………… 361

はじめに　361

1. 復興期 ……………………………………………………… 364
     (1) トラック部門の自立可能性 364　(2) 自立の隘路要因 366
  2. 1950年代前半 …………………………………………… 371
     (1) トラックの高価格の原因 371　(2) 設備改善 376
     (3) 素材改善 378　(4) 改善の効果 385
  3. 1950年代後半 …………………………………………… 388
     (1) 素材・設備改善 388　(2) 改善の効果 393
  小　括 397

第10章　「国民車構想」と軽乗用車工業の形成 …………… 399
  はじめに 399
  1. 1950年代前半の乗用車工業の状況と「国民車構想」………… 402
     (1) 1950年代前半の乗用車工業の状況 402
     (2) 「国民車構想」の背景と内容 405
     (3) 1950年代前半の軽乗用車 412
  2. 新三菱の開発モデルの決定過程 ………………………… 414
  3. 軽・超小型乗用車工業の形成とモータリゼーションの
     胎動 ……………………………………………………… 426
     (1) 1960年代前半の軽・超小型乗用車工業の形成 426
     (2) 日本のモータリゼーション胎動期の特徴 433
  小　括 437

終　章 ……………………………………………………………… 439
  1. 総　括：日本自動車工業史の普遍性と特殊性 ……………… 439
  2. 展望と今後の課題 ………………………………………… 444

参考文献　449
あとがき　463
索　引　471

図表一覧

第1章

表1-1	欧米における自動車生産台数の推移	21
表1-2	アメリカにおける車種別自動車生産台数の推移	25
表1-3	1920年代ヨーロッパにおける自動車生産台数の推移	29
表1-4	自動車保有台数の推移	30
表1-5	用途別自動車保有台数の推移	31
表1-6	諸車保有台数の推移	34
表1-7	自動車輸入の推移	34
表1-8	東京の乗用車保有台数現況	36
表1-9	完成自転車メーカーの現況（1920年1月）	40
表1-10	原動機製造工場の現況（1921年）	41
表1-11	工作機械製造工場の現況（1921年）	43
表1-12	東京の自動車修理業現況（1917年）	44
表1-13	ヨーロッパ諸国における軍用保護自動車の対象と補助金	49
表1-14	軍用自動車補助法による補助金	53
表1-15	東京瓦斯電気工業の変遷	56

第2章

表2-1	1920年代自動車保有台数の推移	61
表2-2	1920年代における自動車価格の変化	62
表2-3	モデル別保有台数の現況（1931年8月）	63
表2-4	市営バスの現況（1933年10月）	66
表2-5	運送手段別運送効率の比較	67
表2-6	自動車運輸が鉄道に与える影響（1930年）	68
表2-7	東京における交通手段別交通量の推移	70
表2-8	快進社の経営推移	77
表2-9	軍用自動車補助法・同施行細則の改正過程	78
表2-10	軍用保護車の適用台数及び軍用車メーカーの生産台数の推移	81
表2-11	軍用自動車補助法による補助金の変化の推移	82
表2-12	東京瓦斯電の経営推移	86
表2-13	東京石川島造船所の経営推移	87
表2-14	日本フォードと日本GMの経営推移	90

表 2-15　フォードとシボレーの組立費明細（1929 年推定） ……………………92
表 2-16　フォードと GM（シボレー）の販売網現況 ………………………………95
表 2-17　自動車関係者の現況と履歴（1929 年）……………………………………102
表 2-18　取扱車種別輸入商の現況（1920 年代末）…………………………………104
表 2-19　国産自動車部品・用品の製造状況（1930 年）……………………………106
表 2-20　1920 年代ボディ製造企業の現況……………………………………………108
表 2-21　自動車輸入の推移……………………………………………………………109

第 3 章

表 3-1　1920 年代における諸車の保有台数の推移 …………………………………116
表 3-2　1920 年代における自動自転車の主なモデル ………………………………118
表 3-3　無免許運転許可車の規格・条件の推移 ……………………………………123
表 3-4　1920 年代における小型車保有台数の推移 …………………………………127
表 3-5　自転車工場と自動自転車工場の必要設備 …………………………………129
表 3-6　1920 年代における小型車の部品調達 ………………………………………133
表 3-7　1920 年代末における三輪車・二輪車企業の現況 …………………………136
写真 3-1　スミス・モーター付きフロントカーの三輪車 …………………………121
写真 3-2　国産フレームに輸入エンジンを取り付けた半国産三輪車 ……………139

第 4 章

表 4-1　アメリカにおける積載量別トラックの生産台数推移 ……………………152
表 4-2　商工省標準車の仕様 …………………………………………………………153
表 4-3　自動車関税率の変化 …………………………………………………………155
表 4-4　為替相場の変動と自動車価格の変化 ………………………………………155
表 4-5　中型・大型車の保有台数推移 ………………………………………………157
表 4-6　普通車の価格現況（1935 年）…………………………………………………157
表 4-7　省営自動車の購入及び保有台数推移 ………………………………………161
表 4-8　自動車工業関係工場数の推移 ………………………………………………163
表 4-9　1930 年代普通車の製造・組立現況 …………………………………………165
表 4-10　石川島自動車の経営推移 ……………………………………………………167
表 4-11　瓦斯電の経営推移 ……………………………………………………………168
表 4-12　日本フォードへの納入部品現況（1936 年）………………………………170
表 4-13　1930 年代における小型車保有台数の推移…………………………………171
表 4-14　小型車の価格現況（1935 年）………………………………………………171
表 4-15　幅員別道路状況（1934 年 1 月）……………………………………………172
表 4-16　1932 年式三輪車の現況………………………………………………………177
表 4-17　1937 年式三輪車の現況………………………………………………………178
表 4-18　1932 年式小型四輪車の現況…………………………………………………183

表 4-19	1937 年式小型四輪車の現況	183
表 4-20	小型車の生産台数推移	184
表 4-21	三輪車メーカーの規模と生産台数	187
表 4-22	ダットサンの生産推移	190
図 4-1	戦前日本における自動車生産台数の推移	147
写真 4-1	代表的な小型四輪車であるダットサン	192

第 5 章

表 5-1	戦間期における自動車の需給・政策の担当現況	205
表 5-2	自動車製造事業法の制定に至る過程	207
表 5-3	自動車製造事業許可に関する請願	232
表 5-4	大衆車の需給予想	234
表 5-5	車種別生産・輸入・保有台数の推移	236
表 5-6	自動車工業における戦時統制令・通牒	239
表 5-7	戦時期における自動車工業関連団体の設立現況	242
表 5-8	戦時期における小型車の車種別生産台数推移	245
表 5-9	戦時標準小型車の種類	247

第 6 章

表 6-1	トヨタ・日産の大衆車製造計画	255
表 6-2	生産力拡充計画における大衆車の需給予想の変化	262
表 6-3	トヨタにおける設備拡充計画の推移と結果	265
表 6-4	トヨタ・トラックの 1 台当り原価構成の変化	267
表 6-5	トヨタの貸借対照表の推移	268
表 6-6	大衆車の生産目標と実績の推移	275
表 6-7	大衆トラック・シャシーの価格推移	276
表 6-8	製品原価の構成	278
表 6-9	トヨタと下請・取引関係のある部品メーカーの取引企業数	280
表 6-10	自動車部品と軍需部品との加工賃比較	281
表 6-11	トヨタと日産の労働力構成及び出勤率の推移	283

第 7 章

表 7-1	業種別会社数の推移	292
表 7-2	自動車工業における戦時・戦後の業種転換	294
表 7-3	日本内燃機の貸借対照表の推移	300
表 7-4	戦時期における日本内燃機の生産推移	302
表 7-5	日本内燃機の債務の内訳	304
表 7-6	戦時期における小型車製造企業の変化	305

表 7-7　日本自動車（中央兵器）の貸借対照表の推移 ……………………308
表 7-8　日本自動車の部門別売上高・売上益の推移 ………………………309
表 7-9　日本自動車（中央兵器）の福岡工場拡充計画（1943 年 12 月）……313
表 7-10　中央兵器の事業概要（1944 年 1 月末）……………………………314
表 7-11　日本自動車の債務の内訳 ……………………………………………315

第 8 章

表 8-1　戦後の三輪車メーカー現況 ……………………………………………326
表 8-2　小型三輪車の生産推移 …………………………………………………330
表 8-3　三輪・小型四輪トラックの諸元推移 …………………………………335
表 8-4　排気量別・積載量別三輪車の生産推移 ………………………………336
表 8-5　販売先別三輪車の販売比率推移 ………………………………………340
表 8-6　三輪車メーカーの経営成績推移 ………………………………………343
表 8-7　三輪車メーカーの設備投資推移 ………………………………………345
表 8-8　三輪・小型四輪トラックの価格推移 …………………………………350
表 8-9　軽三輪車の生産推移 ……………………………………………………354
表 8-10　戦前の三輪車と戦後の軽三輪車との仕様比較 ……………………357
図 8-1　戦後日本における諸トラックの生産台数推移 ………………………323
写真 8-1　代表的な軽三輪車である「ミゼット」……………………………356

第 9 章

表 9-1　戦後における自動車の生産推移 ………………………………………362
表 9-2　素材・素材加工部門の問題点が品質・生産性に及ぼす影響 ………367
表 9-3　設備老朽化が生産性に及ぼす影響（1950 年末）……………………369
表 9-4　普通トラック・シャシー 1 台当りの原価構成（1951 年 6 月）……374
表 9-5　自動車メーカーの投資実績推移 ………………………………………377
表 9-6　普通トラック・シャシー 1 台当りの原価構成推移 …………………386
表 9-7　国産普通トラック・シャシーの品質・性能推移 ……………………387
表 9-8　部門別設備投資額の比重推移 …………………………………………390
表 9-9　普通トラック 1 台当り所要労働時間の推移 …………………………394
表 9-10　自動車工業における労働者数の推移 ………………………………395
表 9-11　小型トラックの販売価格推移 ………………………………………397

第 10 章

表 10-1　車種別乗用車生産台数の推移 ………………………………………400
表 10-2　各国の車種別保有台数（1955 年末）………………………………404
表 10-3　国民車の生産コスト（月産 2,000 台基準）…………………………409
表 10-4　軽四輪自動車の初期モデル …………………………………………413

表 10-5	車種別乗用車メーカーの生産現況	415
表 10-6	スモールカーと大型乗用車との製品企画上の優劣比較	417
表 10-7	国民車構想に対する各社の立場	420
表 10-8	新三菱の市場調査で購入希望の例として提示された車種	423
表 10-9	M_1優位論とM_2優位論の比較	424
表 10-10	軽・超小型乗用車の主要諸元（1964年）	427
表 10-11	メーカー別乗用車生産台数推移	431
表 10-12	主要国のエンジン排気量別乗用車の生産・保有台数（1970年）	437
図 10-1	乗用車の販売先比重の推移	400
図 10-2	排気量別乗用車生産の推移	434
図 10-3	車種別生産の推移	435
図 10-4	世帯別乗用車普及率の推移	436

序　章

1. 産業史分析の意義と方法

　日本における自動車工業の形成と展開過程を歴史的に分析することが本書の目的である．本書の問題意識や方法を示す前に，これまでの産業史や自動車工業史に関する先行研究について検討してみたい．

　いうまでもなく，産業史は経済史の一部門である．その経済史研究は一定時期あるいは期間を対象に，例えば，対外関係，経済政策，資本蓄積，社会階層に対する分析を通じ，対象となる地域あるいは国家の経済社会の構造や段階的な変化を説明しようとするものである[1]．従って，個別の経済史研究は常に対象時期の「全体像」との関係を意識しつつ行われる．産業史研究は特定の産業を素材にしてこうした経済史研究を行うものだけに，近代を対象とした産業史研究は「日本資本主義論」との関係を強く意識していた．1970年代初頭に著わされた高村直助氏や石井寛治氏の研究はその代表的な例であり，それぞれ紡績業や蚕糸業を素材にして産業革命期における日本資本主義の成立とその特徴を明らかにした[2]．

　ただし，こうした産業史を通じた全体像への接近が成功したのは，対象となった産業がその時代を代表する「リーディング・セクター」であったことにもその理由があった．そして，対象時期の日本経済の循環過程において代表的でない産業を分析するためには，全体像との関係を意識しつつ

---

1) 石井寛治・原朗・武田晴人編『日本経済史1　幕末維新期』東京大学出版会, 2000年, p. iii.
2) 高村直助『日本紡績業史序説』塙書房, 1971年；石井寛治『日本蚕糸業史分析』東京大学出版会, 1972年.

も，産業史分析のための固有の方法論が求められるようになった．これに対してはすでに 1960 年代末に隅谷三喜男氏によって試論が出され，産業の特性に注目して分析することの重要性が指摘された[3]．それをより一般化しうる方法として提示したのは山崎広明氏であった．氏は，化繊産業を事例として，まず市場の状況を検討して産業の初期条件を明らかにした上で，流通機構，製造技術，労働力と生産手段を分析し，これらを企業間競争と資本蓄積という視点でまとめた[4]．

1980 年代以降の産業史研究は，日本資本主義論との結び付けがさらに弱くなり，方法論を全面的に提示することは見られなくなった．しかし，主に両大戦間期を対象としたこの時期の産業史研究は，産業別の特性に基づいた多様な方法が模索され，実証のレベルが向上した．例えば，武田晴人氏は，コストを中心とした企業分析を通じてとりわけ対象産業において技術の進歩や労働組織のあり方の変遷過程を明らかにすることに成功した[5]．また，岡崎哲二氏は産業組織論のツールを用いて市場に対する独占組織の役割を解明し[6]，橘川武郎氏は産業政策と対比した経営者の役割によって産業発展の在り方が規定される過程を明らかにした[7]．これらの産業史研究は，同時期に行われたほかの戦間期研究と合わさって[8]，日本における独占資本主義段階のイメージを修正させるのに大きく貢献した．一方，産業革命期を対象とした研究では，谷本雅之氏によって近代的な工場制とは異なる小経営による在来的な発展が提示され[9]，また中村尚史氏によって近代企業の登場に際して地域社会との関係が解明され[10]，この時期の日本経済の全体像をより豊かなものにすることに寄与した．

---

3) 隅谷三喜男『日本石炭産業分析』岩波書店，1968 年．
4) 山崎広明『日本化繊産業発達史』東京大学出版会，1975 年．
5) 武田晴人『日本産銅業史』東京大学出版会，1986 年．
6) 岡崎哲二『日本の工業化と鉄鋼産業』東京大学出版会，1993 年．
7) 橘川武郎『日本電力業の発展と松永安左エ門』名古屋大学出版会，1995 年．
8) 橋本寿朗・武田晴人編『両大戦間期日本のカルテル』御茶の水書房，1985 年；橋本寿朗『大恐慌期の日本資本主義』東京大学出版会，1984 年．
9) 谷本雅之『日本における在来的な経済発展と織物業』名古屋大学出版会，1998 年．
10) 中村尚史『日本鉄道業の形成』日本経済評論社，1998 年．

要するに 1980 年代以降の産業史研究は，個別産業史から日本資本主義論へ直接的に結び付ける試みを意識的に断絶させた上で実証研究を行ったが，その個別産業からの成果を総合する形で間接的に全体像の解明につながることになったのである．しかも，それらの研究で現れた方法論はほかの時期，例えば高度成長期の研究にも適用しうるものであった．

　こうした産業史研究の流れは 1980 年代以降の機械工業史研究にも見られた．工作機械工業を対象とした沢井実氏の一連の研究は[11]，購買力や必要性能によって多様な需要からなる「重層的な市場構造」の存在を明らかにした．そして，後発国に一般的に見られるこうした市場構造は「適正技術」が生かされうる部門を生み出し，その結果大規模で近代的な供給者や在来からの技術の流れを汲む小規模業者からなる重層的な供給構造が形成することも分析した[12]．こうした視角は明治期を対象とした鈴木淳氏の研究に受け継がれた[13]．そこでは，「画期的な機械の製造事例や大工場の発達過程でなく，同時代の諸産業の求めに応じて展開した機械類の製造・修理体制の全体像として機械工業を把握」する方法によって，炭坑用機械などに低価格・低技術の国産機械が供給されたことが明らかになったのである．

　一方，機械工業の中でも造船・鉄道車輛・重電機などの部門は工業の形成期から国家セクターとの密接な関連の下で行われ，近代的な設備・技術を導入した大企業によって国産化された．従って，この部門は政策との関係が重要な位置を占めていたが，そこから直接に後進性を論じた従来の研究に対して 1990 年代以降の機械工業史研究はその国産化が可能になった諸要因を具体的に分析する方向に進展した．例えば，沢井実氏は鉄道車輛

---

11) 沢井実「第一次世界大戦前後における日本工作機械工業の本格的展開」『社会経済史学』第 47 巻第 2 号，1981 年；「工作機械工業の重層的展開：1920 年代をめぐって」南亮進・清川雪彦編『日本の工業化と技術発展』東洋経済新報社，1987 年；「機械工業」西川俊作・阿部武司編『産業化の時代　上　日本経済史 4』岩波書店，1990 年．
12) 市場の重層性と後発機械工業との関係についてより一般的な仮説を提示しているものとしては，中岡哲郎氏の研究がある（「技術形成の国際的比較のために」中岡哲郎編『技術形成の国際比較』筑摩書房，1990 年）．
13) 鈴木淳『明治の機械工業』ミネルヴァ書房，1996 年．

工業を対象として，最大需要先である政府部門（鉄道省）の購買者としての側面に注目し，その要求に企業がいかに対応していったかを分析した[14]．

以上のように，1980年代以降の機械工業史の研究は，同時期の産業史の研究と影響しあいつつ，産業ごとの特性に注目し，市場状況による供給の多様性，政策と企業との関係などに対する分析が進められることになった．

2．自動車工業史の先行研究

では，以上のような産業史・機械工業史の研究史に比べた場合，自動車工業史のそれはどのように進展してきたのであろうか．まず，本書の主な対象時期である1950年代までの自動車工業の事実関係を確認しておこう．

日本における自動車は関東大震災を契機として普及が拡大し，1920年代半ばにアメリカのフォードとゼネラル・モータース（GM）が横浜と大阪でそれぞれ現地組立を開始した．両者の主力モデルであるフォードとシボレーは排気量3,500 cc前後であり，当時の欧米の輸入車に比べるとやや小さい車だったので，一般に「大衆車」と呼ばれた．それ以降日本の自動車市場はこの大衆車によってほぼ掌握され，国産車の生産は停滞していた．そして，それまで国産車の主な需要者であった軍によって，こうした状況を打開すべく1936年に「自動車製造事業法」が制定され，トヨタと日産が国産大衆車の生産に参入した．両社は戦時期に軍需用のトラックを「大量生産」し，その経験に基づき，戦後の自動車市場を独占するようになった．

以上の過程について，1960年代までの先行研究は日本資本主義論との強引な結びつきを試みたものが主流をなしていた．こうした研究は，方法論を前面に出すか否かを問わず，戦前においては自動車工業の技術的な後進性・軍事的な性格・国家による強権的確立，戦後においては独占資本の確立といった，日本資本主義の段階・特徴を自動車工業の事例から確認するという共通的な方法に基づいていた[15]．もっとも，この時期には，やや技

---

14) 沢井実『日本鉄道車輌工業史』日本経済評論社，1998年．
15) 代表的な研究としては，中村静治『日本自動車工業発達史論』勁草書房，1953年；同

術史的な立場から戦前の限界を鋭く指摘した研究[16]や，個別企業の資本蓄積過程を分析した研究も出された[17].

ところが，この時期の研究の問題点は以上のような方法論にあったというよりはむしろ実証が足りなかったことに求めるべきである．これらの研究が依拠したファクトは戦前に業界関係者がまとめたものであり[18]，情報の範囲や体系性に限界があったからである．こうした史料の限界は，1960年代後半から業界史が編纂され[19]，またメーカーの社史編纂が活発になることによって一応解決された．それだけでなく，より具体的な史料として「満州」関係史料（『鮎川家文書』），アメリカ・メーカーの史料（フォード・アーカイブス史料），政府内史料（『商工政策史編纂室資料』のうち，小金義照寄贈文書）などが発掘されて利用可能となった．

そして，1970年代以降自動車工業史研究の実証水準は飛躍的に上昇するようになった．その代表としては宇田川勝氏の研究を挙げることができる．氏は，日産を事例として，自動車工業へのメーカーの参入過程を経営史的なアプローチで明らかにした上で，自動車製造事業法の制定過程やその影

『日本の自動車工業』日本評論新社，1957年；木村敏男『日本自動車工業論』日本評論新社，1959年；奥村宏・星川順一・松井和夫『現代の産業　自動車工業』東洋経済新報社，1965年を挙げることができる．

16) 奥村正二「自動車工業の発展段階と構造」向坂正男編『現代日本産業講座Ⅴ　各論Ⅳ　機械工業1』岩波書店，1960年.

17) 小平勝美『自動車　日本産業経営史大系第5巻』亜紀書房，1968年.

18) 柳田諒三『自動車三十年史』山水社，1944年；尾崎正久『日本自動車史』自研社，1942年；同『日本自動車発達史　明治篇』オートモビル社，1937年；同『日本自動車工業論』自研社，1941年；山本惣治『自動車』ダイヤモンド社，1938年．とくに，新聞記者出身で自動車関係の雑誌・書籍を専門に出版した尾崎正久氏による資料収集や出版は戦後にも続けられ，業界史が編纂される1960年代半ばまでには氏の著作が自動車工業史研究にとって最大の情報源となっていた．もっとも，その情報は体系性に乏しいという限界がある．戦後の部分を含む同氏の著作リストについては参考文献を参照．

19) （日本）自動車工業会『日本自動車工業史稿（1）（2）（3）』1965年，67年，69年．この資料は本格的な自動車工業史を編纂する前の準備作業としての意味合いが強いだけに，当時まで存在していた関係者の経験と記録を選別せず可能な限り網羅しているので，情報価値が非常に高い．さらに，補完資料として，自動車工業振興会によって自動車史料シリーズがまとめられた（『日本自動車工業史座談会記録集』1973年；『日本自動車工業史口述記録集』1975年；『日本自動車工業史行政記録集』1979年）．

響に関する分析を行い，自動車工業の国産化過程を解明した[20]．氏の研究はその後四宮正親氏，尾高煌之助氏，桜井清氏等によって進展させられた[21]．

ところで，この時期は日本自動車工業の競争力が国内・国際的に注目される時期でもあったため，1960年代までの視角とは対照的に，戦後における自動車工業の競争力の源泉を戦前から求める視角が登場した．その要因として注目されたのが自動車製造事業法に見られた産業政策や，「日本的生産システム」につながる生産方式であった[22]．こうした方法論によって，例えば大場四千男氏は，戦間期までしか及ばなかったそれまでの分析時期を戦時期にまで広げたが，この時期の試みを80年代以降の生産システムと強引に結びつける嫌いがあった．

以上のように1970年代以降の研究は，一方では方法論抜きで実証のレベルが高まり，他方では戦後高度成長期の特徴の要因を探す方法が試みられた．しかし，後者の方法論は60年代までのそれと同じく実証の問題が

---

[20] 宇田川勝「日産財閥の満州進出」『経営史学』第11巻第1号, 1976年；「日産財閥の自動車産業進出について（上）（下）」『経営志林』法政大学, 第13巻第4号, 第14巻第1号, 1976, 77年；「自動車製造事業法の制定と外資系会社の対応」土屋守章・森川英正編『企業者活動の史的研究』日本経済新聞社, 1981年；「戦前期の日本自動車産業」『神奈川県史各論編2　産業経済』1983年．

[21] 四宮正親「両大戦間期における在日外資系自動車会社の経営活動」『経営学研究論集』西南学院大学, 第2号, 1983年；「戦前の自動車産業——産業政策とトヨタ」『経営学研究論集』第3号, 1984年；「戦前の自動車産業と「満州」」『経営史学』第27巻第2号, 1992年（これらの論文は後に『日本の自動車産業　企業者活動と競争力　1918〜70』日本経済評論社, 1998年に収録された）；尾高煌之助「日本フォードの躍進と撤退」猪木武徳他編『アジアの経済発展』同文舘, 1993年；桜井清『戦前の日米自動車摩擦』白桃書房, 1987年．

[22] Phyllis A. Genther, *A History of Japan's Government-Business Relationship: The Passenger Car Industry*, Center for Japanese Studies (University of Michigan), 1990；大場四千男「自動車産業における大量生産体制の形成過程」『経済論集』北海学園大学, 第28巻第1号, 1980年；同「自動車製造事業法とトヨタ・日産・いすゞの日本的生産システム」同第38巻第2号, 1990年；同「日華事変下における自動車産業の確立過程」同第38巻第3号, 1991年（これらの論文は後に『日本自動車産業の成立と自動車製造事業法の研究』信山社, 2001年に収録された）．また，戦前に対する分析は少ないが，技術と経営に注目した，Michael A. Cusumano, *The Japanese Automobile Industry: Technology and Management at Nissan and Toyota*, Harvard Univ. Press, 1985 も，こうした視角に基づいている．

残されたのである．ところが，この時期の研究はいずれも，供給，とくに政策要因を重視している点では共通していた．それは，そもそも上述の史料の範囲によるものであったが，その結果，市場分析が軽視されており，結果的にはメーカーの供給戦略や政策の影響に関する分析も限定的なものになったと思われる．

3. 本書の課題と方法

本書では主に1910～50年代における日本自動車工業の構造を明らかにすることを課題としたい．その場合は，「構想された過去」としてではなく，同時代的な文脈からそれぞれの時代の構造を分析する「横軸の視点」が必要である[23]．この視点は，同時期の自動車工業と日本経済全体との関係を分析することでもあると思われる．

しかし，この時期とりわけ戦前の自動車工業は機械工業の中では生産額の面で上位を占めていたものの[24]，全製造業に占める生産額はそれほど大きくなっておらず，景気循環に及ぼす影響は小さかった．しかも，外国自動車に対する競争力の脆弱さが常に問題となっていた．従って，本書は対象時期の自動車工業を，日本資本主義の特徴との関連で直接的に分析することは控えたい．その代わりに，1980年代以降の機械工業史の成果に倣って，市場（需要）の特徴を明確にすることによって自動車工業の全体像を再構成することを試みてみたい．

こうした市場に注目する視角からは，日本の市場特性から出現した「小型車」を含めて検討する必要がある．世界的にみると，自動車工業は1910年代にアメリカで確立した．そのアメリカで最も多く販売されたモデルは，先述した「大衆車」であった．しかし，その大衆車はアメリカにおいて大衆のための車であり，当時のヨーロッパではこの大衆車の影響を受けなが

---

23) 橋本寿朗・大杉由香『近代日本経済史』岩波書店，2000年，p.15．
24) 戦間期の1934～37年に自動車製造業の生産額は機械器具工業のうち電気機械類に次ぐ第2，3位を占めていた（自動車工業会『自動車工業資料』1948年，p.66）．

ら自国市場に適合した 1,000 cc 級の小型乗用車が出現した．ヨーロッパよりさらに購買力が劣っている日本ではより小型の車が求められる可能性があり，実際に 1930 年代には 750 cc のダットサン四輪乗用車が現れた．この小型四輪車については，その意義を積極的に評価し，先述した自動車製造事業法によってそれがいかなる影響を被ったかを分析した長島修氏等の先行研究が存在する[25]．

ところが，当時日本の小型車はこのダットサンのような四輪車だけではなかった．エンジン排気量や車体の大きさが一定規格以内なら，ホイールの数を問わず「小型車」として分類され，二輪車や三輪車もそれに含まれていたのである．日本におけるその小型車の中心は四輪乗用車でなく三輪トラックであり，1950 年代半ばまでその三輪車の生産台数は国産車の中では最大の規模であった．

しかし，この三輪車に対して，先述の先行研究はその存在そのものは認めつつもそれを過渡期的なものとしか位置付けていなかった．また，この三輪車の同時代的な意義を評価した山岡（坂上）茂樹氏等の研究は，供給主体に対する分析が不明であり，戦前から戦後まで通史的な分析が足りないなど限界があった[26]．こうした先行研究の状況を踏まえ，本書ではこの三輪車を中心とする「小型車」部門の形成と展開過程を「大衆車」部門と比較しながら分析し，両部門の構造的総合として自動車工業の全体像を捉えることにしたい．

そのために，この両部門の需要，供給（技術），政策要因を取り上げて分析したい．本文で述べるように，これらの要因に両部門間の差が最も明確に現れるからである．まず，購買力や車輛の用途から大衆車の需要は軍や

---

[25] 長島修「重化学工業化の進展」『横浜市史 II 第一巻上』1993 年；同「戦時統制と工業の軍事化」『横浜市史 II 第一巻下』1996 年；老川慶喜「日本の自動車国産化政策とアメリカの対日認識」上山和雄・阪田安雄編『対立と妥協』第一法規，1994 年．

[26] 大島卓・山岡茂樹『自動車』日本経済評論社，1987 年（山岡執筆部分）；天谷章吾『日本自動車工業の史的展開』亜紀書房，1982 年（もとは，国立国会図書館調査立法考査局『わが国自動車工業の史的展開』1978 年）；中岡哲郎『自動車が走った　技術と日本人』朝日新聞社，1995 年．

運輸業者が中心だったのに対して，小型車のそれは貨物運搬用に用いる中小商工業者が中心であった．その車輛の供給も，大衆車は近代的な設備を導入した比較的に大企業によって担当されたが，小型車は自転車業と関わる小規模業者によって行われた．また，大衆車の国産化には常に政府の保護政策が実施されたのに対して，小型車は民間で自生的に形成・発展していった．

　以上のように両部門を比較することによって，先行研究が描いた戦前・戦後の日本自動車工業の姿が再構成されると思われる．というのは，これまでは，1936年の自動車製造事業法によって外国メーカーの撤退や国産自動車工業の確立が可能になったとされたが，同法が小型車部門に与えた影響を検討することによって，国産大衆車工業の形成と共に国産小型車工業の衰退といった自動車工業の編成替えを明らかにしうるからである．例えば，第5章で詳しく紹介するように，自動車製造事業法は大衆車部門の確立に決定的な影響を及ぼすことはなかったが，それだけでなく，同法はそれまでの小型車部門の自生的な成長が抑圧される結果ともなったという，日本自動車工業史の重要な側面が新しく浮かび上がってくるのである．

　こうした横軸の視点からの分析と共に，本書ではそうして形成された構造がどのように変化していくのかという縦軸の視点からの検討も課題としたい．その際に，念頭に置くのは1960年代以降日本自動車工業の国際競争力の強さと市場構造の特徴である．

　前者は日本自動車工業の高度成長期の条件がいつ，どのような過程を経て形成されたのかに対する問題意識に関わる．その条件というのは生産・販売・経営戦略などさまざまな側面から分析が可能であり，実際に1980年代以降主に経営学から数多くの研究がなされた．その条件の中で本書が注目するのは「生産方式」である．その場合，自動車工業に代表される「日本的生産システム」を念頭に置くが，本書はそれがいつ，どのように形成されたのかを直接に分析するものではない．むしろ，本書の対象とする時期に，その生産方式と関わっていかなる問題・限界が存在し，日本の自動車業界はそれをどのように解決しようとしたのかを分析したい．戦前は大

衆車部門の国産化のためにアメリカの「大量生産方式」が常に意識されただけに，この基準に即して戦前・戦後の変化を確認してみたい[27]．

後者は，先述したように，この時期における小型車部門の発達がその後の日本自動車工業にいかなる影響を与えたのかに対して分析することを意味する．ここでも，それを直接に分析するのではなく，それを念頭に置きながらも，小型車需要の増加によって形成された重層的市場構造が，いつ，どのような状況によって解体するのかを中心に検討することにしたい．なお，そこから現代における自動車工業の中心である乗用車の一部が開発される過程をも解明してみたい．さらに，その過程と影響について考える際には，外国における自動車工業の形成・展開過程との比較を意識したい．それによって，世界自動車工業史における日本自動車工業史の持つ普遍性と特殊性が見出されると思われるからである．

なお，本書ではこれまでの産業レベルから進み，企業レベルまで立ち入って分析することにしたい．それは，日本経済史の研究方法として，最近意欲的に試論を出された武田晴人氏の問題意識とも関係する[28]．氏は，資本主義のダイナミズムを分析するためには，市場に対してだけでなく組織に対する分析の必要性を強調した．そして，市場の発展を捉えるためには産業レベルでの価格分析が重要であり，組織の役割を見るためには企業レベルでのコスト分析が肝心であると主張した．この議論を自動車工業に適用するならば，技術水準・政策といった供給要因だけでなく，需要構成・規模も結局は自動車工業（産業）の価格に反映されるはずなので，その価格分析を進めることによって工業（産業）発展の動因を具体的に解明することができるということになる．また，一方ではこうした工業（産業）環境のもとで市場行動・投資行動など企業行動・対応を分析する必要がある

---

27) その際には，アメリカの大量生産方式の実態やその日本への適用に関する，1980年代以降の技術史・経営史の成果を念頭におく（David A. Hounshell, *From the American Systems to Mass Production, 1800-1932*, Johns Hopkins Univ. Press, 1984；和田一夫『ものづくりの寓話――フォードからトヨタへ』名古屋大学出版会，2009年）．

28) 武田晴人「日本経済史研究の動向と方法論的課題」『経済史学』第44号，（韓国）経済史学会，2008年（韓国語）．

が，それは具体的にはコスト節減のための行動を検討することにほかならない．

本書では，小型車と大衆車という二つの部門による日本自動車工業の形成・展開過程をこうした分析方法によって解明してみたい．すなわち，大衆車部門における国産化・国際競争力の確立過程，小型車部門における市場拡大過程だけでなく，その部門の温存と解体をもこの方法によって分析する．

4. 本書の構成

本書の主な分析対象となる時期は1910年代から1950年代までであるが，その間は戦間期，戦時期，戦後期の3つの期間に大きく分けられ，それぞれ第Ⅰ部（第1章～第4章），第Ⅱ部（第5章～第7章），第Ⅲ部（第8章～第10章）とした．

第Ⅰ部の「戦間期」では小型車部門と大衆車部門という二つの市場・供給構造が形成される過程を分析する．

まず，第1章は，戦間期ではない1910年代を対象としており，第2章から第4章の前提条件が分析される．そこでは，欧米諸国における自動車工業の形成過程と日本のそれを比較して検討することによって，形成期の日本自動車工業の特徴として指摘されてきた軍事的な性格が日本に特有なことではないことが解明される．そこで，むしろ，その後の日本自動車工業の性格を規定する要因となる市場特性，関連工業の状況について詳しく検討する．

そして，第2章では大衆車部門を，第3章では小型車部門をそれぞれ取り上げ，1920年代日本において自動車工業が本格的に形成される過程を検討する．とくに，この時期には大衆車部門にアメリカの自動車メーカーが日本に進出することになるが，それが日本の自動車市場及び供給構造に及ぼした影響について第2章で集中的に分析が行われる．また，それに対する対応として現れた「軍用自動車補助法」の失敗要因についても検討が加

えられる．

　一方で，第3章では，日本の市場・技術要因によって小型車が登場し，その中で三輪貨物車が主流をなすようになる過程に分析の焦点が当てられる．とくに，三輪車の供給主体に対する立ち入った分析を通じて，それがそれまでの在来技術・「適正技術」に基づいていたことが解明される．

　第4章では，この両部門によって構成される日本自動車市場・供給の重層的構造を分析する．まず，その構造が政策担当者にどのように認識され，いかなる政策が採られるのかを「商工省標準車政策」を中心に検討する．そして，その失敗によって国産大衆車メーカーの不振が続くものの，その市場そのものは大きく拡大するということが解明される．一方，小型車部門は国産メーカーによって完全に担われたが，市場の拡大と技術の進歩によって国産メーカーが成長し，それを基に大衆車部門への進入が試みられたことが確認される．

　第II部では，こうして形成された日本自動車工業の構造が，自動車製造事業法や戦時経済統制政策によって大きく変化・再編成される過程を分析する．

　第5章は，時期的には戦間期と重なることもあるが，戦時期に現れる構造変化がこの時期にはじまったために第II部に入れることにした．この章は自動車製造事業法と戦時経済統制政策の内容をやや詳しく分析しているが，それは比較的に先行研究の多い自動車製造事業法に対する評価をより明確にするためであった．そして，同法の立案過程と内容，またその後の展開過程を分析することによって，大衆車部門の確立に決定的な影響があったのは同法ではなく戦時統制政策であったことが強調される．なお，戦時統制経済政策はそれまでに政府の保護政策の枠組みの外で自生的に発展していた小型車部門を衰退させたことも解明される．

　第6章と第7章は，戦時統制政策の下で大衆車部門と小型車部門にいかなる変化が見られたのかを分析する．まず，第6章ではトヨタを事例に大衆車部門を分析する．ここでは，「生産力拡充計画」などの統制政策にトヨタがいかに対応して生産の基盤を整えていくのかを検討する．さらに，戦

後との関係を念頭に置きながら，大量生産方式がトヨタにどのように認識され，その実現にとっていかなる限界があったのかを解明する．

一方，第7章では，小型車製造業と自動車販売業が戦時期にどう変化するのかについて検討する．小型車部門だけでなく，自動車販売業をも含めたのは，両部門共に，戦時期に政策の重点から外されて抑圧されたからである．具体的には，日本内燃機と日本自動車をそれぞれ事例として取り上げて分析する．そこから，抑圧されつつあったとはいえ，戦時期を通じてその抑圧され方は一様ではなかったことが解明される．

第III部では，戦間期に形成されて戦時期に再編成させられた日本自動車工業の構造が，再び状況が変化した戦後にどう転換するのかを検討する．すなわち，第8章は第7章，第9章は第6章の分析内容が，戦後にどう変化するのかに対する分析である．

第8章では，戦時期に抑圧された小型車部門が戦後どう復興・再編されていくのかを検討するが，分析の中心は再び三輪トラックが最大の車種となり得，また，1950年代半ばにそれが四輪トラックに転換していく要因に関するものである．なお，この時期のこの部門では，市場・技術という条件と企業の経営戦略という主体的な行動によって産業構造が変化するということが最も明確に現れる．

第9章は，復興期の大衆車部門において戦時期の限界がいかに解決されていくのかが分析の中心である．この時期の主な車種であったトラックを対象に，大衆車メーカーの生産方式，国際競争力にいかなる変化が生じたのかを検討するが，そこからは，鉄鋼など関連産業からの協力によって戦間期以来の最大の技術的な問題が解決され，漸く「日本的生産システム」の萌芽が形成されはじめることが解明される．

第10章は，これまであまり分析の中心とはならなかった乗用車部門に関する検討である．もっとも，これまでの関連から，三輪トラックに代表される小型車メーカーによる乗用車，すなわち，軽乗用車部門に分析を限定する．ところで，この部門は「国民車構想」と密接な関連があるために，その影響について集中的に分析する．なお，ここでは，軽乗用車を含めた

軽自動車の比重が，1960年代以降にも大きい理由について仮説が提示される．

　最後の終章では，以上の内容を簡単にまとめ，本書の意義について述べてみることにしたい．

第Ⅰ部・戦間期

小型車と大衆車の二つの市場・供給構造の形成

第1章　1910年代における自動車の普及と生産の試み

はじめに

　日本における自動車生産が本格化するのは1920年代半ば頃からである．ここで本格化というのは，自動車を専門とするメーカーによって一定規模以上の台数が継続的に生産されるという意味であり，それ以前の兼業・試作・断続的な生産とは異なる．しかし，本格的ではなかったとはいえ，10年代に自動車の生産が行われたことは事実である．

　本章は，その本格化する以前の草創期ともいうべき時期を対象とする．この時期の史実については詳細な先行研究が存在しているので[1]，新しいファクト・ファインディングよりは，1920年代以降の状況を念頭に置きつつ，その特徴がどのように生れたのかを中心に分析することにしたい．

　その方法としては当時の欧米における自動車工業の形成過程との比較を用いる．具体的には，1) 供給要因としてメーカーの履歴，技術基盤　2) 需要要因として自動車市場の拡大過程　3) 両者のやや特殊な性格としての軍との関係を中心とする．ここで軍との関係をみるのは，「日本資本主義の軍事的性格」を自動車工業の形成過程にも確認するためではなく[2]，あくまでも自動車工業の供給・需要状況に与えた影響を分析するためである．

---

1)　自動車工業会『日本自動車工業史稿 (1) (2)』1965, 1967年．
2)　戦前の日本自動車工業の形成と展開過程に関する1960年代までのほとんどの研究は，日本自動車工業の後進性の証としてこの軍事的性格を論じてきた．代表的なものとしては，中村静治『日本自動車工業発達史論』勁草書房，1953年を挙げることができる．

18　第Ⅰ部　戦間期：小型車と大衆車の二つの市場・供給構造の形成

1. 欧米における自動車工業の形成と確立過程

(1) アメリカにおける大量生産システムの形成

　自動車の起源は1769年にフランスで造られた蒸気車にまで遡るが，現在のような内燃機関のガソリン・エンジンを装着するものに限定すると19世紀末になる[3]．それは，1886年にドイツのベンツとダイムラーによってそれぞれほぼ同時に開発された．エンジンを取り付けるシャシーやボディも存在していなかったため[4]，新しく開発されたガソリン・エンジンが前者は三輪車，後者は二輪車に装着された．このうち，相対的に高速であったダイムラーのエンジンがフランスで自動車製造に用いられたが，1890年代にはそのフランスでも独自のエンジンが開発された．また，ドイツ・フランスのエンジン・自動車は1890年代にイギリスでも製造されはじめた．一方，アメリカでは1893年に自転車職人であったデュリエ兄弟によってエンジンが創られ，フォードの第1号車が試運転されたのは1896年であった．

　こうして，欧米共に1890年代末にはエンジンの発明段階が終わり，自動車の生産が開始されるようになった．この生産段階に入ると，エンジン以外のシャシー・ボディ技術や設備資金が必要になった．そこで，実際に自動車製造に参入してきたメーカーは馬車や自転車などの輸送手段製造分野で実績を上げていたものと工作機械などで有名なものが多数を占めていた．アメリカの場合，スチュードベーカーは当時世界最大の馬車メーカーであり，1890年代に最大の自動車メーカーであったホープも参入当時には最大

---

　3)　以下，欧米における自動車工業の形成過程については別に断らない限り，ジョン・B・レイ，岩崎玄・奥村雄二郎訳『アメリカの自動車　その歴史的展望』小川出版，1969年；James M. Laux, *The European Automobile Industry*, Twayne Publishers, 1992 による．

　4)　ここで，本書全般にわたって使われるシャシーとボディの概念について，予め書いておきたい．シャシーとは自動車の骨格となるフレームにエンジン・トランスミッション・ドライブシャフト・サスペンションなど一連の装置を組み込んだ車の基本構成部分であり，車台ともいう．一方，ボディとは，そのシャシーの上に載っている車体を指す．本書ではシャシーとボディという用語を用いることにするが，場合によっては，ボディの代わりに車体を使うこともある．

の自転車メーカーであった．ヨーロッパでも自転車メーカーから多数参入したが（フランスのプジョ，イギリスのモリス，ロバー，ドイツのオペル），アメリカと異なって重機械・軍需品メーカーからの参入も見られた（フランスのディートリッヒ，シュナイダー，イギリスのアームストロング）．もちろん，少数のパトロンからの援助による，フォードのような創業者型のメーカーも多数現れた．その結果，アメリカの場合，1899年にはすでに30社が活動しており，1900年から1908年までの間に，実に485社が参入し，またその内262社が退出した[5]．

　このような多数の参入が可能になったのは，自動車という「標準化」された概念がまだ定着していなかったという製品の特徴によることもあったが，従来からの関連工業の基盤が存在していた側面がより重要であった．まず，技術的には素材（鉄鋼），素材加工（工作機械）分野の蓄積があり，またそれを用いて互換性部品を生産することができていた．1880年代に安全型の開発以来，1895〜97年に欧米において自転車工業がブームになったのもそのためであった．自転車工業からは，ボールベアリング，チェーン・ドライブなどの部品，プレスなどの素材加工技術が自動車工業に受け継がれた．しかし，多数の参入を可能にした，より重要な技術的な要因としては，自動車部品製造の可能な業者が広範に存在したことである．自動車の製造を試みるものは，自前で製造できない部品をこの部品業者から調達することができたからである．

　資金的にも当時は参入障壁がそれほど高くなかった．これは部品調達が可能になっていたため，メーカーは組立に必要な設備を備えれば十分であったからである．従来の業種から転換してきたメーカーはもとより，フォードやルノーなどの創業者型メーカーにも部品調達の負担は大きくなかった．また，運転資金はディーラーから注文と同時に支払われる頭金によって賄うこともできた．

　こうして生産された自動車の潜在的な需要者は従来の馬車の利用者であ

---

[5]　James J. Flink, *America Adopts the Automobile, 1895-1910*, MIT Press, 1970, p. 303.

ったが，自動車の普及のためには，まず彼らに自動車が安全な乗り物であることを証明する必要があった．その方法として採られたのがレースやツーリング（遠乗り）であったが，とくに前者はメーカーの技術競争を促進させる効果もあった．販売は，自転車・家具など従来の耐久消費財から転換してきた業者によって担われ，早くも当時家具販売で利用されていた月賦販売制も導入された．こうして，最初は富裕なスポーツマンやエンジニアに限られていた需要層は第一次世界大戦前までには職人・公務員などの中産層まで広がった．ただし，貨物運搬にトラックを利用することは稀であり，その代わりにヨーロッパにおいては早くから軍用としてのトラックの可能性が注目された．1908年にドイツ，10年にフランスでは軍用自動車の生産，保有に補助金を与える法律が成立した．

　この時期における国別生産台数の推移は表1-1の通りである．ここからは，ヨーロッパ諸国と比べてアメリカの生産増加が著しかった点がなにより注目される．その要因としてはまず購買力の差が挙げられる．やや，後のデータではあるが，1914年当時の1人当り国民所得はイギリス243ドル，フランス185ドル，ドイツ146ドルであったのに対してアメリカは335ドルであった[6]．ヨーロッパ諸国で家計の年収がファミリー・カーの小売価格を超えるようになるのは1930年代であるが，アメリカではすでに1912年にそのレベルに達していた．

　しかし，アメリカの市場拡大にとってより重要な要因は供給側にあった．まず，1900年代末まで技術の標準化が急速に進められた．エンジンに関しては00年代前半までに蒸気や電気に比べてガソリン・エンジンの優位が決定的となり，その気筒数も00年代後半には4気筒がスタンダードとして定着した．それへの移行の過程でアクセル・トランスミッションなども改良され，自動車の「ドミナント・デザイン」が確立した．また，ALAM（特許自動車製造業者協会）の技術部，そしてその後身であるSAE（Society of Automobile Engineers）によって部品や素材の標準化も進められた．

---

[6] Lawrence H. Seltzer, *A Financial History of the American Automobile Industry*, Houghton Mifflin Company, 1928, p. 71.

表 1-1　欧米における自動車生産台数の推移

単位：台

年	フランス	イギリス	ドイツ	イタリア	ヨーロッパ	アメリカ
1898	1,500					
1899	2,400					
1900	4,800					4,192
1901	7,600		884	125		7,000
1902	11,000			185		9,000
1903	14,100	2,000	1,450	225	17,775	11,325
1904	16,900	4,000		375		22,830
1905	20,500	7,000		850		25,000
1906	24,400	10,000	5,218	2,000	41,618	34,000
1907	25,200	12,000	5,151	2,500	44,851	44,000
1908	25,000	10,500	5,547	2,300	43,347	65,000
1909	34,000	11,000	9,444	3,500	57,944	130,000
1910	38,000	14,000	13,113	4,000	69,113	187,000
1911	40,000	19,000	16,939	5,280	81,219	210,000
1912	41,000	23,200	22,773	6,670	93,643	378,000
1913	45,000	34,000	20,388	6,760	106,148	485,000

出所：James.M.Laux, *The European Automobile Industry*, Twayne Publishers, 1992, p.8.

　例えば，10年に800種もあったロック・ワシャーはSAE標準化委員会の活動によって数年間に16種類に集約された[7]．

　こうして1900年代末頃から競争の中心はそれまでの性能から価格にとって代わられるようになったが，その結果として現れたのが「大量生産システム」にほかならない．このシステムは互換性部品製造を核心とする「製造のアメリカンシステム」をより発展させたものである[8]．製造のアメリカンシステムは軍工廠で始まり，大量生産の典型はフォードの自動車生産で見られるが，その両者の架け橋となったのが自転車であった．自転車製造の経験からは，先述したように主要部品が自動車に流用されただけで

---

7) Ralph C. Epstein, *The Automobile Industry: Its Economic and Commercial Development*, A. W. Shaw Company, 1928, p. 41.

8) 「製造のアメリカンシステム」を広く捉えてそれと大量生産システムとを同じものと見なす見解もある（オットー・マイヤー／ロバート・C・ポスト，小林達也訳『大量生産の社会史』東洋経済新報社，1984年）．以下，両者の関係については，David A. Hounshell, *From the American Systems to Mass Production 1800-1932*, Johns Hopkins Univ. Press, 1984 による．

なく，専用の機械や道具・治具，電気溶接，プレス技術など経済的製造方法も自動車生産に受け継がれたのである．この経験の上，フォードの方式は生産量最大化やコスト最小化によって利潤極大化が可能であることを初めて示した．アメリカンシステムによって製造されたミシン，農機具，自転車はどちらかといえばそれ以前の製造方法による製品より高価になることが多かった点を考えると，この点に両者の最大の差が見出されるのである．

　こうしたフォードの大量生産システムについては，従来コンベア・ラインに代表される組立ラインにおける作業速度の統制という側面の革新性が強調されてきたが，このシステムがその後世界的に展開していくことと関連してより注目すべきところは，組立工程の前で行われた変化であると思われる．これに関連しては，大量生産システムの形成基盤として関連工業のバックアップの重要性を指摘した大東英祐氏の研究が注目される[9]．

　まず，発明期から自動車製造に必要な設備を供給していた工作機械工業は，1900年代に入ってからは高速度・高精度の大量生産用工作機械を製造するようになった．その典型的な例がノートンの専用研削盤であるが，この機械はクランクシャフトなどエンジン部品の加工に従来のものとは比べられないほどの高性能を発揮した．ただし，開発された当時の01年には，研削盤はまだ生産用機械でなく工具工場の特殊機械として見なされており，高価格だったためあまり普及しなかった．ところが，生産の増加に伴って，この機械はコスト節減に決定的な役割を果たすことが認められた．その後，他の用途にも専用機が次々と開発され，00年代末以降自動車工場に採用されるようになった．その効果は，例えばフォードが「我々が1,000ドル以下で自動車を作れるのは，基本的に研削作業の発達のおかげである．それがなければ，仮にそれが可能であったとしての話だが，同じ車を作るのに

---

[9] 大東英祐「アメリカにおける大量生産システムの形成基盤——自動車産業の生成を中心として」東京大学社会科学研究所編『20世紀システム2　経済成長I　基軸』東京大学出版会，1998年．以下，初期のアメリカ自動車工業における工作機械や鉄鋼との関係についてはこの論文による．

少なくとも 5,000 ドルはかかるであろう」と認める程であった.

　大量生産用工作機械がアメリカの伝統的な技術的蓄積の基盤から生み出されて自動車工業の技術進歩をもたらしたのに対して，素材部門とりわけ鉄鋼業からのバックアップは自動車業界の鉄鋼業界に対する働きかけによって得られた側面が強かった．そもそもアメリカの素材技術は，機械加工技術と異なってヨーロッパに遅れをとっていた．また，自動車メーカーも当初は素材を吟味せずに入手可能な材料を用いていた．シャシーの一部に自転車用の鋼管が使われたのもそのためであり，エンジン部品にも鉄道レール用鋼を流用した．やがてヨーロッパの車に使われていた特殊鋼の優秀性に気づき，1905 年頃ある自動車メーカーは鉄鋼メーカーにその生産を求めるようになるが，鉄鋼メーカーの答えは「需要があればどんな鋼でも作る．ただし，少なくとも 1,000 トン単位の注文が要る」というものであった．当時，この量はその自動車メーカーの 10ヶ年分の生産台数に相当するものであった．こうした状況だったので，フォードは 06 年にバナデューム鋼を自前で開発することになった．その成功に刺激され，数多くの特殊鋼が登場するようになり，10 年に 200 種の特殊鋼が存在する有様であった．しかも，製品ごとにばらつきも多かった．これに対して，SAE を中心に標準化が進められ，鉄鋼メーカーには物理的な性質でなく化学組成を基準として規格の設定を要求した．初期にはこの要求に消極的であった大手鉄鋼メーカーも，12 年までにはこの要求に応じるようになり，最終的には 15 種の均一な特殊鋼の調達が可能になった.

　以上のように，規格化された素材を専用機によって高速度・高精度に機械加工することが可能になったのを前提として，機械加工工程では機械の工程別加工が進み，組立工程ではコンベア・ラインによる作業統制が行われるようになったのが，フォードに代表される「大量生産システム」であったのである．その結果，コスト低下→車輛価格低下→需要増加→生産増加→コスト低下の好循環が 1910 年代の前半にアメリカで見られるようになった．例えば，08 年発売当時 825 ドルであったフォード T 型の価格は 16 年に 360 ドルまで下がったが，同期間中の年間生産台数は 6,000 台から

58.5万台に増加したのである[10].

アメリカにおいてこうした大量生産が典型的に行われたのはフォードであり，そのフォードのT型がほとんどである675ドル未満の車が全販売車輌の中に占める比率は1910年の7％から，12年に36％に上がり，16年には51％となった[11]．このセグメントの車が大衆車（Popular Car）であるが，この車は価格だけでなく性能においてもまさにアメリカ大衆の要求を反映したものであった．T型フォードは総重量1,200ポンドに水冷4気筒20馬力エンジンを搭載したが，これは当時のヨーロッパ車に比べて総重量に対するエンジン馬力の比率が非常に大きくなっていた．当時アメリカ農民や中産階級といった大衆需要者は多少燃料効率が劣っても，運転しやすい高馬力車を好んだからである[12]．それは，高いガソリン価格や馬力に比例した自動車税が存在していたヨーロッパでは求められ難いものであった．

大量生産による自動車工業が確立した結果，1910年代のアメリカでは全輸送手段に占める自動車の地位は決定的なものとなった．04～19年に自動車が2.2万台から193万台と急増したのに対して，乗用馬車は93.7万台から24.5万台，荷馬車は64.4万台から41.5万台に急減した[13]．また，ここでも，荷馬車の減少率が乗用馬車のそれより低いのは，トラック需要が乗用車のそれより伸びなかったからである．全自動車生産の中に占めるトラックの割合は04年1.8％，11年5.1％，15年7.6％，20年14.4％であり，26年にも11.1％にすぎなかった[14]（表1-2）．

また，1910年代半ば以降，メーカーの大規模化・集約化が起こり，部品の内製化も進展した．競争の中心もそれまでの生産から販売に移り，大手メーカーは販売網を整備していくことになった．もっとも，10年代までには自転車店など多様な経路を通じた販売は少なくなったものの，専属ディ

---

10) Hounshell, *op. cit.*, p. 224.
11) Epstein, *op. cit.*, p. 337.
12) 前掲，大東英祐「アメリカにおける大量生産システムの形成基盤」p. 96.
13) Epstein, *op. cit.*, p. 334.
14) Seltzer, *op. cit.*, p. 76.

表 1-2 アメリカにおける車種別自動車生産台数の推移

単位：台

年	乗用車	トラックA	合計B	A／B
1904	22,419	411	22,830	1.8
1909	127,731	3,255	130,986	2.5
1911	199,319	10,681	210,000	5.1
1912	356,000	22,000	378,000	5.8
1913	461,500	23,500	485,000	4.8
1914	543,679	25,375	569,054	4.5
1915	895,930	74,000	969,930	7.6
1916	1,525,578	92,130	1,617,708	5.7
1917	1,745,792	128,157	1,873,949	6.8
1918	943,436	227,250	1,170,686	19.4
1919	1,657,652	275,943	1,933,595	14.3
1920	1,905,560	321,789	2,227,349	14.4
1921	1,514,000	146,802	1,660,802	8.8
1922	2,406,396	249,228	2,655,624	9.4
1923	3,694,237	385,755	4,079,992	9.5
1924	3,243,285	363,530	3,606,815	10.1
1925	3,839,302	473,154	4,312,456	11.0
1926	3,936,933	491,353	4,428,286	11.1

注：1905～1908年，1910年のデータは資料なし．
出所：Lawrence H.Seltzer, *A Financial Historu of the American Automobile Industry*, Houghton Mifflin Company, 1928, p.76.

ーラー・システムまでには至らなかった．専属・テリトリー制を骨子とする自動車の大量販売システムが確立するのは20年代に入ってからであった[15]．ここで大量生産・大量販売のシステムが完成したのである．

さらに，大量生産による部品の「規模の経済」効果を最大化し，また輸出市場を拡大させるために，アメリカの自動車メーカーは早くも1910年代初頭から海外での組立事業にも乗り出した．その対象地域はヨーロッパや南米であり，フォードの場合，11年にイギリスを皮切りに，13年フランス，16年アルゼンチン，19年デンマーク，20年にブラジルにそれぞれ組立工場を設立した[16]．その結果，これらの地域においては，このアメリカ・

---

15) 塩地洋・T.D.キーリー『自動車ディーラーの日米比較——「系列」を視座として』九州大学出版会，1994年，第2章；塩地洋『自動車流通の国際比較』有斐閣，2002年，第1章．
16) マリラ・ウィルキンズ／フランク・E・ヒル，岩崎玄訳『フォードの海外戦略』小川出

メーカーと拮抗しながら自国の自動車工業を形成させていくことになったのである．

(2) ヨーロッパにおける自動車工業の形成

ヨーロッパにおける1900年代までの自動車工業の状況は，市場・供給者の履歴などの面でアメリカとそれほど差がなかった．技術の標準化過程においても，スティアリング・トランスミッションなどのシャシーについてはフランスが最も先進的であった．しかし，先述したように10年代以降アメリカとの生産技術の差によって両地域間の力関係は決定的に変化した．そして，その後，ヨーロッパでは，自国に進出してきたアメリカ・メーカーの影響を受けながら発展していくことになった[17]．

フランスは1900年代初頭の時点で世界一の生産国であったが，07～09年の不況を経験した後自動車メーカーは，それまでのような急激な市場拡大が見込めないと認識するようになった．その結果，自動車メーカーは小型車や特殊商用車，あるいは飛行機エンジンなどの生産に多角化を試みた．フランスではフォードより低価格の小型車が13年に6,000台生産されたが，それは同年全生産台数の13％水準であった．ドイツでもオペルが04年から小型車生産を開始したが，10年以降に8馬力以下の市場が拡大し，13年におけるその8馬力以下小型車の全生産台数に占める割合は25～30％に達した．フランスとドイツより自国メーカーの登場が遅れたイギリスにはフォードが11年から組立を開始して第一次世界大戦前まで最大メーカーであった．この影響によって低価格市場が拡大し，ヒルマン，モリスなども小型車を生産しはじめた．

以上のように第一次世界大戦前までにすでにヨーロッパではアメリカの大衆車より小さい小型車の生産が増加するようになったのであるが，それは技術向上によって小型でも使用に耐えられるようなモデルの生産が可能

版，1969年．
17) 以下，ヨーロッパ諸国における発展過程については，別に断らない限り，Laux, *op. cit.* による．

第1章 1910年代における自動車の普及と生産の試み

になった要因に加え，税金による影響もあった．ヨーロッパでは馬力（エンジンのシリンダー容積）に比例して自動車に課税したからである．年間税金額は車輛価格の1〜3%に過ぎなかったものの，車輛別税金額の差は無視できる水準ではなかった．

この小型車化が一層進められた結果，自動車生産の増加と共に二輪車生産が並行的に増加するという特徴も現れた．典型的な例はイギリスであり，アメリカで自動車の需要が急増しはじめる1910年頃に同国では，自動車を購入できない若者層を中心に二輪車の需要が急増した．その結果，14年は自動車保有台数の6割に相当する12.4万台の二輪車を保有するようになった．程度の差こそあれ，フランス（3.4万台，27%），ドイツ（2.3万台，32%）でも同様の現象が見られた．

生産方式の面においてもヨーロッパではアメリカとは異なった形態に発展していった．アメリカの自動車工業の場合，先述したように1910年代からは，機械の工程別配置・コンベア・ラインの導入が進められたが，そのシステムを支える労働条件も整っていた．製造のアメリカンシステムの進展と共に熟練工の解体が進み，07年以降には事実上労働組合が存在しなくなった．ただし，労働者の勤労意欲は非常に低く，また年間離職率は200〜400%にも達していた．フォードの日給5ドルのような高賃金はその対策として現れたものであった．

一方，ヨーロッパでは短期間に大量の労働力を必要とするほど生産が急増しなかったため，レイアウトは機械別配置になり，必要な熟練工を自転車・工作機械工業から採用することが可能であった．その労働者への賃金は出来高で払われたが，その標準賃金を定めるために時間・動作研究も採用した．生産増加と共にフランスのプジョのように，アメリカ式の大量生産方式の導入を試みたメーカーも登場したものの，第一次世界大戦前のヨーロッパの全般的な生産方式は従来の機械工業のそのままに留まっていた．

アメリカと比べた場合の，こうした製品戦略や生産方式の差は大戦後の1920年代により決定的なものとなった．まず，生産方式についてはアメリカの工作機械の輸入など生産性を向上させる方法は広範に導入されたが，

労働運動の差のためにフォードのような高賃金・高強度の労働統制は実現できなかった．その結果，ヨーロッパでは20年代以降も出来高払制が維持されることになった[18]．

また，1920年代にアメリカの車がより大型化・高級化していったのに対して，ヨーロッパでは小型化・低価格化がより進められた．フランスでは10馬力以下の低価格モデルが市場の中心となり，イギリスでも21年の税制改正によって馬力当り税金の差が拡大したため，イギリスの小型車が増加した．例えば，フォードT型の年間税金はそれまでの24.66ドルから88.55ドルに引き上げられ，車輌価格の10%にも達するようになった．その結果，イギリスにおけるフォードのシェアは29年に第4位まで落ち，30年代に入ってより小型のフォードを供給せざるを得なくなった．また，戦前同様に乗用車市場と並行して二輪車市場も拡大していった．20年代中にイギリスでは二輪車の生産台数が乗用車のそれにほぼ匹敵しており，ドイツでは二輪車の生産台数がそれを上回っていた[19]．これらの地域で乗用車の市場規模が二輪車のそれを上回るのは30年代のことである．

アメリカとヨーロッパとの間のもう一つの差は軍との関係である．大戦中に自動車メーカーが兵器や航空機生産に転換したことは共通しているが，ヨーロッパでは軍用自動車が直接に戦場で使われたことに特徴があった．すでに大戦前から軍用としての可能性に着目した諸国で軍用に転換可能な特殊自動車に補助金を与える措置が取られていたことは先述したが，実際の戦争ではその特殊自動車のみならず一般自動車の活躍も著しかった．こ

---

18) 1920年代以降，アメリカの大量生産システムのヨーロッパに与えた影響については数多くの研究が存在する．ヨーロッパにおいてこのシステムが全面的に展開されなかった理由について，従来は市場の規模・労働状況などによる導入の限界を指摘するものが多かったが，最近ではヨーロッパ・メーカーの積極的な戦略あるいはフォーディズムの変容として捉える見解が主流をなしているように思われる．最近の見解については，Wayne Lewchuk, *American Technology and the British Vehicle Industry*, Cambridge Univ. Press, 1987; Haruhito Shiomi and Kazuo Wada ed., *Fordism Transformed: The Development of Production Methods in the Automobile Industry*, Oxford Univ. Press, 1995 を参照．

19) Steve Koerner, "The British motor-cycle industry during the 1930s", *The Journal of Transport History*, 3rd Series, Vol. 16, No. 1, 1995.

表1-3 1920年代ヨーロッパにおける自動車生産台数の推移

単位：千台

年	フランス			イギリス			ドイツ			イタリア		
	乗用車	商用車	計	乗用車	商用車	計	乗用車	商用車	計	乗用車	商用車	計
1921	41	14	55									15.5
1922	49	26	75									16.4
1923	72	38	110	71	24	95						22.8
1924	97	48	145	117	30	147						37.5
1925	121	56	177	132	35	167	48	21	69	46	3.6	49.6
1926	159	33	192	154	44	198	36	15	51	61	3.3	64.3
1927	145	46	191	165	47	212	91	33	124	51	3.6	54.6
1928	187	36	223	165	47	212	108	40	148	54	3.7	57.7
1929	212	42	254	182	57	239	96	38	134	52	3.2	55.2

出所：James M. Laux, *The European Automobile Industry*, Twayne Publishers, 1992, p.74.

うした戦争中の経験によって1920年代には貨物輸送手段としての自動車の価値がさらに認識されることになり，全生産台数に占めるトラック（商用車）の割合がアメリカより高くなった（表1-3）．

2. 日本における自動車の普及と生産

(1) 市　場

　欧米における自動車工業の形成過程と比較した場合，日本のそれはどうであったのであろうか．日本に自動車が初めて現れたのは1900年頃であり[20]，欧米に遅れること5年程度しかなかった．しかし，00年代における自動車の普及速度は，アメリカはもとよりヨーロッパ諸国よりも遥かに遅かった[21]．最初の自動車が現れてから10年後になっても保有台数は121台にすぎず，それが1万台になるのはさらに10年後のことだったのであ

---

20) 自動車工業会『日本自動車工業史稿 (1)』1965年は，日本において最初の自動車に関する諸説を紹介しつつ，限定付きの1900年説を支持している．しかし，最近では1897年説が説得力を増しているように思われる（斎藤俊彦『轍の文化史——人力車から自動車への道』ダイヤモンド社，1992年）．

21) 以下，1910年代までの市場・輸入・販売に関する記述は，別に断らない限り，自動車工業会『日本自動車工業史稿 (1) (2)』1965, 1967年；尾崎正久『日本自動車発達史　明治篇』オートモビル社，1937年による．

表1-4 自動車保有台数の推移

単位：台

年	乗用車	貨物車	合計	年	乗用車	貨物車	合計
1908			9	1916	1,624	24	1,648
1909			19	1917	2,647	25	2,672
1910			121	1918	4,491	42	4,533
1911			235	1919	6,847	204	7,051
1912			512	1920	9,355	644	9,999
1913			892	1921	11,228	888	12,116
1914			1,066	1922	13,483	1,383	14,866
1915			1,244	1923	10,666	2,099	12,765

注：乗用車にはバスを含む．
出所：日本自動車会議所『我国に於ける自動車の変遷と将来の在り方』1948年, p.3.

る（表1-4）．

　この最大の理由が低い所得水準にあることは言うまでもない．実際，自動車の所有は少数の上流階層に限られたが，この現象はとりわけ明治期に顕著であった．例えば，1909年の東京に登録された61台の内訳をみると[22]，トラックは三越呉服店，明治屋，帝国運輸で所有する4台にすぎず，他は乗用車であった．8名の外国人を除いた日本人の乗用車所有者は大隈重信，岩崎小弥太，三井高保などいずれも政財界の有名人士であった．こうした自動車所有者に販売業者が加わって10年に日本自動車倶楽部が結成され，ドライブのための道路標識・地図の作成，運転手養成所の運営など普及促進活動が行われた．また，自動車の大きさを問わず同額であった自動車税金も，イギリスに倣い馬力別に差を付ける方式に変えることも主張して実現させた．

　1910年代に入ってからは，こうした需要構造に変化が見られはじめた．ただし，それは低価格乗用車による自家用乗用車需要の増加といった欧米型とは異なり，営業車の増加によるものであった（表1-5）．まず，バス（乗合自動車）営業は自動車の到来の翌年である1901年からすでに始まったが，そもそも乗用車を改造した車輌そのものの欠陥の他，馬車業者の反対などによって00年代にはあまり振るわなかった．ただし，その営業許

22) 表1-4ではこの年の全国保有台数が19台にすぎないが，他の資料ではこの年の保有台数が69台になっている（前掲『日本自動車工業史稿（1）』p.85）．

表1-5 用途別自動車保有台数の推移

単位：台

年	乗用車 自家用	乗用車 営業用	乗用車 合計	貨物車 自家用	貨物車 営業用	貨物車 合計	合計 自家用	合計 営業用	合計 合計
1913			865			20			885
1914			1,034			24			1,058
1915									1,264
1916									1,656
1918	1,939	2,385	4,324	121	88	209	2,060	2,473	4,533
1919	2,673	3,672	6,345	361	345	706	3,034	4,017	7,051
1920	3,347	5,232	8,579	828	591	1,419	4,175	5,823	9,998
1921	3,486	6,561	10,047	1,197	873	2,070	4,683	7,434	12,117
1922	3,809	7,939	11,748	1,798	1,340	3,138	5,607	9,279	14,886
1923	3,179	9,600	12,779	1,629	2,048	3,677	4,808	11,648	16,456

注：乗用車（営業用）にはバスを含む．1917年のデータは資料なし．
出所：『モーター』1915年8月号，pp.48-49；同16年5月号，p.40；同17年5月号，p.57；同19年6月号，p.62；同20年6月号，p.39；同21年5月号，p.88；同23年5月号，p.41；同24年10月号，p.85.

可のため，03年の愛知県をはじめとした各地方で自動車取締規則が制定されることになった[23]．ところが，10年代に入って地方を中心に事業者数が増加しはじめた．12年に3件だった開業者数は13年には20件に急増し，大戦中の停滞期を経て18年に40，19年59，20年73，21年には91件にも達した．とくに，10年代末には大都市に大規模な会社も登場したが，東京市街自動車株式会社がその代表的なものであった．

同社は1917年に創立され，翌年から営業を開始した．資本金は1,000万円（内払込み250万円）で第1期中に500万円の資本金をもって，乗合自動車180台，貨物車200台，貸自動車100台を購入する計画であった．乗合自動車は，後述するように軍用自動車補助法の規定に適合するもので，トラックを改造したものであった．実際に19年11月に保有していたのは224台であり，そのうち稼動しているのは乗合114台，貨物57台であった．19年6月～11月期には9.2万円の収益を上げ，年6％の配当を行うようになった[24]．この成功に刺激され，20年代には東京をはじめとする大都市で

---

23) 各地における自動車取締規則や1919年内務省による全国統一の自動車取締令に関する解説に関しては，大須賀和美編『自動車日本発達史　法規資料編』1992年が詳しい．

24) 東京市街自動車株式会社「起業目論見書」，「起業費予算書」1918年；同「第三回営業報

市営バスが登場することになる.

　一方,タクシー営業は1900年代にはまだ現れておらず,貸自動車(ハイヤー)が中心であった.ハイヤーは,当初自動車輸入商によって売れ残りの手持ちの自動車を活用するために利用されたが,1日平均30円と使用料が高かったために大衆の乗り物にはなりえなかった.従って,12年に東京でタクシー自動車株式会社によるメーター付き(1マイル60銭)のタクシーが登場するといきなり人気の的となった.同社の資本金は50万円(うち払込み25万円)であり,55台の計画のうち最初は6台で事業を開始した.当初から大きな成功を収め,23年の関東大震災の際には570台を保有するに至った.しかし,全般的にみると,10年代にはタクシーの増加がそれほどではなく,依然としてハイヤーが中心であった.こうしたバスやタクシー業の増加には輸入商の積極的な販売活動が大きな役割を果たした.例えば,梁瀬自動車は地方のバス,タクシー会社の設立に一部出資を行った[25].

　他方,1910年代にトラックは自家用と営業用いずれもあまり増加しなかった.その理由は,欧米においてもトラックが発達しはじめるのは第一次世界大戦後だったため輸入車が限られていたことがまず挙げられるが,より重要なのは従来の運搬手段に比べた場合のトラックのメリットを活かしうる条件が依然として整っていなかったことであった.すなわち,スピードが重視される商品がそれほど多くなっておらず,荷馬車や荷車との価格競争ができなかったのである.

　こうした車種別自動車普及の差は諸車の保有台数の推移からも確認することができる.1903～23年の間,乗用車との競合関係にある人力車と乗合馬車が,緩慢ではあるものの確実に減少の傾向にあったのに対して,トラックと代替関係にある荷車,牛車荷馬車は10年代後半にむしろ増加していったのである(表1-6).

　　告書」1919年.
25)「愛媛自動車及び京都タクシー会社設立と三田尻萩間乗合計画」『梅村四郎氏の手記』.
　　この資料については第4章で紹介する.

第1章 1910年代における自動車の普及と生産の試み

では，この時期には誰によってどのような車がいかなる方法によって販売されたのであろうか．まず，後述するように，この時期に国内での生産は非常に少なくほとんどは輸入車であったが，自動車輸入の推移は表1-7の通りである[26]．

1900年代におけるこれらの自動車は内外の機械販売商によって輸入されたが，当初は横浜や神戸に在留する外国商社が自家用あるいは見本として輸入したものであった．例えば，アンドリウス・アンド・ジョージ商会は自動車輸入の以前には自転車の輸入販売を行っていた[27]．これらの自動車は日本人経営の商店を通じて試販されたが，その経験を通じて国内の自動車販売商も出現した．日本最初の販売店であるモーター商会も，自転車販売が本業であったが，当初は外国商会が輸入した自動車を販売した．

この時期の自動車の価格には定価という概念がなく，需要者との相談で価格が決められた．もちろん，販売マージンも極めて大きく，アメリカで1,500ドルのオールズモビルが日本では8,000円で販売された[28]．さらに，修理設備も保有しておらず，参入障壁も低かったため，1900年代末からは自動車を取り扱う内外の輸入商が増加しはじめた．日本自動車の前身である大倉組が08年，のちに梁瀬自動車として独立する三井物産が11年にそれぞれ自動車輸入を開始し，セール・フレーザー商会がフォードの販売権を取得したのは10年である．そして，10年代には大戦中の停滞期を挟みつつ特に国内輸入商が増え続け，20年初頭まで存在しているものだけでも30社以上にも達するようになった．しかし，ほとんどの場合，1社当りの輸入台数は年間数台にすぎず，販売方法も00年代とあまり変わらなかっ

---

26) 表1-5の保有台数と表1-7の輸入台数の差が直ちに国内生産台数を意味するわけではない．両者の差は，外交官用など非関税自動車が輸入台数に入っていないこと，部品に分類されているものの中には事実上の完成車が相当含まれていることなどによるものと思われる．

27) 大正初期の鉄道車輛輸入代理店のリストには，1900年代から自動車輸入に関わっている，イリス商会，フレザー商会，ヒーリング商会，アンドリウス・アンド・ジョージ商会も載っている（沢井実『日本鉄道車輛工業史』日本経済評論社，1998年，p.30）．

28) 尾崎正久『日本自動車史』自研社，1942年，p.273．当時の為替レートは100円につき49ドル程度であった．

表1-6 諸車保有台数の推移

単位：台

年度	馬車 乗用	馬車 荷積用	牛車	荷車	自動車 乗用	自動車 荷積用	人力車	自転車 自動	自転車 通常
1903	6,631	91,860	28,084	1,348,872			185,087		
1908	7,606	138,505	32,699	1,520,283			165,230		
1909	8,478	147,099	35,259	1,601,951			153,757		
1910	8,565	158,590	35,448	1,667,520			149,567		
1911	8,932	171,989	35,263	1,726,955			143,803		
1912	8,733	177,793	35,558	1,775,751		535	134,232		388,523
1913	8,581	178,368	33,090	1,803,453		761	126,846		487,076
1914	8,254	179,362	22,339	1,833,723	681	110	118,904	525	587,910
1915	8,091	183,969	32,010	1,812,594	873	24	115,229	660	706,467
1916	8,976	195,068	33,576	1,880,309	1,284	23	112,687	809	867,099
1917	8,694	208,880	35,362	1,936,406	2,757	42	113,274	1,057	1,072,387
1918	7,211	224,296	39,109	2,002,304	3,665	204	113,924	1,403	1,287,504
1919	6,827	244,805	40,587	2,084,865	5,109	444	110,541	2,423	1,611,897
1920	6,178	252,747	44,455	2,143,397	7,023	889	110,405	2,478	2,051,104
1921	5,827	269,378	52,116	2,203,406	8,265	1,383	106,861	3,422	2,319,089
1922	5,463	285,206	55,221	2,219,374	9,992	2,099	100,511	4,591	2,812,478
1923	4,912	288,808	63,449	2,185,345	11,679	3,058	89,149	5,790	3,208,406

注：1904～1907年のデータは資料なし。
出所：『日本帝国統計年鑑』各年版。

表1-7 自動車輸入の推移

単位：台，円

年度	完成車 台数	完成車 価格	部品 価格	合計 価格
1913		605,016	505,029	1,110,045
1914	94	240,610	257,812	498,422
1915	30	70,687	94,578	165,265
1916	218	386,797	326,688	713,485
1917	860	1,569,640	1,097,961	2,667,601
1918	1,653	4,524,953	3,136,858	7,661,811
1919	1,579	5,531,540	5,750,761	11,282,301
1920	1,745	4,865,633	5,613,123	10,478,756
1921	1,074	3,261,808	4,805,732	8,067,540
1922	752	2,216,031	5,093,784	7,309,815

出所：『モーター』1923年8月号，p.3.

第1章 1910年代における自動車の普及と生産の試み

た．ただし，10年代には営業用自動車が登場しはじめたため，その車輛の納入をめぐっては価格引き下げ競争も見られた．先述したタクシー自動車の設立が可能になったのも，セール・フレーザー商会がフォードを低価格で供給したためであった[29]．

自動車輸入商の数が増加し得たのは，当時欧米の輸入元に多数のモデルが存在していたからでもあった．この時期にも日本での販売は特定販売商に独占されたものが多かったが，つねに新規業者が参入しうるほどモデルが多かったのである．そこで，販売商も複数のモデルを取り扱うことが一般的であり，1921年当時日本自動車は9社，梁瀬自動車は6社のモデルを販売していた[30]．

こうして，1910年代日本市場は多数のモデルが少量ずつ販売される自動車百貨店的な状況になっていた．14年末の東京での保有乗用車499台に対してモデル数は実に120余りであった．その内10台以上は12モデルにすぎず，1台しかないモデルが80余りにも達していた[31]．この時期まではヨーロッパの自動車がアメリカ車より多かったが，その後は大戦の影響によってアメリカの自動車が圧倒的に多くなった．しかし，多数のモデルが乱立する状態は変わらず，19年末にも東京の保有乗用車2,309台に対してモデル数は220であった（表1-8）[32]．一方，同時期の東京においてトラック保有台数は265台であったが，その種類は65種であった．その内，10台以上のモデルはフォード（65台）とリパブリック（65台）のみであった[33]．

---

29) 当時の箱型フォードの価格は5,200円であったが（前掲『日本自動車史』p.286），タクシー自動車の創立計画書によると1台当り3,480円で購入することになっていた（前掲『日本自動車発達史 明治篇』p.110）．
30) 『モーター』1922年1月号，pp.98-100, 115-117．
31) 『モーター』1915年2月号，p.35．
32) 『モーター』1920年2月号，pp.65-70．
33) 『モーター』1920年3月号，pp.54-55．

表 1-8　東京の乗用車保有台数現況

1914 年 11 月現在（5 台以上）			1919 年 11 月現在（20 台以上）		
輸入国	車名	台数	輸入国	車名	台数
イタリア	フィアット	46	イタリア	フィアット	59
イギリス	デムラー	39	イギリス	デムラー	30
イギリス	ウーズレー	34	イギリス	ウーズレー	28
ドイツ	NAG	19	ドイツ	プロトス	23
イギリス	ハンバー	12	小計		140
ドイツ	プロトス	10	アメリカ	ビュイック	332
フランス	ルノー	9	同	フォード	205
ドイツ	ロイド	9	同	ハドソン	156
ドイツ	メルセデス	9	同	ハップモビル	96
フランス	クレメント	7	同	オーバーランド	89
イギリス	アームストロング	7	同	スチュードベーカー	80
フランス	ダラック	6	同	レパブリック	78
イギリス	オールデース	6	同	シボレー	70
小計		213	同	ページ	69
アメリカ	フォード	54	同	オークランド	65
同	ビュイック	40	同	チャルマー	56
同	スチュードベーカー	24	同	ドート	48
同	リーガル	16	同	ドッジ	45
同	ページ	10	同	ヘンダーソン	34
同	カデラック	10	同	カデラック	34
同	クリフト	9	同	ムーン	27
同	ハップモビル	7	同	エルジン	23
小計		170	同	マックスウェル	21
合計		499	小計		1,528
			不明	クライドカー	30
			合計		2,309

注：合計には少数モデルを含む．
出所：『モーター』1915 年 2 月号，p.35；同，1920 年 2 月号，pp.65-70.

(2) 生　産[34]

　自動車が到来してから数年後の 1902 年に日本で自動車が造られた．これは逓信電気試験所の技師であった内山駒之助が吉田真太郎の経営する双輪商会という自転車販売店で造ったガソリン乗用車であった．ただし，この車は吉田がアメリカから持ち帰ったエンジンにシャシーを組み立てたも

---

[34]　この項目に関する説明も，別に断らない限り，前掲『日本自動車工業史稿 (1) (2)』による．

のであり，エンジンまで自製した最初の国産車は1904年に山羽虎夫による蒸気乗合自動車である．ともかく，日本においても欧米とほぼ同時期に自動車発明家が現れたということが注目される．

　吉田と内山はその後東京自動車製作所という修理・製造工場を設立し，そこで1907年には12馬力のガソリン・エンジンも開発し，08年まで7ヶ年間に組立・製造を合わせて10台を製造した．これらの車の製造は外注によって集められた部品を30名程度の従業員によって機械加工してから組み立てる形で行われた．工場の設備は旋盤7台，フライス盤・ホール盤・グラインダー・スロッチングがそれぞれ1台であり，これらの機械の動力は3馬力の電動機1台によって供給された．機械設備の性能はともかく，台数の面では年間数台の自動車の機械加工を行うには十分な設備だったと見られる．外注先は鋳物が本所や川口，板金類が築地（山田鉄工所），鍛造が麻布（染谷鉄工所）など造船・鉄道車輛など他の機械工業用の部品を製造していた町工場であり，塗装やスプリングは馬車製造業者であった．

　しかし，この製作所は1908年までしか続かなかった．この車は，がたくりと走るという意味で「タクリー」号と俗称されたように，品質の面で当時の輸入車と競争できなかったからである．その原因は，設計などの未熟さによるものもあっただろうが，当時の欧米においても標準的な自動車がまだ確立されていなかったことを考えると，工作機械など設備や部品基盤の欠如にその失敗の原因を求めるべきであろう．結局，この製作所は09年に大倉組によって，後に日本自動車となる大日本自動車製造に改造され，輸入車の販売を中心にボディ加工，修理を行うことになった．この製作所より規模は小さいものの，発明家による試作は他にも見られ，明治期に数人によって約40台が造られた．

　これらの初期の試みが挫折した後，1910年代には発明家による開発の試みはあまり見られなくなった．その中で，注目すべきことは後に日産自動車につながる快進社が11年に橋本増治郎によって設立されたことである．彼は東京工業学校（蔵前高工）の卒業後，農商務省の海外実業練習生として選抜されて渡米し，蒸気機関を製造する会社で約3年間実習し，帰国し

てからは炭鉱会社の技師長を6年間務めた．このように，橋本は自動車に関する知識こそなかったものの，00年代の発明家には欠けていた機械製造に関する理論や実務を備えていた．それは，設立当時の工場設備にも反映されていた．従業員6人の小規模工場であったが，ミリングは当時世界最高レベルのブラウン・シャープ製であり，旋盤も蔵前高工製であったのである[35]．

また，この会社は国産乗用車の製造を目的としたものの，その手段としては輸入車の組立販売や修理を行うという現実的な戦略を採用した．しかし，設立から2年間で組み立てたのは8台，そのうち販売できたのは3台にすぎなかった．国産車も1913～16年間に4台を試作するに留まった．従って，この期間中には修理の収入によって辛うじて経営が維持できたにすぎない．快進社が結局試作の域を脱し得なかったのも，適当な材料や部品の加工技術が確立されていなかったためであった．

一方，欧米で多数見られた関連工業からの自動車工業への参入が日本ではどうだったのであろうか．まず，自転車工業から見てみよう[36]．ヨーロッパにおいて自転車は1880年代に無溶接鋼管・空気入りタイヤなど部品・用品や安全型の設計など技術的には完成し，90年代に急激に成長した．97年現在，イギリスには4大地域の完成車メーカーだけで833社，同年のアメリカにも約700社が存在していた．しかし，欧米における自転車ブームは98年に突然崩壊し，新興工業である自動車製造に転換していったことは先述した通りである．ところが，この時期の価格崩落によって，これらの欧米からの輸入品によって供給されていた日本の自転車市場が拡大するようになった．1896年に2.6万台であった自転車保有台数は1901年には5.7万台と倍増し，10年には23.9万台，大戦直前の13年には48.7万台に増加したのである[37]．

---

35) 奥村正二「自動車工業の発展段階と構造」向坂正男編『現代日本産業講座V　各論IV　機械工業1』岩波書店，1960年，p.246．

36) 以下，自転車工業については別に断らない限り，自転車産業振興協会編『自転車の一世紀』ラテイス，1973年による．

37) 斎藤俊彦『くるまたちの社会史——人力車から自動車まで』中央公論社，1997年，p.

日本において最初の自転車製造は1890年の宮田製銃所によって行われた．同社は，イギリスのBSA，アメリカのアイバー・ジョンソン，ベルギーのF/Nのように，小銃工場から自転車工場に転換した．両者の間には鉄の焼入れ・パイプの製造という面に技術的に連続性が存在していたからである[38]．もっとも，これは試作にすぎず，本格的に自転車メーカーになるのは宮田製作所と改称する1902年頃であった．しかし，00年代には欧米の輸入品と競争するまでには至らず，少数の完成車と部品を造る程度であった．しかも，宮田のように完成車を造る企業は稀であり，殆どは輸入自転車の販売を中心に部品生産を一部行っていた．岡本自転車（1899年創立），日米商店（後日米富士自転車，1900年），石川商会（後丸石商会，1900年）がそれであり，とくに堺には小規模の部品企業が多数出現した．

　ところで，第一次世界大戦の勃発によってヨーロッパからの輸入が途絶する1914年以降自転車の国産化が進展し，国産自転車の生産も急増しはじめた．保有台数は17年に100万台を突破し，20年には200万台を超えるようになった．ただし，その生産増加は欧米とは異なる方式によって行われた．生産の増加に伴い，部品メーカーの大型化や完成車（一貫生産）メーカー数の増加が見られるのではなく，むしろ輸入商の主導のもとで分業がより進められて部品企業は細分化・零細化し，大手完成車メーカーへの生産集中は起こらなかったのである（表1-9）．市場がより急速に拡大し，生産も年間100万台を超える1930年代半ばにもこうした生産構造は続いていた．

　以上のように，日本において自転車の生産は自動車の生産とほぼ同時期に行われたために自転車での技術蓄積に基づく自動車への転換が見られる可能性は存在しなかった．また，自転車工業そのものが，欧米と異なって1910年代にも一貫して成長していく新興工業であり，自動車への転換の必要性もなかった．さらに，こうした自転車市場の拡大や生産構造は戦前を通じて継続したため，自転車から自動車メーカーへの本格的な転換は結局

128.
38）　宮田製作所『宮田製作所七十年史』1959年，p.7.

表1-9 完成自転車メーカーの現況（1920年1月）

メーカー	創業年	所在地	職工数（人）	原動力（馬力）	自動車工業との関係
東京製輪工業(株)	1913	東京南葛飾	114	15	
大日本自転車(株)	1917	東京本所	447	211	
宮田製作所	1901	東京本所	264	146	小型車
プレミヤ自転車製造場	1911	兵庫県神戸	255	150	
帝国鉄工(株)	1918	兵庫県神戸	145	27	
東北輪業(株)	1919	栃木県宇都宮	13	10	
松本自転車製作所	1918	奈良県奈良	37		
岡本自転車自動車製作所	1919	愛知県愛知	318		30年代大型車試作

出所:『工場通覧』大正10年版に自動車工業との関係を追加.

見られなかったのである．もっとも，自転車メーカーと自動車メーカーとの関係は，形は異なるものの，欧米同様に20年代以降日本の小型車工業においても見られるようになる．

　この時期に自転車メーカーによる自動車製造が試みられたのは宮田製作所だけであった．同社は1909年から17年まで5台の小型乗用車「旭号」を試作し，17年から20年代初頭まで年間2台程度を製造した．しかし，関東大震災で工場が被害を受け，新工場を建設してからは同社も自転車に専念することになった．

　他の機械工業の場合も自転車工業の状況と同様だったため，自動車への参入はあまり見られなかった．原動機（エンジン）は外燃機関（蒸気機関，蒸気タービン）と内燃機関（ガス，石油，ガソリン，ディーゼル機関）と分けられるが，この中で自動車など移動用作業機（交通手段）として使われるのは内燃機関である．しかし，日本において早くから発達したのは発電や造船用の大型蒸気機関であった（表1-10）．

　内燃機関のうち，吸込みガス機関は1905年から輸入され，08年に大阪発動機製造（のちダイハツ）によって国産化され，鉱山や工場の発電用として使われた．これより小さな石油発動機は00年に新潟鉄工所が試作に成功し，03年には輸入品を模倣した漁船用発動機を製造した[39]．その後，

---

39) 日本工学会『明治工業史　機械・地学篇』啓明会，1930年，pp.54-57.

表 1-10 原動機製造工場の現況（1921年）

企業名	創業年	職工数(人)	製造品目	自動車工業との関係
三菱長崎造船所	1884	13,500	船用汽機，蒸気タービン，ポンプ，ディーゼル機関	
川崎造船所	1896	12,000	船用汽缶・汽機，蒸気タービン，ポンプ，ディーゼル機関	
同兵庫分工場	1919	6,703	飛行機用発動機，機関車，貨客車，自動車，飛行機	軍用車，30年代大型車
日立製作所亀戸工場	1912	644	水車，汽缶，汽機，空気圧搾機，ポンプ，起重機，小型電動機	30年代ディーゼル車
新潟鉄鋼所蒲田工場	1921	500	ディーゼル機関，石油機関	30年代ディーゼル車
発動機製造	1908	526	吸入瓦斯機関，石油機関	30年代三輪車
池貝鉄鋼所本芝分工場	1916	280	ディーゼル機関，石油機関，飛行機用発動機	30年代ディーゼル車
三菱内燃機神戸工場	1920	749	ディーゼル機関	軍用車，30年代大型車
神戸製鋼所	1905	2,024	ディーゼル機関，汽缶，汽機，ポンプ，製鋼	

出所：豊崎稔『日本機械工業の基礎構造』日本評論社，1941年，p.51 に自動車工業との関係を追加．原資料は，農商務省工務局編『主要工業概覧』第3部機械工業，1921年．

この石油発動機は07年頃の農商務省水産局の奨励によって漁船用として，また10年代には農林省の奨励によって農業用として多数製造されるようになった．一方，ディーゼル機関はやや遅れて10年代に輸入されはじめ，大戦中に少数のメーカーによる国産化が試みられ，20年代に入ってから本格的に国産品が一部製造されるようになった[40]．

工作機械は造船所・軍工廠において内部用として早くから製造されていたが，商品として製造されはじめたのは1880年代後半頃からである．当時は技術・製造規模の面で微々たる水準に留まっていたが，明治の末期から大正の初期にかけて著しく技術が進歩し多数のメーカーが参入した．そして，大戦によって輸入品が途絶したため，国産品に対する需要が増加し，一時国産メーカーは100社に達するようになったが，戦後輸入の再開や不況によって多数が撤退し，1920年代初頭には10社余りが残った[41]．

以上のように原動機や工作機械工業も，自動車工業とほぼ同時期に技術

---

40) 豊崎稔『日本機械工業の基礎構造』日本評論社，1941年，pp.215-216．
41) 工学会篇『日本工業大観 上巻』1925年，pp.650-651．

の導入・国産化が進められていたため，この時期に自動車工業への参入は見られなかった．ほとんどが試作で終わるものの，その試みが見られるのは，後述するように軍用自動車補助法に促されたものであった．また，本格的に製造に乗り出そうとするのは，これらの分野での技術蓄積がある程度進展し，自動車市場も拡大する1930年代に入ってからである．ただし，20年代以降の小型車工業の形成と関連してこの時期に注目すべきことは，小型石油エンジンの広汎な製造である．20年代にこの分野において代表的なメーカーは戸畑鋳物，久保田鉄工所，大阪発動機製造などであるが[42]，いずれも小型車に参入することになる（表1-11）．

一方，この時期において自動車部品の生産はどうだったのであろうか．欧米ではすでに広汎に存在していた部品メーカーの基盤の上で自動車の製造が行われたのに対して，日本ではその基盤たるものが欠如していた．従って，欧米とは逆に自動車の製造が先行し，部品の製造がその後を追う形となった．しかも，この時期には国産車の製造がほとんど見られなかったため，組立用部品はなく，一部の修理用部品を除けばほとんどは電球などの用品であった．

その部品・用品の製造を担ったのが自動車輸入商である．例えば1917年現在東京における修理工場リストを見ると，修理を専門とするものは少なく，輸入販売あるいは運輸会社の一部で行われていることが見て取れる（表1-12）[43]．また，快進社が国産車の試作を行っていたことは先述したが，この時期には東京自動車製作所においても少数ではあるが，製造が行われていたし，芳賀自動車工場の代表は00年代の発明家の一人である[44]．また，最初の国産車を造った東京自動車製作所が輸入車販売・修理専門の日

---

42) 同上，p.660.
43) 戦前には自動車用品という用語が存在しておらず，部品と用品を合わせて部分品と呼ばれた．表1-12の事業内容における部品とはその部分品を指しており，用品を含む概念である．
44) 修理から部品・完成車への製造に発展していったケースは自動車だけでなく，他の機械工業にも見られる当時の一般的な現象だったとも言える．電機機械修理から成立した日立製作所もその例の一つであろう．

第1章 1910年代における自動車の普及と生産の試み

表1-11 工作機械製造工場の現況（1921年）

企業名	所在地	創業年	資本金（千円）	払込資本金（千円）	職工数（人）	主要製品	自動車工業との関係
池貝鉄工所	東京	1890	6,000	3,400	700	旋盤, 平削機, 鑽孔機, 鑽開機, 転削盤, 歯切機, 研磨機, 砲塔旋盤	30年代ディーゼル車
唐津鉄工所	佐賀県	1909	2,000	1,500	480	旋盤, 平削機, 鑽孔機, 鑽開機	
新潟鉄工所	東京	1895	5,000	2,500	400	旋盤, 平削機, 砲塔旋盤	30年代ディーゼル車
汽車製造	大阪	1915	2,700	2,210	200	旋盤, 縦削機, 転削機, 鑽孔機	30年代大型車
東京瓦斯電気	東京	1909	20,000	17,100	265	旋盤, 平削機, 縦削機, 成型機, 鑽孔機, 鑽開機	軍用車, 大型車
若山鉄工所	大阪	1893	2,000	1,000	150	旋盤, 平削機	
久保田鉄工所	大阪		5,000	1,000	120	旋盤	小型車に出資
安田鉄工所	大阪	1900	20,000	5,844	174	旋盤, 平削機, 転削機, 研磨機	
大隈鉄工所	名古屋	1915	1,000	700	270	旋盤, 成型機, 鑽孔機, 転削機, 研磨機	30年代大型車
小松製作所	石川県	1917	1,000	500	150	旋盤, 鑽孔機, 転削機, 研磨機	
白楊社	東京	1912		100	30	旋盤, 研磨機	20年代小型車
礫々商店	東京	1911	200	200	120	旋盤, 鑽孔機, 成型機	
城東製作所	大阪	1917		150	170	旋盤, 歯切機, 槌機	
平尾鉄工所	大阪	1892		200	50	旋盤	
作山鉄工所	大阪	1895	500	250	200	旋盤, 空気槌, 腕型鑽孔機	

出所：豊崎稔『日本機械工業の基礎構造』日本評論社，1941年，p.58に自動車工業との関係を追加。原資料は，農商務省工務局編『主要工業概覧』第3部機械工業，1921年．

本自動車に変わったことも先に述べた通りである．要するに，全体的に自動車に関する工学的知識があまり普及していない状況のもとで，それに関心を持つものはまず修理に携わっていたのである．その中で，日本自動車や梁瀬商会など輸入商が経営する修理工場が設備規模や人員面において他の修理工場より群を抜いて大きく，20年代に多数の部品・用品製造や修理

表 1-12　東京の自動車修理業現況（1917 年）

社名	創業年	所在地	代表	事業内容	履歴・設備	従業員
エンパイヤ自動車ガレージ	1913年	日本橋	柳田諒三	自動車・自動自転車・部品の輸入・販売, 修理	3馬力モーター1, 旋盤3, セービング1	
芳賀自動車工場		芝	芳賀五郎		自動車製造を試みた経験	
日本自動車（株）工作部		赤坂	大倉喜七郎（石沢愛三）	自動車・自動自転車・部品の輸入・販売, 修理, 運送業	10馬力モーター1, 旋盤5, ドリル5, セービング1, 瓦斯炉2, 溶接装置1, 硬度計1, 温度計など	150人
保坂機械製作分工場		神田	保坂松三郎	モーターボート・自動自転車の販売, 修理	モーター1, 旋盤2, ボール盤2	
東京自動車製作所	1910年	麹町	宮原清	製造, 修理	15馬力モーター2, 旋盤16, ミーリング4. 自動車38台製造	
東京ガレージ		赤坂	主任技師：鷲津	乗合自動車修理, 機械製造	7.5馬力モーター1, ミーリング1, ボール盤5, 旋盤7. 乗合自動車会社勤務	
オリエンタル商会		麹町	小林光栄	修理	帝国自動車（販売・修理）勤務	
内国通運（株）自動車部	1914年	深川		運輸業（3トン貨物車8台, 乗合6台, 0.5トン郵便運搬車3台）	5馬力モーター, 旋盤3, セービング, ミーリング, ボール盤など完備	
HO商会	1913年	芝	荻野六三郎	ボディ製造・修理, 部品販売	2馬力モーター, 旋盤3. 主任は鉄道・電気事業経験	25人
快進社	1911年	渋谷	橋本増治郎	自動車の製造・販売・修理	5馬力モーター1, 旋盤2, ミーリング1など製造用機械完備	
梁瀬商会工作部	1913年	麹町	梁瀬長太郎	自動車販売, ボディ製造, 修理	8馬力モーター1, 旋盤7, ボール盤8, ミーリング1, セービング3	242人
山口勝蔵商店自動車部		京橋	山口勝蔵	自動車輸入・販売・修理	5馬力モーター2, 旋盤2, ボール盤3, ミーリング1	
松永自動車工場		赤坂	松永元吉	修理	12年タクシー自動車会社設立の時に入社	
藤原商店自動車部	1913年	麹町	藤原俊雄	自動車輸入・販売・修理		18人
近藤商会自動車部	1917年	赤坂	近藤可哉	自動車修理, ボディ製造	日本車輛（鉄道車輛）自動車部主任技師	
アローフィールド自動車工場	1914年	麻布	大塚正三郎ほか	自動車修理専門（最初は英国人技師）	3馬力モーター, 旋盤4, ボール盤2	
水嶼商会自動車部		京橋	水嶼峻一	自動車輸入・販売・修理, ボディ製造		
鈴木自動車商会	1917年	麹町	鈴木久次郎	自動車, 自動自転車, モーターボード修理	3.5馬力モーター, ボール盤4, ミーリング1, 旋盤2	14人

出所：『モーター』1917年7月号, pp.14-19.

業者を輩出することになったのである.

　この輸入商の修理工場では必要な部品を輸入する一方で，皮革製品・蓄電池・電球などの用品や簡単な部品・修理用工具を自製するか，ほかの業者に製造させた．例えば，山口勝蔵商店自動車部は修理用工具の製造のために池貝鉄工所に注文するほか，1918 年には東京鍛工所の設立に関わり，鍛造部品を調達したという[45]．しかし，全体的に見ると，この時期の輸入台数もそれほど多くなかったために，こうした独立した部品・用品製造業者の数は限られていたと見られる．29 年末現在操業中の部品・用品業者のうち，創業年度が 14 年以前のものは 3 社，15〜22 年は 10 社にすぎなかった．その製造品目を見ると，馬車や人力車から転換してきたものによるホイール，スプリング，喇叭などが多かった[46]．

　一方，ボディ（車体）は早い時期から日本においても製造されていたが，それは従来の馬車製造の伝統が活かされたからである．先述の東京自動車製作所の車体も宮内省出入りの馬車製造業者だった池田馬車製作所によって調達された．その他，国井，鶴岡，小柴などが 1900 年代から有名だったが，とくに塗装の技術に優れていた国井は 10 年代には国内外の輸入商向けに多数の車体を製造した[47]．これら馬車業者による車体は，乗用車か乗用車をベースとした 7,8 人乗のバスが中心だったが，大型バスの増加に伴って 10 年代から車体製造の中心は輸入商によるものに代わっていった．梁瀬商会の場合，15 年から車体製造をはじめたが，東京府立工芸学校出身の田中常三郎を採用してアメリカの塗装技術を研究させて東京市街自動車に使われる車体を製造した．設立当時から小規模の車体製造を行っていた日本自動車も 18 年に中野工場を建設し本格的に車体製造に乗り出した[48]．これら輸入商による車体製造はバス用が中心であったものの，乗用車・トラックの車体も製造することになった．それはシャシーのみの輸入後，自

---

45)　前掲『自動車工業史稿 (2)』p. 529.
46)　『全国自動車界銘鑑』昭和 4, 5 年版，ポケットモーター社，1929, 30 年.
47)　前掲『日本自動車工業史稿 (1)』pp. 285-288.
48)　前掲『日本自動車工業史稿 (2)』pp. 510-513.

社内での組立や車体架装がコスト節減によって販売競争に有利になると判断してからであり[49]，またそれに必要な技術能力を備えていたことを意味した．日本自動車や梁瀬商会の従業員や設備の構成は，修理だけでなくこうした組立・車体製造を反映したものだったのである．

(3) 軍用自動車補助法

　以上のような技術・市場の要因によって，1910年代日本においては発明家型メーカーが長く存続できず，関連工業からも参入は見られず，輸入商の主導でボディや一部の用品・部品を生産するに留まっていた．ところが，18年の「軍用自動車補助法」の制定によって関連工業から自動車工業への参入が見られるようになった．以下，この法の制定に至る過程について見よう[50]．

　軍が軍用として自動車に関心を示したのは日露戦争の直後である．その戦争で戦線が大規模に拡大した結果，従来の馬匹のみによる兵器・弾薬・食糧などの輸送の限界が明らかになったからである．そして，1907年2月，陸軍次官は陸軍技術審査部長に，自動車が軍用に供し得るかどうか，自動車は砲兵工廠その他国内で製造できるかどうかに関する研究を通牒した．そして，技術審査本部は08年から09年までフランスのノームやスナイダーのトラックをそれぞれ2台ずつ購入して各種試験研究を行った．その結果，自動車が軍用として十分使用可能であることが明らかになり，審査部長は陸軍大臣にその結果と共に軍用トラックの具備すべき要件も上申した．

　そして，大阪砲兵工廠は1910年5月に陸軍大臣からその要件を備えるトラックの製造を命じられ，11年に2台の甲号トラックを試作した．この試作車は同年10月の長距離テストで性能が認められ，また，第一次世界大

---

49) 1911年の関税定率法による自動車関税は完成車が50％（日仏協定税率35％）であったのに対して，エンジンが20％，その他の部品が30％（同25％）であり，部品として輸入する方が有利であった（大蔵省税関部編『日本関税税関史　資料II　関税率沿革』1960年，pp. 172-181）．

50) この部分については，輜重兵会編『座談会　陸軍自動車学校　陸軍輜重兵学校』1985年，pp. 1-10；前掲『日本自動車工業史稿 (1)』pp. 271-280による．

戦中の14年にはそれを改良した丙号が青島に投入され，実施試験を行った．

一方，1912年には「今後の各種の試験や研究を行うほか，編制，運転手の養成，民間自動車の奨励，利用等について調査研究」のため，軍務局長を委員長とする軍用自動車調査委員会が設けられた．この委員会では「満州」などでの各種試験や自動車部隊の編制方法を研究した．そして，軍用トラックとしての具備要件に検討を加え，17年に漸く4トン自動貨車（トラック）の陸軍制式を制定した．

ところで，調査委員会ではこうした軍用車の制式化を進める一方，他方で大戦勃発直前の1914年6月から「軍用自動車奨励法」の検討をはじめた．その目的は，平時から大量の軍用車を軍が保有することは経費負担が大きいので，一定の自動車を民間に保有させ，有事の際にそれを徴発することにあった．そして，制式車輛の決定と共に，17年6月に具体的な「軍用自動車補助法」案がまとめられるようになったのである．

以上のように日本における軍用車の制式化や補助法案の作成に至る過程は，ヨーロッパにおける軍用車の価値が，それまでの可能性から全面的に現実化した時期でもあった．ヨーロッパではトラックを中心に大量の軍用車が大戦中に生産されたが，その数がイギリス5.8万台，フランス6.6万台，ドイツ6万台に達した．これらの車輛は弾薬・食糧の運搬，負傷兵の後送，飛行機・野砲の運搬に使われた．トラックだけでなくバスや乗用車も大量に使われたが，とくに1914年のマルヌ戦闘や16年のヴェルダン戦闘が有名であった．前者はパリのタクシー600台で兵隊を，後者は3,500台のトラックで兵隊や物資を戦地に輸送した．とくに後者は，7ヶ月も続いたが，「フランス軍がドイツ軍に勝ったのはフランスのトラックがドイツの鉄道に勝っていたからである」と言われるほど戦勝に決定的な要因となった[51]．

こうした効果は直ちに各国に知られたが，日本もその例外ではなかった[52]．すでに軍用自動車調査委員会では1912年設立と共に外国における

---

51) James M. Laux, "Trucks in the west during the first world war", *The Journal of Transport History*, 3rd. Series, Vol. 6, No. 2, Sep. 1985.

軍用車の使用状況を調査していたが，大戦中には欧米への出張調査も行った．例えば，16年7月〜17年5月には川瀬輺重兵中佐が英・仏・伊・露に派遣され，軍用車の使用状況，要員整備状況，戦場における軍用車の用途などを調査した[53]．これらの調査・経験の結果，軍用車の価値を改めて認識したことはもちろんであるが，軍用車に限らず大量の自動車を保有することの重要性にも気づいた．これが，20年代における保有台数増加を最優先とする軍の方針の基礎となり，外国車の輸入や日本国内での組立活動に反対しなかった理由になったと思われる．

また，補助法案もヨーロッパ諸国のそれを参考にして作成されていた．その諸国においての軍用車補助法の内容は，自国内で製造された自動車のうち，牽引車・大型トラックについて，戦時の徴発を条件として購買・維持補助金を与えることであった（表1-13）．

同法の意図はそもそも，その対象となる車種からも窺い知ることができるように，民間での使用が少なくかつ直接に軍用に使える車を平時から民間に保有させることであった．そして，その法が制定された当時はそれらの国でトラックの生産は非常に少なかったため，トラックの製造を奨励する意味合いも有していた．例えば，ドイツにおいては法の制定年である1908年には11社が180台の軍用車を製造したが，その台数は全トラックの28％であった[54]．

しかし，その後は，軍予算の制約によって対象数が限られる一方で，民間用トラックが増加したため，軍用車の比率は低下した．1914年の開戦当時，ドイツにおいて軍用車は1,150台だったのに対して民間トラックは1.5万台，フランスではそれぞれ1,200台，1万台であった[55]．しかも，上述したように，大戦中の経験から，軍用車だけでなくタクシーなど民間車輛も

---

52) 山川良三「欧州戦争と自動車（一）〜（三）」『モーター』1916年8月〜10月号．当時，陸軍輺重兵少佐であった山川は軍用自動車補助法案の実務担当者であり，法案の議会審議ではその説明を行った．
53) 輺重兵史刊行委員会編『輺重兵史 上巻 沿革編・自動車編』1979年，p.575．
54) 大島隆雄『ドイツ自動車工業成立史』創土社，2000年，p.549．
55) 前掲「欧州戦争と自動車（一）」p.10．

第1章　1910年代における自動車の普及と生産の試み　　　49

表1-13　ヨーロッパ諸国における軍用保護自動車の対象と補助金

	ドイツ（1908年）	オーストリア（1911年）	フランス（1910年）
対象	自動列車	自動列車	自動貨車, 軽自動列車, 重自動車
具備すべき性能	自重4.5トンの自動貨車を動力車として自重2トンの附属車を牽引すること. 35馬力以上・6トン積・12km/h	自重3トンの自動貨車を動力車として自重1.5トンの附属車を牽引すること. 35馬力以上・5トン積・17km/h	1) 自動貨車：2トン積以上. 2) 軽自動列車：5トン以上の附属車を牽引. 3) 重自動車：8トン積以上
条件	自国会社製造, 戦時徴発の義務	同左	役員・職工の3/5以上が仏人の会社製, 国内材料使用, 検査に合格した車輛と同等のもの
補助金の対象	軍用に使用できるような状態で5年間保存・使用する運輸・賃貸業者	同左	購入後4年間自国内で営業し, 状態良好なもの
補助金	1) 購買補助金：4,000マルク. 2) 維持補助金：2〜5年目に1,000マルク/年	1) 購買補助金：4,000マルク. 2) 運転補助金：5年間, 1,000マルク/年	1) 購買補助金：自動貨車2,000, 軽自動列車2,800, 重自動車6,000フラン. 2) 維持補助金：3年間, 自動貨車1,000, 軽自動列車1,400, 重自動車3,000フラン/年

出所：『モーター』1916年9月号, pp.30-31より作成.

軍事的な価値が認められるようになったため，大戦後には同法の意味が事実上なくなったのである．

ところが，当時の日本は，それらの国が補助法を制定する時期よりも自動車の製造・利用が一層遅れていたために，民間に製造や使用を刺激するこの法を制定する根拠は十分に存在していたのである．

そして，同法案は1918年1月末に衆議院委員会での審議からはじまって同年3月に貴族院を通過して正式に全文22条の軍用自動車補助法として公布され，また同年5月には全文60条の同法施行細則が陸軍省令として公布された．

では，日本の軍用自動車補助法はどのようなものであり，その結果はいかなるものだったのであろうか．まず，議会での審議の過程を通じてその内容及び目的を見てみよう[56]．

衆議院委員会では大島健一陸軍大臣から法案の提案説明が行われた．ここでは，多年間の試験の結果，軍用車として3トン（1トン積）及び4トン（1.5トン積）を決定したが，そのトラックを「広く民間に使用をさせ，之を戦時に応用すると云ふことが経済でもあり，又自動車の発達に伴って新式のものを用」いることができるので，自動車製造を奨励し，また民間の使用数を増やそうとすることが，法案の趣旨であるとされた．そのために，製造者には 2,000 円まで，使用者には 2,500 円までの補助金を支給することになった．その根拠は，まず製造補助金の場合，砲兵工廠で試作した 4 トントラックの製造コストが 7,000 円だったのに対して，同級のアメリカ製は 5,000 円であるからである．使用者に対する補助金は，馬車利用とトラック使用との維持費の差を補塡させるためであり，購入補助金として 1,000 円まで，また維持補助金として年間 300 円までを 5 年間支給することになった．以上がこの法案の骨子であった．

　その後，審議会での質疑応答の過程を通じて，この法案の意図や推進方法などがより具体的に明らかになった．まず，この法によって陸軍は最終的に 1,700 台の軍用車を保有しておく考えであった．将来戦争が起きた場合の必要台数は当時の師団数から 4,000 台と想定されたが，その半分弱を国内で調達する方針であった．1917 年現在，トラックの保有台数が約 2,000 台であり，しかもそのうちこの軍用車の規格に合うのは 30〜40 台にすぎなかったことを考えると，この計画は相当の大規模なものであった．

　ところで，その 1,700 台を輸入によって調達する場合は，製造補助金分だけ経費が節約される．従って，当然ながら，議員からはその質問が出された．これに対しては輸入途絶の可能性というよりは，国内工業を奨励するためにと答えた．その場合，国内で果たしてその製造ができるかという質問に対しては，陸軍工廠での製造の経験から発電機・点火具・気化器・ベアリング以外には国内で十分に製造可能としていた．また，軍用車製造への参入が予想されるのは，東京では東京瓦斯電気，東京飛行機自動車製

---

56) 以下，「第 40 回帝国議会衆議院委員会会議録」，「同衆議院議事速記録」，「同貴族院委員会会議録」，「同貴族院議事速記録」による．

造所，名古屋では熱田車輌製造，大阪では日本兵機製造，日本汽車製造，神戸では川崎造船所を挙げ，その他東京の日本自動車や快進社は能力に欠けていると答えた．

　また，議論の過程で法案の目的やその実現可能性がむしろ曖昧になった部分もあった．まず，この法案によると，軍用の規格に合格するすべての車輌に補助金を与えるものではなかった．その車輌の中で，毎年の予算の枠内で補助金を受ける車輌台数が限定されていたのである．実際に1918年度のこの予算は4万円にすぎず，4トントラック10台分しか補助できなかった．もちろん，この年の予算は，当時軍用車を生産しているメーカーが存在していなかったためであったが，20年代に入ってから現実化するように，軍縮によってこの予算が削減されると，数年間に1,700台分の補助金の予算を確保することは当初の想定より難しくなったのである．

　しかし，この点に関連してより重要なのは市場調査がまったく行われず，果たして目標通りの需要があるかどうかに対する展望を有していなかったことである．陸軍としては，本来なら，ドイツの規格のように，軍用に適合するような7，8トン級を補助の対象としたかったのであるが，日本の道路事情や民間への使用奨励のために3，4トン級にし，さらに，そのトラック・シャシーを用いた応用車（バス）まで対象を広げた．

　軍としては，こうした譲歩によって，少なくとも3トン級は民間でも十分普及できると見ていたのであろうが，議員からは3トン級すら民間には大きすぎるので，普及促進の目的なら2トン級以下も含めるべきという指摘もなされたのである．しかし，軍としては，上述の理由で3トン級まで広げたし，軍用としてはあくまでも4トン級を中心にしたいという方針を有していたので，2トン級まで範囲を広げることは受け入れ難い要求であった．

　要するに，この法案は民間への普及拡大＝国内自動車製造奨励や軍用車の確保という二つの効果を目標としたものであるが，その対象となった車輌が民間のニーズに合わなかった場合，どちらの目標も達成できない可能性を孕んでいたのである．1920年代の実際の展開過程はその可能性が現

実になる．また，国内製造保護の際に，対象となる車輛の規格と市場需要の間のミスマッチは，第4章に紹介するように，30年代初頭の商工省・鉄道省による「標準車」政策にも繰り返されることになる．

　いずれにしても，この法案はほとんど原案通り議会を通過したが，施行細則で決められた補助の対象や補助金の種類・金額は表1-14の通りである[57]．これを表1-13と比較すると，ヨーロッパに比べて製造補助金の存在や補助額の面で特徴が見出される[58]．立法趣旨をまったく同じくしつつも，具体的な方法の面においてこうした差が現れたのは，法が制定される時点における工業水準の差があったからであろう．

　この点に関連して，注目すべきは，製造業者の資格として技術者や製造設備までも規定したことである．まず，技術者については，次のいずれかに該当する専任技師を資格条件とした．帝国大学工学部を卒業して1年以上の自動車製造・修理・監督・検査などの経験があるもの，高等工業学校機械科出身で3年以上の経験があるもの，8年以上の経験があって所定の試験に合格したものである．また，設備については，鋳物・鍛造・組立・測定（エンジン馬力）・試験（地金）に関するものを有することを条件とした．この中で，外注が許容されたのは鋳物・鋳造のみであり，クランク・車軸・歯車など鍛造加工はすべて自製することになっていた．この条項は，修理や部品調達を簡単にすべく，ある程度の参入障壁を設けることによってモデル数を制限しようとした意図もあったのであろうが，部品供給の技術的基盤，とくに鍛造のそれが非常に脆弱であったことの反映でもあったと思われる．

　では，この法の成立によって実際にどのメーカーが参入してきたのであろうか．議会での審議の過程においても候補メーカー名が登場したが，実

---

[57] 軍用自動車補助法及び同施行細則の全文は，前掲『日本自動車工業史稿（2）』pp. 581-599に掲載されている．

[58] 相対的に日本の規格に近いフランスの2トン積車の場合，1917年の平均為替レート（2.93フラン／円）で換算すると，購買補助金は682円，維持補助金は341円であった．もちろん，この場合問題になるべきことは絶対額でなく，購買額あるいは維持費の中に占める補助金の割合であろうが，残念ながらそれを明らかにすることはできなかった．

表 1-14　軍用自動車補助法による補助金

単位：円

種類	対象	製造	増加	購買	維持（年額）
甲	積載量 1～1.5 トン自動貨車	1,500	500	1,000	300
乙	積載量 1.5 トン以上自動貨車	2,000	500	1,000	300
丙	甲の応用車	1,500	375	750	200
丁	乙の応用車	2,000	375	750	200

出所：「軍用自動車補助法施行細則」（1918年5月1日）第7条．

は1917年に制式の決定と共に東京瓦斯電気工業（以下，瓦斯電）をはじめとする9社に試作を勧奨していた．そして，18～19年中に瓦斯電，大阪発動機製造，川崎造船，奥村電気，三菱造船神戸造船所で試作品が完成した．これらはいずれも，大阪砲兵工廠から図面はもとより主要部品や材料・試作資金までが支給されて行われたものであった．そのうち，30年代に小型車分野に参入する発動機製造は試作そのものに止まった．川崎は21年に自動車部を設けて参入しようとしたが，その計画の直後に飛行機部に改められ，それまでの自動車関係業務は鉄道車輛を製造していた車輛部に移管された．そこで自動車製造が開始されるのは31年であった[59]．

三菱神戸も川崎と同じ路を辿った．1917年にはフィアットをモデルとして乗用車10台を製造した同社は20年には軍用車も4台試作した．その後自動車事業は20年に名古屋に設立された三菱内燃機製造に移管されたが，そこは航空機製造が中心となり自動車は21年に打ち切りとなった．三菱神戸で再び自動車製造に乗り出すのは32年からであった[60]．

こうした三菱や川崎のケースからは，当初軍が予想したこととは異なって，これらのメーカーにはこの法がそれほどインセンティブを与えるものではなかったことが窺える．まず，議会の審議過程でも明らかになったように，市場展望に関わる点が考えられる．三菱が参入を断念したのは国内市場狭小のため採算の見込みがなかったからだというが[61]，これは当時民

---

59) 以上，前掲『日本自動車工業史稿（2）』pp. 172, 324-331．
60) 柴孝夫「昭和戦前期三菱重工の自動車製造事業――再進出とその挫折」『大阪大学経済学』Vol. 35, No. 1, 1985年．
61) 同上，p. 105．

間では 3, 4 トントラックの需要が非常に限られていると認識されていたことを示している．従って，自動車より需要は少ないものの販売が確実に保証される航空機への集中を決定したと思われる．しかし，当時の状況から見ると技術的制約がより重要であったと思われる．というのは，軍が想定していた 7,000 円程度で製造できなかった可能性が高いと思われるからである．7,000 円という製造原価は大阪砲兵工廠でのそれであったが，ほとんどの部品を内製することが求められた状況で，工廠なみの原価で製造することは難しかったのである[62]．

こうして，試作に参加したメーカーのうち，実際に製造に本格的に参入するのは瓦斯電 1 社しかなかった．では，瓦斯電は当時どういう状況のなかで参入を決定したのであろうか．同社は 1910 年にガスマントルなどを製造するために資本金 100 万円（払込み 25 万円）で設立された東京瓦斯工業（株）として操業を開始した．13 年以降製造品目に電気器具類が加わり，社名も東京瓦斯電気工業（株）と改称された．その後，大戦中には爆薬信管など軍需品の製造が中心となったが，その過程で大阪砲兵工廠からの技術指導を受けるなど，軍との関係が緊密になった．当時，民間でこうした軍需品を生産したのは瓦斯電だけであったという[63]．

そして，大戦末期の好況期に急激に事業を拡張し，1919 年 12 月に改正された定款には製造品目として従来の瓦斯電気器具や琺瑯鉄器に新しく兵器・火薬・飛行機・自動車・工作機械などが加わって 11 品目にも及ぶようになった．16 年度下半期に 100 万円であった払込資本金も 18 年上半期 475 万円，19 年上半期 1,250 万円，20 年上半期には 1,740 万円と増加し，当期純収益も 16 年下半期の 16.1 万円から 19 年下半期には 217.1 万円と順調に増加した．この利益金や資本金の増加は，工場の拡充や設備導入に向けられ，17 年から 21 年にかけて主力の大森工場が建設された[64]．そして 17

---

62) この時期の三菱の自動車事業に関連して「大財閥の重化学工業進出に対する保守的ビヘイビア」（森川英正『財閥の経営史的研究』東洋経済新報社，1980 年，p. 180）と規定するのは，以上の理由から，後の自動車工業の発展から見た結果論にすぎないと思われる．
63) 前掲『日本自動車工業史稿 (2)』pp. 332-334.
64) 東京瓦斯電気工業『営業報告書』各回.

年末に職工840名，保有馬力246だったのが，20年初めにはそれぞれ2,357名，16.5万馬力にそれぞれ増加した[65]．要するに，この時期の瓦斯電の事業拡張は，大戦中に日本の重工業分野において急激に進められた輸入代替化過程の一環であったが，同社に特徴的だった点はそれが軍との密接な関係の上で行われたことであった．30年代半ば頃に事実上倒産するまでに続けられる同社の軍需企業的な性格がこの時期に形成されたのである．同社がこの時期に参入した各部門について，それ以降の変遷過程を示したのが表1-15である．

　瓦斯電の自動車部門への参入も，大戦中に軍との関係が深まる過程で決定された．1917年5月の営業報告書では「自動車部ハ目下設計画策中ニシテ敷地ノ選定工場ノ建築機械ノ買入等着々進行シツツアリ」と記されているが，先述したようにすでに14年に軍が補助法を構想していたことや当時瓦斯電が大阪砲兵工廠と密接な関係にあったことを考えると，それ以前の時期から計画を立てていたものと思われる．それが，補助法案が決まった17年になって軍から試作を勧められたため，当時新設された大森工場で工作機械・兵器などと共に軍用自動車の製造にも正式に乗り出すことになった．もちろん，この決定には，軍用自動車とはいえ自動車という製品の性格から「機ヲ逸セス時ニ応シ順次平和ノ事業ニ転換」[66]するという意図も込められていた．

　その意図は，軍用車製造と共に小型乗用車の製造，そして当時自動車事業の主流であった輸入車の販売・修理・車体製造を瓦斯電が計画していたことからも窺われる．輸入販売を担当する輸入部はエンパイヤ，ナッシュなど7社の東洋総代理店として修理工場と共に，軍用車の製造に先んじて1917年9月から営業を開始した．輸入は三井物産の斡旋によるもので，20年代初頭まで取り扱った車種は16種にも達した．とくに，18年にはアメリカのリパブリック・トラックのシャシーを輸入し，東京市街自動車にトラックやバスとして大量に販売した[67]．その後も官庁を中心に相当の販売

---

65) 農商務省工務局工務課『工場通覧』各号．
66) 東京瓦斯電気工業『営業報告書』第17回（1918年6月〜11月）．

表 1-15　東京瓦斯電気工業の変遷

部署	設立	変遷
飛行機部	1918年	日立飛行機（1939年）→日興工業（1946年）→東京瓦斯電気工業（1949年）→小松ゼノア（1979年）
造機部	1918年	日立工作機（1939年）→日立精機（1941年）
兵器部	1919年	日立兵器（1939年）→日立工機（1948年）
火薬部	1918年	東京火薬（1934年）→日本窒素（1937年）
紡織部	1918年	廃止
計器部	1917年	東京機器工業（1937年）→トキコ（1965年）
自動車部	1918年	東京自動車工業（1937年）→ヂーゼル自動車工業（1941年）→いすゞ自動車（1949年）

出所：東京瓦斯電気工業『目論見書』1953年；神戸大学経営研究所『本邦主要企業系譜図集』第2・3集，1981年．

　実績を維持し，19年下半期には全輸入車販売の3分の1以上を占めるようになった[68]．こうした背景があって，当時試作段階に留まって本格的な製造には参入しなかった他のメーカーと異なって，瓦斯電が軍用車製造への参入を決定したと思われる．

　その軍用車は日本自動車の技師長であった星子勇を迎えて1917年から製造が進められた．そして，19年3月まで瓦斯電の英文イニシャルに因んでTGEと命名された20台のトラックが完成され，補助法に基づく資格試験に合格し，最初の軍用保護自動車となった[69]．そして，瓦斯電は「自動車ノ国防上ニ於ケル必要ハ勿論交通機関ノ欠陥ハ都鄙共通ノ緊喫問題ナレハ其ノ将来ハ最モ多望ノ事業タルヲ疑ハス」[70]と自動車部門を中心品目として期待するようになった．

　こうして，日本においても関連工業から自動車製造に参入するメーカーが現れることになった．そのメーカーである瓦斯電が製造した軍用車20台が1910年代の日本で生産された最多モデルであった．その他10年代に生産された国産車の正確な数は不明であるが，19年11月現在の東京にお

67）　前掲『日本自動車工業史稿（2）』pp. 125-126.
68）　東京瓦斯電気工業『営業報告書』第19回（1919年6月〜11月）．
69）　前掲『日本自動車工業史稿（2）』p. 341.
70）　東京瓦斯電気工業『営業報告書』第18回（1918年12月〜19年5月）．

いて保有台数をみると，国産乗用車は12社による18台，トラックは5社による7台であった．その内，快進社（3台），宮田製作所（2台），日東産業（3台），民主商会（4台），白光社（3台）以外のメーカーはすべて1台ずつであった[71]．先述した快進社や宮田製作所以外のメーカーについては不明であるが，輸入エンジンに国産ボディを架装して自社ブランドで販売したものと推測される．

小 括

　欧米において自動車工業の形成期であった1900年代から日本でも発明家による自動車の試作が行われ，自転車・馬車などの企業からも自動車関連分野への参入あるいはその試みが見られた．自動車市場も，欧米同様にトラックよりは乗用車が中心であり，トラックは軍需として始められた．

　以上のような共通点を有していたとはいえ，この時期の日本においては欧米とは異なった特徴も現れていた．その最大の原因は，日本には自動車工業の形成を支えるべき，従来からの工業の基盤が整えられていなかったことである．欧米では基盤となった関連工業が日本では自動車工業と同時に形成されていたため，関連工業からの自動車工業への本格的な参入が見られなかった．製造技術より製品が先に到来するのはイギリスも同じであったが，その基盤の差によって，その後の展開は異なったのである．

　この時期の日本の技術は，輸入販売に必要な修理，簡単な部品や用品の製造，ボディ製造が可能なレベルであり，その主な担い手は輸入商であった．自動車の製造を試みるものはなんらかの形で修理業務にも携わっていた．

　もう一つの相違点は購買力に関わる市場の規模と内容である．これはアメリカとヨーロッパ諸国との差でもあったが，日本はそれより一層不利な状況に置かれていたのである．従って，すでにこの時期から乗用車の需要は営業用が中心となり，トラックの需要もより限定されていた．ヨーロッ

---

71) 『モーター』1920年2月号，pp. 65-70；同，1920年3月号，pp. 54-55.

パではアメリカとのこの購買力の差によって，アメリカの大衆車と違って，オートバイあるいは小型乗用車の開発が進められたが，日本では技術的な限界によってその可能性も制約されていた．

　以上のような技術・購買力上の限界を補助金によって突破しようとしたのが「軍用自動車補助法」であった．これは当時の外国車との差額についてメーカーに製造補助金を，馬車利用との差額については利用者に購買・維持補助金を与えることによって，こうしたハンディキャップを克服しようとしたものであった．この方法が成功するかどうかは，つまるところ，メーカーの技術・価格競争力と軍用車の需要程度によるものであったが，それに楽観的な展望を持って実際に自動車製造に参入したのは瓦斯電だけであった．

第2章 1920年代における外国メーカーによる大衆車工業の展開

はじめに

　本章の目的は前章で見た1910年代の状況が20年代にどのように変化していくのかを検討し，それが日本自動車工業の形成過程において有する意味を分析することである．

　ここで1910年代の状況というのは，以下のようなことを意味する．まず市場については，代替手段と比べた場合に自動車の経済的な価値が小さかったため，需要は営業用乗用車を中心とした一部に限られていた．一方，供給は，技術が発明家段階の域を脱していなかったため，完成車メーカーは小規模・少数にすぎず，輸入商の副業的なボディ製造・修理が自動車関連業種の中心であった．この需要と供給要因は影響しあうものであるが，その意味で，10年代の状況は需要と供給の悪循環に陥っていたのである．こうした状況を打開すべく陸軍省によって軍用自動車補助法が制定され，トラック・バスの保有及びその製造に補助金が与えられるようになった．

　以上のような市場・供給・政策を中心に1920年代の変化を検討することが本章の課題であるが，それに対する分析は，つまるところ，この時期に日本に進出してきたアメリカ・メーカーの影響を見ることになる．なぜなら，本文で述べるようにフォードやゼネラル・モータース（GM）が低価格の「大衆車」を日本で組み立てて供給することによって自動車市場が拡大し，その影響によって部品や用品の製造範囲が拡大し，製造技術が向上したからである．また，その車の急激な普及による自動車保有台数の増加は，軍用自動車補助法の運用にも影響を与え，さらに商工省や鉄道省が自動車

工業に関わってくる契機にもなった.

　しかし,この時代に関する従来の先行研究は,これらの影響の中で国内完成車メーカーに与えたもののみを強調する傾向があったと言わざるを得ない[1].その結果,外国メーカーの実態に関する研究もあまり進められてこなかった.

　ところで,こうした視点は実は,第5章で詳しく検討する自動車製造事業法の意義を評価する主張と裏腹の関係にある.というのは,外国メーカーによる国内メーカーの抑圧という状況を打開することが事業法の目的として掲げられたからである.しかし,本章では,そうした30年代の立場から見た20年代の状況という視点ではなく,10年代あるいは同時期の20年代の立場から見た20年代の状況を検討することにしたい.

　分析は1920年代全般の市場や供給状況を検討してから,外国メーカーの実態やその影響を改めて解明する順に進めたい.まず第1節では,需要の推移を概観して,この時期の市場特性や鉄道省が自動車工業に関わってくる過程を検討する.続いて,第2節では国内メーカーの動向を軍用自動車補助法との関係を中心に検討する.そして,第3節ではこうした市場・供給状況をもたらした原因として外国メーカーの好成績やその要因,そして商工省が自動車工業政策に乗り出す過程を検討する.

1. 市場構造：自動車の増加とその影響

(1) 自動車保有台数の増加

　まず,1920年代における保有台数の推移を見ると表2-1の通りであるが,24年以降の増加率の高さが目立つ.それは23年の関東大震災を契機に自動車の価値が広く認識されるようになったからであった.大震災の復興過

---

[1] 自動車工業の形成＝国内メーカーの自立という視点から見ると,こうした傾向はやむを得ないかもしれない.序章で指摘した戦前に関する先行研究は,この時代についてほとんど以上のように評価しているが,その根源は自動車工業会『日本自動車工業史稿 (2)』1967年にあると思われる.そこでは,国内メーカーに関する詳細な記述とは対照的に,外国メーカーに関する部分は非常に少ない.

第2章　1920年代における外国メーカーによる大衆車工業の展開　　61

表2-1　1920年代自動車保有台数の推移

単位：台

年度	乗用車			トラック			合計		
	自家用	営業用	合計	自家用	営業用	合計	自家用	営業用	合計
1920	3,347	5,232	8,579	828	591	1,419	4,175	5,823	9,998
1921	3,486	6,561	10,047	1,197	873	2,070	4,683	7,434	12,117
1922	3,809	7,939	11,748	1,798	1,340	3,138	5,607	9,279	14,886
1923	3,179	9,600	12,779	1,629	2,048	3,677	4,808	11,648	16,456
1924	3,972	14,979	18,951	3,169	5,113	8,282	7,141	20,092	27,233
1925	3,961	18,495	22,456	2,658	6,767	9,425	6,619	25,262	31,881
1926	4,517	23,456	27,973	3,087	9,010	12,097	7,604	32,466	40,070
1927	6,328	29,447	35,775	3,558	12,429	15,987	9,886	41,876	51,762
1928	6,657	38,003	44,660	4,268	17,451	21,719	10,925	55,454	66,379
1929	7,095	45,734	52,829	4,760	22,781	27,541	11,855	68,515	80,370
1930	7,718	50,109	57,827	4,724	26,157	30,881	12,442	76,266	88,708

注：乗用車（営業用）には乗合自動車を含む.
出所：『モーター』1931年12月号；同21年5月号，同22年8月号，同23年5月号，同24年10月号.

程で乗合自動車は市電の代わりに乗客の輸送に，トラックは海外からの緊急物資の輸送に大きな役割を果たした．政府も鉄道網が破壊されている状況のもとで，復興のため自動車の緊急輸入措置を実施し，その後の自動車普及増加に影響を与えた．例えば，震災直後の9月17日は24年3月末までの期限付きだったものの，トラックには輸入関税の全額免税，乗合自動車とエンジンには半減措置を実施した．これにより東京市電気局がフォード800台を緊急輸入して市営バス営業を開始することが可能になった．また，鉄道省も23年中に東京―横浜間の鉄道輸送途絶の対策として，アメリカから100台のトラックを緊急輸入した[2].

また，この時期の保有台数の増加をもたらした要因としては，自動車価格の低下が挙げられる．震災前までは1910年代とほとんど変わらなかった自動車価格が，20年代後半には急激に下がって自動車の経済的な価値が上昇したのである（表2-2）．表2-2からは，モデル・仕様などの差があるために両時点間の直接比較は不可能であるものの，全般的な価格下落の傾向は読み取れる．恐慌期の30年の価格が，20年代後半の一般的な価格水

---

2) 前掲『日本自動車工業史稿（2）』pp. 19-21.

第Ⅰ部 戦間期：小型車と大衆車の二つの市場・供給構造の形成

表 2-2　1920 年代における自動車価格の変化

年	乗用車				トラック・シャシー			
	車名	国名	馬力	価格(円)	車名	国名	積載量(トン)	価格(円)
1922	オースチン20	英国	18	10,500	GMC	米国	1.5〜2.0	9,000
	フィアット501	イタリア	8	8,500	ダイヤモンド	米国	1.5	8,000
	ウーズレー10	英国	9	7,500	フェデラル	米国	1.5	8,000
	ビュイック6	米国	22	7,000	フィアット	イタリア	1	7,000
	ドッヂ	米国	20	5,000	TGE	日本	1	6,500
	ダット	日本	13	4,800	シボレー	米国	1	5,500
	シボレー	米国	18	3,150	ダット	日本	3/4	4,500
1930	フィアット521	イタリア	10	6,500	ウーズレー	日本	1.5	7,500
	ナッシュ	米国	29	5,000	TGE	日本	1.5	7,000
	シトロエン	フランス	—	3,800	リパブリック	米国	1.5	4,600
	ビュイック60	米国	29	3,150	ダット	日本	3/4	3,100
	シボレー	米国	21	2,670	シボレー	米国	1.5	2,044
	フォード	米国	22	2,250	フォード	米国	1.5	1,325

注：最低モデル基準．1922 年のフェデラルと T G E は 1921 年の価格，30 年の国産車は 27 年の価格．
　　30 年の乗用車馬力は 31 年 8 月現在の調査のもの．
出所：『モーター』1922 年 1 月号，同 1930 年 5 月号，同 1930 年 6 月号；『自動車之日本』1930 年 3 月号；
　　『梅村四郎氏の手記』；陸軍省整備局動員課「保護自動車の説明」1927 年；『自動車年鑑』昭和 7 年版，p.69．

準に比べて異常に暴落した価格ではないからである[3]．

　従って，こうした価格下落の原因は，まず販売マージンの縮小に求められる．同期間中に輸入車の本国での価格変動はそれほど大きくなかったし，そもそも 1910 年代の販売価格が本国でのそれより非常に高かったからである．もう一つは，フォードや GM（シボレー）といった最安値帯の車を供給するメーカーの日本進出による影響である．言うまでもなく，前者の要因も後者の要因と関係するものなので，つまるところ，この時期の価格下落による自動車保有台数の増加は，アメリカ・メーカーの日本進出による影響が最も大きかったのである．

　こうした自動車価格と販売・保有台数との関係は，モデル別販売台数によっても確認することができる．日本で組み立てられる，低価格のフォードやシボレーが 1931 年の全保有台数の 7 割を占めるようになったのであ

---

[3] 表 2-2 の資料によると，フォード，シボレー共に 1927〜28 年頃の価格が 1930 年初め頃の価格より低かった．

第2章　1920年代における外国メーカーによる大衆車工業の展開　　63

表2-3　モデル別保有台数の現況（1931年8月）

単位：台

順位	モデル名	官公署用	民間用	計
1	フォード	1,326	31,046	32,372
2	シボレー	1,425	29,519	30,944
3	ホイペット	54	2,949	3,003
4	ビュイック	321	2,308	2,629
5	スター	20	1,899	1,919
6	ドッヂ	140	1,565	1,705
7	エセックス	72	1,605	1,677
8	クライスラー	94	987	1,081
9	ナッシュ	158	824	982
10	ハドソン	276	593	869
国産	ウーズレー	211	227	438
国産	ダット	29	163	192
合計		5,714	84,507	90,221

注：内閣資源局調べ，日本国内分のみ．
出所：『モーター』1932年6月号，p.102．

る（表2-3）．また，この表2-3と前掲表2-1を照らし合わせてみると，20年代半ばからの保有台数の増加は，実はこの両モデルの増加に他ならないことが分かる．

従って，1920年代における自動車工業の分析には，こうしたフォードやGMの進出とその成功の要因，そしてその影響を検討することが求められる．成功の要因や国内メーカーへの影響は後述することにし，まず，自動車の増加が他の交通機関に与えた影響を見てみよう．

(2) フォードとシボレーの市場席巻と自動車の増加による影響

まず，増加した車輌の種類やその用途を確認してみよう．乗用車とトラックを分けてみると，全自動車に占めるトラックの比重は1920年の14.3%から30年には34.8%に高まったものの，この時期にも乗用車の優位は保たれていた．また，用途別に見ると，同期間中の自家用車の比重は41.8%から14.0%と急落した．これは，一般に営業用の比重が高いトラックの増加によるものもあったが，それだけでは十分でない．乗用車に限ってみても自家用の比重は同期間中に64.0%から13.4%に下落しており，

20年代に自家用乗用車は4,000台しか増加しなかったのである.

　従って，1920年代における自動車の増加は営業用自動車，とりわけバスとタクシーの増加によるものであったことが分かる．こうした市場構造は10年代と変わらないものであった．しかし，先述したモデル別保有台数を考えると，フォードやシボレーの両モデルによって営業用自動車がほぼ賄われるようになったことにこの時期の特徴があった．

　では，この時期の自動車運輸業はどのように展開したのかを，両モデルへの需要集中ということを念頭におきながら見てみよう．

　まず，タクシー業では[4]，1912年に東京でタクシー自動車（株）の登場などによってタクシー数が増加しはじめたものの，10年代までは依然としてハイヤーが中心であった．それが，20年代半ば以降，市内1円均一料金制の「円タク」が出現してから，それがタクシー業の主流となり，その数も急増することになった．

　そもそもこの円タクは1924年に大阪の均一タクシー自動車（株）によって始まった．当時は車輌の大きさによって0.5マイルまで70〜90銭を基本料金とし，0.25マイルごとに10銭を増す料金制であったが，均一タクシーは小型車を用いて大阪市内について1円均一料金とした．この料金制が，当初の予想に反して大きな成功を収めたため，大阪均一タクシー，大阪一円タクシーなども大型車をもって円タク事業に参入した．その後，大阪では円タク間の過当競争が業界内での調整によって20年代末には収まった．他方，26年頃から始まった東京の円タクは大阪より急速に増加し，また激しい競争が繰り広げられるようになった．

　こうして低料金競争によって乗客数が急増し，タクシー数も増加していくようなパターンが1920年代末に定着した．その結果，営業形態も10年代までのハイヤー中心からタクシー中心に変化した．資料上の制約からやや時期は後になるが，35年5月現在東京の全タクシー台数11,580台の内，5,858台を対象として調べた統計によると，ハイヤーのみの営業形態を採

---

[4]　以下，タクシー業に関する記述は，別に断らない限り，前掲『日本自動車工業史稿（2）』pp.261-275による.

っているのは27%にすぎず，ほかはタクシー（ナガシ）あるいは両者を兼業するものであった[5]．

こうした営業形態の変化は，一方で使用車輛の変化を意味するものであった．業者としては，ハイヤーが車輛の状態を料金に反映させることができたのに対し，タクシーはそれが難しいために低価格モデルを購入する傾向があるからである．もちろん，初期のタクシーは車輛によって料金体系が異なっていたが，円タク競争の激化と共にその差がなくなっていた．先述の35年5月末現在東京での5,858台のうち，ハイヤーのみの1,609台をモデル別に見ると高級車のドッヂ（325台）やクライスラー（169台）が低価格車のフォード（106台），シボレー（148台）より多かった．しかし，タクシー（ナガシ）のみの3,326台について見ると，フォード（2,047台）やシボレー（1,089台）がほとんどを占めていた[6]．

一方，乗合自動車業は1910年代から発達したが，とりわけ18年から大規模な営業を開始した東京市街自動車（株）の成功や，震災後の東京市営バスの好調に刺激されて20年代には全国的に大規模事業が相次いで出現した．

東京市営バスは市電が復興するまでの応急措置として1923年10月に導入された．車輛はトラック・シャシーで輸入した800台のフォードを11人乗りの乗合自動車に改造したもの（円太郎バス）であった．当初，このバスの運行は24年7月末までの計画であったが，その期限に到っても当分存続させることになり，事実上恒久化した．この東京市営バスの成り行きを注視していた主要都市では，東京での恒久化の決定後，市や私鉄会社による大規模営業が続出することになった（表2-4）．そして，29年3月末現在乗合自動車業の営業者数は3,516，その保有車輛は15,481台に達したのである[7]．

では，このようなバス業にはどのようなモデルが使用されていたのであ

---

5) 東京市役所『タクシー業態調査報告』1935年，pp. 18-19.
6) 同上．
7) 日本興業銀行調査課『我国乗合自動車運輸業現況』1932年，p. 3.

表 2-4　市営バスの現況（1933 年 10 月）

単位：台

地域	開業	使用車輌				
		フォード	シボレー	国産車	その他	合計
東京市	1924年	169	203	220	53	645
大阪市	1927年	148	453	0	11	612
京都市	1928年	43	70	16	0	129
名古屋市	1930年	0	152	0	7	159
横浜市	1928年	75	7	0	1	83
神戸市	1930年	2	89	7	75	173
札幌市	1928年	38	14	0	0	52
青森市	1926年	29	0	0	0	29
富山市	1926年	8	1	0	1	10

出所：鉄道省編『全国乗合自動車総覧』鉄道公論社，1934年．

ろうか．まず，時期はやや後になるが，1931 年 8 月末現在のバス保有台数 17,740 台を定員別に見ると，4 人以下乗りが 83 台，5〜7 人乗り 5,319 台，8〜14 人乗り 8,509 台，15 人以上乗りが 3,829 台であった．また，ほぼ同時期の国有鉄道沿線におけるそれを見ると，全保有台数 7,417 台のうち，6 人乗り 1,569 台，7 人乗り 2,743 台，10〜14 人乗り 1,136 台であり，15 人以上乗りは 441 台にすぎなかった[8]．このデータからは，まず本来バスと見なされる 15 人以上乗りのものが少ないのが目立つが，それ以上に注目される点は国有鉄道沿線で運行されているバスの 6 割が 7 人以下乗りのものであることである．

この原因はバスとして使われている車輌が本来バス用ではなかったことを物語っている．東京市営バスがフォードのトラックを 11 人乗りバスに改造したことは先述したが，それは 24 年に開業した大阪乗合自動車（株）の場合も同じであり[9]，そうした現象は 20 年代のバス業において一般的に見られたのである．ただし，これは主に市営バスを中心とする大都市のバスであり，地方では小規模業者が多くなお道路も狭かったために「本来タクシー又は，ハイヤーとして用ひらるべき車輌を便宜改造」[10]したものを

---

[8] 同上，pp. 7, 39. 国有鉄道沿線でのデータは調査時点が記されていないが，20 年代末から 30 年代初頭と推定される．

[9] 前掲『日本自動車工業史稿（2）』p. 244.

第 2 章　1920 年代における外国メーカーによる大衆車工業の展開　　　67

表 2-5　運送手段別運送効率の比較

	速度 マイル/時	積載量 kg	所要時間 時間(回数)	労賃(月給) 円	能率 牛車＝1
手車	2	480	323 (37)	60	0.122
馬車	3	1,200	90 (15)	80	0.850
牛車	3	1,320	84 (14)	80	1.000
トラック	18	1,800	10 (10)	135	6.800

注：18トンの荷物を往復18マイル運送する場合．
出所：小田元吉『自動車運送及経営』関西書院，1933年，pp.111-112.

バスとして使っていた．

　こうした事情によって，大都市を含めた全国の保有台数は 8～14 人乗りが最も多く，国有鉄道沿線の地方では 6～7 人乗りが過半数を占めていたのである．このうち，8～14 人乗りは 1～1.5 トン積のトラックを，15 人以上乗りは 2 トン積のトラックを改造したものであったと思われる．当時のトラックを積載量別にみると，フォードとシボレーが 1.5 トン，リパブリックや GMC が 2 トン積であった．すなわち，バス用としてもフォードとシボレーのトラックが最も多く使われていたことになる．また乗用車としてフォードとシボレーは 6 人乗りが一般的であり，7 人乗りは高級車であったので，両モデルの乗用車のうち，相当の部分がバスに転用されたと思われる．

　他方，1910 年代にはあまり振るわなかったトラックもようやく大震災後から増加しはじめた．トラックは一般に乗用車やバスより価格弾力性が高いので，こうした保有台数の増加は 20 年代の自動車価格下落によるものであった．そもそもトラックは積載量と速度のメリットがあるため，労賃を考慮しても，牛車はもとより馬車や手車など従来の運送手段より格段に高い運送能力を持っていたが（表 2-5），20 年代初頭までは初期の高い購入コストが制約条件となっていたからである．

　とはいうものの，1920 年代におけるトラックの価格は，従来の運送手段を完全に代替しうるような状態まで下がることができなかった．言い換え

---

10)　前掲『我国乗合自動車運輸業現況』p. 39.

表 2-6　自動車運輸が鉄道に与える影響（1930 年）

単位：％，トン

鉄道局	小口	貸切	計
東京	33	9	12
名古屋	31	5	9
大阪	31	6	10
門司	25	1	2
仙台	30	2	6
札幌	7		1
合計	28	3	6
（輸送量）	1,758,005	1,798,223	3,556,228

注：データの算出方法は，自動車による運輸量を自動車による影響がなかった場合の鉄道発送推定数量（実際発送数量＋自動車による運輸量）で除した比率．
出所：鉄道省運輸局『貨物自動車影響調査』1932年，p.3.

れば，購買力の限界によって，より広汎な普及が制約されていたのであるが，これは乗用車・バスに比べても顕著であった．すなわち，乗用車・バスの競合手段である人力車は 21 年に 10.7 万台から 30 年には 4.2 万台に急減したが，トラックのそれである荷積馬車は同期間中に 26.9 万台から 30.9 万台に，また牛車は 5.2 万台から 9.9 万台にむしろ増加したのである[11]．もちろん，人力車の減少は，自動車だけでなく市電など鉄道の影響にもよるものであろうが，乗用車に比べた場合，従来からの手段に対比したトラックの経済的な価値が十分に向上していなかったことは確かである．次章に述べる小型車（三輪トラック）の出現の契機はまさにここにあった．

ただし，トラックにとってもう一つの競合手段である鉄道に対しては自動車の方が有利になっていった．1930 年中の鉄道省の調査によると，とくに小口貨物の場合，鉄道貨物の約 3 割がトラックに奪われていたが（表 2-6），その原因としては運送費の低さが圧倒的に多く，取扱いの便利さや運送時間の短縮なども挙げられていた[12]．

では，トラックにはどのモデルが使われていたのであろうか．ここでも，

---

11)　『日本帝国統計年鑑』各年版．
12)　鉄道省運輸局『貨物自動車影響調査』1932 年，p.36.

乗用車・バス同様に営業形態からそれを推定してみよう．まず，トラック業の営業形態はバス業に増して小規模業者が多く，また定期路線営業が非常に少なかった．1932年1月現在，定期路線営業トラックは1,651台，その営業者数は1,048に達しており，ほとんどが1台営業であったのである[13]．その定期路線業者の使用車輛も1トン積がほとんどであった[14]．それは，大量の貨物を定期的に運送する場合は，鉄道の貸切に比べて依然として不利であったことを意味するように思われる．トラック営業の多数を占める不定期路線営業の場合は，19年に営業を開始した大和運輸のように[15]，官庁納入の石炭などに使われる2トン積以上のトラックを保有したものもあったが，やはり1.5トン未満が主流をなしていたと思われる．

実際に1931年8月末現在のトラック32,926台（植民地分を含む）を積載量別に見ると，1トン未満積が621台，1〜1.5トン27,601台，1.5〜2トン4,237台，2トン以上467台であった[16]．従って，営業用トラックとしてもフォードやシボレーが最も多く使われたことが分かる．

以上のような，1920年代における自動車の急増は，他の交通・運輸手段にどのような影響を与えたのであろうか．まず，タクシーやバスの増加は大都市の市電の経営に大きな打撃を与えることになった．例えば，東京市の交通量に占める市電の比重は1924年の58％から33年には26％まで急落したが，同期間中にバスとタクシーのそれは急激に上昇したのである（表2-7）．ただし，これは先述したように，東京市自らがバス業に参入することなどによる影響も大きかったので，30年代以降この問題に対する対策は専ら「タクシー統制」に集中することになる．

しかし，全国的に自動車によって最も大きな影響を受けたのは地方鉄道・軌道であった．1920年代後半に行われたものと推定される鉄道省の調査によると，自動車によって影響を受けているのは，地方鉄道会社の場合，

---

13) 同上，p. 81.
14) 前掲『日本自動車工業史稿（2）』pp. 280-285.
15) 同上，pp. 276-278.
16) 前掲『我国乗合自動車運輸業現況』p. 14.

表 2-7 東京における交通手段別交通量の推移

単位：％

年度	市電		省線		地下鉄		私営電鉄		乗合自動車		タクシー		合計
	比率	指数	比率	指数	比率	指数	比率	指数	比率	指数	比率	指数	指数
1924	58.2	100	22.6	100			14.8	100	4.4	100			100
1925	54.7	94	24.5	108			16.0	108	4.8	109			102
1926	48.9	84	27.0	119			16.2	110	5.8	132	2.1	100	108
1927	44.1	76	27.8	123			17.0	115	7.7	175	3.4	162	119
1928	39.6	68	28.4	126	0.7	100	18.2	123	8.2	186	4.9	233	134
1929	35.8	62	28.2	125	0.7	100	18.7	126	9.0	205	7.9	362	141
1930	32.8	56	28.6	127	0.9	129	18.6	126	10.6	241	8.5	405	134
1931	30.6	53	28.3	125	1.0	143	18.3	124	12.7	289	9.2	433	131
1932	27.4	47	28.5	126	1.3	186	18.3	124	14.8	326	9.7	462	131
1933	25.7	44	27.3	121	1.5	214	18.2	123	16.4	373	10.9	519	137

注：比率は全乗客数に対する割合．
出所：『モーター』1935年5月号，p.49．

全国の 212 社のうち 145 社，軌道会社は 137 社のうち 86 社であった．影響はとくにバスによるものが大きく，前者の 88 社，後者の 68 社がそれのみによるものであった[17]．その結果，1926〜30 年間に 43 の地方鉄道・軌道路線が廃止されることになり，その対策として地方鉄道・軌道会社がバス業に参入することとなった．30 年初頭にその数は全国 326 社のうち 166 社にも達した[18]．一方，国有鉄道の場合は，バス業による影響は少なく，トラック業とも 20〜30 マイルの範囲での小口貨物運送の分野で競争があっただけで，全体的に自動車による打撃はそれほど大きくなかった．

こうした自動車による鉄道の影響に関連して，この時期には自動車営業許可権に関する監督官庁が変更された[19]．そもそも，自動車営業許可権は，1919 年に制定された内務省の自動車取締令の第 12 条（「自動車により運輸の業を営むとする者にして一定の路線又は区間に拠るものは営業地の地方長官其の他の者は営業所所在地の地方長官に願出で其の免許を受くべし」）によって地方長官に属していた．

---

17) 「陸上交通に於ける競争と自動車運輸の及ぼせし影響に就いて」『交通研究』（早稲田大学交通政策学会），1931 年 12 月号，pp. 51-52．

18) 前掲『我国乗合自動車運輸業現況』p. 24．

19) 以下，自動車運輸業に関する監督権の鉄道省への移管については，「自動車運輸行政一斑」『帝国鉄道協会会報』1929 年 3 月号による．

ところが，自動車運輸業者の増加によって，その取締りだけでなく監督行政の必要性が高まると，まず逓信省がその所管を主張した．それは，逓信大臣は「水陸運輸に関する事業」を監督し，郵務局は「陸運事業の監督に関する事項」を管轄するという規定があったからであった．そして逓信大臣は1927年8月に地方長官宛に，今後自動車運輸営業を許可する際には逓信大臣に稟伺することという訓令を発した．

　しかし，上記の逓信省の規定は，逓信省が鉄道を所管していた時代の遺物であると鉄道省は主張し，当時の行政制度審議会でもその主張が認められた．そして1927年11月には鉄道省の管轄が閣議で正式に決定され，翌年11月には鉄道省官制に自動車運輸業に関する事項が含まれるようになった．そして，28年11月に鉄道大臣は，前年の逓信省訓令の内容を鉄道大臣に稟伺することに変えるという通牒を発した．その稟伺の範囲は，路線営業のうち，距離が20マイル以上，大都市営業，鉄道・軌道との競合路線などとした．

　こうした鉄道省の陸運政策は1931年の「自動車交通事業法」によって体系化されることになる．しかし，自動車営業許可権の鉄道省への移管による影響はこうした交通政策のみに留まらなかった．市電が乗合自動車業に参入したことと同じく鉄道省も30年末から乗合自動車業（省営自動車）に乗り出すこととなり，しかも30年代にはそれに用いる国産車の開発にも関わることになるのである．

2. 国内メーカーの不振

(1) 乗用車メーカー

　まず，1910年代に現れていた発明家型，輸入商による国産車の開発がこの時期にどうなっていたかについて見てみよう．10年代に日本自動車と共に最大の輸入商であった梁瀬自動車は22年にエンジン排気量2,000 cc級の「小型」乗用車を試作した．設計構造は「欧米各国の高級車の長を採」り，部品はほとんど日本製だった[20]．しかし，当初10台を予定していた試

作は結局5台で中止となった.その理由は,部品の国内調達が不可能であり,1台当り6,500円の製造原価に対して販売価格を3,000円としかつけられなかったためであった[21].

　この時代における発明家型による自動車試作の例としてはオオタ号が挙げられる[22].開発者の太田祐雄は1910年代から自動車修理に携わっていたが,飛行機エンジンを試作するほどの技術を有していた.最初の試作車である950ccの「小型車」が23年に完成されると資金を集めて修理工場を製造工場に転換させたが,その直後に関東大震災に遭遇して工場が全焼してしまった.その後個人経営による太田自動車製作所を設立して再建を試みたが,20年代に製造は行われず修理・再生作業のみを続けた.

　このように太田自動車は文字どおり試作で終わったが,1920年代には発明家型企業によってある程度の「大量」製造にまで至った注目すべき事例も見られた.それが豊川順弥による白楊社である[23].三菱財閥の大番頭豊川良平の長男である順弥は,蔵前高工を卒業し,ダブル・ジャイロスコープで世界各国の特許も持つエンジニアであった.12年に研究を目的に小規模の機械製造工場を設立し,工作機械を製造した.

　そして,2年間の滞米の経験の後に自動車製造に乗り出すことになった.まずは1918年に輸入車の販売から始まり,21年には排気量780cc, 1,610ccのアレス号を試作し,22年の平和博覧会に出品して銀賞を受賞した.震災後は980ccの改良型を10台製造した.この改良型をさらに改良して24年に完成したのがオートモ号であり,1927年まで230台という当時としては画期的な数の「大量製造」が行われた.販売先は関東を中心に北海道から九州まで渡っており,1台に終わったものの上海に輸出も行われた[24].

---

20)「日本製小型自動車ヤナセ号生る」『モーター』1922年12月号, pp. 91-92.
21) 山崎晃延編『日本自動車史と梁瀬長太郎』1950年, p. 180.
22) これに対する記述は,前掲『日本自動車工業史稿 (2)』pp. 450-461による.
23) これに対する記述は,別に断らない限り,前掲『日本自動車工業史稿 (2)』pp. 414-429による.
24) 山内誠一「オートモ号の顧客台帳」『トヨタ博物館紀要』No. 5, 1998年, p. 4.

しかし，その大量製造・販売は1台当たり1,000円の赤字を伴ったものであり，結局28年春には製造中止を余儀なくされた．この価格設定は当時の外国車の価格を意識した結果であった．すなわち，1925～26年頃フォードの5人乗り幌型の価格は1,475円であったため[25]，オートモの4人乗り幌型はそれより低い，原価割れの1,280円にならざるをえなかったのである．

以上のように，この時代に輸入商や発明家による国産自動車の製造が見られたとはいえ，長く存続することができなかったのは，性能に比べて高価格だったからである．この問題は1910年代から根本的な限界となっていたが，20年代にも結果的にそうなったのは10年代とは少し異なる事情によるものであった．10年代における高価格の原因が絶対的な技術水準や小規模性によるものだったのに対して，20年代にはアメリカの低価格車の出現によるものだったからである．

第1章で触れたように，1910年代末に日本において保有台数の最も多いモデルはビュイックであり，それにフォードやシボレーが次いでいた．このモデルの馬力はビュイックが22，フォードやシボレーも18～20程度であり，20年代初頭におけるその価格はビュイックが7,000円，シボレーが3,150円であった（前掲表2-2）．ところで，これらのモデルはアメリカでは大衆～中級車であったものの，当時の日本では中級～高級車であった．従って，20年代に日本で国産車を開発しようとするものは，これらより小型・低価格モデルを指向したのである．先述したヤナセが12馬力モデルを3,000円で販売しようとしたのはそのためであった．9馬力のオートモも製造原価が2,300円であったので，当初は3,000円程度で販売する計画だったと思われる．

アメリカ大衆車より小型・低価格車へのシフトは，第1章で述べたように，1920年代のヨーロッパでも見られた現象であった．ただし，この時期の日本では，アメリカ・メーカーの現地組立によってそのモデルの価格が

---

25)『モーター』1925年7月号，p. 49.

より急速に下落し，それより小型の日本車よりも低価格になった．オートモの販売のピークは1926年であり，27年からは急減するが，それはまさにフォードとGMが日本で本格的に組立を開始したことによる影響だったのである．

　1920年代におけるこのような国産車開発の試みは結局失敗に終わり，その後輸入商による開発は見られなくなった．ただし，この時期までの小型車開発の試みは，30年代になってアメリカの大衆車とは価格の面で差別される「小型車」として再び登場することになる．とくに，白楊社の経験は，それに携わっていた技術者を通じて30年代以降の国産メーカーに受け継がれることになった[26]．

(2) 軍用車メーカー

　こうして1920年代末になると，民間需要を目標とした国内乗用車メーカーは姿を消し，トラックとバスを製造する軍用自動車生産メーカーのみが残ることになった．残ったとはいえ，その軍用車メーカーもフォードやシボレーの影響を免れることはできなかった．軍用車メーカーには，補助法の制定直後から参入した東京瓦斯電気工業（以下瓦斯電）の他，20年代初頭に東京石川島造船所（以下，石川島自動車）とダット自動車が新たに加わった．

　石川島自動車[27]は1889年に渋沢栄一等の出資で設立された造船会社であるが，第一次世界大戦の際に外国からの機械の輸入途絶によって起重機などの機械製造にも乗り出した．経営も好調で1917年には当期純利益が100万円を超えるようになった（後掲表2-13）．こうした資金の余裕や戦

---

26) 白楊社の工場長であった蒔田鉄司と中村賢一は日本自動車に移り小型三輪車・四輪車を開発し，自動車部長であった池永羆と資材担当の大野修司はトヨタに入社してトヨタ号の開発に貢献した（前掲『日本自動車工業史稿（2）』p.427）．また，ヤナセ号の開発当時，ボディを担当した田中常三郎は日産でダットサンのボディ開発を行った．

27) 以下，石川島自動車に対する記述は，別に断らない限り，前掲『日本自動車工業史稿（2）』pp.359-379；「ウーズレーの国産化で自動車技術を学ぶ」自動車工業振興会『日本自動車工業史口述記録集』1975年，pp.1-11 による．

争後の造船需要の減少を見込み，陸上運送手段への多角化を検討することになり，その結果自動車分野への参入が決定された．

そして，国産化モデルとして 1918 年末にイギリスのウーズレーが決定されたが，それには，候補だったフィアットよりロイヤルティが安かったことと，ウーズレー社が造船会社のビッカース社の子会社であったことが作用した．この提携と共に技術者を同社に見学させ，また年産 50〜100 台製造に必要な機械も同社から買い入れ，20 年には深川に工場を新設した．

ウーズレー社から製造及び販売権を買収したのは，乗用車 2 種とトラック 1 種であったが，最初に国産化に取り組んだのは乗用車であった．鉄鋼材料や部品などを輸入して，乗用車第 1 号が完成したのは 1922 年末であった．しかし，当時同級のビュイックが 6,000〜7,000 円であったのに対して，この国産ウーズレーは 1 万円以上の製造コストがかかったため，23 年春頃には乗用車製造の中止を決定した．

ただし，ウーズレー社との契約の内容は，製造台数に関係なく，毎年 8 万円ずつを 10 年間支払うことになっていたため[28]，自動車事業から完全に撤退することも容易ではなかった．そこで，軍用保護トラックを製造することに方針を転換したのである．

一方，軍用自動車補助法の運用は，陸軍省の予想に反して，法の成立と同時に参入した瓦斯電以外には新規参入メーカーが現れなかったため，毎年の軍用車購入予算も消化しきれず，年度末に残額を返さねばならない状況であった．そこで，陸軍省は石川島自動車の軍用車生産計画を歓迎し，規格の寸法がメートルで規定されていたにも拘らず，当分の間，石川島自動車にはウーズレーの規格であるインチによる製造を許可した．そして，同じくウーズレー・トラックをモデルとした軍用車の試作が開始され，大震災による工作機械の被害に遭いながらも，1924 年 3 月までには 2 台が完

---

28) 最近の研究によると，石川島自動車は毎年 8,000 ポンドずつを 10 年間にかけて支払うことになっていたが，この全額を支払ったことは一度もなかったという（クリストファー・メイドリー「日本自動車産業の発展と英国」杉山伸也／ジャネット・ハンター編『日英交流史 4　経済』東京大学出版会，2001 年，p. 256）．

成され，検査に合格して正式に軍用車として許可されるようになった．ウーズレー社との契約が27年末に満了してからは，完全国産化したスミダ号を製造することになり，29年からは造船所から分離独立して（株）石川島自動車製作所が設立された．

以上のように石川島自動車の軍用車製造への参入は，乗用車製造の失敗から止むを得ず行われた側面が強かったが，この点はダット自動車も同じであった[29]．前章に述べた快進社は1917年に株式会社に改組して従来の修理・輸入車販売から本格的な製造に重点を転換したものの，予想に反して販売が振るわず，22年頃までに合計4,5台の製造に留まった．そして，22年に乗用車をトラックに改造し，補助法による許可を申請した．それには，21年3月に同法の改正によって，補助金の対象に積載量4分の3トントラックが追加され，「小型」のダットを改造する可能性ができたことも影響した．ところが，軍の規格検査の結果，ボルト・ナットの規格が法に規定されているものと合致しないという理由で不合格となった．この問題は，結局23年2月に補助法施行細則の改正によって解決され，ダットも24年に軍用車として正式に許可されるようになった．

しかし，後述するように軍用車の製造台数は少なく，経営は好転しなかった（表2-8）．1925年には合資会社ダット自動車商会に組織を改め，再建を試みたが失敗に終わった．そして，26年に同じく経営に苦しんでいた大阪の小型車メーカーである実用自動車と合併してダット自動車製造（株）となった[30]．

では，以上のような国産3社の最後の拠り所となっていた補助法の運用はどのようになっていたのであろうか．以下，その変化過程を同法及び施行細則の改正から見てみよう（表2-9）[31]．

補助法が施行されてから3年後の1921年3月には法の改正によって保

---

29) 以下，ダット自動車に対する記述は，前掲『日本自動車工業史稿 (2)』pp. 311-324, 476-482による．
30) 実用自動車の履歴とダットサンの開発過程については第3章，第4章で述べる．
31) 以下，改正内容は『官報』各号による．

第2章 1920年代における外国メーカーによる大衆車工業の展開　　77

表 2-8　快進社の経営推移

期間	資本金(万円) 公称	資本金(万円) 払込	当期純利益(円)	設備機械(円)	従業員(人)	備考
1918年10月～11月	60	15	359	17,893	26	
1918年12月～1919年5月	60	15	2,940	27,382	29	米国に注文した材料・用品は戦争のため延期
1919年6月～11月	60	15	4,875	46,208	43	修理工事は多忙,製造は進行中
1919年12月～1920年5月	60	15	1,689	55,003	55	乗用車数台製造中,貨物車製造計画中
1920年6月～11月	60	15	−6,065	56,983	52	修理工事減少
1920年12月～1921年5月	60	21	−1,768	54,851	46	修理工場売却,製造自動車は販売できず
1921年6月～11月	60	21	−11,013	54,853	30	新車3台販売
1921年12月～1922年5月	60	21	−7,043	56,227	30	今後主力を修理・鍛工製品に転換の方針
1922年12月～1923年5月	6	6	−6,740	50,485	35	減資,3/4トン貨物車を1トンに変更して陸軍の審査に参加,今後は乗用車を止めトラックに重点
1923年6月～11月	6	6	−9,866	50,485	32	震災の被害は軽微,保護車資格検定に出願・審査中.当局から設備増大を求められ,準備中
1923年12月～1924年5月	6	6	−9,361	50,485	30	3/4トン貨物車が保護車として許可され,2台の製造命令を受ける.自動車1台当たり1,000円の損失の状態のため,今後は修理と保護車製造に専念する方針
1924年6月～11月	6	6	−7,404	13,078	30	トラック2台検査合格,乗合自動車資格検定に出願,2台の製造命令を受ける.機械債権者と製品の一手販売と機械の賃貸借契約を締結
1924年12月～1925年5月	6	6	−4,922	16,816	35	乗合自動車2台検査合格.官庁から注文の見込み有り

出所：快進社『営業報告書』各号.

表2-9 軍用自動車補助法・同施行細則の改正過程

年月	改正条項	改正内容 改正前	改正内容 改正後
1919年9月	施行細則附則	保護車の出願期日は11月末	大正7年に限り大正8年1月末
1920年3月	施行細則附則	大正7年の出願期日は大正8年1月末	大正8年2月末
1921年3月	補助法第2条	製造者・所有者は帝国臣民あるいは帝国臣民のみを社員・株主とする法人	内地・朝鮮・台湾・樺太・関東州の臣民, 株式会社は資本の半額以上・決議権が帝国臣民に属する場合
	補助法第3条	補助金の対象は積載量1トン以上車輌	4分の3トン以上車輌
	補助法第4条	製造補助金は2,000円以内	3,000円以内
	補助法第6条	維持補助金は300円以内	600円以内
1921年4月	施行細則第2,3条	製造業者の資格のうち専任技師の数	廃止
	施行細則第4条	製造所の設備・作業範囲	鍛造作業を除外
	施行細則第30条		製造業者の出願は5台以上
	施行細則第31条	出願車輌数が保護予定の2倍以上あるいは前年度に検査合格車輌数が保護予定を超える場合, 出願日より後のものを却下することが可能	廃止
1923年2月	施行細則第5条	輸入可能品目は1) 発電機・点火具, 2) 揮発器, 3) 球軸受, 4) その他陸軍大臣の許可を得た特種品	4) 陸軍大臣の許可を得た鍛造作業に付した半成製品その他特種品
	施行細則第22条	規格が決められた部品: 気筒の点火栓, 発電機, 螺子	点火栓, 螺子を廃止
1924年6月	施行細則第4条	製造所の設備・作業範囲	年間100台以上製造すること
1926年4月	施行細則第5条	輸入可能品目	1923年2月改正以前に戻す
	施行細則第22条	規格が決められた部品	日本標準規格によるものの他, 発電機・球軸受は一定の寸法のものを使用. ただし, やむを得ない場合は陸軍大臣の許可を得て例外可能
1928年9月	施行細則	製造者・製造所の資格	鋳物・鍛造作業を除外, 輸入可能品目は陸軍大臣の許可を得た特種品
1929年3月	施行細則	製造補助金	補助金削減(最大1,800円)
1930年3月	施行細則	補助金の対象	6輪自動車追加
1931年3月	施行細則	補助金の対象・金額	4分の3トン車輌除外, 補助金削減
1932年6月	施行細則	補助金の金額	6輪自動車に購買・増加補助金支給

出所:『官報』各号.

護車の対象と補助金額が変更された．対象はそれまでの積載量1トン級と1.5トン級の他，4分の3トン級が追加され，補助金の場合，製造補助金が最大2,000円から3,000円に，維持補助金が最大300円から600円にそれぞれ引き上げられたのである．また，同年4月の施行細則の改正によって専任技師の数などを規定していた製造業者の資格条項を廃止し，製造業者が内製すべき品目も緩和させた．

このような措置はまず，当初の予想に反して，補助法が施行されてからも許可を申し込む製造業者があまり現れないことへの対応であった．前章に触れたように，法案の制定過程では数社の候補を予想していたが，実際に保護車の製造に乗り出したのは瓦斯電のみであったし，その瓦斯電の製造台数も陸軍が当初目標としていた5年後の1,700台の確保には程遠い規模であった．

陸軍はその理由を，保護車の規格が民間で共通に使用するには大きすぎることにあると判断し，対象車輌の積載量を4分の3トン積以上までに拡大したのである．また，瓦斯電の実際の製造経験からは当初の予想より製造コストが高くつくことにも気づいた．そもそも，製造コストと当時の外国車との価格差を補塡するために設けられた製造補助金を増額したのはそのためであった．

ところで，製造コストが高くなるのは，メーカーの内製範囲を厳格に規定したためという側面もあった．前章で述べたように，メーカーには鋳物・鍛造・組立・測定・試験の可能な設備が求められており，この中で外注が可能なのは鋳物関係部品のみであった．その結果，生産台数に比べて大きい設備を保有しなければならず，コスト高の原因になったのである．従って，1921年の改正では，鍛造部品の外注も可能となるようにしたのである．

その他，製造業者の資格の緩和や出願車輌が保護予定台数を超過している場合の規定の廃止も新規参入を促進するための改正であったが，これに関するより直接的な改正は1923年2月に行われた．輸入可能品目に鍛造部品が追加され，また螺子の規格が廃止されたことがそれである．螺子の

規格廃止によって快進社の参入が可能になったことは先述した通りであるが，石川島自動車も国産鍛造部品の調達に苦労していたと思われるからである[32]．

こうした改正によって，先述したように乗用車生産に行き詰まっていた快進社や石川島自動車が1922〜23年に軍用車への転換を図り，24年中に保護車生産が許可されるようになったのである．ただし，そもそも陸軍としては，修理の必要などから，多数のメーカーが少量生産することを好まなかった．製造規模を年間100台以上とした24年6月の改正は，それ以上群小メーカーの参入を好まず，この3社のみに製造を担わせる方針であることを明らかにした意味合いがあった．

では，この期間中に保護車の適用を受けた車輛台数，そして軍用車メーカー3社の生産台数はどの程度だったのであろうか（表2-10）．そもそも，適用可能台数は陸軍の予算によって制限されており，表2-10の予定台数と告示台数の差は予算審議過程での調整によるものと思われる．補助法の制定された1918年から20年代前半まで実際に適用を受けた生産台数は告示台数より少なく，とくに22〜23年のそれは予想を大きく下回るものであった．それは，後述するように，当時唯一のメーカーであった瓦斯電の経営悪化によるものであった．この時期に石川島自動車とダット自動車の新規参入が促されたのもそのためであったのである．この2社の参入によって20年代後半からは適用台数が増加していくものの，当初の予想である1,700台を保有できる水準にはついに到達できなかった．20年代後半における予定及び告示台数は不明であるが，25年の予定が340台だったことを考えると[33]，軍は年間300〜350台を適用して5年間に1,700台の車輛を民間に保有させる計画であったと思われるからである．

こうした軍用車の普及不振について当時の軍関係者は「ダットの如き保

---

32) 石川島自動車の場合，乗用車の試作に当たってはウーズレー社から鋼材など素材も調達していたものの，軍用車の製造には国内メーカーを指導育成させながら鍛造品を調達したというが（前掲「ウーズレーの国産化で自動車技術を学ぶ」），軍用車の試作の段階では乗用車同様に輸入によって鍛造品を賄っていたと思われる．

33) 『モーター』1925年10月号，p. 23.

第2章　1920年代における外国メーカーによる大衆車工業の展開

表 2-10　軍用保護車の適用台数及び軍用車メーカーの生産台数の推移

単位：台，円

年度	保護車台数				軍用車メーカーの生産台数			
	予定	告示	適用	金額(円)	石川島	瓦斯電	ダット	合計
1918	15	15	4					
1919	85	89	33			12		12
1920	100	95	22			49		49
1921	150	73	28			28		28
1922	200	181	3	36,347				0
1923	250	150	16	83,525	3	2		5
1924	300	65	84	312,516	15	9	2	26
1925			28	160,585	103	6	18	127
1926			131	495,142	202		43	245
1927			154	557,157	243	25	34	302
1928			114	609,400	246	70	117	433
1929			261		205	58	11	274
1930			238		177	57	137	371

出所：『モーター』1925年10月号，p.23；日本興業銀行調査課「本邦自動車工業ニ就テ」1930年，p.27；輜重兵会編『座談会　陸軍自動車学校　陸軍輜重兵学校』1985年，p.6；『自動車年鑑』1935年版，生産p.9．

護自動車となりますと，価か五千円，それに対して政府の補助金が合計四千五百円でありますから，需要者からは五百円より出費しない計算になります．又其車を月に五台買取って呉れるならば四千五百円に割引する．さうすれば補助金と同額となるから結局無料である．然るに其車を使用する人が少ない．どうも其理由が分らない」[34]と嘆き，その原因を自動車知識の乏しさに求めた．この指摘には維持補助金を初期購入価格に算入するなどの間違いは見られるものの，当時の軍が，軍用車の普及が予想外に不振であることに困惑している様子が十分窺われる．

ところが，1920年代末には補助法の運用について，注目すべき変化が起こった．それまでの民間用との共用を重視した態度から，軍用専門車輌中心に変わったのである．まず，29年3月には製造補助金を半減し，翌年にはそれをより減額する一方で新たに補助対象に6輪車を追加した．さらに，1931年には積載量3/4〜1トンのトラックを補助対象から除外し，増加・

34）　山川良三（陸軍少将）「軍事上に於ける自動車の価値（二）」『モーター』1926年6月号，p.87．

表 2-11　軍用自動車補助法による補助金の変化の推移

単位：円

年度	対象	金額				
		1921年4月	1929年4月	1930年4月	1931年4月	1932年4月
製造	甲	1,500	900	400(1,400)		
	乙	2,000	1,200	750(1,750)	150(1,000)	150(700)
	丙	3,000	1,800	1,200(2,200)	200(1,500)	200(1,000)
	丁	1,500	700	250(1,250)		150(700)
	戊	2,000	950	500(1,500)	150(1,000)	200(1,000)
	己	3,000	1,400	800(1,800)	200(1,500)	
増加	甲	500	500	500		
	乙	500	500	500	350	200(350)
	丙	500	500	500	500	320(500)
	丁	375	375	375		
	戊	375	375	375	300	200(350)
	己	375	375	375	450	320(500)
購買	甲	1,000	1,000	1,000		
	乙	1,000	1,000	1,000	700	400(700)
	丙	1,000	1,000	1,000	1,000	625(1,000)
	丁	750	750	750		
	戊	750	750	750	600	400(700)
	己	750	750	750	900	625(1,000)
維持 (年額)	甲	400	400	400		
	乙	500	500	500	500	400
	丙	600	600	600	600	500
	丁	300	300	300		
	戊	400	400	400	400	300
	己	500	500	500	500	400

注：対象車種の内容は以下の通りである．甲：積載量3/4～1トン自動貨車，
　　乙：同1～1.5トン自動貨車，丙：同1.5トン以上自動貨車，丁：甲の応用車，戊：乙の応用車，
　　己：丙の応用車，（　）は6輪車対象．
出所：『官報』各号．

購買補助金も減額した．そして，32年には軍用専門の6輪車を中心に補助法を運用することになったのである（表2-11）．

　こうした変化の直接的な契機は，後述するように，1920年代後半の国産奨励運動の際に自動車製造行政に商工省が関わることになったことである．これによって，法の制定当時から副次的に付随していた国産自動車工業の奨励という側面から陸軍が自由になったからである．しかし，この政策が明確になる以前から軍の認識には変化が見られていたことにも注目すべき

である．それは，法の第一次的な目的は軍用に適する自動車を平時に民間に保有させることにあり，こうした側面から見ると，対象を国産車のみに限定する必要がなくなったという状況の変化によるものであった．その状況の変化をもたらしたのは，言うまでもなく，20年代における外国トラックの急増であった．

法の制定当時は，輸入車と国産車を問わず，トラックの保有台数は非常に少なかったため，国産メーカーの奨励と軍用自動車の確保といった問題は相反するものではなかった．しかし，国内軍用車メーカーの不振にも拘わらず，輸入・国内組立の外国車によってトラックが急激に増加すると，どちらを重視すべきかという選択に直面せざるを得なくなったのである．そして，当時の軍縮ムードによる予算制約，国内メーカーの消極性などを考えると，民間との共用の自動車は外国車に委ねつつ，軍用専門の自動車のみに補助金を与え，その生産を確保する方針を採ったと考えられる．

アメリカのメーカーが日本で組立体制を整えた1927年頃の，陸軍省の担当者による次のような発言はその意識を反映したものであると思われる．「勿論，吾々は国産自動車を是非殖やしたいと思って居るのでありますが，刻下の場合に於ては私共の考えとしては……国産自動車であろうが，外国品であろうが，出来るだけ多くの自動車を殖やしたい．……その殖へた自動車の中の外国品は或る時期に於て之を国産自動車に代へる，その代へる時期は一日も速かならんことを望む」[35]．こうした軍の認識が再び変わるのは，国際関係の変化や民間共用車輛の軍事的な価値に対する再評価が起こる30年代に入ってからである．

一方，1920年代後半における軍用車メーカー3社の生産台数合計は250～400台水準であった．この台数と補助金適用台数との差は軍に直接に納入した台数であるが，1925～30年間の軍への納入台数と補助金適用台数＝民間への販売台数の比率は約半分ずつであった．しかも，後者は各市の電気局が中心であり，純粋な民間企業は少数であった[36]．要するに，3

---

35) 井出鉄蔵（陸軍省軍務局陸軍輜重兵少佐）『帝国鉄道協会会報』1927年7月号，pp. 221-222.

社の生産車輛は軍需を中心とし，市電や一部民間企業の営業用乗合自動車として使われるにすぎなかったのである．

　1920年代末になって伸びるものの，こうした民間への販売不振による生産台数の少なさの原因は何であったのであろうか．まず，技術の面においては，そもそも軍用車は過度な重量など設計に問題があると指摘されていたが，20年代末になると「設計製作共に面目を一新し，最新の自動車工学を応用して，品質に於ては寧ろ外国製品の或物を凌駕する勢を示しつつある」[37]と評価されるようになった．他の調査でも国産車の品質は「実用上何等の不備なし」[38]とされており，実際に軍用車として使用していた軍から性能問題についてそれほど指摘されることはなかった．もちろん，その国産車が部品まで国産化したわけではなかった．とくに，各種試験用車輛の電装品・気化器・軸受などの部品には輸入品が使われていた[39]．

　従って，1920年代前半まではともかく，20年代後半になっても依然として民間への販売が不振であったことの主な原因は価格問題にあったと見るべきである．外国車に比べて価格競争力を持ち得なかったことは，先述した国産乗用車メーカー同様に，10年代に想定した状況が20年代中に大きく変化したからであった．そもそも補助額は10年代のアメリカ車，とくに1.5～2トン級のレパブリックやGMCを対象としてそのコストの差を補塡させるために決められたが，20年代に入ってから1～1.5トン級のフォードやシボレーの急激な価格下落によって，1.5～2トン級のそれも下がったため，外注の拡大を認めるなどのコスト削減措置にも拘わらず保護車と

---

36) 1927年4月までの販売先を見ると，補助金適用車は東京・大阪・神戸・金沢の市電気局，東京乗合自動車，山梨自動車が，また適用外の官庁としては軍の各部署を中心に鉄道省・大蔵省・東京通信局が記されていた（陸軍省整備局動員課「保護自動車の説明」1927年）．また，26年までの石川島自動車の納入先別販売台数を見ると，陸軍省180台，東京市電75台，東京乗合自動車35台，大阪市電40台，山梨乗合自動車7台であった（『自動車之日本』1927年2月号，p.88）．

37) 隈部一雄「技術上より見たる最近の自動車工業」『日本工業大観』工政会出版部，1930年，p.353．

38) 小倉侃太郎（商工省技手）「本邦自動車工業に関する調査」『工業調査彙報』第8巻第3号，1930年，p.36．

39) 鉄道省「国産自動車試験報告」『業務研究資料』第18巻第17号，1930年．

外国車との価格差は一層広がったのである（前掲表 2-2 参照）．例えば，27年当時ダットの 3/4 トン積トラックの価格は 5,000 円だったが，製造補助金 1,500 円，購買補助金 1,000 円によって実際の購買価格は 2,500 円（シャシーのみでは 2,100 円）となっていた[40]．ところが，当時 1 トン積フォードのトラック・シャシーの販売価格は 1,240〜1,390 円であった[41]．すなわち，20 年代後半には，補助金を入れても外国車に対する国産車の価格は割高となっていたのである[42]．

こうした価格差は主に外国メーカーとの規模の差によるものであり，軍用車メーカーが価格競争力を向上させるためには何より大規模な設備投資が求められていた．しかし，ダット自動車はそもそもその能力に限界があり，他の 2 社の場合は造船や工作・産業機械メーカーの副業的な存在であったため，その能力はその企業全体の経営資源に関わっていた．

ところが，瓦斯電の場合，戦後不況の影響で大幅な赤字の末，1923 年には大幅な減資や工場縮小を余儀なくされ，20 年代中に設備拡張を断行する余裕はなかった．20 年代後半には全製品に占める自動車部門の比重が高くなっていくが，それも他部門の停滞によるものであった（表 2-12）．瓦斯電ほど深刻ではなかったものの，石川島自動車も戦後不況の影響による累積赤字を補填するために 24 年には減資を余儀なくされた．しかも，主力の造船は 20 年代中に一貫して伸び悩み，本格的な設備拡大が制限された（表 2-13）．

ただし，こうした生産台数の制約は両社における自動車部門の採算が合わなかったことを意味するものではなかった．むしろ，両社にとって自動車部門は主力部門の赤字を埋める役割を果たしていた．従って，両社にと

---

40) 『自動車之日本』1927 年 2 月号, pp. 92-93.
41) 『月刊フォード』1927 年 7 月号.
42) もちろん，ダットには年間 400 円の維持補助金が 5 年間支給されることになっていたので，その金額まで含めるとフォードより安くなる．しかし，いつでも検査に応じること，また一定の性能を保持することなど軍用車の使用には義務も付けられていた．しかも，価格比較は両車が同一能力を持ち，修理コストも同一であることを前提としているが，実際にはフォード 1 トン級はダット 3/4 トン級より上級車種であった．

第Ⅰ部　戦間期：小型車と大衆車の二つの市場・供給構造の形成

表2-12　東京瓦斯電の経営推移

期間	資本金(万円)		収益(円)	資産(円)		備考
	公称	払込	当期純利益	機械器具	工場勘定	
1916年12月～1917年5月	300	100	161,400	439,300	385,400	自動車機械購入・工場敷地選定
1917年6月～11月	300	150	227,700	522,900	616,300	大森工場で18年3月製造開始予定.営業部(修理工場)開始
1917年12月～1918年5月	300	300	358,100	1,395,600	1,167,600	4トン車10台の製造命令を受ける
1918年6月～11月	1,000	475	619,300	3,456,300	3,336,400	軍用車はじめて成功,保護車製造着手
1918年12月～1919年5月	1,000	650	1,093,200	5,859,500	3,845,900	保護車が検査に合格
1919年6月～11月	2,000	1,250	1,651,200	6,604,400	5,782,500	輸入販売好調
1919年12月～1920年5月	2,000	1,500	2,171,000	7,335,600	7,797,300	陸軍より保護車20台徴発命令受ける
1920年6月～11月	2,000	1,741	1,904,800	7,608,400	8,966,400	保護車5台徴発,ハンバー(英)社と提携→設計・工具・材料供給(10馬力小型乗用車製造予定)
1920年12月～1921年5月	2,000	1,743	1,042,000	7,788,500	9,882,100	補助法改正→製造1,000円,維持300円増額
1921年6月～11月	2,000	1,746	258,800	7,838,800	11,987,100	不況,重税→輸入車,保護車共に不振
1921年12月～1922年5月	2,000	1,746	−198,800	7,933,600	11,985,000	保護車大きすぎ→改正方針に従って軽便新形式を製造中
1922年6月～11月	2,000	1,746	−14,177,300	7,697,600	5,255,200	工場勘定など評価整理
1922年12月～1923年5月	600	521	74,700	7,745,600	5,695,100	減資
1923年6月～11月	600	521	−36,900	7,423,400	5,762,500	大森工場の大震災の被害は軽微
1923年12月～1924年5月	600	525	−3,180,800	7,441,100	6,181,300	
1924年6月～11月	600	525	13,100	7,452,500	6,304,400	
1924年12月～1925年5月	600	525	299,100	7,523,600	6,573,500	
1925年6月～11月	600	525	23,000	7,535,500	6,885,700	
1925年12月～1926年5月	600	525	−147,300	7,574,800	7,548,600	
1926年6月～11月	600	525	−20,100	7,616,800	7,810,600	一部工場整理→労働争議
1926年12月～1927年5月	600	525	32,200	7,661,800	7,611,300	
1927年6月～11月	600	525	−15,100	7,698,800	7,976,500	
1927年12月～1928年5月	600	525	−17,200	7,756,100	7,996,900	飛行機・自動車・ホイストが前途多望→今後の主力
1928年6月～11月	600	525	12,300	7,366,900	8,251,100	軍用車はいままで最大の需要,飛行機エンジン「神風号」完成
1928年12月～1929年5月	600	525	87,200	7,419,200	8,245,100	自動車など各部門堅調,自動車・エンジンを主力に
1929年6月～11月	600	525	93,800	7,359,100	8,405,100	各部門堅調,自動車販売拡大
1929年12月～1930年5月	600	525	−8,900	7,345,300	8,386,200	自動車に関する国産品愛用奨励が実現することを期待
1930年6月～11月	600	525	−5,700	7,393,900	8,503,900	大型バス・貨物車を鉄道省に納入,商工省は来年度に国産自動車助成法制定の見込み

注：収益と資産の百円以下は切り捨て．
出所：東京瓦斯電気工業『営業報告書』各回．

第2章 1920年代における外国メーカーによる大衆車工業の展開

表2-13 東京石川島造船所の経営推移

期間	資本金(万円) 公称	資本金(万円) 払込	収益(円) 当期純利益	資産(円) 機械器具	資産(円) 工場勘定	備考
1916年12月～1917年5月	204	183	403,099	1,426,289		前期からの注文工事のため, 機械設備拡張
1917年6月～11月	204	204	964,161	1,644,707		繰越工事多額のため, 新規注文を引き受けられない
1917年12月～1918年5月	500	278	1,522,694	2,048,171		既約工事の竣成に努める
1918年6月～11月	500	287	1,617,041	2,544,861		同上
1919年6月～11月	500	352	1,078,346	3,113,515		既約工事は多い, 労賃の増加
1919年12月～1920年5月	500	438	950,757	2,718,085		物価・労賃の昂騰によって経営困難
1920年6月～11月	500	500	677,627	3,137,123		新規注文の減少, 深川分工場の賃貸借契約
1920年12月～1921年5月	500	500	585,830	2,964,907	1,693,976	新規注文の減少
1921年6月～11月	500	500	437,608	2,959,989	2,711,676	新規注文の減少, 深川分工場で機械部品の製造・自動車製造修理
1921年12月～1922年5月	500	500	389,248	2,934,405	3,162,685	同上
1922年6月～11月	500	500	318,576	2,954,163	3,497,189	同上
1922年12月～1923年5月	500	500	−176,348	3,082,426	3,475,005	競争熾烈→経営難. 若松分工場整理, 自動車営業所設け
1923年6月～11月	500	500	−253,291	2,354,284	821,583	大震災で機械破損, 自動車部損失3,565円
1923年12月～1924年5月	300	300	59,836	2,899,515	1,440,166	資本減少等による損失補填, 自動車部用新工場建設, 保護自動車資格獲得→陸軍省・東京乗合自動車からの注文
1924年6月～11月	300	300	12,589	2,970,781	1,882,010	造船は不振を極め, 受注競争熾烈. 保護自動車を陸軍と東京乗合に納入
1924年12月～1925年5月	300	300	29,357	3,152,179	2,415,653	造船鉄工不振. 1トン級保護車試作→資格検定申請中
1925年6月～11月	300	300	74,210	3,237,617	2,884,437	造船不振・経費節減. 1トン保護車資格獲得→陸軍, 東京市電, 東京乗合に納入
1925年12月～1926年5月	300	300	78,097	3,252,316	2,899,836	造船不振, 陸上事業に全力
1926年6月～11月	300	300	75,214	3,295,680	3,041,707	海軍省から軍縮補助金. 自動車は保護車4種, 特殊車, 乗合自動車製造
1926年12月～1927年5月	300	300	62,862	3,357,401	2,884,429	工業界は依然として不振
1927年6月～11月	300	300	61,511	3,448,843	2,993,542	造船の注文獲得に努める
1927年12月～1928年5月	300	300	61,338	3,488,494	2,800,000	同上
1928年6月～11月	300	300	62,036	3,592,460	2,800,000	同上
1928年12月～1929年5月	300	300	73,209	3,661,042		自動車工場分離

注:工場勘定の場合, 1922年12月～23年5月期までは深川工場全体分, その後は自動車部分のみのもの.
出所:東京石川島造船所『営業報告書』各回.

って自動車部門の設備拡張のためには，主力部門での回復を期待するより，それを独立させて外部資本の調達を図ることが手っ取り早い側面があった[43]．1929年の石川島の自動車部独立はまさにその意味から実施されたと思われる．

しかし，国内メーカーの自立という観点からみると，依然として限界があったことも確かであった．当時の軍用車メーカーは「工業的採算ありて製造業が成立して居るにあらず」，「一度軍用自動車補助法の廃止せられんには，全く其の事業は成立せざる有様」[44]であったからである．

3. フォードとGMの進出とその影響

(1) 進出過程と経営成績

1910年代から世界各地に組立工場を建設しはじめたフォードがそもそもアジアの拠点として検討していたのは上海であった．ところが，大震災の後，大量注文がきっかけとなって日本市場の拡大可能性を見込んでフォードは日本への進出を決定した[45]．工場は東京への販売を睨んで横浜と決定し，横浜船渠の倉庫を借りて組立を開始したのは1925年2月であった．アメリカ国内でフォードと激しい競争を繰り広げていたGMも，フォードの日本進出に刺激され，27年4月から大阪の工場で組立を開始した．

これらのアメリカ・メーカーが日本での組立を決定したのは，完成車より部品の関税が低かったという要因に加え，運搬費の節減が可能になったからであった．ところが，現地組立のメリットを活かすためには，本格的な大規模な工場を設立する必要がある．それを可能にするような市場規模

---

43) 両社における部門別の収益が判明しないため，これをデータで裏付けることは困難であるが，全体で赤字を記録している時期でも自動車部門のそれは好調であったし，石川島造船所から石川島自動車に分離独立した直後の1929年度収益は上半期10.6万円，下半期10.1万円とそれ以前より多かった．

44) 前掲「本邦自動車工業に関する調査」pp. 31-32．

45) フォードの日本進出過程について詳しくは，NHK編『アメリカ車上陸を阻止せよ　技術小国日本の決断』角川書店，1987年を参照．

第2章　1920年代における外国メーカーによる大衆車工業の展開

に達していなかったために，それまで外国メーカーの現地進出は行われていなかったのである．ただし，その市場規模の制約は固定的なものではなく，供給要因によって変化しうるものである．すなわち，低価格車の供給によって市場は拡大する可能性を持っていた．従って，1910年代のアメリカでだけでなく，現地進出したヨーロッパでも，その可能性を現実化させたフォードが最も早く日本に進出を決めたことは，むしろ当然のことであったのである．

こうしたアメリカ・メーカーの日本進出に対して，日本の関係者はそれを歓迎した．関連分野への波及効果や税収の増大を期待した横浜市や大阪市が積極的な誘致運動を展開したことはもちろん，軍用自動車補助法を適用していた軍も反対を表明していなかった．また，工場が稼動してからは，それまでの日本にはなかった大規模な機械工場として評判となり，自動車工業の関係者はもとより皇族・政治家などの工場参観も相次いで行われたのである[46]．

こうした状況のもとで開始されたフォードとGMの組立事業は，当初の予想を超える速さで既存の市場を席巻し，さらに新たな市場を開拓していった．フォードの場合，操業開始の1925年に組み立てた3,400台は当時の全保有台数の1割にも達する水準であったが，28年末に新工場を建設してからは年間1万台以上の組立が行われた．GMもほぼそれに匹敵する規模を有しており，20年代末には両社を合わせて年間2万台以上が組み立てられるようになった[47]（表2-14）．

前述した年間400台程度の国産メーカーの生産台数と比較すると，両社の組立規模の大きさが分かるが，この生産＝販売台数の差は収益にも反映

---

[46]　後述するように，フォードは販売プロモーションの一環として『月刊フォード』という雑誌を発刊していたが，その中には毎月フォードの工場を見学した人・団体が載せられている．1931年上半期の見学者には，乗合自動車・トラック会社の関係者だけでなく，高校・大学生から軍の各部署，鉄道省などの官庁，県の工場監督官，貴族院議員，皇族までが含まれていた．

[47]　1927～29年のフォードの停滞やGMの急増は，T型からA型への移行に伴うフォードの工場整備・新築の影響によるものである．

第Ⅰ部　戦間期：小型車と大衆車の二つの市場・供給構造の形成

表2-14　日本フォードと日本GMの経営推移

年	日本フォード					日本GM		
	資本金 (千円)	収益 (千円)	配当 (千円)	生産設備 (千円)	組立台数 (台)	資本金 (千円)	収益 (千円)	組立台数 (台)
1925	4,000	1,035	864	127	3,437			
1926	4,000	2,905		217	8,677			
1927	4,000	2,425	3,746	728	7,033	8,000	665	5,635
1928	8,000	1,368	1,110	2,555	8,850	8,000	3,279	15,491
1929	8,000	2,746	2,294	2,748	10,674	8,000	3,126	15,745
1930	8,000	3,574	2,331	2,785	10,620	8,000	1,789	8,049
1931	8,000	2,548	3,700	2,735	11,505	8,000	1,095	7,478
1932	8,000	1,922	1,850	2,793	7,448	8,000	1,353	5,893
1933	8,000	2,657	1,480	2,769	8,156	8,000	2,118	5,942
1934	12,000	5,684	6,383	2,959	17,244	8,000	2,629	12,322
1935	12,000	6,578	2,220	5,702	14,865			12,492

出所：日本フォードは尾高煌之助「日本フォードの躍進と退出」猪木武徳・高木保興編『アジアの経済発展』同文舘，1993年，p.176；日本GMは宇田川勝「日産財閥の自動車産業進出について（上）」『経営志林』第13巻第4号，1976年，p.104.

された．操業当初から両社の収益は莫大な規模であり，フォードの場合，最初2年間で資本金の回収ができたほどであった．これは，原価と販売価格との差，すなわち売上高利益率が高かったことを示しているが，例えばGMの1932年のそれは23％にも達していた[48]．やや時期は後になるが，35年のフォードのそれも23％であり，1920～21年にアメリカでの比率である13％よりも遥かに高い収益率を日本で収めていたのである[49]．

では，こうしたフォードとGMの成功はいかなる要因によるものであったのであろうか．まず，組立工程について見よう．GMの工場には洗浄，鉄板溶接，ボディ及びシャシー組立，総組立，塗装，内張の工程が行われるように設備が配置されていた．この内，コンベア・ラインが設けられているのは総組立工程のみであり，それはモーターによって速度が調節可能になっていた．このラインはシボレー専用のものと他の車用の二つであっ

---

[48] 宇田川勝「日産財閥の自動車産業進出について（上）」『経営志林』（法政大学）第13巻第4号，1976年，p.104.
[49] 尾高煌之助「日本フォードの躍進と退出——背伸びする戦間期日本の機械工業」猪木武徳・高木保興編『アジアの経済発展——ASEAN・NIEs・日本』同文舘，1993年，p.175.

第 2 章　1920 年代における外国メーカーによる大衆車工業の展開　　　91

た．それ以前の工程に必要な部品はすべてアメリカから輸入されており，例えばシャシーは圧搾空気鋲槌による鋲打ちだけで完成するようになっていた[50]．その生産能力は 1 日 50 台，1ヶ月に 1,200 台であった[51]．

一方，1928 年末に完成されたフォードの新工場も GM 同様の工程ができるようになっていた．ただし，気化器・ファン・配電器などの小部品の組立にはモーター・コンベアが，ボディの組立には 22.5 m の棒板コンベアが，そして，総組立には 45 m のチェーン・コンベアが使われていた[52]．また，フォードの生産能力は GM よりやや大きく，年間 2.4 万台，すなわち日産 80 台となっていた[53]．

アメリカでのフォードの飛躍的な成長やそしてその最も特徴的な設備としてコンベア・ラインは日本にもすでに知られていた．さらに，フォードも工場見学者に，近代的な設備のシンボルとしてコンベア・ラインを盛んに宣伝した．そして，当時はフォードや GM の組立工場の高生産性＝低コスト＝低価格車の供給が可能になったのはこのコンベア・ラインなどの設備によるものと認識されていた．

しかし，当時の組立台数や工程を考えると，こうした設備がただちに低コストを実現させたとは考えられない．当時両社の組立費明細表を見ると，まず，日本で消費されている金額が原価に占める比率は 10～15% にしか達しておらず，しかもその中で設備投資によって節減されうる工賃や間接費はその半分にもなっていなかったからである（表 2-15）[54]．フォードと GM は日本進出に際して，新工場建設の「最も重視されるべき貢献の一つは

---

50)　日本ゼネラル・モータース株式会社『工場参観の栞』1927 年と推定.
51)　「日本ゼネラル・モータース株式会社事業概要」1935 年推定．ただし，設備水準を維持したまま，職工を増やすことによって 1ヶ月に 2,500 台の生産が可能としている．また，GM の工場設備は創業以来それほど大きな変化がないため，1930 年代半ば頃の生産能力と 20 年代のそれが同一のものと推定した．
52)　『モーター』1929 年 2 月号，pp. 112-113.
53)　日本興業銀行調査課「本邦自動車工業ニ就テ」1930 年，p. 16.
54)　表 2-15 との関係は不明であるが，日本 GM は，1929 年中のシボレー乗用車 1 台の販売価格に占めるアメリカ産の材料費の比率が 25% にすぎず，ほとんどが日本産の材料であると主張した（『極東モーター』1930 年 5 月号，p. 65）.

表 2-15 フォードとシボレーの組立費明細（1929 年推定）

	フォード					シボレー		
年間組立台数(台)	乗用車		5,006		年間組立台数(台)	乗用車		8,000
	トラック・シャシー		5,445			トラック		2,000
	計		10,451			トラック・シャシー		5,000
1台当り日本で消費された金額(円)	乗用車	材料	77.29			計		15,000
		工賃	31.81		1台当り日本で消費された金額(円)	乗用車	材料	94.45
		間接費	61.91				工賃	40.00
		計	171.01				間接費	65.00
	トラックシャシー	材料	103.02				計	199.45
		工賃	14.77			トラック	材料	372.05
		間接費	28.95				工賃	25.00
		計	146.74				間接費	40.00
1台当り卸売価格(円)	乗用車		1,480				計	437.05
	トラック・シャシー		1,532			トラックシャシー	材料	231.57
卸売総金額(円)			15,750,620				工賃	18.00
							間接費	30.00
日本内消費金額(円)			1,655,075				計	279.57
					1台当り卸売価格(円)	乗用車		1,700
日本内消費比率(％)			10.5			トラック		2,065
						トラック・シャシー		1,715
					卸売総金額(円)			26,305,000
					日本内消費金額(円)			3,867,550
					日本内消費比率(％)			14.7

注：石川島自動車調べ．
出所：『モーター』1931年7月号, pp.79-80.

……工場の附近より職工を多数使傭する事」であり，「材料を出来得るだけその地方で購入する」方針を表明したが[55]，その賃金と材料が原価に占める比率はそれほど高くなかったのである．

　進出当時に両社が日本内で調達を計画していたのは，内張用の織物やトラックボディ用の木材程度であった．実際には，それ以外にタイヤなどのゴム製品，ガラス，塗料，電球などの用品が日本で調達されたものと見られる[56]．いずれにしても，組立用の部品はほとんど日本で購入せず，輸入

---

55) 日本ゼネラル・モータース株式会社「ゼネラル・モータースは奉仕する　各国工業界の一員なり」1927年．

していたのである．要するに，組立車の低コストの真の源泉は「組み立てられる」日本の組立工場ではなく，それに用いられる部品が「製造される」アメリカの生産工場にあった．組立工場のコンベア・ラインも，アメリカで見られるような作業統制という意味よりは単純に運搬の効率性のために設けられていたのである．

　従って，短期間のうちに両社が市場を掌握し得たのは生産過程より販売過程に主な要因を求めるべきである．日本での販売体制の構築過程を見る前に，まずアメリカにおいてそれを簡単に見てみよう[57]．

　アメリカにおける初期のディーラー制度＝フランチャイズ・システムは中間流通業者を介した開放的なものであったが，1920年代に入ってメーカーがディーラーを支配する関係に変わった．その際にディーラーを拘束する次のような条項が契約に含まれるようになった．すなわち，排他的専属関係，販売台数割当，販売方法・地域，ディーラーの投資額基準などである．このシステムは，20年代初頭の不況期にディーラーへの新車の押し込み割当を実施したフォードに典型的に見られたが，20年代後半から30年代にかけて中小メーカーにも採用され，一般的なシステムとなった．

　ただし，その運用に当たってはメーカー間に差が見られた．ディーラーとメーカーとの間に締結されたGMの1926年協約とフォードの29年協約を比較すると，GMは契約廃棄の1ヶ月前の予告，値下げの場合にディーラーに還付金の支給などの条項を入れ，従来通りの強圧的な対ディーラー政策を貫いたフォードよりディーラーに有利であった．また，GMは統一会計の採用をディーラーに義務付け，ディーラーからの販売情報を即時に把握できるような体制を整備するなど販売政策を一層精緻化させた．

　以上のような背景の下で，フォードはアメリカでの販売方式をそのまま日本にも適用しようとした[58]．フォードが日本に進出する前はセール・フ

56）　材料のうち最も大きな比重を占めているのはタイヤとチューブであり，それを除けば両社が日本で購入した材料の原価に占める割合は6.6％であった（『モーター』1931年7月号，pp.79-80）．

57）　以下，下川浩一「米国自動車産業におけるマーケティングの成立と展開（1）（2）」『経営志林』（法政大学）第11巻第3,4号，1974年による．

レーザーがフォードの日本内一手販売権を持っていたが，1924年にその契約は解消され，フォードが直接販売するようになった．フォードは操業開始直後の25年5月に従来セールフレーザーの副代理店から，松永商店，エンパイヤ自動車などの13社と販売契約を結んだ[59]．当時販売店の条件としては十分なストックを保有すること，陳列場・サービス工場を有すること，所定の数量を販売しうる能力を持つことであり，フォードのみの完成車・部品を取り扱うことは当然の前提となっていた[60]．

販売店数の決定にはサービス能力を考慮して，1ヶ月に40台を基準に1店を設ける方針だったため，販売量の少ない地域は1店としたが，原則としては1県ごとに複数の販売店となった．そして，1926年上半期に70社であった販売店数は，30年頃には110店まで増加したが，販売店間の競争の結果35年には70余店となった[61]（表2-16）．

販売先は県内あるいは予め定められた地域内に限定され，それを違反した場合には他の地域を侵犯した側と侵犯された側が共に処罰を受けることになっていた．販売台数は予め割り当てられ，その代金はすべて現金で前納させられた．また，注文に不足がある場合は何ヶ月でも保留させられたが，その間に注文の取り消しはできなかった[62]．

一方，GMの場合はより厳密な車種ごとの1県1店主義が採られた．創立当時の1927年にすでに27社と販売店を契約したが，その後シボレーの国内販売店だけで28年に37社，32年40社，36年には46社となった[63]．

---

58) フォードとGMの販売網の構築過程については，四宮正親『日本の自動車産業』日本経済評論社，1988年，第1章；芦田尚道「日本自動車販売業の展開とメーカー系列販売網形成」東京大学大学院経済学研究科修士論文，1999年が存在する．ここではそれとの重複を避けながら記述することにしたい．なお，以下の両社の販売方法に関する記述は，便宜上，本章の対象時期を越えて1930年代半ばまで及んでいることを断っておきたい．
59) 梁瀬次郎『轍1』ティー・シージェー，1981年，pp. 185-186．
60) エンパイヤ自動車株式会社『エンパイヤ自動車七十年史』1983年，pp. 29-32．エンパイヤは1925年4月にフォードの販売店になる時に，それまで取り扱っていた機械部品・フォード以外の自動車部品は別の会社（萬歳貿易商会）を設立して分離させたという．
61) 「輸入車凋落の一段階」『オートモビル』1935年6月号，p. 18．
62) 「フォード問題の真相」『自動車之日本』1926年4月号，p. 22．
63) 1932年のデータは，前掲，宇田川勝「日産財閥の自動車産業進出について（上）」pp.

表 2-16 フォードと GM（シボレー）の販売網現況

地域	フォード			GM	
	所在地	販売店	営業所	所在地	販売店
北海道	旭川	中村輪友舎	函館など4ヶ所	旭川	旭川モータース(株)
	札幌	北海自動車工業(株)		釧路	北東モーター商会
				札幌	大北モーター商会
				小樽	第一モーター商会
				函館	道南モーター商会
青森	青森	角弘銅鉄店自動車販売部		青森	横内モーター商会
岩手	盛岡	岩手自動車販売(株)		盛岡	盛岡モーター商会
秋田				秋田	秋田モーター商会
山形	山形	吉井屋自動車販売部			
宮城	仙台	奥羽自動車販売(株)		仙台	ミヤギ自動車商会
	仙台	亀井商店仙台営業所			
福島	福島	福島自動車商事(株)		福島	福島モーター商会
	若松	マサゴ商会			
茨城				水戸	関東モータース茨城商会
栃木	宇都宮	ミヤコ自動車商会		宇都宮	関東モータース栃木商会
群馬	前橋	ユニオンモーター商会		前橋	関東モータース群馬商会
埼玉	大宮	第一商会		大宮	関東モータース埼玉商会
	熊谷	チェリー自動車商会			
千葉	千葉	勝又商店		千葉	千葉モータース商会
東京	麴町	中央自動車(株)		東京	朝日自動車(株)
	浅草	一三六商行		東京	太洋自動車(株)
	神田	松永商店		東京	太平自動車(株)
	日本橋	エンパイヤ自動車商会			
	麴町	日本商会			
	品川	大東自動車商会			
	渋谷	内田自動車(株)			
神奈川	横浜	ジャパンモーター(株)		横浜	神奈川自動車(株)
	川崎	森自動車商会			
	平塚	斎藤自動車商会			
山梨	甲府	山梨モーター商会		甲府	ニシキ自動車商会
長野	長野	宇都宮自動車販売部		松本	セントラル自動車(株)
	松本	中信自動車(株)		長野	小妻清商店
	飯田	飯田自動車商会			
静岡	静岡	丸井商会		静岡	トモエ商会
	浜松	久野自動車商会			
	沼津	沼津自動車商会			
愛知	名古屋	宮崎商店	岡崎	名古屋	昭和自動車(株)
	名古屋	尾張自動車(株)		名古屋	大地ガレーヂ
	豊橋	三久商会			
岐阜	岐阜	今広自動車商会			
新潟	新潟	新潟自動車商事(株)		新潟	新潟商会
	高田	高田モータース			
富山	富山	日之出自動車商会		富山	山口自動車商会
石川	金沢	アサヒ自動車商会		金沢	北陸自動車商会
福井	福井	福光社			
奈良	奈良	南都商会			

第 I 部　戦間期：小型車と大衆車の二つの市場・供給構造の形成

(表 2-16)

地域	フォード				GM	
	所在地	販売店	営業所		所在地	販売店
京都	京都	日光社			京都	**大沢商会自動車部**
滋賀	大津	イカイ商会				
三重	松阪	イワイ商会	四日市		津	三重モータース(株)
和歌山	和歌山	西村自動車商会			和歌山	和歌山モータース(株)
大阪	大阪	福田自動車(株)			大阪	**豊国自動車(株)**
	大阪	船場水田商会				
兵庫	神戸	山本商会			神戸	**カネキ自動車商店**
	西宮	巽商会				
	姫路	ミツウ商会山本姫路出張所				
広島	広島	広島モーター商会			広島	**中尾自動車商会**
	福山	両備モーター商会				
岡山	岡山	柴田自動車(株)			岡山	岡山モータース(株)
島根					松江	**山陰モーター商会**
山口	山口	山口自動車商会	松江		小郡	下関自動車販売(株)
愛媛	松山	野村自動車商会	福岡		松山	松山四国モータース
高知	高知	四国商会			高知	四国モータース
香川	高松	高松自動車商会			高松	香川モータース
徳島	徳島	徳島四国商会			徳島	徳島四国モータース
福岡	久留米	守谷モーター商会	福岡		福岡	大福自動車商会
	門司	大橋商会				
熊本	熊本	ヨナワ商会			熊本	**丸山自動車商会**
宮崎	延岡	壬申商会				
長崎	佐世保	橋本自動車商会			長崎	山一モータース(株)
佐賀					佐賀	丸忠自動車商会
鹿児島	鹿児島	カカホシ商会			鹿児島	南国モータース(株)
沖縄	那覇	青蘭社				

注：1) フォードは 1936年 8月現在，GM は 37年 3月現在．2) GM の販売店の内，**太字**は 1927年創立当時からの販売店．3) 植民地地域にはフォードが 11店(15ヶ所)，GM が 12店の販売店を保有．4) GM の場合，シボレー以外の SUP 販売網として日本国内 9，植民地に 4店の販売店を保有．
出所：フォードは「稲田久作文書」，GM は『ヘッドライト』1937年4月号．

　その他，シボレー以外の販売には別の販売網が設けられた．販売店の条件はフォードとまったく同一であり，契約期間もフォードと同じく 1年だったが，35年からは 2年に延長された[64]．また，一般的に GM の販売店はフォードのそれと比べて長期間に渡って存続するケースが多かった．
　こうして出来上がった販売システムについては，従来の販売方法とはまったく異なるものだったので，当然のことながら一部業者から反発が起きた．例えば，GM の進出の前には GM の全車種を梁瀬自動車が取り扱って

107-108；他の年は，『ヘッドライト』1937年 4月号による．
64) 前掲，宇田川勝「日産財閥の自動車産業進出について（上）」pp. 108-109．

いた．進出と共に GM は，シボレーについては 1 県 1 店主義の方針だったため，梁瀬支店が存在していない地域には新たに販売店を設けることを主張したが，梁瀬はそれに反発して全車種の販売権を放棄してしまった[65]．フォードの場合は，部品販売をめぐって東京自動車用品商組合との間に紛糾が発生した．従来セール・フレーザーからフォード部品を卸売価格 (10～15% の割引価格) で供給を受けて販売していた組合では，進出後すべての部品をディーラーから現金・定価で購入するようになった．そして，組合はこの問題を含めて日本の取引関係を参酌するようにとフォードに求めたが受け入れられなかった．この際にフォードは「全世界的に行って居るものが日本に行へぬ筈がない，若し悪くて行はれぬと云ふなれば旗を巻いて帰る計りである」[66] と豪語したという．

また，このシステムが定着していく過程においても，割り当てられた販売目標を達成できないことによる契約破棄＝販売店の交替は頻繁に行われた．両社としては，その割当台数はその地域の所得税，人口，製造物産，道路などの潜在的な能力から算出したものであり，それを達成できなかったのは販売店の能力によるものであるという立場を持ちつづけた．また，実際に「甲の販売店が閉鎖すれば，直ちにこれに代る販売者が現はれる」[67] 状況だったために，両社に対する販売店の抗議は効力がなかった．

ところで，両社は販売店に契約遵守を厳しく要求する一方で，他方ではその販売店の販売・経営方法についても指導・育成を図っていた．GM の場合[68]，まず，販売店に正確な簿記による経費節約のために「販売店簡易会計法」の採用を勧めた．そして，その普及のために，講習会を設けたり，出張指導を行ったりした．また，販売方法についても詳細な助言が提示さ

---

65) 前掲『轍 1』p. 193.
66) 前掲「フォード問題の真相」p. 19. ここからは，当時フォードの世界戦略の一断面をうかがうことができる．当時ヨーロッパでも「アメリカから輸入されたお決まりの手順に反対するヨーロッパ的偏見は，すべて取るに足らぬこととして片づけられた」という（井上忠勝「海外戦略におけるフォードと GM (1)」『国民経済雑誌』（神戸大学）第 124 巻第 1 号，1981 年，p. 7).
67) 前掲「輸入車凋落の一段階」p. 19.
68) 以下，『ヘッドライト』1928 年 9 月号による．

れたが，例えば，トラックの販売に際しては運輸問題の専門家になるべきだと指摘した．すなわち，運転費用，積載量，ボディの構造などを考慮して買主の要求に最も適した車を販売すべきとしており，それについては本社のトラック部に相談されたいとしていた．また，支配人はセールスマンに「鼓吹」するためには「分析」が必要であることを指摘し，代表的な事例を紹介していた．例えば，東京の山田自動車では7段階による「見込み購買客表」と「能率表」を使い，セールスマンは「進んで見込み購買客を尋ね」，「秩序正しく其見込み購買客を訪問」して好成績を上げたので，本社は各販売店にその表の使用方法を発送した．

　各販売員には月給額によって責任販売台数が決められ，それを超過達成した販売員には一定の手当てを支給した[69]．その目標を超過達成した販売員は1929年に組織された名誉販売員倶楽部の会員となったが，29〜34年にその数は239名に達した[70]．また，29年には販売店協会を設立し，販売店間の情報交換を誘導した．そして，経営危機に直面した販売店には優良販売店から株式買取，支配人派遣などの措置も行われた[71]．

　販売店と本社の関係については，販売店は10日ごとに型・売り手・代金受取方法別の売上高を記録した旬報を本社に送付することになっていた．また，全国を9区に分け，区ごとに監督者を任命し，販売の奨励，本社との連絡，競争社の状況調査に努めさせた[72]．一方，フォードとその販売店との関係については不明であるが，販売員の管理方法などについては，ほぼ同一の指導が行われたと思われる．

　いずれにしても，こうした販売網の整備によって両社の販売増大だけで

---

69)「豊国自動車創立」『梅村四郎氏の手記』．梅村四郎は，GMの大阪地域の販売店である豊国自動車の設立者で，長期間GM特約販売店協会会長を歴任した．この手記は梅村家所蔵のもので，東京大学大学院の芦田尚道氏に閲覧させていただいた．

70)『ヘッドライト』1936年2月号．この倶楽部制度は後に国内メーカーにも採用され，日産の場合，1939年6月に販売成績優秀者からなるニッサン名誉販売倶楽部を組織した（『モーター』1940年2月号，p. 92）．

71)「奈良・和歌山特約店の引受」前掲『梅村四郎氏の手記』．

72)「日本ゼネラルモータース株式会社及日本フォード株式会社ノ自動車販売方法ノ概要」1936年8月調査『商工政策史編纂室資料』．

なく，日本自動車市場の拡大が可能になった．ところで，この市場拡大にとっては統一価格の形成と割賦販売制度の普及が最も重要な要因となったと考えられる．前者は1県1店主義と表裏の関係にあり，それまで販売店あるいは販売人ごとに異なっていた自動車価格が統一されることによって情報・取引コストが節減される効果があったからである．また，それには従来と違って各販売店には充実した部品・サービス工場が設けられていたことも重要であった．

月賦販売は両社がはじめて導入したことではなかったものの，割賦金融会社を伴った両社によって急速に普及し，市場拡大に直接に影響した．日本で最初の自動車割賦販売は大戦後の不況期に在庫処理のために貸切自動車業者を対象に実施されたが長くは続かなかった．その後1920年代後半に，タクシー業者への販売のために再び導入され，川崎銀行が自動車金融を開始した．しかし，これも回収不能，完済前の転売など問題が多発して川崎銀行も撤退したため，高利貸に依存せざる得なくなった販売店の経営が悪化し，29年には全国販売店の約1割の20数店が閉店となった．そして，フォードとGM自らが自動車金融に乗り出すことになったのである[73]．

GMの月賦販売の一般的な仕組みは，購入者は車輌代金の3分の1を頭金として払い，残り3分の2に対しては保証人と担保付きで12枚の約束手形を発行して販売店に提出し，12ヶ月にかけて分割払いするものであった．販売店はその約束手形をGM割賦金融会社（GMAC）で割引することができた．その他，GMから販売店が車輌を購入する際にも4分の1を頭金として払い，残りに対しては同じく約束手形（最長3ヶ月，金利年16％）を発行し，その車輌の販売と同時に現金で支払うこともできた．1930年代半ば頃に，GMの全販売のうち，こうしたGMの割賦金融を受けたのが3分の1，販売店で独自に金融しているのが3分の1，残り3分の1が官庁などへの現金販売であった[74]．

---

73) 柳田諒三『自動車三十年史』山水社，1944年, p.128.
74) 前掲「日本ゼネラルモータース株式会社及日本フォード株式会社ノ自動車販売方法ノ概要」．

先述したタクシーの増加，そして1台営業の円タクが1920年代に急増し得たのはまさにこの月賦販売によるものであった．27年頃にフォードのツーリング箱型の価格は1,500円であったため，500円程度の頭金で新車の購入が可能となり，車庫料などを入れても3ヶ月後には償却できたという[75]．そして，30年には円タクの氾濫を防止するための手段として，月賦販売の条件の強化が提案されるほどであったのである[76]．

　急激な自動車市場の拡大をもたらした要因としてはフォードとGM間の販売競争をも挙げねばならない．まず，主にタクシー業者への販売をめぐって行われた新モデル発売競争があった．両社のモデルが根本的に変わるメジャー・チェンジはフォードの場合，1928年に行われたそれまでのT型からA型への転換，そして32年のV8モデルの導入であり，GMの場合は28年に6気筒モデルを導入する時のみであった．しかし，両社は毎年10月にはボディ・スタイルなどをマイナー・チェンジした新モデルを発表し，「年式」競争を繰り広げた．その際には大きな宣伝が伴われ，買い替え需要を刺激した．また，両社のディーラー向け雑誌である『月刊フォード』と『ヘッドライト』を通じた，頻繁な試験成績の紹介，自社車輌を使って営業に成功した会社の紹介などが日常的に行われたが，販売・宣伝活動として大きな話題を集めたのは全国的なキャラバンであった．例えば，フォードは31年3月から8月までにA型フォードの宣伝のために，日本全国を東西2班，朝鮮1班に分けて一周する移動博覧会を行った．移動中には自動車販売だけでなく，映画上映，講演会などを行い自動車知識の普及にも努めた[77]．

---

75) タクシー問題研究会編『タクシー発達変遷史』タクシー問題研究会，1935年，p.17.
76) 『自動車之日本』1930年1月号，p.7.
77) 以上のようなフォードとGMの販売活動は，1930年代後半にそれらの販売店が国内メーカーの販売店に代わることもあって，その時期に何らかの形で国産車の販売に活かされた可能性があるが，これに関する研究はあまり行われていない状況である．30年代半ば以降の国産車メーカーを分析する本書の第4章でも，それには立ち入らない．

(2) 進出の影響

　主に販売活動を通じたフォードやGMのモデルの増加によってもたらされた交通手段の変化を踏まえ，ここでは，より直接に1920年代の日本自動車工業に与えた影響について検討してみたい．

　1920年代末における自動車業関係者の現況を見ると表2-17の通りである．もちろん，この表が当時の関係者全部をカバーするわけではないので，全体的な分布を鳥瞰することに限定してみることにする．

　まず，創業年度別にみると，1929年末に現存する業者リストというデータの性格から，当然ながら大震災後のものが多いが，その意味では第一次世界大戦中のものも多数存在していることが注目される．次に業種別に見ると，販売関係者が過半数を占めており，製造関係者は少数である．販売の中には部品・用品の専門商も多く存在しており，製造は完成車より部品あるいはボディ関係のものがほとんどであった．業種別・創業年度別を合わせてみると，販売の場合は大震災後に新たに登場したものの比率が高く，製造の場合は逆にそれ以前からのものの比率が高い傾向が読み取れる．また，自動車業に参入してきたものの履歴を見ると，同一あるいは関係業種から分離独立したケースが多いものの，販売の場合は自動車関係以外の業種からのものも相対的に多かった．

　以上のような状況が現れた原因を，フォードとGMの進出と関連させながら考えてみよう．まず，販売が多くなっているのは，当然ながら自動車の販売増加によるものである．その意味では修理も当然増加しただろうが[78]，両社の場合，販売店にサービスセンターの設置が義務付けられていたため，それまでのような修理のみの業者が減少したものと考えられる．次に，製造部門の停滞は，両社モデルへの販売集中によって1910年代のような発明家型企業の参入機会がなくなったことを意味した．ただし，部品やボディ関係業種の数が増加していないのは，完成車部門とは違う要因によるものであった．後述するように，この時期には国産部品の生産・品目

---

78) 1928年頃，全国の修理店数は580店であり，東京だけにも210店が存在していたという（『自動車月報』1928年11月号，p.16）．

表 2-17 自動車関係者の現況と履歴（1929 年）

単位：人

		販売			運輸・保管	製造				修理		合計
		自動車	中古車	部品・用品		自動車	ボディ	部品	用品	タイヤ	その他	
合計		60	9	63	36	2	16	13	12	14	6	231
年齢	～30歳	2		10	1		2		4	5	1	25
	31～40歳	23	9	35	10	1	8	10	4	3	3	106
	41歳～	31		17	22	1	6	2	4	6	2	91
	不明	4		1	3			1				9
	合計	60	9	63	36	2	16	13	12	14	6	231
創業	～1914年	2	1	4	5	1	1	3		2	1	20
	1915～22年	18	3	25	12	1	10	7	3	1	2	82
	1923年～	40	5	34	18		5	3	9	9	3	126
	不明				1					2		3
	合計	60	9	63	36	2	16	13	12	14	6	231
学歴	高等以上	17	2	13	12	2		1			1	48
海外経験	有	10		10	2	1						23
履歴 ～1914年 創業	他業種		1	1		1						3
	関連業種			1			1	3			1	6
	販売											0
	運輸				1	4						5
	製造											0
	修理									2		2
	不明・経験無	2		1	1							4
	合計	2	1	4	5	1	1	3		2	1	20
履歴 1915～22年 創業	他業種	9		8	4		1					22
	関連業種			4			3	4	1		1	14
	販売	2		5		1	1	1				10
	運輸	5	2	2	5							14
	製造			2			5	1				8
	修理	1		2						1	1	5
	不明・経験無	1	1	2	2			1	2			9
	合計	18	3	25	12	1	10	7	3	1	2	82
履歴 1923年～ 創業	他業種	11		12	7		1			1	1	33
	関連業種	2	1	2	3			1	2			11
	販売	14	2	9					2	1		28
	運輸	8	2	5	7				1	1	1	25
	製造						4		1			5
	修理	1		3				1	2	6	1	14
	不明・経験無	4		3	1			1	1			10
	合計	40	5	34	18		5	3	9	9	3	126

注：1) 複数の業種が重複する場合は製造（自動車＞部品＞用品の順）－販売（自動車＞部品・用品）－運輸－修理（その他＞タイヤ）の順で分類した．
2) 履歴は一つの業種に限定したが，重複する場合は現在業種＞自動車関係業（製造＞販売＞修理）＞関連業種＞他業種の順に従う．
3) 関連業種とは，製造・修理・運輸の場合は鉄道・造船・自転車・人力車など，販売の場合は自転車販売，ボディ製造は馬車製造などを指す．
4) 部品は電気部品，ホイール，スプリングなど，用品はオイル，皮革製品，塗装材など．
5) サンプルは原資料から創業者企業と見られるケースを選んだもの．
6) 創立年は一部推定を含む．
出所：『全国自動車界銘鑑』昭和4年，昭和5年版，ポケットモーター社．

も増加するが，その担い手は他の機械製造を行っていた比較的に大規模な企業であり，創業者型の小規模企業を中心とするこのデータには現れていないからである．一方，用品の場合は，依然として小規模企業によるものが多かったので，このデータにも反映されている．

　販売関係業者が多いのは，両社の全国的な販売網の整備以外に他の輸入車の販売店数も増加したためであった．この時期にはフォードとGMのモデルが市場を席巻していたものの，依然として多数の輸入車が市場に出回っていた．両社の市場シェアは7割程度であるから，その多数の輸入車が残り3割の市場をめぐって競争を繰り広げていたのである．もっとも，3割といっても1920年代末に約5,000～8,000台にも達しており，20年代前半のそれより絶対的には増加した規模であった．その販売商及び輸入車の一覧は表2-18の通りである．

　ただし，ここに掲げられているモデルと輸入商との関係は1920年代初頭から持続されたものではなく，20年代後半の頻繁な変更の結果であった．その原因もフォードとGMの販売システムの影響であった．既述したように，両社の販売網の基本原則は自社モデルのみの販売と1県1店主義であった．両社の進出の前にもフォードとシボレーの販売は最も多かったものの，従来まで複数モデルを販売していた大手販売商が他のモデルを諦めて一つの会社に専属することは相当のリスクを伴うものであった．梁瀬自動車とGMとの交渉が決裂し，梁瀬が結局すべてのGMモデルの販売権を放棄したのもそのためであったと思われる．また，両社の急激な販売増加は，他の外国メーカーが従来の販売商に対してより多くの販売を求めたり，それまでの販売商を変更したりする誘引になったことも容易に想像される．そして，実際に1925～29年に取扱モデルの販売商に頻繁な変更が見られたのである．梁瀬自動車は日本自動車からフィアットやスチュードベーカーの販売権を奪い，ホイペットの販売権は日新自動車から浅野物産に代わった．ドッヂを安全自動車に代わられた日本自動車は，子会社の中央自動車を通じてフォードの販売店となった．また，フォードがT型からA型に移行する際に供給不足が生じたため，東京の山田商店や秋口自

表 2-18　取扱車種別輸入商の現況（1920年代末）

輸入・販売会社	乗用車	貨物車
三晃商会	Auburn, Cord	
日本自動車	Austin7, Essex, Hudson, Pierce-Arrow	Dover, Fageol, Garford, Relay, Republic
藤井商店		Brockway
東邦自動車	Buick, Marquette	
日本シトロエン	Citroen	Citroen
八洲自動車	Chrysler	Fargo
昭和自動車	De Soto, Graham Paige, Morris	White
安全自動車	Dodge Brothers	Dodge Brothers, Stewart
三笠モーター商会	Elcar, Gardner, Marmon	
梁瀬自動車	Erskine, Fiat, Studebaker	Reo
三工商会		Federal
エンパイヤ自動車	Ford A, Lincoln	Ford
オリエンタル自動車	Humpmobile	
甲南商会	Lancia	
高松工業所		Mack
ルードラティエン商館	Benz	
オートパレス商会	Minerva	
日東モータース商会	Moon	
葵自動車商会	Nash	
三柏商会	Packard	Studebaker
東海モータース商会	Peerless	Diamond
黒沢商店	Plymouth	
シーベルヘグナー		Sawer
東西モータース		Thornycroft
ピアス商会	Triumph	
浅野物産	Willys	Whippet
隼商店	Willys-Knight	Willys-Knight
東京モータース	Chevrolet	

出所：『モーター』1930年5月号, pp.7-15；同6月号, pp.57-65.

動車は GM の販売店に代わった[79]．

　一方，この時期にはフォードと GM 以外の販売商でも割賦販売や販売網の整備が行われていた．アメリカのスターをヒーリング商会から譲り受けた日米スターは，1928年頃16ヶ所に特約店を保有しており，10ヶ月の割賦販売も行っていた[80]．25年頃7ヶ所に出張所を設けていた日本自動車の場

79)　『自動車之日本』1927年10月号, p.26；29年1月号, p.33.
80)　『自動車之日本』1928年7月号, p.37.

合は,自動車割賦金融のために日本アクセプタンスを28年に設立した[81]。

それだけでなく,フォードとGMに倣って,組立工場の建設にも乗り出す場合もあった。代表的なものが1930年に設立された共立自動車である。同社は,ドッヂの安全,クライスラーの八洲自動車,ナッシュの葵自動車など28年以降アメリカで同じクライスラー系列になった3社の販売商が共同で横浜に設立したもので,3モデルの組立が行われた[82]。その他,ホイペットの浅野物産,日米スター,日本自動車も組立を行っていたという[83]。

こうしたフォードやGMその他大手輸入商による販売網の整備によって,1910年代からの小規模・兼業販売商は20年代末になると事実上没落・撤退することになった。

次に,部品・用品の製造について見てみよう。この時期にはフォードとGMの進出による自動車の増加や軍用自動車補助法によって国内で製造される部品も増加した。ただし,先述したようにフォードとGMはほとんどの部品を輸入したので,前者による影響は一部の用品を除けば主に修理用部品に限られ,組立用部品の波及効果は後者に限られていたと思われる。当時の国産部品の品目と製造業者の現況は表2-19の通りである。ここで互換性の「高い部品」というのは修理用部品あるいは用品を,またそれが「低い部品」は軍用車メーカー用の組立用部品を指すものと思われる。実際,石川島自動車はウーズレーの国産化過程で,当初は輸入素材を供給しながら育成した東京鍛工所の鍛造品を採用したという[84]。

全体的に見ると,組立用部品メーカーは1910年代からのものが多く,しかもそれ以前から関連業種に携わっていた。例えば,鶴岡スプリング,増山自動車ホイール,小田木スプリング製作所は明治期から馬車・人力車用のスプリングを製造していた[85]。一方,修理用部品メーカーには宮本喇叭

---

81)　日本自動車株式会社『創立満二十五周年記念帖』1939年.
82)　安全自動車『交通報国　安全自動車70年のあゆみ』1989年,p.79.
83)　『自動車之日本』1929年1月号,p.33.
84)　前掲「ウーズレーの国産化で自動車技術を学ぶ」p.8.
85)　『全国自動車界銘鑑』昭和4,5年版,ポケット・モーター社,1929,30年.

表 2-19 国産自動車部品・用品の製造状況（1930 年）

互換性の高い部品・用品			互換性の低い部品・用品		
品目	企業名	所在地	品目	企業名	所在地
空気清浄器	高田モーター企業社	東京	ピストン	進興社泉自動車製作所	東京
気化器	高田モーター企業社	東京		廣輪商会	東京
蓄電池	湯浅蓄電池	大阪		日本アルミニーム	大阪
	神戸電機製造	大阪		所鉄工所	東京
磁石発電機	東亜電機	東京		住友伸銅鋼管	大阪
	沢藤電機			日本ピストン工作所	大阪
始動発電機	日立製作所	東京		田治製作所	東京
	東亜電機	東京	連結桿	東京鍛工所	東京
着火用電気装置	日立製作所	東京		染谷鉄工所	東京
	東亜電機	東京	曲柄軸	東京鍛工所	東京
着火栓	立川工作所	東京	前車軸	東京鍛工所	東京
	三葉商会	東京	放熱機	西村製作所	東京
	日本硝子	名古屋		海老原製作所	東京
	太平洋工業	大阪		古川ラヂエーター製作所	東京
	日本スパークプラグ	大阪	車台ばね	鶴岡スプリング	東京
消音機	海老原製作所	東京		帝国発条製作所	東京
	伊藤工業所	東京		小田木スプリング製作所	東京
照明器具	木村硝子店	東京		日東製作所	大阪
	市川金製作所	東京		大阪スプリング製作所	大阪
警報機	市川金製作所	東京		富士商会	大阪
	宮本喇叭製作所	東京	制動機	杉山製作所	東京
緩衝器	小田木スプリング製作所	東京		増山自動車ホィール	東京
	増山自動車ホィール	東京		染谷鉄工所	東京
制動ライニング	日本アスベスト	東京		高尾鉄工所	大阪
	二葉商会	大阪	車輪及びリム	増山自動車ホィール	東京
	島田音吉	大阪		帝国発条製作所	東京
	TOブレーキライニング	大阪		高尾鉄工所	大阪
	ダイヤモンド	東京		木下ホィール	東京
連軸機ライニング	曙石綿工業所		フェンダー	杉山製作所	東京
タイヤ及び チューブ	横浜ゴム製造			海老原製作所	東京
	内外ゴム	神戸		伊藤工作所	東京
	ブリッヂストン・タイヤー	久留米	歯車類	東京ギヤー製作所	東京
	キング商会	東京		所鉄工所	東京
	日米タイヤー商会	東京		染谷鉄工所	東京
タクシー・ メーター	海老原製作所	東京			
	桑沢製作所	東京			
	大阪メーター	大阪			

注：企業名の所在地が空欄のものは、引用資料のままである。
出所：保田健夫「過渡期に遭遇せる本邦自動車工業」『工業調査彙報』第 9 巻第 3 号、1931 年、pp.12-17.

製作所のように明治から馬車用を製造したもののほか，日立製作所のように 20 年代に新しく参入した関連分野の大企業も多数見られた．

こうした当時の国産部品・用品は，輸入品に比べて価格は 2 割安であるが品質に問題があると評価された[86]．従って，売上額ではすでに国産品が輸入品の 2 倍に達していたものの，国産品使用の理由は輸入品が間に合わないということによるものが多かった[87]．とくに，部品の場合は輸入品との質の差が大きく，国産品の中で優秀なものは電球，ラッパ，電線，ブレーキライニングなどの用品類に限られていた[88]．こうした認識を背景に，1930 年 8 月に自動車用品販売商組合では部品関税引上案に反対する陳情を行ったのである[89]．

こうした限界はあったものの，この時期における部品・用品メーカーの増加によって，1910 年代に見られた輸入商による小規模の部品製造は衰退し，これらの専門メーカーにとって代わられることになった．

同じく 1910 年代に輸入商が担当していたボディ製造でも，この時期に新たに関連分野からの参入が見られた．それは主としてこの時期のバスの増加の影響であった．先述した大震災後の復興措置として緊急輸入された東京市営バスの改造には，当初後藤ボディと松菱商会が担当したが間に合わなかったため，東京にボディ・メーカーが続出する契機となった．大阪乗合自動車のバスも 110 台の 1 トン積フォードのトラック・シャシーを堺の梅鉢鉄工所がバスに改造したものであった[90]．そして，20 年代末には本業の不況克服のために鉄道車輛・造船業からバス・ボディ製造に大手メーカーが参入した（表 2-20）．

さて，政策担当者は以上のような状況をどう理解し，いかに対応しようとしたのであろうか．本格的な分析は次章に譲り，ここでは商工省が自動車工業政策に乗り出す背景や過程を検討することに留めたい．

---

86) 『自動車之日本』1930 年 11 月号，p. 4.
87) 『自動車之日本』1927 年 2 月号，p. 15.
88) 『自動車之日本』1930 年 11 月号，pp. 24-25.
89) 『自動車之日本』1930 年 10 月号，p. 20.
90) 前掲『日本自動車工業史稿（2）』pp. 232, 244.

表 2-20　1920 年代ボディ製造企業の現況

企業名	製作開始	元の業種	製造ボディ	備考
国井自動車車室製作所	明治期	馬車	乗用車	御料馬車製造
鶴岡	明治期	馬車	乗用車	同
梁瀬商会	1915年	自動車輸入	全車種	シャシ組立，自動車試作
日本自動車中野工場	1918年	自動車輸入	乗用車，バス	東京自動車製作所を引き受け
東京瓦斯電気工業	1917年	自動車生産	トラック，バス	自社車輛のボディ製作
脇田自動車商会	1917年	自動車修理	乗用車	→帝国自動車（いすゞ系列）
犬塚製作所	1920年	ボディ下請	特殊車	戦後まで生産
矢野オート工場	1922年	乗用車試作	特殊車	同
後藤商会	1923年		バス	東京市営バスのボディ製作
信濃ボデー工場	1923年		バス	東京瓦斯電でボディ製作
日本車輛	1929年	鉄道車輛生産	バス	三菱ふそう号のボディ製作
川崎車輛	1929年	鉄道車輛生産	バス	自社車輛のボディ製作
汽車製造	1930年	鉄道車輛生産	バス	省営バスボディ製作
梅鉢鉄工所		電車生産	バス	大阪乗合自動車のボディ製作
倉田組鉄工所	1925年	造船業	トラック，バス	

出所：自動車工業会『日本自動車工業史稿(2)』1967年，pp.508-525.

　第一次世界大戦後の軍縮による需要減退や貿易再開によって各国では過剰生産設備を抱えることになり，その対応として各国では対外的には関税障壁の強化，対内的には合理化運動が始められた．その合理化の核心は事業集中によって大量生産体制を確立すること，そのための製品の標準化や産業の機械化などであるが[91]，国内需要を確保するための国産奨励もその一環であった．もちろん，日本における国産奨励の歴史は明治期まで遡るが，大震災後の入超の拡大と共に再び強調されるようになったのである．そして，1926年には商工省内に国産振興委員会を設け，国産振興のための調査・審議を行わせ[92]，30年には臨時産業合理局を設置して国産品愛用に関する事務を管掌させることになった[93]．

　こうしたムードの中で商工省が自動車工業の国産化に関わることになるが，その主な動機は自動車部門の入超であった．すなわち，1922年に700万円台にすぎなかった自動車・部品の輸入額が28年には3,000万円を超え，そのままいけば1億円を突破するものと予想されていた（表2-21）．

　輸入急増の原因は，言うまでもなく組立用部品の増加によるものであっ

91）　日本新聞聯合社編『産業の合理化』日本新聞聯合社，1927年．
92）　吉野信次『我国産業の合理化』日本評論社，1930年．
93）　臨時産業合理局・社会局『国産品愛用運動概況』1931年，pp.5-6.

第2章　1920年代における外国メーカーによる大衆車工業の展開

表2-21　自動車輸入の推移

年度	台数(台)				金額(円)			自動車の輸入比率(%)
	完成車	シャシー	組立	計	完成車	部品	計	
1914	94			94	240,610	257,812	498,422	0.08
1915	30			30	70,687	94,587	165,274	0.08
1916	218			218	386,797	326,688	713,485	0.09
1917	860			860	1,569,640	1,097,961	2,667,601	0.25
1918	1,653			1,653	4,254,753	3,136,858	7,391,611	0.44
1919	1,579			1,579	5,531,540	5,750,761	11,282,301	0.51
1920	1,745			1,745	4,865,633	5,613,123	10,478,756	0.44
1921	1,074			1,074	3,261,808	4,805,732	8,067,540	0.49
1922	752			752	2,216,051	5,093,784	7,309,835	0.38
1923	1,938			1,938	4,955,211	8,527,069	13,482,280	0.73
1924	4,063			4,063	8,772,861	12,413,272	21,186,133	0.86
1925	1,765			1,765	4,600,009	7,061,433	11,661,442	0.46
1926	2,381			2,381	5,324,535	10,391,666	15,716,201	0.66
1927	3,895			3,895	8,063,062	10,218,901	18,281,963	0.84
1928	7,883	1,910		9,793	13,770,655	18,474,168	32,244,823	1.47
1929	5,018	2,019	29,338	36,375	9,545,870	24,062,213	33,608,083	1.50
1930	2,591	1,609	19,678	23,878	4,896,992	15,876,738	20,773,730	1.30
1931	1,887	1,204	20,109	23,200	3,378,063	12,951,105	16,329,168	1.32
1932	997	703	14,087	15,787	2,894,234	11,927,189	14,821,423	0.98
1933	491	780	15,082	16,353	1,864,392	12,006,958	13,871,350	1.38
1934	896	950	33,458	35,304	3,357,061	28,945,163	32,302,224	1.40
1935	934	1,010	30,787	32,731	3,202,241	29,387,106	32,589,347	1.31
1936	1,117	1,061	30,997	33,175	3,577,575	33,458,910	37,036,485	1.34
1937	4,988	—	28,951	33,939	—	—	—	—
1938	1,100	—	—	1,100	—	—	—	—
1939	500	—	—	500	—	—	—	—

注：自動車の輸入比率＝自動車輸入額／総輸入額
出所：自動車工業会『自動車工業資料』1948年, p.35.

たが[94]，前掲表2-15に示したようにその組立の国内部品への波及効果はそれほど大きくなかった．そして，商工省の政策決定に関わる工政会では自動車国産化の必要性とその方策が主張された．その方策とは関税引き上げ，国産品への税金優遇，官庁・乗合自動車業での国産車使用の義務化，軍用補護車への補助金の増額などであった[95]．ただし，フォードやシボレ

---

94) 表2-21には組立用輸入が1929年からしか掲げられていないが，前掲表2-14のフォードとGMの組立実績を考えると24年以降の完成車及び部品の輸入にこの組立用輸入が含まれていると思われる．

ーを代替しうる車種を国内メーカーが生産していなかったため，関税引き上げが国際収支改善に効果を上げられるかどうかが確かでなかったし，また，当時の財政状況を考えると軍用車補助金の増額も容易ではなかったことなど，こうした主張がそのまま政策に反映されるには限界があったと思われる．従って，こうした主張を踏まえた上で商工省は1929年9月に，自動車国産化の可能性及びその方法について国産振興委員会に諮問することになった．この結果，商工省，鉄道省，軍用メーカー3社の共同による「標準車」が誕生することになるが，その過程及び結果については第4章で検討する．

ただし，1930年代の国産化政策＝自動車製造事業法との関連で，ここで強調すべきことは，商工省の国産化政策に乗り出した理由が国際収支改善にあったことである．すなわち，「国際貸借のこれ以上の悪化が他の何らかの形で防ぐことが出来，ドル資金が潤沢でさえあれば，国産自動車工業の育成の声はさして強くなかったに違いなかった」[96]と考えられるのである．

小 括

1920年代の日本の自動車市場構造は営業用車，乗用車中心という面では10年代と同一であった．しかし，その内容を見るとフォードとシボレーがほぼ市場を席巻しており，10年代までの多数のモデルの乱立とはまったく異なっていた．こうした変化の原因は，大震災後の復興需要を契機として，20年代半ばに日本で組立を開始したフォードとGMの急成長にあった．

両社はほとんどアメリカで製造された部品を輸入して組立を行ったので，現地進出によるコスト低下はそれほど大きくなかった．むしろ，その成功の原因となり，また当時の日本自動車工業に大きな影響を与えたのは，両社の販売システムであった．それは，アメリカにおいても形成過程にあったものであり，それをそのまま日本に移植することには摩擦もあったもの

---

95) 『工政』1927年5月号．
96) 住吉弘人「日本自動車工業の沿革と歴史的特質」『産業金融時報』1950年8月号，p.22.

の，全体的に急速に普及して自動車市場の拡大に大きく寄与した．両社の日本進出の影響は部品・用品の製造範囲拡大にも現れた．両社に組立用の部品を直接に納入できる水準までは至らなかったものの，修理用部品を中心として技術が向上し，また関連分野の大企業が自動車部品製造に乗り出すようになった．

一方，国内完成車メーカーは停滞を余儀なくされた．両社が進出した1920年代半ば以降は10年代のような小規模な発明家型企業や輸入商による国産車の開発の可能性はなくなった．従って，軍用自動車補助法による軍用車を生産する3社のみが残されるようになったが，その3社の年間生産台数は400台程度に留まっていた．その不振の原因は，10年代と異なって，価格競争力の弱化にあった．各種補助金を加えてもフォードやシボレーの価格より高かったのである．しかも，20年代末から，この法の適用対象の中心は6輪車という，より軍用に特化したものと変わった．それは民間との共通の車については，外国車で賄うという軍の方針変更によるものであった．

国産車の開発あるいは国内メーカーの育成のための政策的な支援という側面から見た場合，1920年代に起こった大きな変化はその担当が軍から商工省と鉄道省に代わったことである．鉄道省が自動車工業に関わるのは，自動車による鉄道への影響を防止・調整するためであり，商工省の登場の背景には国産奨励運動の一環として国際収支改善という目標があった．

そして，1930年代にはこの商工省，鉄道省，そして国内メーカー3社の共同による国産車の開発が行われるようになるが，その政策構想も，20年代におけるフォードとGMによる市場拡大，部品供給基盤の拡大があってこそ可能になったと言える．

第3章　1920年代における小型車工業の形成

はじめに

　前章では1920年代日本の自動車市場がアメリカ車，とりわけフォードとシボレーによってほぼ完全に掌握されたこと，国産自動車工業は不振を極めて政策的な対策を講じざるを得ない状況になっていたことを明らかにした．しかし，当時，日本ではそのアメリカ車と競争しない，まったく別の自動車が出現し，工業として定着していった．それが三輪トラックを中心とした「小型車」部門である．本章の目的はその形成過程や意義を明らかにすることである．

　当時フォードやシボレー・クラスの普通車は「大衆車」と呼ばれたが，小型車とはその大衆車との対比で，一定規格内の二輪車・三輪車・四輪車を総称するものである．これらの用語が一般に定着するのは1930年代に入ってからのことであるが，20年代後半から使われはじめていた[1]．

　ところで，小型車という区分はもともと運転免許など道路利用上の取締規則を適用するためのものであり，自動車工業の一部門として工業そのものを指すものではない．しかし，この小型車を単に利用面ではなく，市場，技術，生産といった各部面を総合して一つの工業として分析すると，第2章で検討した大衆車工業とは異なる特徴が現れる[2]．

　具体的な分析に入る前に，この小型車を取り上げる意味について考えて

---

1) 小型車という用語が厳密に定義されるのは，1933年に改正された内務省の「自動車取締令」によってであった．そこで，自動車は普通車，特殊車，小型車と分類され，小型車とは普通車と特殊車のうち，大きさが小型であるものを指した．
2) こうした小型車工業に対する先行研究は，序章に紹介したように数少なく，とりわけ本章の対象となる1920年代に対するものは，管見の限り見当たらない．

みたい．第2章での自動車の影響については，電車・鉄道といった機械動力を用いた「近代的」な，自動車と「横」の関係にある交通・運輸手段を中心に検討した．しかし，交通・運輸手段としての自動車の競争対象はそれに留まらない．人力車，馬車，手車，自転車といった人間・動物の動力を用いた「在来的」な，より簡単な手段との競争，それへの影響も考えられるからである．もちろん，アメリカでの経験のように，大衆車によって在来手段が十分に代替されうる購買力などの需要条件が整えられているなら，これが問題になる期間は短く，取り上げる必要は少なくなる．

しかし，日本のようにそうした条件に欠けている地域では，大衆車という標準化された自動車と在来手段との間に価格・性能の面で中間的な車が存在する可能性がある．その一つとして考えられるのが自転車と自動車との間にあるオートバイである．実際に，第1章で触れたように，1920年代のヨーロッパでは自動車の増加と並行してオートバイも急増した．ただし，そのオートバイは価格・性能の面から見ると，すでに中間的な車の域を脱して自動車の一類型として定着していった．

ところが，日本ではそのオートバイが，三輪車という，価格・性能の面で中間的な車として利用されることになったのである．こうした変化が起こった原因を本章では市場と技術条件の両面から検討する．

まず，第1節の市場では，手車・馬車など貨物用運搬手段が広範に存在し，自転車もその用途として使われていたことを確認する．そして，オートバイ（「自動自転車」）が導入されると，それが貨物運搬用として使われ，さらにそれが貨物車専門の三輪車に改良されていく過程を検討する．第2節では，そうした需要の変化に対応した，価格や性能を備えた製品を製造しうる技術基盤をエンジンとフレームに分けて検討する．第3節では，実際に三輪車を生産・販売した担い手に対する検討を通じて，小型車工業と自転車工業との関わりを確認する．そして，以上の分析を踏まえて最後に，国産自動車工業の形成という視点から，第2章での大衆車工業部門との比較を試みてみたい．

第3章　1920年代における小型車工業の形成　　　　115

1. 小型車の市場基盤

(1) 貨物用自動自転車の登場

　1920年代の短距離交通・運輸手段には，乗用の場合，人力車，自転車，乗合馬車，乗用自動車が，荷物運搬用の場合，荷積用馬車，牛車，荷車，荷積用自転車，貨物自動車がそれぞれ混在していた．このような諸車市場において既存手段から自動車への代替は，貨物運搬用よりも乗用の方が先行した．

　これは，表3-1の1920年代における諸車の保有台数の推移を見ると明らかである．この表からはまず，乗合馬車と人力車の減少が目立つ一方で，荷積用馬車と牛車は減少するどころかむしろ増加していることが分かる．この理由は経済的価値の面において，乗用車と貨物車が異なっていたからである．1922年当時自動車の価格は乗用車が3千円〜1万円以上，1〜2トン積み貨物車が5,500〜9,000円であり[3]，いずれも個人の自家用車として購入するのには程遠かったため，営業用車が中心であった．ところが，乗合馬車，人力車の代替財としてのタクシー，バスが急速に増加したのに対して[4]，荷積用馬車の代替財としての貨物車はそれほど増加しなかったのである．

　これは，タクシーの料金が人力車のそれとあまり差がなかったため，乗用車が経済的に既存手段を代替しうる状態に到達していたのに対して，貨物車の方はその条件がまだ不十分であったからである．当時，積載量が600〜900 kgである牛車は主に農家の自家用として使われており，営業用としては1.2〜1.5トン程度の積載量を有する荷積用馬車が使われていた．この荷積用馬車の代わりに自動車が青果・砂利・木材・生鮮・新聞などの運送に使われたが，「急送品に属せない貨物の運搬は比較的運賃の安い馬

---

[3] 『モーター』1922年1月号，pp.97-143；同21年6月号，pp.1-5.

[4] 乗合馬車と人力車は，電車の登場によってすでに1910年代から衰退が始まったが，20年代には自動車によってその傾向が加速化された．この傾向については，斎藤俊彦『轍の文化史――人力車から自動車への道』ダイヤモンド社，1992年；同『くるまたちの社会史――人力車から自動車まで』中央公論社，1997年が詳しい．

表 3-1　1920 年代における諸車の保有台数の推移

単位：台

年度	馬車		牛車	荷車	自動車		人力車	自転車	
	乗用	荷積用			乗用	荷積用		自動	通常
1921	5,827	269,378	52,116	2,203,406	8,265	1,383	106,861	3,422	2,319,089
1922	5,463	285,206	55,221	2,219,374	9,992	2,099	100,511	4,591	2,812,478
1923	4,912	288,808	63,449	2,185,345	11,679	3,058	89,149	5,790	3,208,406
1924	4,359	292,213	69,163	2,178,600	14,809	5,778	85,434	8,966	3,675,359
1925	3,905	306,038	66,308	2,186,775	18,562	7,884	79,832	12,378	4,070,614
1926	3,308	304,778	74,929	2,148,555	24,970	10,832	61,949	13,023	4,370,959
1927	2,738	306,473	87,358	2,142,590	31,826	14,467	55,530	16,665	4,751,678
1928	2,232	315,933	85,278	2,116,281	40,281	20,252	43,463	18,018	5,025,124
1929	1,617	306,103	88,437	2,056,812	45,855	25,700	33,045	20,212	5,318,230
1930	2,175	308,914	98,690	1,807,788	57,827	30,881	42,635	22,089	5,779,297

出所：『日本帝国統計年鑑』各年版．

車手車の使用を便利とする理由もあるので茲当分現在以上に馬車数の減ずることはあるまい」[5] という状況であった．従って，小商工業者の自家用貨物運搬は 1〜2 トン積の大衆貨物車によるというよりは，100〜200 kg として積載量は少ないものの低廉な荷車（手車）によって担われていた．

また，表 3-1 には当時大量の通常自転車が保有されていたことが分かるが，その自転車の一部も早くから貨物運搬用として改造して使われた．その形態には，前部あるいは後部に二輪の荷台を設けて三輪自転車にしたものや荷台のサイドカーを取り付けたものがあったが，最も多く使われたのは別に二輪の運搬車を作ってそれを自転車の後方に取り付けたリヤカーであった[6]．そして，1910 年代後半からは自動車の普及によってその実用性が認識されるにつれて，こうした自転車を貨物運搬用として使っていた需要者の中から，自転車にエンジンを装着したものを求めるようになった．その結果として現れたのが貨物用「自動自転車」であった．

ところが，この自動自転車という用語は曖昧であった．もともとは乗用のオートバイを指すものであったが，1920 年代にはそれだけでなく，50 年

5) 『自動車之日本』1926 年 7 月号，pp. 42-51；同 27 年 3 月，pp. 26-31．
6) 小倉侃太郎「本邦自転車工業に関する調査」『工業調査彙報』第 8 巻第 3 号，1930 年，pp. 83-84．

第 3 章　1920 年代における小型車工業の形成　　　　117

代の概念でいえば原付自転車，側車付二輪車（サイドカー），さらに三輪車などをも総称するようになっていった．すなわち，文字どおり自転車あるいはその改造フレームにエンジンを取り付けたものまで含むようになったのである．それは，オートバイが 1～2 人の乗用に留まらず，3 人以上の乗用や貨物運搬用として実際に使われ，またエンジンとフレームを別個に製造した製品が現れていたからであった．

　狭義の自動自転車，すなわちオートバイが日本にはじめて輸入されたのは 1903 年のことであるが，自動車同様に 1900 年代の輸入は輸入商の自家用あるいはサンプル的な輸入に留まり，本格的な輸入は 10 年代から見られるようになった[7]．オートバイは性能及び大きさによって小型・中型・大型，また使用形態によって単独車・結合車・競走車とそれぞれ分類された（表 3-2）．結合車は単車に側車あるいは後車を結合させたものであるが，大馬力と高性能の変速装置を必要としたため，中型・大型がほとんどであった[8]．

　後述するように，このオートバイの国産化は自動車よりも遅かったので，1920 年代にもほとんどの製品は輸入品であった．輸入先としてはイギリスが首位だったが，第一次世界大戦を境に大馬力のアメリカ製が増加した．特に，アメリカのハーレー・ダビッドソンとインデアンが最も有名なモデルであり，両モデルは 10 年代末以降日本市場の主導権をめぐって激しい販売競争を繰り広げた．

　オートバイの輸入台数は，最も多くなった 1920 年代後半にも年間 3,000～5,000 台に留まり，保有台数も乗用車のそれより遥かに少なかった．さらに，後述するように，その保有台数には三輪車も含まれているので，狭義のオートバイの普及はそれよりも少なかった．乗用車に比べてオートバイが少ないという現象はヨーロッパよりアメリカに類似したものであっ

---

[7]　以下，1920 年代までのオートバイの輸入と使用に関する説明は，別に断らない限り，小型自動車発達史編纂委員会編『小型自動車発達史 (1)』日本自動車工業会，1968 年，pp. 7-13 による．

[8]　『モーター』1922 年 11 月号，pp. 29-31．

表3-2 1920年代における自動自転車の主なモデル

分類	モデル	輸入国	馬力	気筒容積(cc)	軸距(インチ)	重量(ポンド)
小型車	レビス	イギリス	2.25	247	51	140
	クリーブランド	アメリカ	3.0	269	56	197
	ドグラス	イギリス	2.75	348	54	175
	ＡＢＣ	フランス	3.0	398	55	243
中型車	トライアンフ	イギリス	4.0	550	53	275
	ハンバー	イギリス	4.5	600	55	300
	ＦＮ	ベルギー	8.0	748	61	330
大型車	ハーレーダビッドソン	アメリカ	7〜9	998	60	360
	インデアン	アメリカ	7.0	998	59.5	378
	ヘンダーソン	アメリカ	11.5	1,031	60	420

出所：『モーター』1922年11月号, p.29.

た．1925年アメリカのオートバイ保有台数は14.0万台であったが，フランス14.2万台，ドイツ18.8万台，そしてイギリスは54.8万台にも達していた．それは，アメリカではヨーロッパと異なって，オートバイ価格と大衆乗用車との価格差がなかったからであった．当時小型オートバイのエバンスは120ドル，大型のハーレーが335ドルだったのに対してフォードの2人乗りロードスターは260ドルだったのである[9]．

　1922年の日本における大型オートバイのハーレーの販売価格は1,700円であり，その他1,000円未満の小型モデルも存在し，シボレーの3,150円とは相当の価格差があった[10]．にも拘わらず，オートバイがそれほど普及しなかったのは，ヨーロッパとの購買力の差に原因を求めるべきであろう．当時の日本ではその価格水準も，個人の乗用として購入するには依然として高価格だったのである．実際に，当時日本でのオートバイの主な需要先は軍・警察・新聞社などであり，個人用としては医師など一部の自営業者やレーサーに限られていた．

　一方，当時の日本では，このオートバイも早くから貨物運搬用として使われていた．しかも，それは高価格の乗用オートバイをそのまま用いるのではなく，オートバイなどのエンジンを自転車に取り付けて自動自転車に

---

9) 『モーター』1926年6月号, pp.2-3.
10) 『モーター』1922年1月号, pp.96-124.

第 3 章　1920 年代における小型車工業の形成　　　　　119

改造した上で使われた．例えば，1910 年代末には，「軽量な動力で相応の活動能率を上げ得る自動自転車の用途が，頗る好況に進んで居る様に見受けられる．最近は特に自転車等に応用して取外し取附自在に出来るモーターが，大部流行して来た様である．自動自転車又は此種のものは物品運搬用としても，兎も角一通りの用に足り，一般商家の使用に適し，狭隘な道路，不整備な街路も自由に走行し得らるるので，自然と使用範囲が広まって来た様である」[11]という状況になっていたのである．

　ここで，「取外し取附自在に出来るモーター」というものが，1917 年に大阪に現れたスミス・モーターである．これはアメリカの小型エンジン・メーカーである A.O.スミス社が製造したものであり[12]，日本には 14 年から輸入されはじめていた．これは 4 サイクル・167 cc エンジンが付いた補助車輪で，これをそのままあるいはエンジンだけを，通常の自転車あるいは三輪自転車に取り付けると，自転車が自動自転車に変わった[13]．

　この三輪車の構造は不安定で積載量も 60 kg にすぎなかったが[14]，価格上のメリットのために 1921 年まで多く使われた[15]．内務省警保局の調べによると，22 年末現在自動自転車の総数は 4,594 台であり，そのうち貨物

---

11)　『モーター』1918 年 6 月号，p. 22.
12)　1910 年に International Auto Wheel Company によって造られた Wall Motor Wheel は 1 馬力の単気筒エンジンの付いた自転車ホイールであり，自転車の車輪に取り付けて使われた．12 年に同社を買収した A. O. Smith Company が 14 年にそれを改良したモデル A のスミス・モーター・ホイールを開発した．さらに，19 年には Briggs & Stratton Company がスミス社を買収し，モデル A を 2 馬力に改良した．B＆S 社によるこの改良型ホイールの年間販売台数はピークの 20 年に 7,021 台であった．その他，同社は小型モーターを用いた簡単な自動車（Flyer）やスクーター用エンジンも製造した．ただし，同社の主力製品は農業機械用のモーターであり，現在も芝刈り機用などのモーターを製造している（Jeffrey L. Rodengen, *The Legend of Briggs & Stratton*, Write Stuff Syndicate, 1995. この社史の存在については東京大学の和田一夫氏にご教示いただいた）．
13)　日本自動車工業会編『モーターサイクルの日本史』山海堂，1995 年，p. 91；前掲『小型自動車発達史（1）』p. 8.
14)　前掲『モーターサイクルの日本史』pp. 91-93.
15)　既述したように，1920 年代初頭においてハーレーの価格が 1,700 円だったのに対して，このスミス・モーターを改良したものと見られる国産パイオニア三輪車の価格は 750 円であった（『モーター』1922 年 1 月号，pp. 144-150）．

用の比率は2割であったが[16]，その貨物用のほとんどはこのスミス・モーター付きのものだったと思われる．

(2) 三輪車市場の形成

ところで，この1910年代のスミス・モーター付き三輪車は大体前二輪・後一輪の「フロントカー」であった（写真3-1）．これは，当時外国においてもこのような乗用車があったためだと思われるが，貨物運搬用としては前一輪・後二輪の「リヤカー」より不利であった．「リヤカーの方が米一俵余計に積むことが出来る」[17]からであった．そこで，21年頃になると，リヤカーの優越性が確立し，その後はその車体に取り付けるべきエンジンの改良が求められた．そして，25年頃まではそれまでのスミス・モーターに代わって，本格的なオートバイ用のエンジンである175ccのビリヤス・エンジンが主流となり，さらに26年以降は350ccエンジンにほぼ統一された．この350ccエンジンの三輪車の登場は内務省による無免許車製造基準と密接な関係があった．

内務省が自動車製造事業に直接に関わることはなかったものの，同省は運転免許など自動車の道路利用に関する「自動車取締令」[18]を管轄したため，三輪車の形成・発達に間接的な影響を及ぼした．

この取締令は1919年に，それまで地方ごとに異なっていた「自動車取締規則」を全国的に統一したものであった．その内容は，最高速度，自動車の構造・装置，検査，運転免許，交通事故などに関する条項からなっていた．ただし，ここで対象とする自動車は，第1条に「原動機ヲ用イ軌条ニ依ラスシテ運転スル車両」と規定されているものの，実際には四輪車のみを想定していた．その他の自動車類については，第33条に「自動自転車（サイドカー附ノモノヲ除ク）及ビオートペット類ニ付テハ其ノ運転者ニ対シ第三条，第二十五条及ソノ罰則ノ規定ヲ適用スルノ外本令ヲ適用セス．

---

16) 『モーター』1923年5月号，p.21.
17) 永田栓『日本自動車業界史』交通問題研究会，1935年，p.71.
18) 以下，この令の条文は『官報』第930号，1919年1月11日による．

第3章　1920年代における小型車工業の形成　　　　　　　　　　　　121

写真3-1　スミス・モーター付きフロントカーの三輪車
出所：小関和夫『国産三輪自動車の記録』三樹書房，1999年，p.10．

前項ノ外特種ノ自動車ニ付テハ地方長官ノ定ムル所ニ依リ第四条ノ規定ニヨル構造装置ノ一部ヲ省略スルコトヲ得」と規定するだけであった[19]．これは，それまで地方ごとの取締規則が，主に営業用自動車の取締りを目的として制定されたためであった[20]．実際に，四輪車以外のものについても規定があったのは，山梨（1918年），宮城（1903年），岐阜（1912年），静岡県（1918年）程度であった[21]．そこで，営業用に使われていない自動自転車は自動車取締規則でなく，「自転車取締規則」の対象となっていたのである．

こうした営業用自動車を対象とした取締令の発想は運転免許の条項からも窺うことができる．第15条は「運転手タラムトスル者ハ主タル就業地

---

[19]　ここで，第3条は最高速度の規定であり，第25条は事故が生じた場合の規定である．
[20]　1903年に日本で初めてこの規則を制定した愛知県の場合，その規則名が「乗合自動車営業取締規則」であり，他の県のそれにもこの規則名が多数見られる（大須賀和美「各府県初期発令『自動車取締規則』の歴史的考察（明治36～大正7）」『内燃機関』1992年6月号，p.262）．
[21]　山梨県ではサイドカーについては規則の一部を準用すると付記し，他の3県では適用対象を3輪以上としていた（前掲，大須賀和美「各府県初期発令『自動車取締規則』の歴史的考察（明治36～大正7）」pp.264-265）．

ノ地方長官ニ願出テ其ノ免許ヲ受クベシ」とし,「運転手免許証ハ甲乙ノ二種トシ,甲種免許証ヲ有スル運転手ハ各種ノ自動車ヲ運転スルコトヲ得,乙種免許証ヲ有スル運転手ハ特定又ハ特種ノ自動車ニ非サレハ之ヲ運転スルコトヲ得ス」とした.すなわち,免許は「運転免許」ではなく,「運転手(就業)免許」となっていたのである.

こうした発想と第33条の条文を合わせて考えると,サイドカー以外の自動自転車,すなわち三輪車は取締令による規定を受けないこととなり,運転免許も不要であった.ただし,この取締令では使用を希望するすべての車は,制動機・警報機などの構造を備え,検査に合格しなければならなかった.第33条の第2項の条文は,これに対して,特種自動車の場合は構造を簡単にすることができるという意味であったのである.

従って,1926年頃に登場する無免許三輪車[22]は,無免許で乗れる車というよりは検査に合格した車という意味合いが強かった.ただし,内務省がいつ頃,なぜ三輪車についても検査,許可しようとしたのかについては不明である.考えられるのは,そもそも取締令の適用外にあった三輪車が次第に増加するにつれて,それまで曖昧にされていた三輪車に対する規定を定める必要が生じたことである.その際に,最も重視されたのは道路交通の視点から見て,一定以上の性能を持っているかどうかであった.実際に,20年にスミス・モーターを人力車に組み合わせた「自動人力車」が無免許許可を申請した際には,機構不十分との理由で却下されたという[23].また,無免許車の許可が車輛ごとでなく,検査に合格した製造業者に下されたことも,車輛の性能を重視する発想からきたものであったと思われる[24].というのは,車輛検査の際には車輛自体だけでなく,製造業者が検査車輛以上の性能を備えた車輛を持続的に供給できるかどうかについても調べてお

---

22) この無免許三輪車の登場時期については1923,4年頃という説もある(前掲『小型自動車発達史(1)』p.183).
23) 蒔田鉄司「自動三輪車と其機関に就て」『モーター』1930年11月号,p.34.
24) 当時の許可方式は,製造業者から出願された見本を検査し,合格したものにはその青写真を各地方に送り,無免許で運転を許可するように通牒したという.この方式が採られた時期が「青写真時代」とも呼ばれた所以である(前掲『小型自動車発達史(1)』p.183).

第3章　1920年代における小型車工業の形成　　　123

表3-3　無免許運転許可車の規格・条件の推移

		1926年	1930年	1933年
機関馬力・容積		3馬力以内	4サイクル：500 cc 以内 2サイクル：300 cc 以内	4サイクル：750 cc 以内 2サイクル：500 cc 以内
車体寸法	全幅	3尺 (0.9 m) 以内	1.2 m 以内	1.2 m 以内
	全長	8尺 (2.4 m) 以内	2.8 m 以内	2.8 m 以内
	全高	3.6尺 (1.08 m) 以内		1.8 m 以内
乗車人員		1人	1人	制限なし
変速機		前進2段	制限なし	制限なし
積載量		60貫 (225 kg) 以内	制限なし	制限なし

出所：1926年と30年は『モーター』1930年11月号, pp.34-35. 33年は「自動車取締令」(1933年8月18日) 第2条.

り，後述するように，三輪車の性能が問題にならなくなる30年にはこの方法が変更されたからである．

　いずれにしても，1926年になって表3-3のような規格内の三輪貨物車について無免許運転が許可された．その規格内で検査に合格するためには，できる限り丈夫な構造にする必要があり，そのためには馬力を規格の限度まで向上させなければならなかった．ところで，当時のエンジン技術としてはエンジン排気量100 cc 当り概ね1馬力であったため，3馬力以内の最大排気量である350 cc が多く採用されるようになったのである．

　要するに，この時期になって小型貨物運搬需要を満たしうる，車としてある程度の機能・性能を備えた三輪車が登場することになった．そして，その実用性・経済性が改めて認識されることで，小型貨物車は急速に増加するようになった．ところが，その使用範囲が拡大するにつれて，無免許の規格基準が実情に適しない現象が起こりはじめた．当初は自転車・荷車の代替手段として軽量の貨物運送に満足していた需要者が，次第により多くの貨物輸送を求めるようになったからである．積載量は225 kg以下に制限されていたにもかかわらず，実際の利用者はそれを越える積みすぎを一般的に行い，製造業者にエンジン出力の拡大と，とくに登坂力向上のための変速機の改良を要求するようになった．また，検査が終わった後に，荷物箱の拡大，5馬力エンジンの搭載，前進3段変速機の採用などの違法改造も行われた[25]．実際に，1929年11月に大阪府保安課が府内の三輪車

2,500台を集めて調べたところ，相当の車が「内務省の御趣旨に副はなかった」ことが明らかになり，大きな問題となった．しかし，それまで認めていた三輪車の使用を急に禁止することは事実上困難であったため，大阪府は業者に「曲りを矯め」るように指導する一方で，内務省にも規格拡大を要求することとなった[26]．

一方，東京の日本自動三輪車協会，大阪自転車商工組合といった三輪車団体と，エンジン輸入商による規格改正の陳情は，この事件の以前から行われていた[27]．これらの運動と先述した地方監督官庁の行政的な必要，そしてそれまで曖昧にされていた取締令での三輪車の適用を明らかにする必要などがあいまって，1930年2月に内務省警保局長より各地方長官宛ての通牒が発され，表3-3のように規格が拡大され，また特種自動車の範囲を規定したのである[28]．この改正によって，車体・エンジンの規格が拡大されただけでなく，従来時速16マイルと制限されていた最高速度制限が撤廃され，また変速機制限も撤廃されて前進3段の変速が一般的になった．さらに，この規格内であればだれでも製造できるようになった．また，この時期から小型車＝無免許車という認識が一般化するようになった．

こうして三輪車の実用性はより高まり，他運送手段に比べて三輪車のメリットが十分に発揮されうる車輌の供給が可能になったのである．性能の向上と共に，大衆車はもとより二輪車よりも三輪車の価格が低廉だったことが普及拡大に重要な要因となった．すなわち，1920年代後半の大衆貨物車の価格は最も安いシボレーの場合でも2,000円以上，側車付き二輪車も1,500～2,000円だったのに対して，三輪車は1,000円未満であった[29]．こ

---

25) 前掲『日本自動車業界史』p.74.
26) 『モーター』1932年1月号, p.114.
27) 前掲『日本自動車業界史』p.76.
28) 「自動車取締令第三十三条第一項ニ依ル特種自動車ニ関スル件」という通牒の内容は以下の通りである．「従来標記ノ自動車ニ関シテハ製作者ノ申請ニ基キ当省ニ於テ検査認定ノ上其ノ都度及通牒置候処爾今左ノ制限ヲ超エザル自動車（自動三輪車ヲ含ム）ニシテ一組以上ノ制動機，一個以上ノ音響器，前照灯及ビ尾灯ヲ具備シ専ラ貨物運搬用又ハ操縦者自身ノ乗用ニ供スルモノハ総テ自動車取締令第三十三条第一項ノ特種自動車トシテ御取扱相成度……」(前掲, 蒔田鉄司「自動三輪車と其機関に就テ」p.35).

の条件が整った上に無免許運転許可という要因が加えられて，三輪車が急増するようになったのである．この時期の三輪車需要の急増の原因については，次のような当時の指摘に端的に示されている[30]．

「一般の商店工場等に於いて貨物を如何にして最も軽便に，迅速に，経済に運搬するかと云ふ事は可成り重大な問題でありまして，従来は馬車・荷車・後車附自動（転—引用者）車・側車附自動自転車・貨物自動車等がありましたが，馬車・荷車では迅速を欠き，後車附自転車は重量物の積載困難で且能率も低く，貨物自動車は重量又は容積の大なる貨物を相当距離に運搬する場合は最も適当に備記の諸条件を解決するのでありますが，一般商店の商品配達等の如き，小貨物を頻繁に輸送する為には貨物自動車は余り便利で経済だとは云はれぬ場合が多いので有ります．斯場合に側車附自動自転車が選定されるのでありますが，尚運転免状を有するものでないと運転する事を得ず，商品配達には店員の介添へを要する等二重の失費を要する事が少くないのであります．然も相当大馬力で有りますが，積載量は余り増す事が出来ず，燃料の消費量も多く，従って軽便で迅速でありますが余り経済ではないのであります．無免許運転車輌に於きましては自動車又は側車附自動自転車と異り，満十六歳以上のものならば何人も免許証を要せずして操縦し得られ，其の操縦も数時間の練習で済むのでありまして，速度も実用範囲に於て自動車・側車附自動自転車に何等遜色は無く，燃料消費量も少く，……」

こうして1930年になると，「実用価値に乏しき自動自転車は免許不要に

---

29) 大衆車と側車付き二輪車は，1927年名古屋自動車展覧会に出品された価格（『自動車年鑑』昭和4年版，交通問題調査会，1929年，pp.502-503）で，ここでの価格はシボレーがシャシーのみで1,925円，ハーレーのサイドカーが1,880円である．三輪車の価格は，『モーター』1930年3月号，pp.21-31による．1930年頃になると，一般的に500ccの三輪貨物車が800円台，同排気量の輸入二輪車は1,000円台，大衆貨物車は2,000円台といわれた．
30) 前掲，蒔田鉄司「三輪自動車と其機関に就て」pp.35-36．

も拘わらず，その発展も不活発なりしが，此新法令（無免許車の規格拡大
—引用者）の制定により自動三輪車は其の活路を見出し，高速度化の時勢
とあいまって急速なる発達普及を見るに至った」[31]と評価されるようにな
ったのである．

では，全小型車のなかで三輪車の比重はどの程度だったのであろうか．
まず，1920年代における小型車の車種別保有台数を見ると表3-4の通りで
ある．ここからは，三輪車が20年代末になって漸く増加しはじめること
になっているが，これは二輪車（自動自転車）やサイドカーにも事実上の
三輪車が含まれているからである．

まず，サイドカーに三輪車（リヤカー・フロントカー）が含まれている
ことは原資料にも明記されている．また，二輪車の中に三輪車が含まれる
可能性があるのは，自動自転車という概念の曖昧さによるものである．既
述のように，広義の自動自転車とはオートバイ・サイドカー・三輪車を総
称するものであり，狭義ではオートバイのみを意味していた．そこで，当
時は「警察署に使用鑑札を受けに行く時，代書屋が自動三輪車を大低自動
自転車と記入して届出る」[32]ことが多かったのである．

従って，表3-4では三輪車が過小，サイドカーや二輪車が過大になって
いると思われる．実際，三輪車業者の間では，1930年頃の三輪車保有台数
が，京阪神に4,000台，京浜に3,000台，その他1,000台の合計約8,000台に
達しているとみなされていた[33]．この数字はやや誇張されている可能性が
あるとはいえ，すでに小型車の中で三輪車が中心的な地位を占めるように
なったことを示している．

以上のような三輪車市場規模は，同時期の大衆トラックの保有台数3万
台と比べると遥かに小さいものの，後述するように，この市場はすべて国
内メーカーによって供給されていた．当時の国産大衆車の年間生産台数が

---

31) 保田健夫「過渡期に遭遇せる本邦自動車工業」『工業調査彙報』第9巻第3号，1931年，p.18.
32) 前掲，蒔田鉄司「三輪自動車と其機関に就て」p.36.
33) 同上，p.36.

表3-4 1920年代における小型車保有台数の推移

単位：台

年度	二輪車	サイドカー	三輪車	その他	合計
1923	3,680	947		2,388	7,015
1924	6,067	2,156	240	1,152	9,615
1925	8,654	2,462	294	1,045	12,455
1926	9,950	2,323	521	721	13,515
1927	13,016	2,880	561	1,102	17,559
1928	13,998	3,097	718	1,097	18,910
1929	14,588	3,841	1,135	1,559	21,123
1930	14,282	4,657	2,512	1,684	23,135

注：1) 1923年の原資料から，オートバイを二輪車に分類した．
　　2) 1924〜30年の原資料からは，自動自転車を二輪車に，オートサンリンを三輪車に，オートフライアー・オートペット・電気車とその他をその他に分類した．
　　3) 原資料には全期間にサイドカーの項目があるが，とくに1924年以降のそれにはリヤカー・フロントカーが含まれている．
出所：『モーター』1924年10月号，p.86；同31年12月号，p.71．

400台程度だったことを考えると，車輛の大きさや部品メーカーへの波及効果などに差があるとはいえ，国産自動車工業の形成にとって大衆車とは異なる有力な市場が存在したことを意味する．

2. 小型車の製造技術

(1) フレーム

以上のように形成された小型車，とくに三輪車市場に対して，当時日本ではどういう技術的な基盤に基づいてそれを製造することができたのであろうか．三輪車の構成部分は大きくフレーム（車体）とエンジンとに分けられる．ところが，三輪車は自動自転車（二輪車）を改造したものであり，その自動自転車は「自転車（フレーム）を父とし内燃機関（エンジン）を母として生まれた」[34] ものだけに，三輪車の技術的条件とは自転車とオートバイ用エンジンに関する技術にほかならない．

まず，自転車と自動自転車との関連は，欧米においても見られる一般的

---

34) 『モーター』1922年11月号，p.27．

な現象とも言えるが[35]，日本の場合にはその両者の関係がより直接的なものであった．自転車のフレームをそのまま自動自転車のそれとして使ったからである．欧米においても初期のオートバイのフレームには自転車のそれが使われていたが，1920年代にはすでに専用フレームを採用していた．

1920年代末の日本において，自動自転車の製造に必要な設備のうち，自転車の製造設備と異なるものとしては，エンジン関連の鋳物工場の設備とフレーム製造用のプレス機が挙げられていた[36]（表3-5）．ところが，プレス機は専用フレームを大量に生産するために必要となるが，後述のように，三輪車を含む自動自転車メーカーはすべて小規模・小量生産であったので，実際にプレス機を設けていたメーカーはなかった．要するに，フレームに関する限り，基本的には自転車と自動自転車の設備は同じであったのである．また，それを可能にしたのは，20年代になると，日本において自転車のフレームに関する技術はほぼ完成のレベルに達していたし[37]，三輪自転車も使われていたためであろう．

ただし，1920年代にフレーム技術の進歩がまったく見られなかったわけではない．スミス・モーターあるいは175ccのビリヤス・エンジンを取り付けた20年代前半まではさほどの問題がなかったが，350cc，さらに500ccと次第にエンジンが拡大していくと，既存の自転車のフレームをそのまま使うことは無理であった．後述するように，ほとんどのエンジンは欧米からの輸入品であったが，その本国ではそのエンジンの出力と振動に耐え

---

35) イギリスのBSA（Birmingham Small Arms）とベルギーのF/Nは，いずれも小銃工場から自転車を経て自動自転車企業になったが，その基盤になったのはパイプの技術であった（宮田製作所『宮田製作所七十年史』1959年，p.7）．第1章で触れたように，アメリカでも自転車から自動車製造につながった企業が存在したが，より重要なのは互換性部品生産の原理を適用して，「製造のアメリカン・システム」と「大量生産」との架け橋の役割を果たしたことである．とくに，フォードは薄板鋼のスタンピング技術を当時の自転車から学んだといわれる（David A. Hounshell, *From the American Systems to Mass Production 1800-1932*, Johns Hopkins Univ. Press, 1984, 序章，第5章）．

36) 前掲, 小倉侃太郎「本邦自転車工業に関する調査」pp.79-81；小倉侃太郎「本邦自動自転車工業に関する調査」『工業調査彙報』第8巻第3号，1930年，pp.57-58.

37) 関権「戦前期における自転車工業の発展と技術吸収」『社会経済史学』第62巻第5号，1997年，p.21.

表3-5 自転車工場と自動自転車工場の必要設備

自転車工場		自動自転車工場	
工程	設備	工程	設備
原材料加工	焼入れ装置	鋳造	木型製作機
	炭素蒸し装置		溶鉱炉
仕上	旋盤		鋳型乾燥炉
	多頭旋盤	仕上	旋盤
	自動旋盤		成形機
	螺子切盤		鑽孔機
	鑽孔機		転削機
	転削機		気筒研磨機
	歯切機		歯切機
	成形機		刃物研磨機
	縦削機		手仕上工具
	研磨機		検査機
	磨機	車体	プレス
	噴砂研磨機		溶接装置
	試験機		切断機
車体	切断機		鑽孔機
	圧搾機	組立	ネジ製作機
	ロール機		塗装装置
	溶接機		
	小ネジ製作機		
	鎚機		
組立	塗装装置		
	圧搾空気装置		

出所:小倉侃太郎「本邦自転車工業に関する調査」『工業調査彙報』第8巻第3号,1930年,pp.79-81；同「本邦自動自転車工業に関する調査」『工業調査彙報』第8巻第3号,1930年,pp.57-58.

られるフレームに取り付けられるように製造されたものであったからである．

そこで，小量生産の制約のなかで工作過程の変化というよりは，材料・設計の改善を図るようになったと見られる．1929年の「国産奨励自動車航空機博覧会」に出品されたKRS三輪車が「設計工作に於てはまだ完璧のものと認むる能はずして改良・進歩の余地大なるを以て益々材料の選択及工作に注意すべき」[38]と評価されたのも，この点がフレームの最も重要な問

---

38) 東京自動車学校編『国産奨励自動車航空機博覧会記念誌』1930年,p.86.

題となっていたことを物語っている．

　自転車から自動自転車へのフレームの変更は材料の改善による強度の強化によってほぼ完成されるが，三輪車への変更の場合はより複雑である．後輪が二輪になるため，回転の時には自動車のように差動装置を必要とするからである．その差動装置が，一部に限ったものの，三輪車に採用されたのは1930年のことである．

　こうして，1930年には「普及の当初に於ては需要が甚だ盛であった為，設計工作の改善を顧る暇が無かった形があり，甚だ不合理にして危険なる設計も二，三行われたのであるが，今日於てはこれ等は自然淘汰を受け，工学上の見地より見たる改善発達も亦著しいものがある」[39]と評価されるようになった．すなわち，この時期になってようやく安定した三輪車のフレームができるようになったのであるが，市場で三輪車の需要が急増する時期と一致している．

(2) エンジン

　一方，日本において自動自転車用のエンジンの製造技術はどうだったのであろうか．第1章で述べたように，1920年代以前に大型工作機械・原動機メーカーが小型エンジンを開発した事例はほとんどなかった．その代わりに，自動車同様発明家による研究が早くから見られた．例えば，大阪の島津楢蔵は1908年に外国オートバイのカタログに頼ってエンジンを試作し，翌年にはこのエンジンを自転車に装着した自動自転車を完成させたという[40]．彼は，またスミス・モーターが流行する10年代後半になると，自分の開発したエンジンを装着したフロントカーを製作した[41]．いずれも試作段階で終わって企業化の段階までは至らなかったものの，一応エンジン

---

39) 隈部和夫「自動車　自動自転車　自転車」『機械学会誌』第34巻第166号, 1931年, pp. 227-228.
40) 前掲『小型自動車発達史 (1)』p.8；三輪研史「オートバイにかけた青春」『オートバイ』1975年2月～3月号；酒井文人「この道にかけた人々」『モーターサイクリスト』1963年10月～12月号.
41) 前掲『日本自動車業界史』p.69.

第3章　1920年代における小型車工業の形成　　　　　131

を造る技術が存在していたことが注目される．

　1920年代に入ってからも，発明家たちの開発努力は続いた．以前の時期からの日本モータースの島津楢蔵をはじめ，渡辺製作所の渡辺志，村田鉄工所の村田延治，武蔵野工業の藤井魁，宍戸オートバイ製作所の宍戸兄弟などがそれである[42]．これらの発明家型企業は，いずれも依然として試作段階で終わるか，さもなければ小規模生産に留まる，10年代の状況と変わらなかった．その理由は，技術水準が初歩的なもので商業生産するには程遠かったからである．例えば，武蔵野工業のムサシノ号は鋼鉄シリンダーを使ったことで有名となり，23年の発明博覧会に出品して進歩賞を受賞したという[43]．しかし，「鉄鋼製のシリンダーは鋳物製の気筒とは比べものにならないほどの手数と費用を必要とする」ことを考えると，シリンダーを「鋳物でつくることができず，鉄鋼製のものを使用した」[44] と見るのが妥当であろう．

　ところが，1920年代後半になると，それまでの発明家の研究の領域を超え，ある程度の企業化を図る試みが見られるようになった．代表的なケースが，「小型四輪車」を造っていた白楊社の工場長であった蒔田鉄司が輸入商の日本自動車に移ってエンジンを製作したことである．

　また，三輪車の需要が伸びはじめると，その市場に注目して関連工業からのエンジン製造が見られるようになった．例えば，1927年の国産原動機博覧会には相沢造船所，安部甚溶接所が国産エンジンを使った三輪車と二輪車を出品している[45]．27〜28年に開かれた各種国産品博覧会には，ほかにも2〜3.5馬力の石油エンジンが多数出品されている[46]．これらのエンジンは主に農業用・漁業用のものと見られるが，30年代に三輪車の主力メーカーとなる発動機製造がそこに入っていることからも，それらのメーカーには小型車用エンジンへの転換可能性が存在していたと思われる．

---

42)　中根良介「二輪自動車史話」『モーターファン』1955年8月〜1956年12月号．
43)　『モーター』1923年7月号，p.90．
44)　前掲「二輪自動車史話」(第15回)，1956年10月号，p.352．
45)　前掲『自動車年鑑』昭和4年版，p.485．
46)　同上，pp.478-503．

1920年代後半に登場した以上の国産エンジンの技術水準は，20年代前半までのそれよりは進歩したものの，輸入エンジンとの競争が可能な状態ではなかった．技術的に輸入品と競争することができるようになるのは1930年頃であるが，これも三輪車の安定したフレームができた時期と一致する．国産品の中で最も進んでいた日本自動車のJACエンジンは，30年5月に鉄道省が実施した比較試験で燃費，登坂力などの面で英国のJAPエンジンより優秀であるとの評価を得た[47]．また，同年発動機製造のエンジンも大阪工業試験研究所の比較試験でJAPに勝る成績を示した[48]．しかし，国産エンジンが経済的に輸入品と競争しうるためには，1930年代の関税引き上げと為替レートの変化といった環境の変化を待たねばならなかった．

　フレームと違って，エンジンについては輸入品が存在したが，これは350cc，500ccエンジンのオートバイが外国に存在していたからであった．エンジンのほか，気化器，変速機，電気装置などの部品も輸入された．一方，フレーム以外の国産品はスタンド，泥除けなど，自転車と関連した部品に限られていた．1920年代における小型車の部品調達を国産品と輸入品と分けてみると表3-6の通りであるが，国産品のなかの一般部品というのもフレーム関連のものと思われる．なお，自転車部品の一部であるチェーンの輸入が注目されるが，これはこの時期まで自転車においてもチェーンの完全国産化ができなかっただけでなく[49]，輸入エンジンにチェーンが一緒に設計されていたからであった[50]．

　要するに，全般的に1920年代の技術は，エンジンでは工学的には進歩していったとはいえ，経済的には輸入品に競争できる水準ではなかったのであったが，自転車を基にするフレームに関しては三輪車を実用可能なものにする水準にまで向上したのである．

　47）　前掲，隈部和夫「自動車　自動自転車　自転車」pp. 251-252.
　48）　中根良介「三輪自動車の歴史」（第4回）『モーターファン』1954年2月号，p. 305.
　49）　前掲，関権「戦前期における自転車工業の発展と技術吸収」p. 21.
　50）　前掲，小倉侃太郎「本邦自動自転車工業に関する調査」p. 56.

表3-6 1920年代における小型車の部品調達

国産品		輸入品	
品目	企業名（所在地）	品目	企業名
車体	高瀬酸素工業所（東京），井丸サイクル商会（四日市）	エンジン	モーゼル，ロールウェル，スミス，スノーブ，ショー，JAP，サンビーム，ノートン，ブラックバーン，BSA，インデアン，モトサコシ，ローヤル・エンフィルド，トライアンフ
電機	関西鋳鉄所（大阪），井平電気工作所（大阪）		
電池	寺田電工所（浜松）		
一般部品	鳥海鉄工所（東京），野田鉄工所（名古屋），AKモーター工場（東京），向井製作所（大阪），伊藤金属挽物製作所（大阪），昭和商会工場（大阪），目黒製作所（東京）	気化器・給油装置	アマル，ジエブラ，ベスト・アンド・ロイド，ゼニス
		電気装置	ボッシュ，ルーカス
		変速機	バーマン，ハート，スターメーアーチャー
スタンド	市川鋭男商店（名古屋）		
幌	小倉幌製作所（東京）	プラグ	ボッシュ，チャンピオン，ロッヂ
タンク・ツール・ボックス	河本鈑工店（大阪），仲村定吉（東京）	速度計	ポンニクセン，スチュワート，コルビン，スミス，ジョンマンビル
ミラー・ラッパ	近藤弘商店（名古屋），金井商店（東京）	チェーン	レノルド，コベントリー，ブリアント，ダイヤモンド，ダックウォーズ
泥除	佐々木製作所（東京）	サッドル	ブルックス

出所：小倉侃太郎「本邦自動自転車工業に関する調査」『工業調査彙報』第8巻第3号，1930年，p.62；小型自動車発達史編纂委員会編『小型自動車発達史（1）』日本自動車工業会，1968年，p.16．

3. 小型車生産の担い手

(1) 純国産二輪車

では，以上のような技術条件のもとで三輪車をはじめとする自動自転車の生産はどういう方式で行われたのであろうか．まず，1929年中の調査によると，その時期の自動自転車の全般的な生産現況は次の通りである．

半国産はもとより純国産においても電機・タイヤ・車輪などを外注しているが，その分業過程は自転車工業に類似している．しかし，その分業は自転車工業ほど発達しておらず，車の設計は皆まちまちで互換性のある部品は少ない．従って，附属品のみ共通であり，ほかは何式何号用として形状を異にする．また，自動自転車を大規模で専門に製造する工場は少なく，ほとんどは小規模あるいは副業的な生産に留まっている．設備も，シリン

ダー研磨機などの特殊機械がなく，一般機械工場のもので賄っている．一方，労働力の状況をみると，製造・組立・修繕に従事する技術者・職工数は全国で約400～500人と推定されるが，その出身は自転車工・自動車工あるいは一般機械工である．賃金は熟練工の場合日給3円以上，見習工は1円前後のものもあるが，普通は2.5円前後で一般的に高賃金である．職工の移動は鋳物工場には少なく，組立・修繕工場には多い．職工養成機関は存在しない[51]．

　こうした様子を当時の四輪車部門のそれと対比してみると，工業規模の場合，四輪車部門の技術者・職工数は約2,500人であり[52]，自動自転車のそれの5～6倍である．ただし，GMとフォードの職工数約1,000人[53]を除くとその差は小さくなる．四輪車部門の賃金は，外国組立工場で日給6円の場合もあるが，一般的には熟練工が2.5円程度であり[54]，両部門との差は見られない．

　ところが，生産方法の場合には自動自転車部門と四輪車部門，とりわけ軍用車製造部門との間には明確な差が見られる．前章で述べたように，軍用車メーカーの場合，生産台数は極めて少数だったもののその設備は外国の優秀な機械を採用しており，しかも部品も内製を原則としていた．それに対して，自動自転車部門は広範な分業体系を形成しており，どちらかといえば，当時の自転車工業の生産方法に類似していたのである．当時年産50万台に達していた自転車の生産方法は，大規模完成車企業が部品製造から組立まで行う一貫生産はごく一部でしか見られず，ほとんどは問屋を媒介とする小規模部品企業によって行われるのが一般的であった[55]．しかも，

---

51)　前掲，小倉侃太郎「本邦自動自転車工業に関する調査」．
52)　その内訳は製造工場に約500人，部品工場200人，組立工場1,500人，修理300人である（小倉侃太郎「本邦自動車工業に関する調査」『工業調査彙報』第8巻第3号，1930年，p.43）．
53)　1930年頃のフォードの職工数は約400人，GMが650人であった（田中貢『鉄鋼及機械工業』栗田書店，1931年，p.358）．
54)　前掲，小倉侃太郎「本邦自動車工業に関する調査」p.44．
55)　自転車の生産方法に関しては数多くの実態調査報告が存在するが，とくに，商工省貿易局編『内外市場に於ける本邦輸出自転車及同部分品の取引状況』日本自転車輸出組合，

第3章　1920年代における小型車工業の形成　　　　　135

自動自転車企業の生産規模は完成自転車企業よりも遥かに小規模だったため，その工場は小規模な自転車部品工場と変わらない状態であった．

こうした特徴は，上述した1920年代の技術的制約によって規定されたものであった．すなわち，エンジン技術が未熟だったためにほとんどのエンジンが輸入で賄われていたことと，フレームは自転車のそれをそのまま流用できたことが，当時の自転車の生産方式とあいまって，個別自動自転車企業の生産規模を極めて小規模なものにしたのである．

これを，実際生産を行っていた企業の実態から確認してみよう．1920年代末において小型車企業の現況は表3-7のとおりである．もちろん，このリストが当時の企業をすべて網羅しているわけではないが，そこから生産の担い手やその製造車種に関する特徴を捉えることはできる．

ここで，「純国産」とはフレームとエンジン共に国産品であることを示し，「半国産」とは輸入エンジンを国産フレームに取り付けたことを意味する．この表からは，まず，多数の企業が二輪車よりは三輪車の製造に関わっており，その三輪車は半国産であることが注目される．これに対して，二輪車は純国産が製造されていた．

こうした特徴をもたらした原因は先述の市場と技術にあった．まず，二輪車について見よう．当時の二輪車需要は官庁あるいは富裕層に限られていたため，低価格よりは高性能が求められたが，当時の国産技術はそうした需要に対して輸入品と競争できる水準ではなかった．しかも，乗用のみに使われる二輪車は半国産に改造して価格を引き下げても需要が増加する可能性が小さかった．従って，この部門に参入したのは，独自のエンジン製造が可能な，そして輸入品と直接に競争しようとする企業に限定されていたのである[56]．

　　1932年；東京市役所商工課『重要工業調査（第一輯）――主として自転車工業に就いて』
　　1932年；大阪市役所産業部調査課『大阪の自転車工業』1933年が詳しい．
　56)　1920年代半ばに東京のヤマト工業，友野鉄工所や大阪の大阪自転車製造が半国産二輪車を造ったといわれるが（前掲，「二輪自動車史話」(第9回)，1956年4月号；モーターファン社編『小型自動車年鑑』1936年，p.8），いずれも試作段階に終わり，20年代末には姿を消した．

表3-7　1920年代末における三輪車・二輪車企業の現況

区分	企業名	設立	代表者	所在地	車名	エンジン	車種	企業（家）の履歴
純国産	宍戸オートバイ製作所	1924	宍戸兄弟	広島	SSD	自製	二輪・三輪車	呉海軍工廠出身、兄弟は鋳物と機械加工の熟練工
	日本モーターズ	1927	高津宿蔵	大阪	エロ・ファースト	自製	三輪車	日本最初の自転車エンジン製造、1929年中止
	日本自動車大森工場	1928	石沢愛三	東京	ニューエラ	自製（JAC）	二輪・三輪車	自動車輪入企業、工場長岡田鉄司はエンジン技術者
	相沢造船所	1913		大阪	アイサワ	自製	二輪・三輪車	小型船舶製造、1929年中止
	岩崎商会		岩崎又市	大阪	イワサキ	国産	三輪車	自転車販売、エンジンは堺の富士鉄工所が製造
半国産	ウエルビー・モータース	1922	川内秋之助	大阪	ウエルビー	輸入（JAP）	三輪車	自転車製造、前一輪・後二輪三輪車の草分け
	兵庫モータース製作所	1926	東野菖一	神戸	HMC	輸入（JAP）	三輪車	自転車製造
	横山商会	1897	横山利蔵	神戸	ミカド	輸入	三輪車	自転車問屋、自動車輸入商
	中央貿易		香川常吉	大阪	ブラックバーン	輸入（ブラックバーン）	三輪車	スミス・モーターの輸入業者
	石原モータース	1923	石原国五郎	大阪	藤本式リヤカー	輸入（ハーレー）	三輪車	自転車製造、1910年代高津楕蔵とフロントカー製造
	大沢商会	1895	大沢徳太郎	京都	サクセス	輸入（BSA）	三輪車	自動車など輸入、自転車問屋、GMの京都販売店
	岡田商会（製作所）	1916	岡田佐平治	京都	オカダ	輸入（ブラックバーン）	三輪車	自転車リヤカー製造、京都自転車界の代表的存在
	中島三輪車部	1915	中島正一	大阪	ヤマータ	輸入（インデアン）	三輪車	自転車製造、スミス・モーター装着の三輪車製造
	モーター商会	1925	小宮山長造	東京	MSA	輸入（JAP）	三輪車	丸石商会の出資で設立、代表者は丸石自転車レーサー出身
	山成商会		山成豊	東京	KRS	輸入（インデアン）	三輪車	石の自転車輸入販売修理、ヤマターの東京販売店
	三葉屋		猪俣粂作	東京	インデアン	輸入（インデアン）	三輪車	1909年からインデアン輪入、30年倒産
	ハーレー・ダビッドソン販売所	1925	福井源次郎	東京	ハーレー	輸入（ハーレー）	三輪車	三共製薬の系列会社、1924年からハーレー輸入

出所：『本邦自動車工業に関する調査』、『本邦自転車業界史』、『日本自動車史話』、『三輪自動車の歴史』、『二輪自動車調査（第一輯）』、『小型自動車要覧』、『大阪の自転車工業』、『内外市場に於ける本邦輸出自転車及び同部品の取引状況』などから作成。

実際にこの部門に参入し，ある程度存続することができたのは，発明家型企業あるいは発明家と企業の結合による形であった．まず，発明家による生産は，広島の宍戸オートバイ製作所で典型的に見られる[57]．鉄工所と呉海軍工廠での勤務経験のある健一と義太郎の宍戸兄弟は，1919年独立して宍戸鉄工所を設立した．その後大震災の被害を受けたオートバイを修理したことが契機となって二輪車のエンジン製造を開始し，社名もオートバイ製作所と換えた．これが可能になったのは，兄が機械加工，弟が鋳物の熟練工だったためである．当初は二輪車だけを製造したが，注文によって三輪車への改造も行った．このエンジンは当時国産品としては優秀なものであり，各種レースで輸入車に劣らぬ成績を示し，28年には商工大臣より1万円の研究奨励金を受けた．しかし，製造分野がインデアンやハーレーと直接に競合する530cc，1,200ccだったため，原価割れの販売を強いられて経営的には芳しくなかった．24年から始まった生産は34年まで続き，同期間中の生産は三輪貨物車250台を含めて470台程度であった．

発明家と企業の結合による生産は，日本最初の二輪車エンジンを開発した島津楢蔵の日本モータースで試みられた[58]．この企業は，大手建築業者である大林組の後援を得て1927年に設立された．大林組の機械工場を使い，技術者5名を含む60名の従業員をもって出発して，250cc二輪車のみに生産を集中した．3年間250台程度を生産したが，同じく採算が合わず，結局29年に解散してしまった．

このようなタイプの生産の中で，より成功したケースは蒔田鉄司と日本自動車の結合である[59]．先述の二人と違って，蒔田は東京蔵前高工の出身で理論的な知識も備えた技術者であった．1917年からオートバイの部品工場である秀巧舎を経営していたが，19年には白楊社に入って旋盤を製造した．この機械は21年に農商務省主催の工作機械展覧会に出品され銀賞

---

57) この企業に関する記述は，『モーター』1929年3月号，pp. 85-87；前掲「二輪自動車史話」；「三輪自動車の歴史」などによる．
58) この企業に関する記述は，前掲「オートバイにかけた青春」；「この道にかけた人々」；「二輪自動車史話」などによる．
59) この企業に関する記述は，前掲「二輪自動車史話」；「三輪自動車の歴史」などによる．

を受賞した．その後オートモ号の開発・製造に携わったが，28年に白楊社が解散したために日本自動車に移った．日本で自動車輸入の草分け的存在である日本自動車は16年からハーレーの日本総代理店にもなっていたが，24年にその輸入権が三共製薬系列の興東貿易に取って代わられたため，これに対抗する国産オートバイを開発しようとしたところであった．蒔田はその日本自動車の大森工場で，29年に350cc，30年に500ccエンジンを開発し，当初は二輪車に装着したが，すぐ三輪車中心に方向を変更した．ただし，この日本自動車の三輪車が急速に増加し，日本自動車から三輪車・二輪車専門の日本内燃機が独立するのは30年代のことであり，この時期はまだ試作段階にあって製造台数も少なかった．

以上のように，1920年代末頃に二輪車企業は国産エンジンを装着したものの輸入オートバイと競争する水準までは至っておらず，三輪車の製造も並行するようになっていた．もっとも，こうした純国産の製造台数は非常に少なく，以上の3社を合せても年間400台程度にすぎなかった[60]．

(2) 半国産三輪車

次に半国産三輪車について見てみよう（写真3-2）．企業数や生産台数から見て，この時期における三輪車の生産方法の主流はこの半国産であった．半国産と多数の参入ということは同じ現象の裏と表である．三輪車は「日本独特」のもので輸入品がなく[61]，小型貨物運搬需要も増加していたので半国産に改造する誘引が存在していた．その半国産は当時の国内技術水準

---

60) 前掲, 小倉侃太郎「本邦自動自転車工業に関する調査」p.53. ここで3社とは宍戸オートバイ・日本自動車・大阪のブランチャード製作所となっているが，このブランチャード製作所とは，生産モデル名から判断すると，日本モータースの後身のようである（『スピード』1929年3月号, p.62).

61) 厳密にいうと，三輪車が日本で初めて開発されたわけではない．ガソリン・エンジンの発明者であるベンツが，最初にそのエンジンを装着したのが三輪車であったし，1910年代にもオートバイ輸入商の二葉屋はアメリカ製の三輪車を輸入したという（前掲『小型自動車年鑑』pp.10-11). また, 20年代末にもドイツのDKW社がMAKという三輪車を日本に輸出しようとしたというからである（『モーター』1928年11月号, p.100). しかし, 長期間かつ多量に三輪車が生産されたのは日本のみであった．

第3章　1920年代における小型車工業の形成　　139

写真3-2　国産フレームに輸入エンジンを取り付けた半国産三輪車
出所：小関和夫『国産三輪自動車の記録』三樹書房, 1999年, p.12.

や経済的な理由から輸入エンジンを国産自転車に取り付けて製造されたが，そのエンジンを自転車に取り付ける技術は「小さな鉄工所でも自転車小売店でも小規模で組立てられる」[62]程度であった．要するに，半国産にすることによって参入障壁が低くなったために多数の企業が参入することになったのである．

では，こうした半国産三輪車生産の担い手はだれだったのであろうか．三輪車企業の履歴を分類すると，輸入商，関連機械工業（相沢造船所，水野鉄工所），自転車関連商工業（ウエルビー，中島三輪車部，モーター商会，岡田商会，兵庫，石原）からなる．輸入商は二輪車（二葉屋，ハーレー），自転車（横山商会），一般機械（大沢商会，中央貿易）などに再分類される．

ここで，まず注目されるのは，自転車工業との関連のある企業が多いことである．しかし，その企業は完成車をつくる自転車企業ではなく，自転車問屋あるいは部品製造企業であった[63]．横山商会，大沢商会は自転車問

---

62) ダイハツ工業『五十年史』1957年, pp.34-35.
63) 完成車を一貫製造する自転車企業のなかで，自動自転車・自動車の製造を試みた企業には宮田製作所と岡本自転車があった．宮田製作所は，1908〜13年に四輪車と二輪車を試作し，また33年にも二輪車の生産を試みたが結局本格的な生産には至らなかった（前掲『宮田製作所七十年史』）．岡本自転車も30年代に四輪車・二輪車の製造を試みたが，宮田同様に本格生産には至らなかった（ノーリツ自転車編『茫々百年——ノーリツの足跡』1983年）．

屋であったし[64]，ウエルビー商会と中島三輪車部は自転車部品企業であった[65]．これらの自転車関連企業が三輪車の製造に関わることになるのは，自転車が問屋主導で製造されたからである．例えば，当時東京自転車問屋の類型のうち最も多いのは，全ての部品を部品企業が製造して問屋は組立のみを行うものであり，その次は問屋がフレームまで製造する類型であった[66]．これは他の地域でも同様であったと思われるが，その問屋が自転車部品と一緒に自動自転車のエンジンも輸入し，それを自転車部品企業に依頼してあるいは自ら三輪車に改造したのである．

例えば，大沢商会は自転車のほか，時計・眼鏡・各種機械など多様な品目を輸入していたが，「小型エンジンを輸入して，これをオート・リヤカーにとりつけ，サクセス号のブランドで発売した」[67]という．自転車問屋でありながら，自転車の輸出入を専門とした横山商会も同様の状況だったと見られる．また，モーター商会は，自動自転車を輸入していた自転車問屋の丸石商会の出資で設立されたが，その代表者である小宮山長造は丸石商会専属の自転車・オートバイのレーサーであった．そのため，丸石商会が輸入したエンジンを使って三輪車に改造した[68]．

エンジンを直接に輸入しない部品企業は，ほかの輸入商からエンジンを調達した．1910年代のスミス・モーターが典型的な例であり，中央貿易が輸入したそれを使って大阪の自転車部品製造業者であるウエルビーと中島三輪車部がフロントカーを造った[69]．20年代後半から，中央貿易の輸入はイギリスのブラックバーン・エンジンが中心となり，自らも三輪車を製造

その理由は，技術的な問題もあったのであろうが，それより市場の側面，すなわち，30年代に再び自転車市場が拡大したことが重要であると思われる．戦時中に自転車生産が抑制されてから，宮田が少数ではあるものの，再び軍用二輪車生産に乗り出すのもそのためであったと思われる．

64) 前掲『内外市場に於ける本邦輸出自転車及同部分品の取引状況』pp. 124-127.
65) 前掲『大阪の自転車工業』pp. 240-242.
66) 前掲『重要工業調査（第一輯）――主として自転車工業に就いて』pp. 89-97.
67) 大沢商会『大沢商会50年史』1969年．
68) 前掲「三輪自動車の歴史」（第3回，第17回）．
69) 前掲『日本自動車業界史』p. 70.

第3章　1920年代における小型車工業の形成　　　　　　　　　　　141

するようになった．京都自転車業の古参である岡田商会もそこからエンジンを調達したと思われる．1920年代後半に最も人気のあったイギリスのJAPエンジンは東京の東西モーターなどが輸入していたが，この時期になるとウエルビーと中島もそれらの輸入商からそのエンジンを調達したと見られる．

以上のように，1920年代後半における自転車関連企業から三輪車への参入は，実は1927年からの不況に対処する方策の一環だったとも思われる．29年当時に自転車の保有台数は500万台を超えたものの，27年以降その伸び率は停頓していた[70]．そこで，国内市場の飽和がいわれ，輸出の必要性が高まったが，その一方で不況でも市場が拡大していった三輪車に注目が集まったのである．

このような参入は他の関連工業からも見られた．例えば，相沢造船所は1928年現在，従業員20名，20馬力の動力をもち，小規模船舶を造っていた企業であるが[71]，漁業用エンジンの製造経験に基づいて三輪車市場に参入した．岩崎商会はウエルビー，中島三輪車部と同じく1910年代にスミス・モーターを使った企業であるが[72]，この時期には堺の富士鉄工所が製造したエンジンを使った．この富士鉄工所もエンジン関係の企業と思われる．

その他，ハーレーやインデアンなどのオートバイ輸入商[73]も三輪車に参入した．もちろん，当時本国には三輪車モデルがなかったため，オートバイとして輸入したものを輸入商が三輪車として改造した．

以上のように，多数の企業が参入した結果，1926年に2社にすぎなかった企業数が，27年8社，28年16社，29年には35社と急増した[74]．これら

---

70) 前掲『内外市場に於ける本邦輸出自転車及同部分品の取引状況』p.2.
71) 大阪市役所産業部『大阪市工場一覧』(昭和3年度), 1930年, p.101.
72) 前掲『日本自動車業界史』p.70.
73) 1920年代半ば頃のオートバイ輸入商としては，日本自動車（ハーレー），二葉屋（インデアン），丸石商会，野沢組，日米商店が有名であったが，その内，丸石・野沢・日米の本業は自転車輸入であった（前掲「二輪自動車史話」(第4回), 1955年11月など).
74) 前掲『小型自動車発達史 (1)』p.68.

企業の規模は二輪車のそれよりさらに小さかった．例えば，32 年 1 月の統計ではあるが，モーター商会の従業員数は 12 名，動力は 1 馬力にすぎず，同時期の中小自転車部品製造企業より馬力が少なかった[75]．これは，同社がエンジンだけでなくほかの部品もほとんど製造しておらず，組立のみを行ったことを意味し，こうした状況は半国産企業に共通していたと思われる．

　一企業当りの規模は二輪車より小さいが，企業数が多かったため，三輪車の生産台数は二輪車より遥かに多かった．この時期の月産台数は，京阪神で 200 台，東京では 100 台，名古屋では 50 台，合計約 350 台と見なされた[76]．ほかの調査でも年間 3,600～3,700 台と記されており[77]，要するに，一企業当たり年間約 100 台を生産していたのである．

　こうして造られた二輪車・三輪車は既存の自転車店を通じて販売された．これは自転車関連商工業から参入してきた場合は当然のことであるが，関連工業から参入してきた企業の場合も同様だったと思われる．というのは，1920 年代の自転車店は大体輸入二輪車の販売も兼ねていたため，フレームはもとより簡単なエンジンの修理も可能だったからである．

　これは 1936 年 4 月現在小型車の販売に関わっていた企業の履歴からも確認することができる[78]．当時の販売店は自転車店から転向したケースが最も多いが，とくに 10 年代に設立したものは自転車店，20 年代のものは自転車と自動自転車を一緒に取り扱った場合がほとんどである．小型車専門の販売店が出現するのは 30 年代からである．このなかで，20 年代に自転車店あるいは自転車・オートバイ店で，ウエルビー，ヤマタ，サクセス，ニューエラが販売されたことが確認される．

　また，小規模企業による少量生産であったため，販売地域も当初は生産地周辺に限られていた．大阪の中島三輪車部は東京での販売を早輪社とい

---

75) 東京市役所産業部勧業課『東京市工場要覧』1933 年，pp. 259-268．
76) 前掲，蒔田鉄司「自動三輪車と其機関に就て」p. 36．
77) 前掲，小倉侃太郎「本邦自動自転車工業に関する調査」p. 53．
78) 「全国著名小型自動車関係者銘鑑」前掲『小型自動車年鑑』．

第3章 1920年代における小型車工業の形成

う会社に委託していた．他の地域に支店・出張所を設けることになるのは1929年からであり，三輪車の先進地域である関西から関東への進出が多かった．その結果，29年には東京においてJAPエンジンを取り付けた三輪車が5社で競争する様相になり，販売競争も激しくなった．当時800円台の三輪車を「一台販売してやっと五十円甚しきは原価を切ってまで販売する」といわれたのは32年であるが[79]，20年代末からこの現象は起っていたと思われる．

こうした販売競争の結果，三輪車市場から撤退する企業も多く現れた．自転車・オートバイを販売・修理する業者の中で，相対的に技術力を有する企業は独自の生産に乗り出し，一方，競争に負けた生産企業は自転車・小型車販売修理に転落する過程が繰り返されたのである[80]．発動機製造や東洋工業といった大規模企業が出現し，ある程度の生産の集中・企業の安定が見られるのは1930年代を待たねばならなかった．

小 括

以上，1920年代における小型車工業の形成過程を，三輪車を中心として検討した．この分析から明らかになったことを簡単にまとめておこう．

大震災後，自動車の実用性に対する認識は高まっていったが，当時日本の購買力水準では自動車の普及には限界があった．そこで，自転車と自動車との中間的な車というべき自動自転車の需要が生まれ，乗用としてではなく，貨物運搬用として増加していった．その貨物運搬に適するように改造されたのが三輪車であった．

その三輪車の製造にはエンジンとフレームの技術が必要となった．そのうち，フレーム技術は従来の自転車のそれを流用することからできたが，エンジン技術は輸入品と競争するには限界があった．従って，この時期の

---

79) 前掲『日本自動車業界史』pp. 80-81, p. 89.
80) 表3-7の企業の中で，相沢造船所，岡田商会，二葉屋は1930年までにすでに姿を消しており，ウエルビー，石原，中央貿易も30年代には販売業に転向する．また，20年代に販売修理を行った並木モーター商会は，30年代にTMCタイガー号を生産する（前掲「全国著名小型自動車関係者銘鑑」）．

三輪車は国産フレームに輸入エンジンを取り付けた半国産車が主流であった．そして，実際にその三輪車の製造を担当したのも，自転車製造・販売に関わった企業が中心であった．

次に，こうした小型車部門の形成過程を軍用車部門のそれと比較してその意義を述べてみたい．両者の最大の差は保護政策との関係にあった．小型車部門は，軍用車部門と異なって，民間の需要に応じるための性能や価格を備えた製品を保護政策なしに供給する「下からの形成過程」という特徴を持っていた．そこで，用いられるべき技術や供給の担い手も，軍用車3社とは異なる特徴を有するようになった．また，こうした形で小型車部門が形成できたのは，これと競争する輸入・外国組立車が存在しなかったためであった．

両部門間の直接的な生産台数の比較は控えるべきであろうが，1920年代における小型車の生産台数はすでに軍用車のそれより多くなっていた．外国組立車の急増によって，国産奨励あるいは自動車国産化が重大な政策的な課題として登場している時期に，政策的な保護の対象とは無縁のところから国産自動車は増加しつつあったのである．

第4章 1930年代前半における国産普通車工業の停滞と小型車工業の成長

はじめに

　本章の対象時期は1930年代前半という比較的に短い期間である．しかし，この5～6年は，これに続く時期，すなわち自動車製造事業法と戦時経済化によって国産大衆車工業が成長する時期と明らかに区別される時期であった．どちらかといえば，この時期は，20年代後半からの特徴である，普通車部門における外国大衆車の優位や小型車部門における国産車の成長が最も著しかった期間であった．

　本章の課題は，軍用車部門と小型車部門といった，1920年代に異なる形成過程を辿った二つの国産自動車部門が30年代前半にどのように展開していくのかを分析することである．その際には，もちろん，外国大衆車の展開過程を分析する必要があるが，その戦略と成果については第2章で述べたことがこの時期にも基本的にそのままあてはまるので，ここではその成果を念頭に置きつつ国産車の対応・展開過程を中心に検討することにしたい．

　国産車のうち軍用車部門は外国車と直接的な競争関係にあり，1920年代中の停滞もそれに主な原因があった．そのため，20年代末には政策的な対応を講じざるを得なくなり，その結果登場するのが「商工省標準車」（以下，標準車と略す）であった．従って，軍用車部門に関する分析は，この標準車政策の結果，外国車との力関係にどういう変化が見られたのか，あるいは見られなかったのかを検討することになる．一方，小型車は政策の対象にならなかっただけでなく，外国車との競争も存在しなかった．従って，

この部門に関する分析のためには 20 年代に形成された市場・技術・生産構造にどういう変化が見られたのかを検討する必要がある．

この時期の生産台数の推移を見ると図 4-1 の通りである．これによると，まず，普通車部門では 1935 年頃まで標準車を中心とする国産車の生産台数が非常に少なく，そのほとんどが大衆車であった外国車の台数が圧倒的に多いことが分かる．すなわち，標準車政策は失敗したのである．その失敗の原因を，先行研究では車種選択と競争戦略の誤りに求めてきた．すなわち，フォードと GM との競争を回避するために大衆車より大きい中型車を標準車に選択したので[1]，そもそも市場規模に制約されて生産台数も少数に留まらざるを得なかったとしている[2]．そこで，まず第 1 節では，標準車規格の決定過程やその意図を明らかにした上で，その失敗の原因を再検討したい．

第 2 節では，この標準車を中心とした国産車生産の実績を，市場・需要の動向と関連させて大衆車のそれと比較しながら検討する．また，その過程で標準車メーカーの実績や経営状態，部品メーカーの変化などを検討して，この時期の国産普通車部門の到達点を確認する．なお，以上の普通車部門に関しては，序章に掲げた先行研究のほとんどが詳しく紹介しているため，できる限り重複を避けつつ，新たな論点を中心にまとめることにし

---

1) ここで，自動車の分類・用語について改めてまとめておきたい．1933 年に改正された自動車取締令によって自動車は普通自動車，特殊自動車，小型自動車と分類された．このうち，普通車と小型車の区分は，車両の寸法やエンジン排気量の大きさによるものであった．小型車のエンジン排気量は 750 cc までであり，それ以上の排気量・寸法の車両は普通車と取り扱われた．

　一方，法令による区分ではないが，その普通車のうち，フォードやシボレー級の大衆車と区別するために，それより一回り大きい車は中型（級）車と一般に呼ばれた．商工省標準車がその中型車である．また，当時の一般的な用語ではないが，6 輪軍用車，後述する三菱のふそうなどその中型車より一回り大きい車を便宜上大型車と呼ぶことにする．

2) 例えば，標準車の失敗の原因について「『先づ最も類の少ない中級車を製作する』といふ見当外れが禍因となったのだ」という指摘がある（尾崎正久『日本自動車工業論』自研社，1941 年，p.5）．もちろん，この批判は時期的にみて，自動車製造事業法との対比でなされた可能性がある．これほど明確ではないものの，序章に掲げた先行研究のほとんどは標準車の失敗の原因について，これと同様の認識であると思われる．

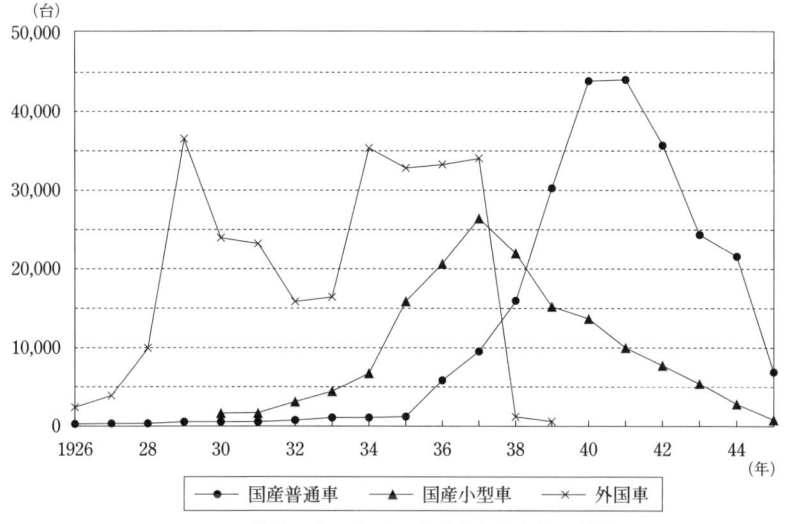

第 4 章　1930 年代前半における国産普通車工業の停滞と小型車工業の成長　　147

図 4-1　戦前日本における自動車生産台数の推移

出所：日本自動車会議所『我国に於ける自動車の変遷と将来のあり方』1948 年，p. 7, 9；自動車工業会『自動車工業資料』1948 年，pp. 35-36 より作成．

たい．

　一方，図 4-1 からは，この時期に小型車が急増していることも目立つ．第 3 節では，その原因について市場と技術要因を中心として分析し，また，供給の担い手にどういう変化が見られるのかを検討する．とくに，この時期には小型四輪車が登場するが，その背景や影響についても検討する．

1. 商工省標準車政策

　第 2 章では，1920 年代半ばからフォードと GM といった外国大衆車の急増によって日本の自動車市場は拡大していったものの，国際収支の悪化を招き，20 年代末には国産奨励運動の延長として自動車国産化が模索されはじめたことを明らかにした．その政策的な対応として登場するのが鉄道省と軍用車メーカー 3 社の共同設計による標準車であった．まず，この標準車政策が決定するまでの過程を見てみよう[3]．

1929年9月に商工省は国産振興委員会に「自動車工業ヲ確立スル具体的方策如何」を諮問した．この諮問の説明では，まず，23〜28年に自動車の年間需要増加率が3割を超えて28年の輸入額が3,200万円に達しているので，今後年2割の需要増加の場合，10年後には輸入額が2億円になると見込んだ．これに対して，国産車工業は「技術は相当進歩し居り唯製造輛数僅少なるがため生産費嵩み価格に於て輸入品に対抗し得さる状態」であると判断した．従って，自動車工業を確立することは主要産業の振興及び国際貸借の改善のために緊急の課題であるとの考え方について意見を求めていた．

これに対して委員会は1930年5月に商工大臣に答申を提出した．答申における全体的な状況認識は諮問のそれとほぼ同じであり，結論的に「適当なる助成の方策を講する」ならば，日本での自動車工業の確立は困難ではないとした．

具体的な方策としては，1) 当初製造に着手する車種は貨物車とバスを目標とする，2) 製造規模は今後5年後まで年産5,000台程度とする[4]，3) 製造方法は分業によることとし，完成車工場を一体系の下に統制する，4) 現存自動車工場及びその他の工場の設備や経験を利用する，5) 国産車の使用奨励のためには特別の考慮を払う，という5つを提案した．

それを受けて商工省は，この答申の各項目を具体化させるために，1931年5月に自動車工業確立調査委員会を設けた．委員会の構成は商工省をはじめ，資源局・大蔵省・内務省・陸軍省・鉄道省の関係局長，東大教授，軍用車3社の社長が委員となっており，商工省・鉄道省・内務省・陸軍省の担当者が幹事役を務めた[5]．この委員会は31年7月に第一回総会を開き，

---

[3] 以下，国産振興委員会への諮問の内容，同委員会の答申及び自動車工業確立委員会の経過については，通商産業省編『商工政策史 第十三巻 工業技術』1979年，pp. 440-446；商工省工務局「自動車工業確立委員会の経過」『モーター』1932年8月号，pp. 100-104；同32年9月号，pp. 105-108による．

[4] 前掲『商工政策史』には3,000台となっているが，前掲「自動車工業確立委員会の経過」の5,000台が自動車工業会『日本自動車工業史稿 (2)』1967年，p. 161と一致しているのでこの台数を採用した．

[5] 直接に標準車の設計を担当する朝倉希一鉄道省工作局車輛課長は委員，島秀雄鉄道省技

第4章 1930年代前半における国産普通車工業の停滞と小型車工業の成長

3つの特別委員会を設けて32年3月まで審議を行った．審議終了と共に委員会は，「国産自動車の標準形式に関する件」（報告第1号），「国産自動車の保護奨励に関する件」（報告第2号），「国産自動車の生産・販売に関する件」（報告第3号）という報告書を商工大臣に提出して解散した．

以上の過程で標準車開発を中心とした国産自動車工業確立方策が決定したが，この方策の中で最も肝心な標準車の車種や規格にはどういう意図が込められていたのかを検討してみよう．まず1930年の答申の説明には，対象車種について「乗用車は車体の意匠に重きを置く関係上流行の変遷烈しきのみならず廉価なる外国品との競争困難」なため，まずはトラックとバスを選択すべきとした．これは，当時乗用車を製造している国内メーカーが存在しておらず，技術的にも標準型式を定める時期ではないと認識したからであった[6]．

次に，トラック・バスの規格については，「耐久性の大にして使用上有利なる中級車」を目標とすべきとしただけで具体的な規格を示さなかった．それが，1932年の報告第1号では，積載量1.5～2トンの普通用途のトラック及びそれに相当するバスと明確に決められた．

その理由については，1.5トン未満のものは「世界市場を風靡しつつあるフォード及シボレー型に対し価格の点に於て競争困難」なため，また2トンを超過するものは「価格不廉なるのみならず我国道路の現状に照らし使用上不便なる為需要数量多からず」であるためとした．

要するに，標準車の規格の決定には外国大衆車との競争回避という要因が作用したのである．ただし，大衆車の市場が最も大きいものの，競争回避のためにやむを得ず1.5～2トン級にすべきだということには必ずしもなっていないことに注目する必要がある．これに関連して当時鉄道省工作局車輌課長で，標準車の設計に関わった朝倉希一の次のような指摘は興味

師は幹事に含まれていた．
6) こうした認識に対してより詳しくは，保田健夫「最も我国情に適する乗用自動車の選択」『工業調査彙報』第10巻第2号，1932年を参照．ついでに，保田健夫は，この委員会の書記として参加している商工省技手である．

深い.

「乗合車及び貨物車にも大さ其他運輸上の必要から種々なる形のものが需用せられるであろう. 例えば鉄道省が省営バスに従来から使用して居るが如き大形のものは省営バスたる特殊の用途の為め, 運輸上の必要から大形のものが必要であるが, この種のものは一般的に左迄沢山の輛数の需要がない様に思はれるので, それ等の特殊の用途のものは別とし, 最も一般の需要に適するものを採用することを適当と認めた. 一般の需要を見るに貨物車に在りてはフォードとシボレー二種の合計が全貨物車の約八五パーセントを占めて居ることから見るも, 一・五瓲のものの需用が多いことが知れる. もとは一瓲のものが多くあったが, 段々一・五瓲のものとなりつつある. 即ち現在に於ては一・五瓲が標準形として最も必要のものであることが知れる. 我国に於ては自動車に過積することが屢行はれるからして, 一・五瓲車に於ても実際に積んで居る貨物の量は二瓲以上のものが可なり多いと想像されるからして, 実際の積荷を基として考へれば二瓲単位が大に必要と思はれる. それ故標準自動車の積荷容量としては一・五瓲及び二瓲が適当と認めらるるのである[7]」

要するに, 少なくとも設計担当者の主観的な認識としては, 最大の需要が見込まれる部門の車輛を標準車として設計しようとした. その最大の需要は1トンから1.5トンに移りつつあり, しかも日本では積過ぎが一般的に行われているために標準車の積載量を1.5～2トンにしたということである. しかし, 一般には1～1.5トン積の大衆車とは異なる1.5～2トン積の標準車と見なされ, 先述の報告にも大衆車との競争を回避するためにということになっていたのである[8].

---

7) 朝倉希一「国産自動車に就て」笠松慎太郎編『自動車事業の経営』日本交通協会, 1934年, pp. 94-95.
8) そもそも鉄道省の内部においても, 標準車の目標について見解の対立があったようであ

第4章 1930年代前半における国産普通車工業の停滞と小型車工業の成長　151

　また，最大需要が1トンから1.5トン積に移りつつあるという認識は当時アメリカのトラック生産推移をも意識したものと思われる．アメリカでは1928年まで1トン以上1.5トン積未満のトラック需要が最大であったが，29年からはそれが1.5トン以上2トン未満のものにとって代わられていった（表4-1）．この統計は当時日本にも知られていたからである[9]．

　ただし，アメリカでのこうした変化はフォードとシボレーに代わる新たな1.5～2トントラックの出現によるものとは思われない．むしろ，1928年にフォードが従来のT型からA型に，シボレーもそれに対抗して6気筒の新モデルを導入した結果であると見られる．要するに，この新モデルによって，積載量が従来のものより拡大した結果だったのである．

　この新モデルが1928年以降日本でも組立・販売されていたので，日本市場でも大衆車の積載量は1.5～2トン級になったはずである．ただし，アメリカの積載量基準が日本のそれと異なる可能性もあるので直接的な比較は控えるべきであるが，少なくとも大衆車の積載量を1トン以上1.5トン未満とした報告よりは，1.5トンとした設計担当者の指摘が当時の実情をより正確に反映していることは間違いないであろう．

　従って，積載量に関して見る限り，報告の趣旨とは異なって，標準車は大衆車と直接に競争する規格だったことになる．にも拘わらず，大衆車と競争しない規格であると報告が説明したのはなぜだろうか．それは，標準車のトラックとシャシーを共有するバスが，大衆車をベースにしたそれより大きかったからであると思われる．

　報告が提出される1932年3月には，すでにその趣旨に沿って31年9月から始まった標準車（トラック2種，バス3種）の試作や試験が終わって

　　る．すなわち，設計を担当する工作局は市場需要，修理部品の入手の側面から大衆車級にすることを主張したのに対して，運輸局ではそれまでの省営バスの使用の経験から中型車級にすべきだと主張したのである．この対立は鉄道省内部では解決できず，商工省に持ち出されて結局中型車に決定したが，その中型車はそれまでの軍用車よりは小さかった（菅健次郎「省営自動車秘話　11」『汎自動車　経営資料』1943年1月号，pp.37-38）．こうした鉄道省内部の状況を考えると，上述の引用は工作局の意図を中心に運輸局の見解を一部反映させたものと見られる．

9）『モーター』1930年8月号，p.79では，1923～29年のこの統計が掲載されている．

表 4-1　アメリカにおける積載量別トラックの生産台数推移

単位：台, %

年	～3/4トン	1～1.5トン	1.5～2トン	2～2.5トン	2.5～3.5トン	3.5～5トン	5トン～	特殊	合計
1926	99,286	347,167	47,000	19,993	18,231	5,514	9,030	10,597	556,818
	17.8	62.3	8.4	3.6	3.3	1.0	1.6	1.9	100
1927	88,046	319,637	29,107	27,313	16,584	4,471	4,128	7,734	497,020
	17.7	64.3	5.9	5.5	3.3	0.9	0.8	1.6	100
1928	95,232	313,270	112,171	30,456	21,813	4,746	2,219	9,076	588,983
	16.2	53.2	19.0	5.2	3.7	0.8	0.4	1.5	100
1929	141,859	78,786	523,691	28,416	33,530	8,643	2,384	9,508	826,817
	17.2	9.5	63.3	3.4	4.1	1.0	0.3	1.1	100
1930	144,869	31,028	370,541	16,477	22,887	6,412	1,094	6,683	599,991
	24.1	5.2	61.8	2.7	3.8	1.1	0.2	1.1	100
1931	109,220	4,899	289,418	8,516	11,516	4,532	2,013	4,062	434,176
	25.2	1.1	66.7	2.0	2.7	1.0	0.5	0.9	100
1932	79,127	1,618	144,113	7,620	6,006	2,689	2,202	1,910	245,285
	32.3	0.7	58.8	3.1	2.4	1.1	0.9	0.8	100
1933	99,028	893	228,238	15,866	7,728	2,859	1,331	2,605	358,548
	27.6	0.2	63.7	4.4	2.2	0.8	0.4	0.7	100
1934	172,089	2,341	376,475	25,995	11,136	4,752	2,869	3,740	599,397
	28.7	0.4	62.8	4.3	1.9	0.8	0.5	0.6	100

注：上段は台数，下段は比率．
出所：National Automobile Chamber of Commerce, *Facts and Figures of the Automobile Industry*, 1933 ed, p.7; Automobile Manufacturers Association, *Automobile Facts and Figures*, 1938 ed., p.12.

表 4-2　商工省標準車の仕様

モデル名	T X 35	T X 40	B X 35	B X 40	B X 45
用途	地方一般用貨物車	都市近郊用貨物車	地方一般用乗合車	都市近郊用乗合車	大都市舗装区間用乗合車
積載量／定員	1.5トン積	2.0トン積	16人乗り	21人乗り	25人乗り
車台重量（トン）	1.80	2.05	1.85	2.10	2.20
全長（cm）	510	560	515	590	635
全幅（cm）	180	195	180	195	195
軸距（cm）	350	400	350	400	450
最低地上高（cm）	21.5	21.5	21.5	21.5	21.5
回転半径（m）	6.35	7.16	6.35	7.15	7.80

注：1）モデル名でTは貨物車，Bは乗合車，Xはエンジン名，数字は軸距を示す．
　　2）エンジンは6気筒，排気量4,390 cc，標準馬力45，時速40km．
出所：自動車工業会『日本自動車工業史稿(2)』1967年，p.163；『モーター』1932年6月号，p.69

いた（表4-2）．ここで注目すべき点は，すべての車種に一つの共通エンジンを採用し，トラックの積載量・バスの定員数による区別は軸距やボディの長さによってなされていることである．そのエンジン排気量は4,390 ccであったが，これは1.5トン級の大衆車（フォード3,360 cc，シボレー3,180 cc）より2トン級の中型車（GMC 4,220 cc，ホワイト4,880 cc）に近かった[10]．

　もともとこの標準車は鉄道省の省営バスに使われる予定であったし，実際の設計も当時の軍用車メーカー3社と鉄道省の共同で行われた．また，当時の共通的な状況認識は，1920年代における国産車の不振は技術よりも生産台数の差にあり，大量生産のためにはさしあたりモデルの統一が必要であるということであった．こうした要因によって，エンジンを一つに統一せざるを得なかったが，その場合，基準はバスとして採用可能かどうかになったのである．その結果，20人乗り以上のバスとしての充分な馬力を得るために中型車級のエンジンを採用した．そして，使用範囲を拡大させるために，16人乗りのバスや1.5トン積のトラックをも開発したのである．

　要するに，この標準車は報告に現れるように大衆車より一回り大きな中型車になったことは確かであるが，設計担当者は大衆車との競争回避とい

10）　前掲，朝倉希一「国産自動車に就て」pp. 102-103．

う消極的な意味だけでなく，市場の変化によって大衆車需要の一部も1.5トン積標準トラックによって奪い取ることができるだろうという積極的な期待が込められていたのである．この戦略が成功するかどうかは，まず標準車が20人乗り以上のバス部門において基盤を確保し，さらに1.5トン級の大衆トラック部門の一部を獲得するかにかかっていた．

　実際の結果がどうなったかについては，節を改めて検討することとし，その前に報告第2，3号の内容について簡単に見てみたい．報告第2号の国産車の保護奨励策では，官庁用として標準車の使用を励行することなどが含まれたが，とりわけ注目されるのは関税率の引き上げを求めたことである．特に部品の税率を引き上げることや自動車用エンジンを従来の石油機関の中から分離して別個に取り扱うべきとした．この要求は，1932年6月に関税率改正の際に直ちに反映された（表4-3）．また，報告第3号の国産車の生産・販売に関する件では統制体系の下に合理化することを理想とするものの，当面は標準車の製造者を制限すべきとした．

　以上のような振興会の国産自動車工業確立策とは別に，この時期には国産車の競争力に影響を与えられる状況の変化が起こった．1931年中の満州事変を契機として自動車工業と関連する原動機，工作機械工業などが急速に成長しはじめたことも指摘できるが[11]，より直接的な影響は為替レートの急落によるものであった．すなわち，31年末の金輸出再禁止によって円の価値が32年中に暴落し，それだけ外国車・部品の価格が高くなったからである[12]（表4-4）．

---

11)　森喜一『日本工業構成論』民族科学社，1943年，pp. 175-177.
12)　この為替レートの急落について当時業界では次のような期待を寄せていた．「輸入業は原価の高騰を招き，普通の計算によれば，普通価格の殆ど三倍半から四倍にも達することになる．之れに応じて，国産は，それだけの保護を受けた結果となり，従前価格の点に於て，輸入品と，対抗し得なかったものが，今や却って非常に低価になるので，内地で外品と対抗して，堂々商戦に勝ちを占め得る許でなく，更に進んで海外に向かって進出さへすることができる」（「為替相場と自動車界」『旬刊モーター』1932年12月1日）．

第4章　1930年代前半における国産普通車工業の停滞と小型車工業の成長　155

表4-3　自動車関税率の変化

単位：％

	関税定率法	協定	関税定率法改正	税率改正	協定	税率改正	協定
	1911年7月	1911年9月	1926年3月	1932年6月	1932年11月	1937年8月	1938年1月
自動車	50	35	50			70	49
自動車部品	30	25	30	42	35	60	50
自動車用内燃機関	(20)		(11)	35		50	

注：1）協定とは日仏協定税率．
　　2）1923年9月～24年3月までは，貨物車・部品・エンジンは免除，その他は半減．
　　3）1937, 38年の部品とエンジンは従量税を従価に換算したもの．
　　4）（　）は，一個の重量100キロ以下の瓦斯・石油機関の従量税率を従価に換算したもの．
出所：大蔵省税関部編『日本関税税関史　資料Ⅱ　関税率沿革』1960年．

表4-4　為替相場の変動と自動車価格の変化

年	為替レート 円／ドル	シボレー（円) セダン	シボレー（円) トラック	年月	フォード（円) 4ドアセダン	フォード（円) 131吋トラック・シャシー
1927	45～49	2,700	1,925	1925年7月	2,995	1,600
1928	46～47	2,495	1,895	1927年7月	2,100	1,240
1929	44～49	2,605	2,144	1929年11月	2,250	1,915
1930	49～50	2,300	2,044	1930年3月	2,250	1,825
1931	49～50	2,470	1,945	1931年1月	2,300	1,805
1932	20～35	3,485～4,520	3,025～3,995	1931年6月	2,200	1,775
1933	20～31	4,250～4,695	3,645～3,995	1931年12月	2,200	1,825
1934	29～31	3,895～4,115	3,205～3,465	1933年6月	3,925	3,375
1935	28	3,665	3,135	1933年11月	3,525	2,935

出所：為替レートとシボレーの価格は『梅村四郎氏の手記』；フォードの価格は『月刊フォード』，『自動車之日本』各号．

2．国産普通車工業の停滞

(1) 市　場

　1920年代後半から大衆車を中心として拡大していった普通車市場は，30年代初頭には不況の影響のため，一時的に停滞傾向を示したが，33年からは再び急速に拡大しつづけた（表4-5）．保有台数は30年の8.9万台から37年の12.9万台と1.5倍程度増加したが，車種別・用途別にその増加率は異なった．乗用車よりバス，またバスよりはトラックの増加率が高かった

のである．20年代までには普及が停滞していたトラックがようやくこの時期に大都市を中心に増加したからであった．

もっとも，タクシー・バスが多数を占める市場構造は1920年代のそれと変わらなかった．こうした営業用車中心の市場構造は当時の欧米とは異なった日本の特徴であった．35年末現在，日本の乗用車（バスを含む）の比率は61%であり，欧米の75〜86%と比べその比率は低いものの，乗用車が主流を占めていることは同様である．しかし，自家用乗用車の比率は全車の7.6%で，米国の80%，英国の70%とは極端な対照をなしていた．従って，日本ではタクシーとバスが全保有台数の53%を占めており，同年の日本の自動車（小型車除き）保有台数が世界第17位だったのに対して，タクシーは米国に次ぎ世界第2位をフランスと争う状態であり，バスは世界第4位であった[13]．

また，モデル別保有台数も1920年代と同じく大衆車が中心であった．その最大の理由はこの時期にも大衆車の価格競争力が維持されたことである．先述したように為替レートの変化や関税の引き上げによって，とりわけ32年中に外国車の価格は急騰したものの，33年末以降には再び価格が下落して，30年代半ば頃には国産車との価格差を維持するようになったのである（表4-6）．それだけでなく，20年代末からの新モデルは従来のものより性能も向上した．

大衆車への市場集中を部門別に確認してみよう．まず，すべてが外国車によって占められていた乗用車では，営業用の場合，1920年代半ばから始まったハイヤーからタクシー業への転換がこの時期に一層進展した．そのため，低価格の大衆車が20年代より増加し，とくに円タク問題は社会問題にもなった[14]．

---

13) 奥田雲蔵「燃料事情より観たる我国自動車界の将来」『ダイヤモンド』1937年2月1日，p.46．
14) この時期の円タク問題については，タクシー問題研究会編『タクシー発達変遷史』1935年；同編『タクシー統制論』1936年を参照．なお，この時期のタクシー問題や戦時期における変化については，呂寅満「戦時期日本におけるタクシー業の整備・統合過程——『国民更生金庫』との関わりを中心に」『経済学論集』（東京大学），第68巻第2号，2002年も

第4章 1930年代前半における国産普通車工業の停滞と小型車工業の成長

表4-5 中型・大型車の保有台数推移

単位:台

年度	乗用車A			乗合車B	A+B	貨物車C			合計A+B+C
	自家・官公署	営業用	計			自家・官公署	営業用	計	
1930	7,718	32,587	40,305	17,522	57,827	4,724	26,157	30,881	88,708
1931	9,763	33,430	43,193	21,226	64,419	5,491	29,346	34,837	99,256
1932	7,504	33,953	41,457	22,825	64,282	5,461	30,478	35,939	100,221
1933	7,723	34,188	41,911	24,822	66,733	5,967	32,232	38,199	104,932
1934	7,970	36,183	44,153	26,328	70,481	6,454	35,606	42,060	112,541
1935	9,213	36,367	45,580	28,428	74,008	7,616	39,302	46,918	120,926
1936	9,615	36,550	46,165	28,745	74,910	8,660	42,678	51,338	126,248
1937	10,649	40,747	51,396	24,344	75,740	9,995	43,000	52,995	128,735
1938	10,520	37,446	47,966	24,024	71,990	10,856	44,207	55,063	127,053

注:合計は調整.
出所:日本自動車会議所『我国に於ける自動車の変遷と将来の在り方』1948年,p.3.

表4-6 普通車の価格現況(1935年)

単位:円

乗用車			トラック・シャシー			
車名	モデル	価格	車名	モデル		価格
フォード	セダン	3,700	フォード	131吋,1〜1.5トン積		3,230
シボレー	セダン	3,810	シボレー	131吋,1〜1.5トン積		3,275
モリス	4Dセダン	4,540	ダッヂ	137吋,1.5〜2トン積		4,330
ダッヂ	セダン	5,850	ダイヤモンド	135吋,1.5〜2トン積		4,990
デソート	セダン	7,300	フェデラル	147吋,2〜2.5トン積		8,100
ハドソン	セダン	7,500	いすゞ(四輪)	TX35,1.5トン積		5,300
ビュイク	セダン	8,220	同	TX40,2トン積		5,800
ナッシュ	セダン	8,500	軍用保護六輪車	2.5〜3トン積		8,000

注:同級モデルのうち,最低価格基準.
出所:『自動車年鑑』1936年版,日刊自動車新聞社,1935年,価格pp.1-4.

　トラック業も1920年代同様に定期路線運送はごく一部でほとんどは個人事業者による貸切トラックであった[15].30年代初頭に全トラックの

参照されたい.
15) やや後の統計ではあるが,1939年の事業別トラック運送業者数の割合を見ると定期運輸事業は全体の0.4%にすぎず,運送事業(不定期・小口・貸切)が95.1%,小運送4.5%であった.とくに,貸切は全体の92.7%を占めていた.営業形態別には個人が92.5%,会社が6.9%であった(中村豊『自動車編 土木行政叢書』好文館書店,1941年,p.25).

7～8割であった大衆トラックの比率は，後述する生産台数から推論すると，30年代半ばにはより高まったと思われる[16]．要するに，他の中型外国車も相対的にシェアが縮小し，1.5トン積トラック部門で相当の需要を期待した標準車もほとんど普及することができなかったのである．これは，先述したアメリカでの積載量の変化が日本でも起こったことを物語っている．すなわち，大衆車は20年代に馬力や堅牢性の不足がしばしば指摘されていたが，20年代末の新モデルによってそれを改善して信頼性を高めた上に，標準車などの中型車との価格差を維持したために，1.5トン積車輌としても普及が拡大したのである．

　タクシー業やトラック業と異なって，この時期に変化の可能性があったのは鉄道省が関わったバス業であった．第2章に述べた経緯を経てバス業の監督権が逓信省から移管してくると，鉄道省は1929年8月に自動車交通網調査委員会を設けてバス事業を適当とする路線を調査させた．この委員会の答申に基づき，30年10月から省営バス事業を開始することになった[17]．

　さらに，1931年4月には自動車運輸業に対する総合的な監督のために，「自動車交通事業法」を制定し，33年10月から実施するようになった．同法の適用となる自動車運輸事業とは「路線を定めて定期に自動車を運行して旅客又は物品を運送する」こととなっており，当時のトラック業の状況を考えると，事実上バス業を対象としたものであった．そして，小規模業者が乱立しているバス業の営業許可権を鉄道大臣が管掌することを主な内容としていた．この法の制定の背景には，20年代におけるバスによる鉄道の影響を緩和させる必要があるという認識があった[18]．

---

16) 後述するように，トラック業の中で自動車交通事業法の対象となったのが定期路線運送しかなかったためか，モデル別保有台数もそれしか得られない．1935年のものと推定される鉄道省監督局の調査によると，全トラック5.9万台のうち定期路線運送トラックは573台にすぎなかった．そのうち，フォードが315台，シボレーが229台とほとんどを占めていた（菅健次郎「国産自動車工業の現在及将来」（1936年4月）『自動車を語る　第三輯』1949年，p.47）．

17) 山下雅実「省営自動車」前掲『自動車事業の経営』．

18) 鉄道省監督局陸運課長はこの法の運用方針について，次のように明言している．「（鉄

第 4 章　1930 年代前半における国産普通車工業の停滞と小型車工業の成長　　159

　このように，鉄道省のバス業への介入が主に鉄道との競争を調整し，バス業の統制を主な目的としたものの，省営バスに国産車のみを使用し，市営などの公営バス業に国産車使用を奨励する方針をもっており，さらに外国車に不利なバス規格を定めることによって，国産バスの増加をもたらす大きな可能性を持っていた．

　では，実際の結果はどうなっていたのであろうか．まず，外国車に不利なバス規格というのは，自動車交通事業法と一緒に実施されることになった「旅客自動車設備規程」によって「低床式」バスの使用が強制されたことである．低床式とは車台の地上高が 61 cm 以下のことであったが，当時のバスはトラックのシャシーを流用していたのでこの基準を満たしていなかった．しかし，標準車はその基準に合わせて設計されたので，標準車バスに有利になるはずだったのである．その結果，「フォードもシボレーもバスとして手ひどい打撃を受けることになった」[19] という評価もあるが，これはその運用過程を無視した短絡的な評価である．確かに，この基準を即時に適用すればそれまでのバスに深刻な打撃を与える可能性があった．しかし，乗合自動車業者や輸入商がこの規程の制定に猛反対したため[20]，発令された規程の附則には，規程の施行の前に使われているバスの場合は基準に適さなくても使用可能としてなり，さらに実際の適用は 3 年後になった．すなわち，実際の施行は 1936 年 10 月からとなったが，それまでには大衆車のバスもすでにその基準を満たすように改良され[21]，実際標準車の販売に有利になることはなかったのである．

　また，乗用車あるいは小型トラックを流用した小型バスがこの時期にも依然として多かった．1934 年 9 月の調べによると，バスの全保有台数

　　道が）対抗機関の発達により潰滅するやうなことになりましては，余程大きな問題でありますので，地方鉄道，軌道に関係ある自動車事業の免許又は許可に就きましては，充分鉄道，軌道の保護ということを考へて行く方針を採って居ります」（早川慎一「自動車交通事業法」前掲『自動車事業の経営』pp. 389-390）．
19)　尾崎正久『日本自動車車体工業史』自研社，1952 年，pp. 76-77.
20)　「乗合自動車を語る（一）～（三）」『モーター』1932 年 7 月～9 月号；『自動車之日本』1932 年 3 月号，pp. 4-5.
21)　『旬刊モーター』1936 年 6 月 25 日.

20,171台のうち，バス・シャシーを使っているのはわずか10台にすぎず，乗用車のそれが1,153台，トラックのそれが18,708台であったのである[22]．従って，定員14人以下乗りの小型バスが圧倒的に多かった．定員別バスの保有台数をみると，32年中には8人以下乗りのものが約5割を占めていたが[23]，標準車が本格的に販売される34年になっても6人乗りが最も多く，12人，5人，14人乗りがそれに次いで，この4種を合わせると全体の4割以上を占めていたのである[24]．5～6人乗りバスは大衆乗用車を，8～14人乗りバスは1.5トンの大衆トラックのシャシーを流用したものであり，大衆車がバスとしても最も多数を占めていたことが分かる．

しかし，こうした状況は1920年代の延長であり，標準車がそもそもターゲットとした市場でもなかった．では，バスの中でも最大市場ではなかったものの，標準車が供給した16～25人乗り，特に主力であった20人以上乗りのバスではどうだったのであろうか．

まず，鉄道省が省営バスとして購入した台数はそれ自体としてはそれほど多くなかった．最大であった1936年の購入台数は164台であり，当時の保有台数も431台にすぎなかったのである（表4-7）．

しかも，この購入車輛はすべてが国産車ではあったものの，標準車だったわけではなかった．すなわち，最大馬力65である標準車は販売されてからすぐ馬力不足や強度不足が指摘されるようになり[25]，最大馬力100のふそうなど他の国産車が開発され，省営バスとして購入されたからである．そして，標準車メーカーも標準車と並行してより大きい大型バスをも製造することになった[26]．その結果，1935年末現在の省営バス267台の内，標準車が118台（ちよだ76，スミダ42台）だったのに対して，その他の国産

---

22) 前掲，菅健次郎「国産自動車工業の現在及将来」p.10.
23) 前掲，早川慎一「自動車交通事業法」p.381.
24) 前掲，菅健次郎「国産自動車工業の現在及将来」p.47.
25) 「日本の道路の抵抗，風の抵抗，自動車重量や速度の関係から根本的に馬力を計算し直さなければ故障が簇出すると考へましたので，更に計算を仕直してみますと百馬力エンヂンの必要を感じたのであります」（前掲，菅健次郎「国産自動車工業の現在及将来」p.18）．
26) 1932年からすでに，石川島自動車はR型，瓦斯電はS型の大型バスの製造を開始した（いすゞ自動車『いすゞ自動車史』1957年，p.44）．

第4章　1930年代前半における国産普通車工業の停滞と小型車工業の成長　　161

表4-7　省営自動車の購入及び保有台数推移

年度	購入				保有			
	旅客車	貨物車	特殊車	合計	旅客車	貨物車	特殊車	合計
1930	15	10		25	14	10		24
1931	8		5	13	22	10	5	37
1932	25	4	51	80	47	14	56	117
1933	71	11		82	118	25	56	199
1934	80	19		99	198	44	56	298
1935	69	10		79	267	54	56	377
1936	164	22	9	195	431	76	65	572
1937			2	2	418	76	67	561
1938	40	24	2	66	426	100	69	595
1939	85	92		177	505	192	69	766
1940	45	42		87	550	234	65	849
1941	56	205		261	599	424	60	1,083
1942	47	63		110	646	487	60	1,193
1943				−	771	970	57	1,798
1944	22	237		259	737	1,193	55	1,985
1945		263		263	773	1,180	35	1,988

出所：国鉄自動車二十年史刊行会『国鉄自動車二十年史』自動車交通弘報社，1951年，pp.184-185.

大型バスが149台（ふそう84，六甲61，その他4）だったのである[27]．

同様のことが民間バスにも行われたと思われる．従って，1935年中のバスのモデル別保有台数はフォードとシボレーが全体の73％を占め，中型・大型バス部門でも標準車よりはダッヂとレオが多かったのである[28]．

要するに，標準車は中型のバスとトラックを共通に製造して大衆車と大型車の需要を奪い取る戦略を採ったが，結果的にはトラックで大衆車に押されたことはもちろん，当初大きな期待を寄せていたバスでも大衆車と大型車に挟まれる結果になったのである．そのため，標準車は鉄道省が「政策的」に購入することに留まった[29]．こうした標準車政策の失敗の結果，1935年中の国産車の保有台数は全体の0.6％にすぎなくなった．

---

27)　岩崎松義『自動車工業の確立』伊藤書店，1941年，pp.118-119．ちよだとスミダには上述の大型バスも含まれているので，標準車のみの台数はより少なくなる．
28)　前掲，菅健次郎「国産自動車工業の現在及将来」p.47．
29)　「（標準車を購入すると）金も余計かかるのでありますが，其の金は同時に国産事業を確立する為めの土台になっていく訳でありますから，鉄道省としては決して吝しむべきものでない」（「省営自動車に就て」『帝国鉄道協会会報』第36巻第1号，1935年，pp.29-30)．

(2) 生　産

　この時期における製造部門別自動車工業関係工場数の推移は表4-8の通りである．まず，輸入組立や国産完成車メーカーについて見てみよう．

　輸入組立には日本フォード，日本GM，共立自動車以外に日本自動車，梁瀬自動車，浅野物産などが1930年代初頭まで関わっていたものの，これらは事実上輸入シャシーにボディを取り付けたものにすぎず，その台数も非常に少なかった．従って，この時期においても上記3社によってほとんどの組立が行われたが，その製造・販売方法は20年代と変わらなかった．

　一方，部品までを製造する国内メーカーは1930年代初頭に多数現れた．その新規参入メーカーには三井玉造船所，三菱神戸造船所，日本車輛，川崎車輛といった造船・鉄道車輛など関連機械工業からのものが多かった．これは，関税引き上げや為替レートの変動によって国産車の競争力の可能性が高まった要因もあるが，より直接的な原因はその関連工業の不況であった．すなわち，これらのメーカーは本業での不況打開策の一環として，相対的に不況の影響が少なく成長部門である自動車工業への進出を行ったのである．

　これは，第3章に触れたように，1920年代末に小型造船・機械メーカーが小型車エンジン製造へ乗り出したことと同一の動機であった．また，これらの関連工業からの自動車工業への進出は，第1章で述べたように，初期の欧米にも広く見られる現象であった．しかし，この時期の日本と最も異なる点は，当時の欧米では自動車というドミナント・デザインがまだ確立されていなかったことである．従って，当時の欧米における最も問題になったのは自動車の製造技術，すなわち性能問題であり，価格はそれを前提としてからの問題であった．それに対してこの時期の日本では，標準化された自動車を低価に販売する外国メーカーがすでに存在しており，それと競争しなければならなかった．

　新規参入メーカーのうち，三井と日本車輛は乗用車を，三菱と豊田式織機はバスを，川崎車輛は全車種を製造したが，以上のような状況だったために，ほとんど少数の製造に終わることになった．しかも，その後本業が

第4章 1930年代前半における国産普通車工業の停滞と小型車工業の成長　163

表4-8　自動車工業関係工場数の推移

年度	輸入組立	その他	部品・用品	小計	自動自転車
1929	3	19	132	154	6
1930	8	12	143	163	9
1931	10	9	170	189	9
1932	10	10	237	257	12
1933	7	7	335	349	13
1934	4	10	402	416	16
1935	4	16	351	371	14
1936	2	24	500	526	13
1937	3	30	650	683	16
1938	3	27	769	799	15

注：その他は国産小型四輪，中型，大型車メーカーを，また，自動自転車は国産二輪，三輪車メーカーを指すものと推定される．
出所：「本邦自動車工業の現況と其の整備の方向」『調査月報』（日本興業銀行），1942年7月号，pp.56-57（原資料は『工場統計表』）．

　好況に転換したため，本格的な自動車工業への参入は試みられなかった．熱田号乗用車は「中京デトロイト計画」[30]によって，日本車輌が名古屋の大隈鉄工所，愛知時計電機，岡本自転車と共に1932年に開発したものである．それは，当時の標準車計画に刺激されたものであったが，性能の問題もさることながら，試作コストが9,200円にも上がり，モデルとしたナッシュよりも高値となった．そこで，38年までに30台程度の製造に留まった．
　これらの新規メーカーのうち，自動車への本格的な参入の可能性が最も高かったのは三菱であった．三菱造船（1934年から三菱重工業）神戸造船所では，32年に標準車より大きい大型バスを開発し，省営バスに使われた[31]．そして，35年にはディーゼル・エンジンを開発し，37年からは神戸造船所と三菱航空機東京製作所の設備・関係者を統合して本格的なトラッ

---

30) この計画の背景や過程及びその結果については，日本自動車工業会『日本自動車工業史稿（3）』1969年，pp.195-203；亀田忠男『自動車王国前史——綿と木と自動車』中部経済新聞社，1982年；西川稔「『中京デトロイト計画』について」『トヨタ博物館紀要』No.3, 1996年を参照．

31) 標準車の規格を定める前から，鉄道省の一部では大型バスを使うべきだという主張もあり（前掲注8参照），1931年に三菱に省営バス用の大型車の製造を打診したという（自動車工業振興会『日本自動車工業史座談会記録集』1973年，pp.70-71）．

ク・バス製造を試みた．しかし，その後は戦車工場に転換したため[32]，1910年代末に名古屋製作所で起こったのと同様の結果に終わった．ちなみに，35年以降国内メーカーの数が急増するのは，ディーゼル・エンジンを用いた池貝鉄工所・新潟鉄工所などが参入して，ディーゼル・トラックを製造しはじめたからである．

　次に，標準車の生産について見よう．先述した通り，標準車の設計は鉄道省と3社の共同で行い，試作部品の製造も分担した．エンジンは石川島自動車，フレームとステアリングは鉄道省，車軸は瓦斯電，トランスミッションはダット自動車がそれぞれ担当した[33]．この時期の標準車の製造台数は商工省の補助金から推定すると750台であり，1934年までしか製造されなかった[34]．5年間で年間5,000台を生産するという標準車の計画には遠く及ばなかったのである．

　従って，この時期の国産車の生産台数は標準車メーカーと新規メーカーを合わせても年間1,300台にしか達せず，外国組立車との格差は1920年代より開いた（表4-9）．同表中の自動車工業というメーカーは，政府の慫慂によって33年に石川島とダットが合併したものである[35]．そもそも，先

---

32)　前掲『日本自動車工業史稿 (3)』p.274.

33)　前掲『いすゞ自動車史』p.42.

34)　先述した，自動車工業確立調査委員会の報告第2号では標準車の製造に保護奨励金を交付すべきとしており，実際に1934年まで23.6万円の補助金が支出された．その内訳は調査費3.1万円，33年の製造奨励金7.5万円（150台×500円），34年の製造奨励金12.9万円（完成車300台×280円，部品300台分×150円）である（前掲，岩崎松義『自動車工業の確立』pp.150-151）．ここで部品とは「満州」の同和自動車向けのものである．なお，満州の自動車工業と国内メーカーとの関係については解明すべきことが多く残されていると思われるが，本書では立ち入らない．それについては，さしあたり，四宮正親『日本の自動車産業　企業者活動と競争力　1918〜70』日本経済評論社，1998年，第3〜5章；老川慶喜「『満州』の自動車市場と同和自動車工業の成立」『経済学研究』（立教大学），第51巻第2号，1997年を参照．

35)　1932年9月21日，商工大臣の官邸において商工省関係者，陸軍整備・兵器局長，3社社長からなる官民協議会が開かれたが，そこで商工省工務局長は次のように述べている．「自動車工業の確立の為めにはこれ等（川崎，三菱，日本車輛——引用者）の自動車部を打って一丸とする必要がある．然しこの方針を遂行するためには今直ちにこれ等の全部を合併せしむる暇がないからこの際には先づ東京瓦斯電気，石川島，ダット三社の合併を実現せしめ度い」（『旬刊モーター』1932年10月1日）．

第4章 1930年代前半における国産普通車工業の停滞と小型車工業の成長　　165

表4-9　1930年代普通車の製造・組立現況

		開始年	資本金(万円)	モデル名	製造・組立台数（台）			
					1932年	1933年	1934年	1935年
製造	自動車工業	1918	650	すみだ, いすゞ	455	324	608	531
	東京瓦斯電気工業	1918	600	ちよだ, いすゞ	364	561	567	462
	三菱重工業	1932	5,500	ふそう	6	120	77	85
	川崎車輛	1931	1,000	六甲	13	38	73	54
	日本車輛	1932	1,000	熱田	2	9	10	20
	豊田自動織機	1935	600	豊田				18
	豊田式織機	1933	750	キソコーチ				11
	小計				840	1,052	1,335	1,181
組立	日本フォード	1925	1,200	フォード	7,448	8,156	17,244	14,865
	日本GM	1927	800	シボレーなど	5,893	5,942	12,322	12,492
	共立自動車	1930	10	ダッヂ, クライスラーなど	760	998	2,574	3,430
	小計				14,101	15,096	32,140	30,787

注：原資料から小型車を除く．
出所：『自動車工業（特別資料）』（『商工政策史編纂室資料』所収）；『東京市産業時報』1936年12月号, pp.55-59などより作成．

述した国産自動車確立調査委員会の報告第3号では，標準車メーカーの合併を求めており，実際に32年には3社の共同販売機構である国産自動車製造組合を結成し，引き続き3社の合併を進めたが，瓦斯電の内部事情によって2社のみの合併となったのである．そして，33年末には自動車工業と瓦斯電の共同販売会社として協同国産自動車が設立され[36]，37年に漸く自動車工業と瓦斯電が合併して東京自動車工業となる．

　表4-9における標準車メーカーの製造台数と標準車製造台数との差は，軍への納入を中心とした軍用車である．1920年代末から補助金は削減されていったものの，「満州事変」を契機とする軍需の拡大に伴ってこの時期には軍用車の製造も増加した．それが，標準車の生産が停滞したにも拘わらず，標準車＝軍用車メーカーの生産台数を増加させた原因となったのである．

　しかも，この標準車メーカーの経営成績も1920年代後半より好調であ

---

36) 販売台数が少なかったためか，この共同販売会社の東京の販売店は大倉商事と日本自動車となっており（『大阪朝日新聞』1935年9月30日），実際の販売はほかの販売会社の組織を利用したようである．

った．石川島自動車（自動車工業）の場合，29年に自動車部門を分離してから順調に純利益を計上し，30年代初頭の恐慌期にも赤字に転落することはなかった．そして，33年からは軍需の消化に追われ，新工場建設に着手し，34年には2倍の増資を行った（表4-10）．こうした経営状況が，標準車の改良に集中せず，しかも次章で述べるように大衆車への参入に消極的であった要因にもなったと思われる．

一方，瓦斯電は自動車工業ほど経営が順調ではなかった．1929年からの赤字は30年代に入ってより悪化した（表4-11）．そして，31年には3,000万円にも上る借金を整理し，会社を更生させるために主な取引銀行であった第十五銀行から役員が派遣され，整理案がまとめられた．その内容は債務の8割を切り捨て，残り2割を20年賦で返済することと資本金を10分の1に減資することなどであった[37]．実際に，33年1月には減資が行われ，同年7月には債務を株式に振り替えることによって増資を行った[38]．当時瓦斯電がこうした経営危機に直面していたために，先述した3社合同に乗り出すことができなかったのである．しかし，34年以降には軍需の増加によって自動車のみならず，航空機，兵器などの生産が増加して経営も好転し，36年には設備拡大を試みるようになった．

以上のように，1930年代前半における瓦斯電の経営悪化は，当時石川島自動車（自動車工業）と比べて生産台数の面ではあまり差がなかったことからも窺えるように，自動車部門の悪化によるものではなかった．第2章で述べたように，瓦斯電は自動車以外に各種機械を製造していたが，その部門の悪化によって瓦斯電全体の経営が悪化したのである．従って，自動車工業同様に瓦斯電も標準車の改良や大衆車への進出はあまり試みることがなかった．

次に，部品部門について見てみよう．国産普通車の生産は停滞していたものの，全体的な自動車保有台数の増加によってこの時期の部品製造は急激に増加した．その最大の理由は，「為替の暴落以来輸入品は価格の騰貴

---

37) 内山直『瓦斯電を語る』1938年，pp. 2-3.
38) 前掲『いすゞ自動車史』p. 179.

第4章 1930年代前半における国産普通車工業の停滞と小型車工業の成長　　167

表4-10　石川島自動車の経営推移

期間	資本金(万円)		収益 (円)	資産 (円)		備考
	公称	払込	当期純利益	機械器具	建物	
1929年5月〜10月	250	250	106,450	1,163,828	229,900	軍用民間用共に所期の業績を挙げ
1929年11月〜1930年4月	250	250	100,692	1,205,736	240,458	不況の深刻化にも拘わらず前期同様の成績
1930年5月〜10月	250	250	92,815	1,199,693	240,458	同上
1930年11月〜1931年4月	250	250	72,388	1,181,457	240,458	不況の深刻化によって成績やや不振
1931年5月〜10月	250	250	32,116	1,167,482	240,458	前期より販売台数の増加，利益の激減
1931年11月〜1932年4月	250	250	70,886	1,141,547	240,458	自動車運輸発展，為替レート下落による競争力向上，満州事変による需要増加
1932年5月〜10月	250	250	77,140	1,071,345	240,458	期首に保護車の割当量を売り捌き，民間用も活況
1932年11月〜1933年4月	320	320	103,493	1,157,616	259,318	自動車工業(株)に改称，増資．軍官民需要増加
1933年5月〜10月	320	320	136,235	1,876,727	279,196	設備拡張が一段落，注文消化に努め
1933年11月〜1934年4月	320	320	158,235	1,938,885	279,889	満州国への輸出需要，新工場着工
1934年5月〜10月	320	320	159,829	2,917,150	478,572	多忙を極め，増資決議．鶴見工場第1期工事完了
1934年11月〜1935年4月	650	485	223,660	2,932,826	478,572	前期からの持ち越し工事を消化
1935年5月〜10月	650	485	228,146	2,792,999	478,572	軍官民ともに需要旺盛．「過去十数年来中級輸送車の確立に対し不断の努力」
1935年11月〜1936年4月	650	485	232,859	2,505,400	428,572	需要旺盛，鶴見工場の第2期工事進捗と共に月島工場設備を移転
1936年5月〜10月	650	650	249,524	2,726,637	854,949	需要旺盛，鶴見工場の第2期工事完了．「自動車製造事業法に対しては我社亦之には相応し年来の方針たる中級車発展のため邁進せんことを期す」
1936年11月〜1937年4月	1,300	812	333,413	2,673,730	794,949	需要旺盛，増資，第3期工事進行中

出所：東京石川島造船所，自動車工業『営業報告書』各回．

表 4-11 瓦斯電の経営推移

期間	資本金(万円) 公称	資本金(万円) 払込	収益(円) 当期純利益	資産(円) 機械器具	資産(円) 工場勘定	備考
1930年12月～1931年5月	600	525	−10,000	7,416,100	8,723,500	TGEを「ちよだ」と改称
1931年6月～11月	600	525	−268,000	7,412,200	8,542,100	陸軍用牽引車・商工省標準車試作，鉄道省営バス製造
1931年12月～1932年5月	600	525	−40,900	8,188,200	8,438,200	装甲車製造，従来のエンジン工場を自動車と航空機工場に分離
1932年6月～11月	600	537	−14,100	8,301,700	8,662,200	乗用車試作
1932年12月～1933年5月	60	60	4,300	6,166,800	3,328,200	減資
1933年6月～11月	600	600	13,000	6,409,400	3,616,100	増資，自動車100台受注，航空機修繕工場指定
1933年12月～1934年5月	600	600	16,100	6,474,400	4,370,800	自動車工業と協同国産自動車，同和自動車設立
1934年6月～11月	600	600	248,500	5,931,300	4,778,300	軍からの受注により全部門好調
1934年12月～1935年5月	600	600	271,200	4,922,900	4,876,200	軍からの自動車・航空機・兵器製造に全力
1935年6月～11月	600	600	322,900	4,448,900	3,948,300	同上
1935年12月～1936年5月	600	600	446,300	4,556,700	4,587,900	同上
1936年6月～12月	1,200	750	499,700	4,365,400	6,046,400	自動車・飛行機部門の増設用土地買入
1936年12月～1937年5月	1,200	1,200	572,300	5,109,300	5,389,500	軍からの受注により全部門好調

注：収益と資産の百円以下は切り捨て．
出所：東京瓦斯電気工業『営業報告書』各回．

を来，大いに国内に於ける国産品の需要を喚起し」[39]たからであった．実際に，1932年頃国産ピストンの価格は3.44円，ラジエーター・コアが52円だったのに対して，輸入品はそれぞれ6.02円，91円であり[40]，国産部品の価格競争力は急速に高まったのである．

その結果，前掲表4-8のように部品工場が増加したのである．主要200工場を対象とした生産額を見ると，1931年に1,486万円だったのが35年

---

39) 商工省工務局『新興工業概況調査』1933年，p.66.
40) 小田元吉『自動車運送及経営』関西書院，1933年，p.417.

には5,291万円まで増加した．ただし，そのうち最も多かったのは，20年代と同じくタイヤ・チューブであり，全生産額の約半分を占めた．その他は電気装置が多く，34年からは車輪も増加した[41]．

そして，フォードやGMに納入するケースも1920年代末より増加した（表4-12）．その用途は，組立用は少なく修理用の用品や工具が多かったが，そうした部品メーカーは20年代と異なって関連工業から参入してきた大規模メーカーが多くなった．代表的なケースが日産であった．日産自動車の母体である戸畑鋳物では29年からGMとフォードにもマリアブル部品を納入していたが[42]，それは「舶来品に劣らない優良な品質のものでなおかつ価格はそれ以上でない」[43]という外国メーカーへの納入条件を満たしていたためであった．そして，30年代に入ってその納入部品の種類や量を急増させていった[44]．こうした経験から，日産は後述する小型車生産と共に部品生産を通じて，大衆車への段階的な参入を計画することになる．

3. 小型車工業の成長

(1) 市　場

1930年までに500 ccの「実用的な」三輪車の技術が確立して三輪車の需要も増加しはじめたが，30年代に入ってからは三輪車の増加がより急速となり，新しく小型四輪車も登場した．こうして，1931～37年に普通車が3割増に留まっていたのに対して小型車は4倍も増加した．30年代前半は外国大衆車の全盛期であると共に国産小型車の時代でもあったのである．

小型車を車種別に見ると，三輪車の急増と二輪車の停滞といった20年代の特徴が続き，新しく四輪車も30年代半ば以降増加しはじめた（表4-13）．用途別には，乗用は一部であり，貨物運搬用が主流であることも

---

41)　「本邦自動車工業の現況と其の整備の方向」『調査月報』（日本興業銀行），1942年7月号，pp. 57-58.
42)　日産自動車『日産自動車三十年史』1965年，p. 25.
43)　木村敏男『日本自動車工業論』日本評論新社，1959年，p. 76.
44)　尾高煌之助「日本フォードの躍進と退出」『アジアの経済発展』同文舘，1993年，p. 180.

表4-12　日本フォードへの納入部品現況（1936年）

種類	企業名	部品名
タイヤ，ゴム製品	ダンロップ護謨	タイヤ，チューブ
	横浜護謨製造	タイヤ，チューブ，ラジエーターホース
	ブリッヂストン・タイヤ	タイヤ，チューブ
蓄電池，電気部品	三井物産	蓄電池
	大倉商事	蓄電池
	芝浦製作所	発電機，電動機
	東亜電気製作所	イグニッションコイル
	東京電気	電球
	京三製作所	尾灯，電気ホーン
	西野製作所	車室照明灯
	森田商店	電線類
附属品，道具類	東京車輪製作所	バンパー
	杉山製作所	タイヤ・カバー
	京三製作所	工具
	小倉自動車幌製作所	工具袋
	日産自動車	工具
	安全自動車	グリース・ガン及注油フィティング
	京浜鉄工所	工具類
シャシー部品	東京車輪製作所	ホイル附属品，車台附属品
	日本ＳＫＦ興業	ベアリング類
	日産自動車	部分品
	帝国発条製作所	スプリング類
	三井物産	木製部品
	西森商店	空気清浄器
ボディ周り材料	井上調帯織物	キシリ留帯
	服部ベルト商会	同
	大日本スプリング製作所	座席スプリング
	泉製作所	内張材料，座席スプリング
	長谷川商店	ガラス類
	小針第二分店	ハンダ

出所：「自動車製造事業許可申請ニ関スル一般資料」（昭和11年9月8日）『自動車製造事業委員会書類』（『商工政策史編纂室資料』所収）．

20年代と同じであった．

　こうした普通車に比べて小型車の高い需要増加率や小型車における車種間の差をもたらした要因としては，価格，道路状況，無免許（無試験）運転許可車の規格拡大などが挙げられる．

　まず，1935年現在の価格をみると三輪車は1,200～1,300円，小型四輪車

第4章 1930年代前半における国産普通車工業の停滞と小型車工業の成長　171

表4-13　1930年代における小型車保有台数の推移

単位：台

年度	二輪車	サイドカー	三輪車	四輪車		その他	合計
				貨物用	乗用		
1931	10,560	4,078	5,260			515	20,413
1932	10,431	4,617	9,074			163	24,285
1933	10,011	1,218	11,753	302	590	1,552	25,426
1934	12,358	972	24,388	607	1,223	154	39,702
1935	14,094	713	30,842	1,021	3,968	296	50,934
1936	13,398	822	39,891	4,272	6,194	430	65,007
1937	15,038	1,093	47,869	8,137	8,658	564	81,359

注：1932年までは，1933年の「自動車取締令」における小型車規格を超えるものを含む．
出所：日本自動車会議所『我国に於ける自動車の変遷と将来の在り方』1948年, p.4.

表4-14　小型車の価格現況（1935年）

単位：円

乗用車				貨物車			
車種	車名	モデル	価格	車種	車名	モデル	価格
小型四輪車	ダットサン	セダン	1,900	小型四輪車	ダットサン	標準型	1,640
	筑波	セダン	2,450		筑波		2,280
自動自転車	ハーレー	1200cc	1,890		京三		1,590
	同	750cc	1,638	小型三輪車	ニューエラ	750cc	1,200
	インデアン	1206cc	1,750		ダイハツ	750cc	1,355
	同	744cc	1,520		ヂャイアント	750cc	1,300
	AJS	500cc	1,418		イワサキ	750cc	1,350
	アリエル	500cc	1,700		HMC	750cc	1,350
	BSA	500cc	1,600		マツダ	654cc	1,100
	キャブトン	350cc	895		ハーレー	1200cc	2,075
	アサヒ	175cc	340		同	750cc	1,515

注：三輪車は同一モデルのうち最高価格，二輪車・四輪車は最低価格を基準．
出所：『小型自動車年鑑』モーターファン社, 1936年, pp.96-158.

は1,600〜1,900円であり，乗用・貨物用何れも大衆車に比べて，小型四輪車は半分，三輪車はその3分1くらいであった（表4-14, 前掲表4-6）．後述するように規格が拡大されたにも拘わらず，三輪車と大衆車との間には依然として20年代からの価格差が維持されたのである．

さらに，税金の面で小型車の方が有利であった点も見逃せない．税金は地域別に異なるが，概ね乗用車は乗車人員数（あるいは馬力），貨物車は車輛重量（あるいは積載量）により定められたため，大衆車より小型車の税金が安かった．例えば，1935年の東京府において自家用乗用車の年間税金

表 4-15 幅員別道路状況（1934 年 1 月）

単位：%

	3.7m 以下	3.7〜5.5m	5.5〜9.0m	9.0m 以上	合計	総延長（km）
特種国道	36.7	52.1	10.3	0.9	100.0	287.3
国道	12.7	35.9	41.9	9.5	100.0	8,283.9
指定府県道	28.9	49.0	20.3	1.8	100.0	23,179.6
府県道	51.7	38.8	9.0	0.5	100.0	85,867.2
市道	67.2	14.4	14.0	4.4	100.0	49,874.8
町村道	84.0	14.4	0.8	0.4	100.0	871,169.9
合計	79.1	17.4	2.8	0.7	100.0	1,038,662.7
総延長（km）	821,291.5	180,845.6	29,461.4	7,064.4	1,038,662.9	

注：合計の合わないところがあるが，そのままにした．
出所：日本交通協会『交通事業の諸問題』1936年，p.145.

額は，18 馬力以下が 72.5 円，10 馬力以下が 59 円だったが，小型車は 12.4 円にすぎなかった[45]．しかも，この本税 1 円につき市付加価値税 1.28 円が課され，絶対額で両者の差はさらに大きくなった．

当時の道路事情も小型車に有利に作用した．というのは，当時国土面積当たり道路延長では世界第 1 位といわれた日本であるが，その道路は狭小なものが多かったためである．道路の幅が 3.7 m 以上なら小型車通行可能，5.5 m 以上なら普通車通行可能とされたが，1934 年 1 月現在，大衆車の通行可能道路の全道路延長に占める割合は 3.5％ にすぎなかったのに対して，小型車のそれは 20.9％ であった（表 4-15）．東京市に限ってみると，それぞれ 13.2％，53.2％ であった[46]．

ただし，道路状況はこの時期の前後においてもそれほど変化がないので，この時期の小型車の増加においてより重要な要因は無免許車の規格が拡大したことである．1933 年に内務省の交通取締令が全面改正されるときに，無試験で運転免許証を交付する小型車の規格がエンジン排気量 750 cc まで拡大した．無免許（無試験）運転という「特典」は，当時一般的に小型車の需要増加に最も重要な要因として認められていたが，実際の需要増加にどの程度影響を与えたのかに対して，厳密に測ることはできない．ただ

---

45) 『旬刊モーター』1935 年 6 月 15 日．
46) 日本交通協会『交通事業の諸問題』，1936 年，pp.143-145；タクシー問題研究会編『小型タクシー論』1936 年，pp.16-17.

第4章　1930年代前半における国産普通車工業の停滞と小型車工業の成長　　173

し，これは当時運転免許を取得するためには相当の時間とコストが必要であったことを間接的に反映するものであり，これに関連しては二つの要因が考えられる．

　まず，運転免許の志願者はほとんどが運転教習所で練習しなければならなかったが，その教習所の数が少なかった．この数の推移に対する統計は得られないが，参考として1935年10月現在の自動車学校及び教習所の数を見ると，東京13，大阪8，愛知県5，兵庫県3，京都3ヵ所であり，それ以外の地域は1，2ヵ所に留まっている．また，免許試験は主として職業運転者を想定したため，実地運転だけでなく，自動車の機構構造や修理対策に関しても行われた．そのため，教習所で練習した場合でも試験に合格することが簡単ではなかった．例えば，33年度免許志願者のうち合格者の比率は普通免許が27％，特殊免許が46％であった[47]．

　この措置を改正しようとした動きに対した小型車業界の反応からも，無免許制度の影響を窺い知ることができる．すなわち，1934年11月に内務省は各地方長官宛てに改正自動車取締令の実施経過報告を兼ねて今後改正すべき事項について意見を求めたが，その改正要望の過半数は小型車も免許制にすべきだということであった．これを受けて内務省も直ちに小型車の免許制度を検討しはじめた．これに対して，大阪小型自動車商工組合は小型車需要の激減の恐れがあるとの理由で猛烈に反発し，結局この反対運動が35年4月の全日本小型自動車協会の結成につながった[48]．

　以上のような条件が絡み合って普通車に比べて小型車が急増したのであるが[49]，他方この増加は，二輪車から三輪車・四輪車への需要のシフトが発生・加速化した結果でもあった．二輪車の場合，貨物用として使われたサイドカーは1920年代後半から三輪車に代替されはじめたが，この時期

---

47)　『自動車年鑑』昭和11年版，日刊自動車新聞社，1935年，教育機関 pp. 1-2．
48)　永田栓『日本自動車業界史』交通問題研究会，1935年，pp. 94-96．
49)　その他，小型車の場合，3台までには車庫保有義務が免除されたという要因も需要増加に作用したと思われる．当時の車庫に関する規程は，19世紀ヨーロッパのものに倣って自動車の発火性を憂慮したため，車庫内に火災防止設備を設けることになっており，自動車需要に影響したからである．

にその傾向が加速化した．一方，本来の用途である乗用の場合は，依然として購買力の限界のため市場が拡大しなかった．しかも，33年からの無免許車規格の改正によって新たに750cc以上の大型二輪車には免許が必要となった上に，二輪車とほぼ同価格帯でありながら無免許の小型四輪車の登場によって打撃を被ったのである．

小型四輪車の出現は，1933年の改正によって規格が拡大し，さらに乗車人員制限が撤廃されたために可能となった．この四輪車には貨物用と乗用が共に存在し，貨物運搬用は三輪車と，また乗用は二輪車と競争しうるものであった．そして，20年代に端緒的に見られた自動車市場の「重層性」[50]はこの時期により明らかになった．すなわち，乗用では二輪車―小型四輪乗用車―大衆乗用車，貨物用では三輪車―小型四輪貨物車―大衆貨物車という構造になったのである．では，こうした重層的な市場構造の下で，実際に車種間の競争はどのように行われていたのであろうか．

まず，貨物用について見てみよう．小型四輪貨物車の必要性は，雨天時の操縦の困難や，旋回するときの不安定性，一人での商品配達の困難など三輪車の問題点が指摘されると共に提起されただけに[51]，四輪車と三輪車の間には競合が生じる可能性があった．ところが，実際には「四輪車の発達は三輪車の進展に寄与する事あるともその需要を侵犯する事は少」[52]なく，両者の競争は現実化しなかった．それは，四輪車と三輪車の間には「格段の値開きが厳存」したにも拘わらず，両者の積載量には大差なかったためであった．当時の小型四輪貨物車と三輪車の間には20%ほどの価格差があったが（前掲表4-14），この差は市場を差別化することができる水準であったと考えられる．また，上述したような道路状況では，回転半径

---

50) この概念は，工作機械市場に関する沢井実氏の次のような研究から示唆されたものである．「第一次世界大戦前後における日本工作機械工業の本格的展開」『社会経済史学』第47巻第2号，1981年；「工作機械工業の重層的展開：一九二〇年代をめぐって」南亮進・清川雪彦編『日本の工業化と技術発展』東洋経済新報社，1987年．

51) 石沢愛三「（750ccまで小型車の規格拡大を要求する）陳情書」『モーター』1931年7月号，p. 49.

52)「小型四輪車進出に三輪車界楽観」『極東モーター』1935年1月号，p. 79.

第4章　1930年代前半における国産普通車工業の停滞と小型車工業の成長　175

の小さい三輪車が小型四輪車よりも便利であった．要するに，この時期の小型四輪貨物車は三輪車の高級型として，三輪車と補完的な関係を維持しながら小型貨物車市場を拡大させていったと思われる．

　一方，三輪車と四輪車を合せた小型貨物車と大衆車との間には，ある程度の競争が見られた．例えば，1936年には「東京市の貨物車大型約八千台に対し，小型は約六千台を示し，漸次大型の領域を侵しつつある．これは小口の商品の配達を大型に託して居たものが，小型を使用することに依って利益を受け，又迅速の配達を要する商品に於て，大型の補助機関としての利用価値が多いからである」[53]と指摘された．しかし，1930年代を通じて大衆貨物車が牛車を駆逐しながら大きく増加していたことを考えると，当時の両者の競争は本格的ではなく，まだ補完関係にあったと見ることが妥当であろう．

　他方，乗用の場合には，小型四輪車が自家用では二輪車と，営業用では大衆乗用車と実際に競争するようになった．まず，自家用としては価格や需要者の構成を考えると，小型四輪車は大衆乗用車とは競合せず，むしろ，二輪車と競争する関係にあった．そして，先述した要因によって二輪車から小型四輪車への需要がシフトしたのである．

　営業用では，小型四輪車が1933年からタクシーに利用されることによって，大衆乗用車との競合が見られはじめた．小型タクシーの料金は大衆タクシーの6, 7割で人力車と同額[54]であったために潜在的な需要が多かった．タクシー業者から見ても，購入価格・維持費が低廉だったため，大衆タクシーから小型タクシー営業へ転換する場合もあった．しかし，その過程は順調ではなく，両者の間には小型車の実用性をめぐって激しい「小型車論争」が行われた[55]．全日本小型自動車協会は小型タクシーが日本の「国情」に適合し，国産車であることなどの理由で小型タクシーを許可すべきだと主張したのに対して，東京自動車業聯合会は，小型車は構造が不完

---

53) 前掲「燃料事情より観たる我国自動車界の将来」p. 48.
54) 日産自動車「小型自動車に依るタクシー実例を見る」『モーター』1936年11月号, p. 38.
55) その具体的内容については，タクシー問題研究会編『小型タクシー論』1936年が詳しい．

全で車体が脆弱であるという理由でそれに反対した．実際には，先述したように，当時円タク問題が深刻な状況だったために，小型タクシーの新規許可は困難であった．そして，37年6月現在，6大都市をはじめタクシー業者の多かった10府県では小型タクシーの営業が許可されず，その使用台数は1,484台に留まらざるをえなかった[56]．

(2) 技 術

1) 三輪車

1920年代の技術は三輪車フレームの構造を安定化させる段階までしか上がらなかったが，30年代にはそのフレームに関する技術の一層の向上と共に，主要部品の国産化も進展した（表4-16，表4-17）．

まず，フレームについて見ると，それまでの自転車式から自動車に近い形に進歩した．欧米においても初期オートバイのフレームは自転車の引抜き鋼管を流用したが，1920年代には引抜き鋼管と鍛工材を組み合わせたものを使うようになった．このフレームは自転車のフレームよりは堅牢性が高まったものの，鋼管と鋼管の継手に弱点があった．一方，自動車用のフレームは初期から継手の問題のないプレス鋼板を使っていた[57]．

ところで，1932年頃の三輪車のフレームとしては引抜き鋼管と鍛工材の組み合わせが主流をなしていたが，37年にはプレス鋼板に取って代わられた．また，フレームとフォークの設計にも，既存の二輪車とは異なった三輪車の特性を反映させたものが32年頃から現れた[58]．こうしたフレームとフォークの堅牢性の向上によって32年に60貫（225 kg）だった積載量が37年には400 kgに増大した[59]．

伝達装置の改善も三輪車の実用性を高めた．1932年までは，二輪車同様のチェーンによる動力伝達であったが，この方式はチェーンの延び・切

---

56) 日産自動車「小型タクシーの現状と其の将来性」『モーター』1937年11月号，p. 38.
57) 「モーターサイクルのフレームの研究」『モーター』1931年12月号，pp. 50-53.
58) 小林末吉「1932年無免許軽自動車の趨勢」『モーター』1932年1月号，p. 106.
59) 表4-16には1932年の積載量が500 kgとされているのが多いが，これは自重を含めたからであると思われる．当時の最大積載量は依然として60貫と言われた（前掲，永田栓

表 4-16 1932 年式三輪車の現況

車名	企業名	エンジン	気筒数	排気量(cc)	気化器	点火装置	変速機	伝達装置	始動装置	フレーム	積載量	定価(円)
アタゴ	三栄商会	スタメー・アーチェア	1	496	アマル	BTH	メグロ	チェーン		引抜鋼管及鋼板チャンネル型	100貫	850
ブラックバーン	中央貿易	ブラックバーン	1	498	アマル	ルーカス	バーマン	チェーン		プレスド・スチール・チャンネル	500kg	750
クラブ	横山商会	JAP	1	490	アマル	ルーカス	バーマン	チェーン		溝型圧搾鋼鉄	500kg	680
ダイヤモンド	関製作所	AJS	1	496	アマル	ルーカス	バーマン	チェーン		引抜鋼管及引抜鋼板チャンネル組立式	450kg	820
フェデラル	発動機製造	自製	1	498	国産	ルーカス	自製	シャフト		引抜鋼管及引抜鋼板チャンネル組立式	400kg	870
ツバサ	発動機製造	自製	1	497	アマル	ボッシュ	自製	シャフト	有	引抜鋼管及引抜鋼板チャンネル組立式	400kg	1,085
ハーレーダビッドソン	ハーレー販売所	ハーレー	1	493	ゼブラー	ハーレー	ハーレー	チェーン	有	引抜鋼管及プレスド・スチール・チャンネル組立式	60貫	
HMC	兵庫モーターズ	MAG	1	498	アマル	ボッシュ	ハート	チェーン		引抜鋼管及引抜鋼板チャンネル組立式	500kg	850
アイデアル	横山商会	JAP	1	490	アマル	ルーカス	バーマン	チェーン		圧搾鋼管チャンネル組立式	500kg	
イワサキ	岩崎商会	JAP	1	490	アマル	ルーカス	バーマン	シャフト	有	引抜鋼管チャンネル組立式	500kg	
ニューエラ	日本自動車	JAC	1	499	アマル	ルーカス	メグロ	チェーン		引抜鋼管及引抜鋼板チャンネル組立式	100貫	950
JMS	日本モーター三輪車	AJS	1	499	アマル	ルーカス	自製	チェーン		引抜鋼管及引抜鋼板チャンネル組立式	150貫	650
ケー・アベソン	阿部商店	JAP	1	490	アマル	ボッシュ	自製	チェーン		引抜鋼管及引抜鋼製チャンネル組立式	500kg	780
KMK	未広自動車商会	自製	1	490	アマル	ハーレー	自製	チェーン		引抜鋼管及引抜鋼板チャンネル組立式	500kg	
KRS	山成商会	トライアンフ	1	497	アマル	ボッシュ	ハート	チェーン		引抜鋼管及引抜鋼板チャンネル組立式	500kg	750
KTW	富士モーター商会	JAP	1	490	アマル	ルーカス	バーマン	チェーン	有	チャンネル式	500kg	950
MSA	モーター商会	JAP	1	490	アマル	ルーカス	メグロ	チェーン		引抜鋼管及引抜鋼板チャンネル組立式	500kg	1,100
ノートン	日本ライゼット・サドル	ノートン	1	490	アマル	ルーカス	スターマー	チェーン		引抜鋼管及引抜鋼板チャンネル組立式	500kg	750
オリエント	所鉄工所	JAP	1	496	自製	ボッシュ	自製	チェーン		引抜鋼管及引抜鋼板チャンネル組立式	333kg	885
サクセス	大沢商会	BSA	1	493	アマル	ルーカス	スターマー	チェーン		引抜鋼管及引抜鋼板チャンネル組立式	100貫	
TMC	戸田商会	JAC	1	499	アマル	ルーカス	自製	チェーン		引抜鋼管及引抜鋼板チャンネル組立式	100貫	
トーキョウ	新田ゴム商会	JAP	1	490	アマル	ボッシュ	バーマン	チェーン		引抜鋼管及引抜鋼板チャンネル組立式	500kg	700
未定	東洋工業	自製	1	482	アマル	ルーカス	自製	チェーン	有	特殊チャンネル式	100貫	
ウエルビー	ウエルビー・モーターズ	BSA	1	493	アマル	ルーカス	バーマン	チェーン		引抜鋼管チャンネル組立式	500kg	750
ヤマータ	島三輪車	トライアンフ	1	497	アマル	ボッシュ	自製	チェーン		引抜鋼管及引抜鋼板チャンネル組立式	500kg	780
ヤマト	ヤマトモーター商会	JAP	1	490	ボーデン	ルーカス	バーマン	チェーン		引抜鋼管及引抜鋼板チャンネル組立式	500kg	650
チャイアント	チャイアント・ナカノ・モーターズ	MAG	1	500	アマル	ボッシュ	メグロ	チェーン		引抜鋼管及ラッグ組立式	500kg	780

注:1) フェデラル及びツバサは発動機製造と日本エヤーブレーキの共同製作である。
2) 輸入品の原産地は以下のとおりである。エンジン:ハーレー(米)、MAG(スイス)、スタメー・ブラックバーン・JAP・AJS・トライアンフ・ノートン・BSA(英)。気化器:アマル・ボーデン(英)、ゼブラー(米)、ボッシュ・ルーカス(英)、ハート(独)。変速機:バーマン・スターマー(英)、チェーンはいずれも米、独からの輸入品。

出所:『モーター』1932 年 1 月号、pp.120-136 より作成。

表 4-17 1937年式三輪車の現況

車名	企業名	エンジン	排気量(cc)	気筒数	気化器	点火装置	変速機	伝達装置	差動装置	フレーム	フォーク	積載量	定価(円)	備考
あづあ	中央製鉄所	自製	744	1	アマル	三菱	自製	軸式	有	プレス型		400kg		前輪駆動
ダイハツ	発動機製造	自製	732	2	自製	日立	自製	軸式	有	押型鋼鈑製		500kg		
日曹	昭和内燃機	自製	675	1	アマル	三菱	自製	軸式	有	押型鋼鈑製		500kg	1,280	OHV式
チャイアント	チャイアント・ナカノ・モータース	自製	744	2	自製	三菱	自製	軸式	有	プレス型鋼鈑製	押型鋼鈑製	500kg		
HMC	兵庫モータース	自製	744	2	自製	三菱	自製	軸式	有	鋼管		400kg		
ホクソン	ホクソン・モータース	自製	650	1	アマル	日立	目黒	前チェーン、後軸	有	鋼管及溝型鋼鈑組合式	圧搾鋼鈑製	400kg	1,280	
イワサキ	旭内燃機	自製	747	2	アマル	三菱	目黒	軸式	有	鋼鈑全プレス製	可鍛鋼鈑製	400kg	1,450	
くろがね	日本内燃機	自製	747	2	アマル		自製	軸式	有	圧搾鋼鈑製	圧搾鋼鈑製	400kg		
国益	国益自動車	自製	662	1	アマル	日立	自製	前チェーン、後軸	有	厚鋼プレス製チャンネル式		400kg	1,035	
マツダ	東洋工業	自製	654	1	自製	三菱	自製	チェーン	有	溝型鋼鈑製	鋼鈑	400kg		
MSA	モーター商会	自製	675	1	アマル	日立	目黒	前チェーン及軸	有	可鍛鋳鉄及鋼管式	鋼鈑プレス製	400kg	1,350	
水野	水野鉄工所	自製	750	1	自製		自製	軸式	有	鋼管		500kg		前輪駆動
ノーリン	岡本工業	自製	750	1	アマル	三菱	自製	前チェーン、後軸	有	溝型圧搾鋼鈑製		400kg		
ニツシン	日新自動車	自製	596	1	アマル	三菱	自製	前チェーン、後軸	有	押型鋼鈑製	型打火造鋼	400kg	1,300	
陸王	陸王内燃機	自製	743	2	自製	自製	自製	軸式	有	全圧搾鋼鈑	型打火造鋼	400kg		ハーレーの国産
サクセス	大沢商会	自製	750	1	アマル	三菱	自製	チェーン	無	鋼管	鋼管	400kg		
ツバサ	日本エーヤーブレーキ	自製	749	2	アマル	三菱/日立	自製	前チェーン、後軸	有	鋼鈑全プレス式	鋼鈑	400kg	1,450	
TMCタイガー	並木モータース	MAG	741	2	アマル	三菱	目黒	チェーン	無	鋼管及溝型鋼鈑組合式	鋼管	450kg		
ヤマゲン	日瑞商事	MAG	741	2	アマル		自製	軸式	有	鋼管プレス製	鋼鈑	400kg		水冷式
八東	高橋鉄工所	自製	662	1	エーアヘッド	ルーカス	目黒	軸式	有	全押型鋼鈑製	全押型鋼鈑製	400kg		
ヤマータ	中島自動車工業	自製	744	1	アマル	日立	目黒	軸式	有	鋼管及溝型鋼鈑組合式	鋼管	450kg		

注：1) 一部、1938年式のものを含む。
2) 日本内燃機は日本自動車、陸王内燃機はハーレー販売所、国益自動車はクエルビー・モータース、旭内燃機は岩崎商会からのそれぞれ名称変更である。
3) 自製には企業が内製するもののほか、国内企業から調達する場合をも含んでいると思われる。

出所：『モーター』1937年6月号、pp.79-98；同37年11月号、pp.45-65 より作成。

第4章 1930年代前半における国産普通車工業の停滞と小型車工業の成長　　179

断・調整などの問題があって使用者にとっては最も不便な点であった．そこで，当時からチェーンの代わりに自動車のようなシャフトが求められたが，その製造技術の制約のために[60]，チェーンの材質改善と調整の簡便化に重点が置かれていた．ところが，34年式になると1次伝達にはチェーンを，2次伝達にはシャフトを利用するものが現れ，37年には1次伝達もシャフトによるものが主流となった．また，旋回するときの安定性に重要な差動装置も37年になると，ほぼすべてのモデルに採用されるようになった．

次に主要部品の国産化について見よう．まず，エンジンは，500 ccの全盛期である1932年には依然として輸入品が多く使われていたが，ほとんどが750 ccエンジンである37年にはすべてが自製あるいは国産で賄われるようになった．

こうした変化には技術的な根拠があった．すなわち，1932年までの輸入エンジンは，エンジン専門メーカーのもの（JAP，ブラックバーン，モートサコシ）と，二輪車メーカーのもの（トライアンフ，BSA，ニューインピリアル，AJS）と分けられるが，いずれもオートバイ用として開発されたものであった．これに対して，国産エンジンは三輪車用のものであったため，当時からすでに競争力があった[61]．さらに750 cc時代になってからは輸入品の調達が見込まれなくなったために国産化はより加速化した．当時の技術水準では単気筒の最大排気量は650 cc程度までと一般的にいわれ[62]，750 ccは2気筒にならざるを得なかったが，当時外国での2気筒エンジンは1,200 cc級のものしかなかったからである．

　　『日本自動車業界史』p. 86.
60)　小林碧浪「自動三輪車の購入及維持費に就て（二）」『モーター』1932年2月号, p. 89.
61)　「材質とか又は製造技術の点では国産品の方が幾分劣って居る様に見受けますが，只国産品の最も強味とする処は最初から自動三輪車用として設計された点であります．……舶来品の大部分はモーターサイクル用のエンジンで……自動三輪車用としては幾分其の性能が落ちるのであります」（小林碧浪「自動三輪車の購入及維持費に就て（一）」『モーター』1932年1月号, p. 111).
62)　「自動三輪車は何処へ行く」『モーター』1933年5月号, p. 93. ただし，ここでは，当時ハーレーとインデアンのモデルのなかに，2,000 ccを超える2気筒エンジンがあるとの理

もちろん，国産化には為替レートの切下げや関税の引き上げによる国産品の競争力強化という経済的な要因も重要であった．こうした経済的・技術的な要因が組み合わさって，工学的には製造することができたものの輸入品と比べて技術的・経済的に劣っていた1920年代の国産エンジンが，この時期にようやく輸入品を凌駕するようになったのである．

エンジンだけでなく，他の部品にも国産化が急速に進められた．点火装置の場合，他の工業からの参入企業によってそれが行われた．1932年までこの部品はボッシュとルーカスによってほぼ占められていたが，33年から日立製作所がボッシュを国産化し，三菱電機も高価品部門に参入して，37年には両社が全需要の7割を供給するようになった．

小型車部品専門企業によって国産化されたケースには変速機がある．これは，後にオートバイを製造することになる目黒製作所の製品であるが，同社は二輪車の修理からはじまって，二輪車を試作した後，1927年から変速機の製造に取り組んだ．すでに20年代からモーター商会と二葉屋に納入はしていたものの，輸入品との競争のために原価割れの販売であった．ところが，500ccエンジン時代から変速機も前進3段・後進1段となったが，当時の輸入エンジンはもともとオートバイ用であったために後進ギヤがなかった．そのため，同社の製品が優位を占めることができた[63]．

また，小型車市場の拡大によって，大衆車部品企業がその余力を小型車部品製造に向けることも見られるようになった．ピストン・ピストンリングの理研，ベアリングの日本精工，タイヤのブリヂストンなどがそれである[64]．

ただし，この時期になっても気化器などの一部の部品は，依然として技術上の困難によって輸入を余儀なくされた．当時トーヨー，ゴーアヘッド

　　由から単気筒の750ccが不可能ではないと指摘された．実際に1937年のモデルには単気筒750ccが多数見られた．もっとも，750ccまで規格が拡大した1933年当時，国産と輸入品を問わず，単気筒750ccは存在しなかった．

63) 中根良介「二輪自動車史話」（第15回）『モーターファン』1956年10月号；酒井文人「この道に賭けた人々　村田延治」『モーターサイクリスト』1964年8月～9月号．

64) モーターファン社編『小型自動車年鑑』1936年，pp.174-176．

などの国産気化器も存在していたが，アマル，ゼブラーなどの輸入品と競争する水準ではなかったのである[65]．

以上のような過程によって，1937年頃までにはほとんどの部品が国産で賄われることになった．実用性を高める技術と共にこの国産化の進展は三輪車の市場拡大に寄与したと考えられる．というのは，為替レートの変化と関税引き上げが原因となって国産化が可能になったが，その結果，三輪車の低価格が維持されたからである．

2) 四輪車

三輪車が本格的に発達するのとほぼ同時に四輪車も出現することになったが，その理由としては「車輪を四輪とすると防塵防雨装置を完全にする事が出来るのと，運転がより容易且つ安全になるのと，三輪車の如く車体に無理な捩じれを受けない」[66]などの点にあった．この理由から，必然的に四輪車は三輪車よりも高度なボディ技術と操向（ステアリング）装置を必要とする．その技術は1920年代の経験と，当時の普通車の技術から習得することができた．

ただし，こうした要求を満たしつつ，なお価格の面で普通車との差を維持することが重要であった．そのため，1930年代に三輪車を安く造ることができるようになってからはじめて，四輪車生産の可能性も開けたのである．すなわち，小型四輪車は技術的に三輪車の延長にあったと言えよう．

四輪車が可能になるためには，車体を維持できる程度のエンジン容積を必要とする．従って，小型車の規格が500ccまで拡大された30年頃から四輪車が出現し，さらに750ccまでとなった33年以降本格的に発展するようになる．

ところで，三輪車の場合，750ccまでになっても二輪車の延長という側

---

65) 同上．なお，気化器の国産化が困難だったことは，1932年式でそれを自製したマツダが（表4-16），1937年式には再びアマルを使う（表4-17），「逆行」現象からも窺うことができる．
66) 前掲「1932年無免許軽自動車の趨勢」p. 106.

182   第Ⅰ部　戦間期：小型車と大衆車の二つの市場・供給構造の形成

表4-18　1932年式

車名	企業名	エンジン	排気量(cc)	気筒数	気化器	点火装置	変速機
カツラギ	葛城工業所	JAP	490	1	アマル	ルーカス	メグロ
ニッポン	川崎商会	JAC	499	1	アマル	ルーカス	自製
O&F	深尾モーターサイクル	MAG	498	1	アマル	ルーカス	バーマン
オオタ	太田自動車工場	自製	498	2			自製
トーキョウ	新田ゴム商会	JAP	490	1	アマル	ルーカス	バーマン
MSA	モーター商会	JAP	490	1	アマル	ボッシュ	自製
ローランド	高内自動車	自製	495	2	自製		自製
ダット	戸田鋳物	自製	495	4			自製
YACナニワ	米倉商会	JAC	499	1	アマル	ルーカス	自製
京三	京三自動車商会	自製	500	1	アマル	ボッシュ	自製

出所：『モーター』1932年1月号，pp.120-136；同32年6月号，pp.110-111 より作成．

表4-19　1937年式

車名	企業名	エンジン	排気量(cc)	気筒数	気化器	点火装置	変速機
ダットサン	日産自動車	自製	722	4	自製	日立	自製
同	同	自製	722	4	自製	芝浦	自製
オースチン	オースチン・モーター	自製	748	4	自製	自製	自製
京三	京三製作所	自製	748	2	自製	自製	自製
国益	国益自動車	自製	722	4	自製	日立	自製
オオタ	高速機関工業	自製	736	4	自製	芝浦	自製
同	同	自製	736	4	自製	芝浦	自製
ライトヂユニア	ライト自動車	自製	732	4	自製	オートライト	自製
筑波	東京自動車製造	自製	737	2	ゼニス	オートライト	自製

出所：『モーター』1937年6月号，pp.79-98；同37年11月号，pp.45-65 より作成．

面が長く残されたのに対して，四輪車は初めからより自動車に近い形になった（表4-18, 4-19）．まず，エンジンの場合，1932年に三輪車はすべてが単気筒であったが，四輪車は2気筒，とくにダットサンは4気筒であり，冷却法もほとんど水冷式であった．伝達装置も最初から差動装置付きのシャフト式であり，変速もセレクティブ・スライディングであった[67]．点火装置も三輪車のマグ・ダイナモに対して，コイル・イグニッションを使った．

　その他，四輪車の特徴上，ハンドルが三輪車のバー型から丸型になり，

---

67) これは中央選択式変速機と訳されるもので，変速レバーを中立の位置から任意の速度段階に直接に入れ換えることのできる，現在の自動車の方式である．一方，当時の三輪車の変速はプログレッシヴ・スライディング（順ぐり選択式変速機）で，変速レバーを一直線上の順に動かして変速する，現在のオートバイの方式であった．

第4章 1930年代前半における国産普通車工業の停滞と小型車工業の成長

小型四輪車の現況

伝達装置	差動装置	フレーム	積載量／乗	定価(円)	備考
チェーン	無	プレスド・スチール・チャンネル	1人	1,200	乗用車
シャフト	有	鋼鉄板チャンネル型	100貫	985	貨物車
チェーン	有	圧搾鋼板チャンネル型	1人	1,280	乗用車
シャフト	有	圧搾鋼板チャンネル型			乗用車, 試験中
チェーン	無	圧搾鋼板チャンネル型	500kg	900	貨物車
シャフト	有	圧搾鋼板チャンネル型	1人	1,350	乗用車
	有	墜鍛鋼板チャンネル型	1人	1,180	乗用車
シャフト	有	プレスド・スチール・チャンネル	1人	1,150	乗用車
チェーン	無	引抜鋼管及圧搾鋼板チャンネル組立式	500kg		貨物車
シャフト					貨物車

小型四輪車の現況

伝達装置	差動装置	フレーム	積載量／乗	定価(円)	備考
軸式	有	押型鋼鈑製	670kg		貨物車
軸式	有	同	4人		乗用車
軸式	有	溝型鋼鉄製	4人	3,560	乗用車,日新が輸入
軸式	有	溝型X式	500kg		貨物車
軸式	有	圧鋼鈑チャンネル式	500kg	1,650	貨物車
軸式	有	溝型圧搾鋼鈑	4人		乗用車
軸式	有	同	500kg		貨物車
軸式	有	X型, 低床式	500kg		貨物車
軸式	有	溝型鋼鈑製	4人		乗用車

ステアリング装置(ウォームあるいはセクターギヤ)を持つようになった. フレームも鍛工材のチャンネル式であり, サスペンション装置が改善された. そして, 750ccになってから主要部品の国産化が進められ, 積載量も増大したことは三輪車と同じであった.

(3) 生産と販売

1) 生　産

では, この時期の小型車生産は1920年代のそれがどのように変化したのであろうか. まず, この時期の車種別生産台数をみると(表4-20), 前掲表4-13の保有台数の推移とほぼ一致することが分かる. とくに, 三輪車と四輪車には輸入品がなかったため, その生産台数は保有台数にそのまま反映されたはずである. ただし, 三輪車の生産台数は過少となっていると

表 4-20　小型車の生産台数推移

単位：台

年度	四輪車	三輪車	二輪車	計
1930		300	1,350	1,650
1931	2	552	1,200	1,754
1932	184	1,511	1,365	3,060
1933	626	2,372	1,400	4,398
1934	1,710	3,438	1,500	6,648
1935	3,908	10,358	1,672	15,938
1936	6,335	12,840	1,446	20,621
1937	8,593	15,230	2,492	26,315

出所：自動車工業会『自動車工業資料』1948 年，p.36.

思われるが，これは 20 年代同様，事実上三輪車である自動自転車が二輪車として集計されたことと，この生産台数が「純国産」車のみを対象としていたからだと推測される．従って，三輪車と二輪車の分類が明確になり，また国産エンジンの純国産車がほとんどを占める 1933 年以降になってから，実情を正しく反映することになったと思われる．もっとも，全体的には二輪車の停滞と三輪車・四輪車の急増という現象には変わりがない．

　まず，二輪車の生産について見よう．この時期の二輪車生産は 1920 年代とほとんど変わらなかった．すなわち，小規模企業によって国産エンジンを装着したものが少量製造されたのである．35 年当時の二輪車企業を履歴から分類すると，1) 1920 年代からのもの（日本内燃機），2) 1920 年代の販売・修理業から新しく参入したもの（陸王内燃機，東京モーター用品製造組合，中川幸四郎商店，栗林部分品店），3) 自転車企業から参入したもの（宮田製作所，岡本自転車自動車製作所）などの類型があった．

　このうち，日本内燃機と陸王内燃機の生産台数が最も多かったが，両者は軍需向けの 1,200 cc 級の単車とサイドカーに生産を集中したために，厳密には小型車企業とはいえない．日本内燃機は，1920 年代に国産 JAC エンジンを開発した日本自動車大森工場から二輪車・三輪車専門として 32 年に独立・設立された企業である．主に三輪車を生産し，二輪車の中では 30 年代半ば以降軍需のウェイトが高まった．陸王内燃機は，35 年にハーレーの国産化と共に従来のハーレー販売所から会社名を改称したものであ

第4章　1930年代前半における国産普通車工業の停滞と小型車工業の成長　　185

る．20年代と同様に，三輪車の製造は少なく，生産の中心は軍用二輪車であった．この両社は，他の二輪車企業に比べて大規模な設備と生産台数を誇っていた．陸王の場合，32年にアメリカの本社から正式に製造権を獲得する際に，本社の工場設備と工作機械を導入した[68]．日本内燃機の軍用二輪車生産台数は1935年50台，36年200台，37年500台であり[69]，軍から最も信頼された陸王内燃機の生産台数は同期間中に1,400台，550台，900台であった[70]．

一方，1920年代からの企業である宍戸オートバイ製作所は，個人企業の枠を脱せず，軍への納入が失敗したために[71]，結局34年に解散してしまった．自転車から参入してきた岡本自転車自動車製作所も軍用二輪車を目指したが，生産台数はより少なく，長く続かなかった[72]．

他方，500cc，350cc，175ccの民需用を生産した企業も存在していたものの，市場の停滞と輸入品との競争によって，いずれも試作段階で終わるか少量生産に留まっていた．10社程度の企業が年間1,000台程度を生産するにすぎなかったのである．その中で，東京自動車用品組合は日本内燃機からエンジンを調達し[73]，その他の部品製造や組立を内部で行ったが，こうしたケースは販売・修理業から参入してきた企業に共通するものと思われる[74]．

68)　「あまりにも偉大なり『わが陸王』」『ゴーグル』1988年3月号．
69)　小型自動車発達史編纂委員会編『小型自動車発達史 (1)』1968年，p.113．
70)　『調査月報』（日本自動車会議所）第4号，1947年4月．
71)　1933年9月，陸軍自動車学校が満州で行った試験の結果，「SSD路外用側車付き自動二輪車は昭和2年度運行試験当時に比べ改善されてはいるが，強度不十分，故障多く，自重大で軍用に適しない」（輜重兵史刊行委員会編『輜重兵史　沿革編・自動車編』1979年，p.641）という判定を得た．
72)　ノーリツ自転車編『茫々百年──ノーリツの足跡』1983年．また，1908～13年に四輪車と二輪車を試作した宮田製作所も，33年に再び二輪車の生産を試みたが本格的な生産には至らなかった（宮田製作所『宮田製作所七十年史』1959年）．
73)　前掲『小型自動車年鑑』p.96．
74)　例えば大阪の土佐屋モータースは，1930年代に旭内燃機の代理店でありながら，そのイワサキ・エンジンを利用してアツキシマという二輪車も製造していた（「全国著名小型自動車関係者銘鑑」前掲『小型自動車年鑑』）．

一方，三輪車の場合も多数の企業が生産に関わっていたことは1920年代と変わらなかった．しかし，この時期の三輪車業界にはエンジンやフレーム，そして主要部品まで一貫生産する企業が出現し，それらに生産が集中したことに，20年代とは異なる特徴があった．企業の履歴から見ると，1) 1920年代からのもの（日本内燃機，帝国製鋲，兵庫モータース，旭内燃機，水野鉄工所，モーター商会，大沢商会，山合工作所，中島自動車，横山商会），2) 販売・修理業から参入したもの（陸王内燃機，並木モーター商会，ホクソン・モータース，日新自動車，高橋鉄工所），3) 大企業が副業的に新しく参入したもの（発動機製造，東洋工業，日本エヤーブレーキ，昭和内燃機，中央製機所）などに分類される[75]．

このうち，1920年代からの自転車輸入・販売業者によるメーカーが減少し，小型車の販売修理からの新規参入企業が増加した．そして，1) と 2) 類型が多数を占めていたが，生産台数では相対的に高い技術と資金力をもつ 3) 類型のメーカーが多かった（表4-21）．その中でも，とりわけ発動機製造や東洋工業の規模が大きく，この両社に日本内燃機を加えた3社に生産が集中していったことが注目される．37年には3社の合計が，全三輪車生産の3分の2を占めるようになったのである．

発動機製造[76]は，1920年代末に不況打開の一環として三輪車用のエンジンを造り，30年に商工省臨時産業合理局が主催した国産奨励のための内外品対比展覧会で優秀国産品として選ばれるなど[77]，その技術的能力はすでに認められていた．同社は，当初これを既存の農業用・漁業用エンジンのように三輪車組立企業に供給しようとしたが，当時はまだ国産エンジンを採用しない傾向が強かったので，自ら三輪車を製造することとなった．同社の規模は当時三輪車企業の中では最大であり，鋳物・機械加工・仕上工場と試運転場を設けていた．同社はエンジン技術の面で最も優れており，

---

75) 前掲「全国著名小型自動車関係者銘鑑」．
76) 以下の同社に関する記述は，別に断らない限り，ダイハツ工業『五十年史』1957年；同『六十年史』1967年による．
77) 臨時産業合理局・社会局『国産愛用運動概況』1931年，p.53．

第4章 1930年代前半における国産普通車工業の停滞と小型車工業の成長

表4-21 三輪車メーカーの規模と生産台数

企業名	設立（年）	資本金（万円）	従業員（人）	工場敷地（坪）	生産能力（台/月）	車名	生産台数（台） 1935年	1936年	1937年
発動機製造	1907	200	600	5,020	400	ダイハツ	2,979	3,957	5,793
東洋工業	1920	200	850		120	マツダ	970	2,353	3,021
日本内燃機	1928	50	300	1,750	150	くろがね	1,137	1,693	1,786
山合製作所	1926		55	1,000	100	ウェルビー（国益）	1,200	820	740
兵庫モータース	1926	50	63	300	50	HMC	902	738	611
旭内燃機	1935	100	210		80	イワサキ	500	800	1,200
帝国製鋲	1931	20	270	2,500	150	ヂャイアント	681	644	636
水野鉄工所	1926				30	ミズノ	340	361	362
日本エヤーブレーキ	1925	100	350	2,500	50	ツバサ	545	608	474
日新自動車	1921	50				ニッシン	176	134	182
昭和内燃機	1934	30	138	800	50	富士矢（日曹）	120	350	530
陸王内燃機	1925	40.5	250			陸王	45	208	230
モーター商会	1925		21	40	50	MSA	126	146	132
ホクソンモーター	1932	5	16	210	30	ホクソン	60	70	64

注：1）資本金，従業員数は1936年4月現在，生産能力は1935年末現在（ホクソンモーターは1936年4月）．
　　2）帝国製鋲はヂャイアント・ナカノ・モータース，山合製作所は国益自動車からの名称変更である．
出所：『小型自動車発達史（1）』pp.85-86，『自動車年鑑』1935年，『小型自動車年鑑』1936年などから作成．

三輪車に初めて差動装置を採用するなど競争力を高めて，参入初期から業界首位の座を占めた．また，三輪車の増加に伴って工場の増築が行われ，37年には三輪車専用工場を設けるようになった．この時期になると，同社にとって三輪車は主力製品となり，38年は500トンのプレス機を設けて大量生産への準備を進めた．

東洋工業[78]は，もともとコルク製造を専門としていたが，1927年に機械工業に進出した．当初は呉海軍工廠の下請として航空機エンジンの部品を製造したが，軍需は安定性に欠けていたので三輪車にも参入した．しかし，発動機製造とは違って，参入以前にエンジンを製造した経験がなかった

78）以下の同社に関する記述は，別に断らない限り，東洋工業『五十年史　沿革編』1972年による．

め，イギリスのオートバイ・エンジンを参考用に購入して 30 年に試作車を完成した．同社はエンジンの弱点を補うべく，ドイツの DKW 三輪車をモデルとして車体の構造改善に力点を置き，「モーターサイクルではなく三輪運搬車としての独自の形態を具へ」[79] たものとして認められた．ところが，30 年代前半までは，同社にとって三輪車の生産は副業の域を脱していなかった．30 年代半ばから三輪車の比重が高まり，三輪車が全製品生産額の 7 割を占める 37 年頃になって漸く三輪車専門企業となった．

1920 年代からの企業の中では，先述した日本内燃機が上記 2 社に近い一貫生産体制を整え，多数を生産した．ただし，同社は 30 年代半ばからは軍用二輪車に生産の中心が移っていった．

その他，山合工作所，兵庫モータース，旭内燃機，帝国製鋲なども比較的に多数を生産していた．山合工作所はウエルビーモータースが 1935 年に販売企業に変わった以降，そのウエルビー（国益）を製造することになったものであるが，もともと自動車ボディ工場として有名であり，初期ウエルビーの開発にも関わっていた．従来販売商に製品を納入していた企業が独立したケースだったのである．旭内燃機もそれに似た類型である．同社は岩崎商会と，それにエンジンを供給していた富士鉄工所が 35 年に合併して設立したものであるが，富士鉄工所は関東地域での日本内燃機のように，関西地域の小規模企業にエンジンを供給していた企業として有名であった．兵庫モータースと帝国製鋲は 20 年代の生産方式を維持しながらも順調に生産規模を拡大した企業である[80]．以上のうち，旭内燃機のみがエンジンの自製が確認でき，他の企業の場合は判明しないが，自製と外部調達が混合していたと推測される．

これに比べて，それ以下の企業は，上位 3 社と明らかに対照的な生産方法をとっていた．すなわち，上位 3 社がエンジンから車体まで内製するなど一貫生産体制を整えていた反面，下位企業は 1920 年代の「半国産」生産とほぼ変わらなかったのである．これらはアセンブラーといわれ，「其の

---

79) 前掲「1932 年無免許軽自動車の趨勢」p.106.
80) 前掲「全国著名小型自動車関係者銘鑑」．

時々に依ってエンヂン,電機装置,ギヤ・ボックス等が変更」[81]された.ただし,20年代と異なって,その部品は概ね国産で賄った.例えば,モーター商会は,メグロ,ザイマス,芝浦製作所のエンジンを使い,さらにスウィッチ製造専門の八品工業所ですべて製造されたものを同社が自社ブランドとして販売した場合もあった[82].

こうした生産方法は企業の履歴からも推測することができる.二輪車・三輪車の販売修理業から参入した企業の場合,販売修理に携わりながら,既存モデルの改造あるいは部品の寄せ集めによって独自のモデルを開発・販売したと思われるからである.こうした方法による生産台数は,1920年代よりは増えたとはいえ,依然として年間数百台に留まっていた.

以上のように,この時期には小規模企業の乱立と少数の大手企業への生産集中が併存していたが,その原因は国産エンジンによる競争にあったと思われる.すなわち,小規模企業の乱立は,1920年代と違って,多様な輸入エンジンのためではなく,国内エンジンの供給が容易であったためである.ところが,各企業のモデルの仕様書をみると,33年頃からはJACなど有力国産エンジンが,その小企業に供給されなくなった.そこで,小規模企業のエンジンは同じ小規模な機械工場から調達したと思われる.その結果,優秀な国産エンジンを開発した企業に生産が集中するようになったと考えられる.

次は四輪車について見てみよう.この時期に登場した四輪車企業は前掲表4-18と表4-19のように多数であったが,その中では,この市場の有望性を見込んだ他部門の大手企業との提携が多く見られた.第2章で紹介した太田自動車は,1933年から再び小型四輪車を生産するようになった.35年には三井物産の資本参加と共に高速機関工業(資本金100万円)と改称し,本格的な大量生産を目指した.東京自動車製造(資本金30万円)は,30年から省営バス用ボディも製造しはじめた鉄道車輛メーカーの汽車製造と標準車メーカーの自動車工業の共同出資によって34年に設立された.

---

81) 「34年式三輪車小型自動車の動向打診」『モーター』1934年7月号,p.42.
82) 前掲「二輪自動車史話」(第15回);前掲「この道に賭けた人々 村田延次」.

表4-22 ダットサンの生産推移

単位：台

年度	乗用車	トラック	合計	全小型四輪車
1931	10		10	2
1932	150		150	184
1933	202		202	626
1934	880	290	1,170	1,710
1935	2,631	1,169	3,800	3,908
1936	2,562	3,601	6,163	6,335
1937	3,578	4,775	8,353	8,593

出所：全小型四輪車生産台数は自動車工業会『自動車工業資料』1948年, p.36；ダットサン生産台数は日産自動車『日産自動車三十年史』1965年, p.45.

　しかし，これらの生産は非常に少なく，四輪車のほとんどは日産のダットサンによって占められていた（表4-22）．従って，その生産台数から推定すると，日産以外の小型四輪車企業の生産方法は下位の三輪車企業のそれとほぼ変わらなかったと思われる．

　ダットサンは，1920年代に軍用車メーカーのダット自動車製造を引き受けた戸畑鋳物が30年に開発したものである．33年にダット自動車製造と石川島自動車が合併する際にも，ダットサンは戸畑鋳物に残存することになり[83]，33年末にはダットサン専門生産のための自動車製造が設立され，また34年に日産自動車と改称された．

　ダットサンの起源は，1919年に設立され，26年にダット自動車商会と合併することになった実用自動車製造まで遡る[84]．実用自動車は，飛行機製造のために来日したアメリカ人ゴーハムが，ハーレーのオートバイ・エンジンを利用して作った三輪車を製造するために，久保田鉄工所をはじめと

---

83) 両社合同の際に商工省・陸軍省関係者の立会いの下で交わされた覚書によると，合同会社の今後の経営方針は，「国産車製造ノ合理化ヲ主ナル目的トシフォード，シボレーノ部分品製造或ハダットサン等小型自動車ノ製造ノ如キハ附帯ノモノトシテ之ヲ取扱ヒ場合ニヨリテハ之ヲ抛棄スルモ止ムヲ得サルコト」となっていた（「覚書」昭和7年7月22日『自動車製造事業委員会書類』（『商工政策史編纂室資料』）．

84) 以下，実用自動車が日産に繋がる経緯については，中根良介「日本小型自動車発達史第3回」『モーターファン』1951年12月号；「ゴルハム式三輪車からダットサンまで」前掲『日本自動車工業史口述記録集』；ウィリアム・アール・ゴーハム氏記念事業委員会編『ウィリアム・アール・ゴーハム伝』1951年；前掲『日産自動車三十年史』による．

する大阪財界の出資（100万円）によって設立された．工場のレイアウトや機械設備の導入は技師長のゴーハムによって行われたが，その規模は後の合併相手であるダット自動車商会よりも大きかった．最初は乗用と貨物の三輪車を製造したが，21年からは四輪車を製造した．とくに，ゴーハムが戸畑鋳物に移った後には，後藤敬義が技師長になってより大きな1,200cc（8馬力）のリラー号乗用車を開発した．

この間の生産台数はゴーハム式三輪・四輪車が1922年まで250台，リラーが23〜24年間250台であり，当時の軍用車より多かったものの経営を維持できるような水準ではなかった．その理由はリラーの価格が1,755円と高価で，大衆車との競争ができなかったからであり，第2章で述べた白楊社とまったく同じ結果となったのである．

その後，合併してダット自動車製造になってからは合併先のダット自動車商会が製造していた軍用車ダットの製造に集中していたが，1930年に小型車規格の拡大と共に500ccのダットサンを開発したのである．また，31年には，20年代から自動車部品を製造していた戸畑鋳物が本格的に自動車工業への参入を決定し，ダット自動車を買収した．そして，この小型車ダットサンの製造に本格的に乗り出し，大規模の設備投資を行うことになった．

こうした技術・資金を背景としていたため，日産（戸畑鋳物）は参入当時から四輪車企業のなかでは群を抜いて大規模の設備を保有し，ダットサンは小型四輪車の中で最高水準の技術を誇っていた[85]．生産方法も，当初から大量生産を目指し，リミット・ゲーヂの治具を用いて部品間の互換性を維持した．そして，1935年に建設した横浜工場（敷地6.5万坪，建坪1.3万坪，従業員2,000名）については，「本邦に於て初めて大量生産組織の工場の完成」[86]を見たと自負した（写真4-1）．

実際に，1935年型からはボディをプレスによって製作し，大量生産の形

---

[85] 水冷式4気筒，四輪制動，電気自動始動，摺動選択式変速機などがそれである．
[86] 山本惣治「本邦小型自動車工業と世界及本邦自動車界の現状」『モーター』1936年6月号，p.49．

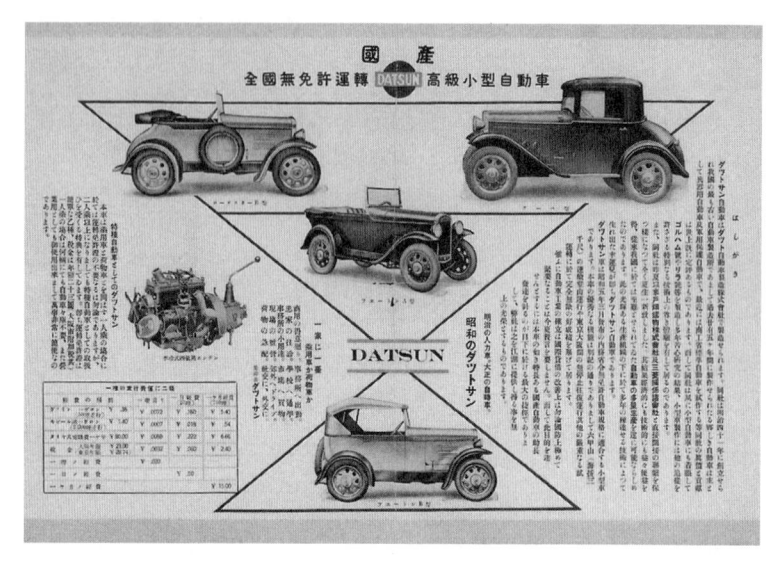

192　第Ⅰ部　戦間期：小型車と大衆車の二つの市場・供給構造の形成

写真4-1　代表的な小型四輪車であるダットサン
出所：鈴木一義『20世紀の国産車』三樹書房，2000年，p.100．

をとることになるが，それは大衆車への進出を念頭においたものであった[87]．そして，それまで梁瀬自動車，日本自動車，大阪の豊国自動車に外

---

87)「小型自動車は形こそ小さいが主たる機構はほとんど大型自動車と同様であるから，製作上の設計に材料選択或は処理其他実際的経営等は全く大型と同様であるから，之等の経験を得るには比較的犠牲少くして効果のある方法であるから，進んで大型自動車の製作に転換するのに最も容易，且つ安全なる方策である」（田中常三郎「国産乗用自動車の将来に就いて」『モーター』1932年10月号，p.45）．田中常三郎は，梁瀬自動車，日本GMで長期間に渡ってボディの製作に携わっており，ダットサンの生産と共に日産に入った技術者である．

注していたボディを自製し，その他機械加工，鍛造，板金工程などをも内製に転換した．また，日産は母体の戸畑鋳物がマテリアル（可鍛鋳鉄）の老舗であったし，特殊鋼・電装品・塗料などを製造する企業を傘下に抱えていたので，材料及び部品調達の面でも他の企業より有利な立場にあった．

以上のように，日産の生産設備及び生産方法は他の小型四輪車企業より進んでいただけでなく，当時の大手三輪車企業あるいは軍用車メーカーよりも先進的であった．それは，参入当時から部品や小型車の製造を基盤に大衆車の大量生産を目論んだ日産の戦略によるものであったが，それについては自動車製造事業法と関連させながら次章で検討する．

2) 販　売

この時期になると，従来の自転車との兼業から小型車専業に転向した販売業者が多く現れるようになった．その販売店は当時の大衆車の販売網と異なって，特定の車種のみを取り扱う場合は少なく，多くは複数の車種を販売したものの[88]，大手三輪車企業の場合，全国的な販売網を備えるようになった．

発動機製造の販売店は1937年に国内28店，海外5店となり，またその傘下の特約店として131店を有するようになった[89]．東洋工業は，初期には三菱商事と提携して販売したが，「三菱商事においては一商品の宣伝販売をとかく手薄にする憾みがあった」ため，36年からは直接販売することになった[90]．そして，36年には東京，大阪，名古屋に出張所が設けられ，その傘下の特約店は37年5月現在14店以上となった[91]．日本内燃機の販売は親会社の日本自動車を通じて行われたが，その日本自動車は輸入車や部品の販売において日本最大の規模であった．25年にすでに東京以外の7大都市（京城を含む）に出張所を設けており，その販売店を通じて三輪車

---

88) 前掲「全国著名小型自動車関係者銘鑑」．
89) 前掲，ダイハツ工業『五十年史』，pp. 233-234.
90) 東洋工業『東洋工業株式会社三十年史』1950年，p. 110.
91) 前掲，東洋工業『五十年史　沿革編』pp. 89-90.

も販売していた．当時の販売店は全国に150店ほどと言われた．日本内燃機として独立した32年以降も日本自動車の一手販売は続いたが，37年からは独自に販売することとなった．これは，日本内燃機が「販売力に於ても一人歩きが出来る様に」なったことと，日本自動車が34年からダットサンの特約販売を開始したためであった[92]．

　販売網の整備と共に，本格的な販売促進活動も開始された．これには，フォードに倣って，東洋工業が1936年に実施した鹿児島から東京までのキャラバンなどが挙げられるが[93]，より直接的な効果があったのは月賦販売制の採用であった．日本自動車は28年に輸入車の販売のために日本アクセプタンスを設立したが，36年にはそれを資本金50万円の株式会社として独立させた[94]．東洋工業も36年からこの販売方式を導入し，さらに37年には特約店に対する金融のために東洋金融の設立も試みた[95]．

　このように販売活動が旺盛になったのは，販売競争が激しくなったことを意味する．1935年には，「メーカーの乱立による自由販売競争が目に見えて激しくなった」[96]と言われたが，その過程で性能競争はもとより，価格競争も重要なポイントとなった．そのために750 cc時代になってからも，500 ccや650 ccの三輪車が依然として残っていた．ほとんどの企業は500 ccと750 cc級を並行生産したが，とくに単気筒の限度である650 ccを主力商品とする企業もあった．「気筒数を一本殖やすとそれだけ製産コストが高くな」るが，それは「競争の激しい実用車を売捌く上に於てコストの嵩む」[97]ことになったからである．実際に東洋工業は，この650 ccに集中する戦略によって成功した．

　一方，上位企業と違って資金力に劣る小規模企業は，輸入車販売商に販売を委ねることも見られたが[98]，主としては独自で生産地の近隣地域に集

---

92) 日本自動車『創立満二十五周年記念帖』1939年．
93) 前掲『東洋工業株式会社三十年史』pp. 104-146.
94) 前掲『創立満二十五周年記念帖』．
95) 前掲『東洋工業株式会社三十年史』p. 117.
96) 日刊自動車新聞社『自動車年鑑』1936年版，1935年，小型自動車 p. 2.
97) 「1936年の自動三輪車を展望する」『モーター』1936年11月号，p. 35.

第4章 1930年代前半における国産普通車工業の停滞と小型車工業の成長　195

中する1920年代の販売方式のままであった．とはいっても，大手の全国的な販売体制がまだ確立していなかったため，これら小企業も近隣地域では大手と競争できる水準であった．例えば，1936年3月〜10月に，東京，大阪，愛知県の販売台数を見ると，発動機製造がいずれも第1位，東洋工業が同様に第3位を占めているが，第2位が大阪では旭内燃機，東京では日本内燃機，愛知県では水野鉄工所であった[99]．

　四輪車の販売については，生産と同じく日産について見てみよう．標準車と軍用車部門が石川島自動車と合併され，日産にダットサンの製造権が残された1933年当初にダットサンの販売は東のダットサン自動車商会と西の豊国自動車が担当していた[100]．前者は瓦斯電の販売担当者が31年にダットサンの販売開始と共に設立したものであり，後者は第2章で述べたように，大阪のシボレー代理店であった．

　そして，本格的に販売しはじめた1934年には新しく7社と販売契約を結び，地域ごとに一手販売させる体制となったが，輸入車の販売商に任せる点には変化がなかった[101]．続いて，35年末には，とくにトラックの月賦販売を促進するために別の販売会社を設立し，大都市に直営営業所を設けた．

　こうした販売網の整備と共に，1934年からはサービス学校の開設，雑誌

---

98)　1934年に設立された昭和内燃機は36年に日本曹達系に入ったが，その販売は日本自動車を通じて行われた（『モーター』1938年7月号，pp.80-81）．
99)　前掲『東洋工業株式会社三十年史』p.119.
100)　前掲『日産自動車三十年史』p.33.
101)　地域別には，関東はダットサン自動車商会，大阪は三和自動車商会，東北は日産石丸自動車商会，九州は九州小型自動車商会，北海道は清水商事，そしてその残りは日本自動車が担当することになった．また，東京と札幌・小樽は自由販売区域であり，朝鮮は日本自動車，台湾は三菱商事が担当することになっていた（前掲『日産自動車三十年史』p.46）．このうち，最大の販売区域を持っている日本自動車は複数の輸入車販売商であり，三和自動車は関西のシボレー販売店3社が共同で設立したものであり，九州小型自動車商会は梁瀬自動車系列であった（『オートモビル』1936年1月号，p.57）．なお，既存の輸入商に販売を委託することは，日産より小規模な他の四輪車メーカーにも共通していたと思われる．例えば，オオタの販売については，1937年に梁瀬・安全・豊国自動車などが共同で高速自動車販売（株）を設立したという（山崎晃延編『日本自動車史と梁瀬長太郎』1950年，p.190）．

の発刊など，当時の GM やフォードの販売手法に倣って積極的な販売促進活動を行った．また，独自の販売プロモーションとしては，女性によるデモンストレーターを組織し，家庭を訪問して試乗や運転練習を行ったが，これは当時のミシンの販売手法に倣ったようである[102]．

小 括

以上の検討から明らかになったことを簡単にまとめておこう．

まず，普通車部門では，国産奨励運動の延長から商工省と鉄道省そして軍用車メーカー 3 社による標準車が開発されたが，それは結局失敗に終わった．そもそも標準車政策は軍用自動車補助法のトラック中心をバス中心に替えたものであり，その目標は中型車を開発して，大衆車と大型車との両方の市場を確保することであったが，実際には両者に挟まれる結果になった．その理由は，トラックでは大衆車の性能向上によって当初期待した大衆車との差別化ができず，またバスでは性能の問題があったことであった．しかし，次章で検討する自動車製造事業法との関係から見ると，より根本的な問題点は，目標とする市場で販売できるような価格，すなわち原価に対する検討が欠如していたことであろう．

その結果，この時期における国産普通車の生産台数は年間 1,000～1,300 台の水準に留まり，外国大衆車への生産集中は 1920 年代より高まった．その少数の国産車の中でも中心は標準車より，「満州事変」を契機とする軍需拡大による軍用車であった．しかし，国内メーカーは，こうした少数の生産台数の下でも，20 年代よりは良好な経営成績を挙げていた．

一方，小型車部門では，三輪車の急増と二輪車の停滞といった 1920 年代後半からの趨勢がより著しくなり，小型車規格の拡大によって新たに小型四輪車が登場した．三輪車と四輪車は性能の向上や部品の国産化を伴いつつも，価格の面で大衆車と差別化することができた．生産方法も 20 年代の自転車関連企業による少量・分業的なものから，専門企業による多量・

---

102) ミシンの販売方法については，大東英祐「戦間期のマーケティングと流通機構」由井常彦・大東英祐編『日本経営史 3 大企業時代の到来』岩波書店，1995 年を参照．

一貫生産が主流をなすようになった．特に，四輪車企業の日産は，参入当時から大量生産を試み，当時の標準車企業よりも優れた設備を有していた．

　以上のように，1930年代前半における国産自動車工業は普通車部門の停滞と小型車部門の成長という明確な対照をなしていた．ただし，この時期にも政府の保護政策の有無といった面では異なっていたものの，大手三輪車・四輪車企業の登場によって技術や生産方法の面では普通車部門との差が20年代よりは小さくなった．

　こうした普通車部門における外国大衆車の独占や，小型車市場の拡大や小型車企業の成長といった新たな状況を背景に，1930年代半ばから再び普通車部門における国産自動車工業の確立策が模索されることになるのである．

第Ⅱ部・戦時期

日本自動車工業の再編成

第5章 自動車製造事業法と戦時統制政策による自動車工業の再編成

はじめに

　普通車部門における外国大衆車の市場支配や国産車の停滞，小型車部門における国産車の急増といった1930年代前半の状況は36年5月に制定された「自動車製造事業法」(以下，事業法と略す)と37年7月に起きた日中戦争を契機とする戦時統制政策によって大きく変化する．国産大衆車が増加する一方で，外国大衆車だけでなく国産小型車も急減していくことになったのである．

　この時期に関する先行研究は数多く存在し，とりわけ事業法の制定過程については政策担当者たちの証言によって事実関係はほぼ解明された[1]．もっとも，市場需要やそれに対応した供給者・政策の戦略，その効果という本書の分析視角から見ると，意外と未解明のことが多く残されている．

　まず，事業法の制定をめぐって利害当事者がどういう立場だったのかについては，直接に規制の対象となった外国大衆車メーカー，とりわけフォードがそれに強く反対したことは明らかになっているものの[2]，国内関連業界の反応についてはあまり知られていない．当時の国産車の技術・価格水準を考えると，外国大衆車に対する厳しい制限は国内需要者からも反対される可能性があった．にも拘わらず，先行研究がこれに注目しなかった

---

[1] 日本自動車工業会『日本自動車工業史稿 (3)』1969年；自動車工業振興会『日本自動車工業史座談会記録集』1973年；自動車工業振興会『日本自動車工業史行政記録集』1979年．
[2] 代表的な研究としては，宇田川勝「戦前期の日本自動車産業」『神奈川県史　各論編2 産業経済』1983年；NHK編『アメリカ車上陸を阻止せよ』角川書店，1986年が挙げられる．

のは，それが主に供給者側の論理のみを重視していたからであると思われる．

しかし，先行研究の最も大きな問題点はこの事業法に対する評価が明確ではないことである．事業法における国産大衆車工業の確立方法に関する具体的な計画の内容を検討しないまま，事業法によってその基盤が確立したと主張し，その確立が日本自動車工業史におけるどのような意味合いを持つのかに対する解釈に問題意識がすり替えられたのである[3]．

ところで，この評価は，実は事業法制定当時の状況とその後の戦時統制政策による状況とをどう理解するのかにかかわっている．すなわち，後者は前者の連続なのかそれとも断絶なのかの問題である．これに関連しては戦前からすでに対立する二つの見解が存在していた．一方では，「事業法によって確立の基礎を与へられた国産自動車は……支那事変遂行の大役を果すに至ったが，これも結局は自製法の制定があったればこそと謂ふべく」[4]という指摘のように，両者を連続に捉える見解があった．他方では，「自動車製造事業法実施一年ならずして事変が勃発したため，思わざりし，止むを得ざる車輛消費の途が展けたが，事変が起っていなかったものと仮定すれば，二年や三年の間にフォード，シボレーの工場に蜘蛛が巣をかけることはなかったであらう」[5]というように，事業法による効果と戦時統制による影響を切り離して見るべきだという主張も存在していたのである．こうした見解のうち，先行研究は事業法と統制経済とを連続に捉えるもののみを前提にしていたので，事業法に対する明確な評価がないまま，戦時期全般を通じて生じた変化を同法の効果として漠然と認めるようになった

---

3) 例えば，中村静治『日本自動車工業発達史論』勁草書房，1953年では事業法によって自動車工業が「強行的確立」を見たとされ，大場四千男「『自動車製造事業法』とトヨタ・日産・いすゞの日本的生産システム」『北海学園大学経済論集』第38巻第2号，1990年（後に『日本自動車産業の成立と自動車製造事業法の研究』信山社，2001年に収録）ではそれによって「日本的生産システム」の原型が確立したとされる．それぞれ時代的な雰囲気を反映した解釈だと思われるが，事業法によって日本の自動車工業が確立した，あるいは，その基盤が整えられたとしていることには変わりがない．

4) 柳田諒三『自動車三十年史』山水社，1944年，p.361.
5) 尾崎正久『日本自動車工業論』自研社，1941年，p.9.

第5章　自動車製造事業法と戦時統制政策による自動車工業の再編成

と思われる．

　しかし，そもそも事業法において大衆車部門の確立の方法・政策手段が戦時統制政策のそれと同一なのかどうか，あるいは後者は前者の延長なのかどうかを確認する必要がある．

　ここまでは，事業法の対象となった大衆車部門に対する評価の問題であるが，この法の実施によって大衆車以外の部門がいかなる影響を受けたのかを見る必要もある．とくに，当時国産車の最大部門であった小型車がどうなっていたのかが問題になる．この点について1990年代に入ってからの研究では，事業法は大衆車部門においても成功することができず[6]，むしろ小型車部門を抑圧するにすぎなかったとされる[7]．ただし，こうした主張も，事業法の目的・構想において小型車部門がどう取り扱われていたのか，また小型車業界はそれにいかなる反応を示したのかに対する分析が欠如している嫌いがある．

　以上の先行研究を踏まえて本章では，事業法の制定から戦時統制経済に至る過程で，1930年代半ばまでの状況に起こった変化の内容とその影響に対する評価を試みることにしたい．まず，第1節では，事業法の大枠が決まった35年8月の「自動車工業法案要綱」（以下，要綱と略す）の公布に至る過程やそれによって惹き起こされた国産化論争に対する検討を通じて，政策担当者や大衆車への参入を試みるメーカーだけでなく，需要者・小型車業界などの反応を検討する．第2節では事業法の成立過程やその内容について検討するが，とりわけ政策担当者はどのような方法によって国産大衆車部門を確立させようとしたのか，またそれは戦時統制政策とどういう関係があるのかを中心に分析する．そして，第3節では戦時統制によって

[6)] 長島修「戦時日本自動車工業の諸側面——日本フォード・日産自動車の提携交渉を中心として」『市史研究　よこはま』第9号，1996年；同「戦時統制と工業の軍事化」『横浜市史Ⅱ　第一巻下』1996年．ここでは事業法の基本目的を外国車メーカーの排除に求め，戦時期に外国車メーカーとの提携が再び試みられたことによって事実上事業法は放棄されたとしている．

[7)] 長島修「重化学工業化の進展」『横浜市史Ⅱ　第一巻上』1993年；老川慶喜「日本の自動車国産化政策とアメリカの対日認識」上山和雄・阪田安雄編『対立と妥協』第一法規，1994年．

実際に起こった日本自動車工業の変化やその原因について検討する．

1. 自動車工業法案要綱の公布と国産化論争

(1) 要綱の公布

　まず，前章まで見てきた1920～30年代前半の状況を需要・供給・政策という面からまとめてみよう（表5-1）．この時期における需要の特徴は営業用車が中心であったことであり，供給のそれは普通車のほとんどを占める大衆車は外国メーカーの組立によって，小型車は国産車によってそれぞれ賄われたことである．また，政策の面から見ると，意図はともかく，結果的には最も需要の少ない中型・大型車に対する政策が中心であり，大衆車に対する政策は存在しなかった．この空白状態にあった対大衆車政策が事業法であるが，その立法の主体は陸軍省と商工省であった．

　自動車工業政策に関わる省庁のうち，鉄道省の主な関心は自動車運輸と鉄道との調整にあり，省営バス用の自動車を購入する立場から1930年代半ばには標準車よりも大きな大型車の奨励に傾いていた．また，商工省は，標準車政策が失敗してはいたものの，標準車メーカーの経営は好調を維持しており，20年代末のような国際収支悪化や国産奨励から国産自動車を増加させるための政策的な負担は小さくなったために，大衆車の国産車という政策には積極的ではなかった．

　一方，1920年代に軍用車製造の奨励といった間接的な国産化政策を実施した陸軍省は，外国メーカーによるものであったものの，大衆トラックの保有台数が増加したため，本来の軍用に適するような大型の六輪車中心にその補助対象を換えていた．そして，30年代初頭には，標準車政策に協力して標準車を軍用車として採用するということが陸軍省の自動車政策の基本方針であった[8]．

　こうした陸軍の認識の背景には，軍用自動車補助法の制定の当時から自

---

8) 輜重兵史刊行委員会編『輜重兵史　上　沿革編・自動車編』1979年, p.668.

表 5-1　戦間期における自動車の需給・政策の担当現況

		1920年代			1930年代前半		
		需要者	供給	政策	需要者	供給	政策
中・大型車	乗用	タクシー業者，バス業者，個人（官公署）	輸入		バス業者，個人（官公署）	輸入，国産	鉄道省，商工省
	貨物用	軍，民間貨物業者	輸入，国産	陸軍省	軍	輸入，国産	陸軍省，鉄道省，商工省
大衆車	乗用	タクシー業者，バス業者，個人（官公署）	組立		タクシー業者，バス業者，個人（官公署）	組立	
	貨物用	民間貨物業者	組立		軍，民間貨物業者	組立	
小型車	乗用	個人（二輪車）	輸入，国産	内務省	個人（二輪車），タクシー業者（四輪車）	国産，輸入	内務省
	貨物用	中小商工業者（三輪車）	国産	内務省	中小商工業者（三輪車・四輪車）	国産	内務省

出所：筆者作成．

動車の軍事的な価値を主に野砲の運搬に求める考え方があったと思われる．従って，軍用車として求められる最も重要な性能は速度よりは牽引力であり，悪路でも耐えられるような丈夫さであった．大衆車よりは 6 輪車など大型車が軍用車として好まれた所以である．

しかし，第一次世界大戦でも実証されたように，自動車は後方での物資・兵隊の輸送にも用いられる．この目的に大衆車が有用であるという認識が，すでに 1920 年代後半から軍の一部に存在していた．例えば，陸軍自動車学校研究部が雨季の「満州」に適合する自動車を確認するために 27 年に自動車部隊の試験運行を行ったが，本来の目的以外に兵站線や戦場後方では大衆車も十分に使用可能であることを知ったという[9]．

こうした認識が実戦で確認されたのが，1933 年 3 月の熱河作戦であった．

---

9) 同上，pp. 633-634；輜重兵会編『陸軍自動車学校　陸軍輜重兵学校』1985 年，p. 6．この試験に参加した伊藤久雄大尉は事業法制定の過程で，陸軍の実務担当者として活躍することになった．

すでに「満州事変」の勃発と共に，自動車の使用範囲が予想より広いことを認識しはじめた軍は[10]，さらにこの作戦において大衆車の威力を実感するようになったのである．山岳と砂漠地帯の熱河省で大型 6 輪車は走行が不可能であったが，大衆車は予想外の好成績を収めたからである[11]．

そして，予想戦場として「満州」とシベリアを想定していた陸軍が，大量の軍事輸送の重要性を認識するようになり，そのために大衆車の国産化に動き出すことになったのである[12]．こうして標準車政策が全面的に実施される 1933 年頃から陸軍の一部から大衆車の国産化問題に取り組み，商工省などに働きかけて 35 年 9 月にその確立方法に関する要綱を公布させることになった．以下，その過程について見てみよう（表 5-2）[13]．

熱河作戦で大衆車の活躍を目の当たりにした陸軍省整備局動員課では，直ちに 1933 年 3 月から国産大衆車工業の確立方法を検討しはじめ，12 月には陸軍全体の方針でこの方法に取り組むようになった．まず，軍用自動車補助法の制定過程に倣って，国産自動車型式決定委員会（陸軍省，陸軍技術本部，陸軍自動車学校，兵器本廠，商工省からの 23 委員，委員長は陸軍省整備局長）を設置し，目標とする経済車（大衆車）の標準型式決定に着手した．そして，フォード・シボレーを基準としてそれらと部品を共通にした 1 トン積大衆トラックを設計し，それを協同国産自動車と川崎車輛に試作させた．その後，35 年中にテストを経てそれを正式に標準型式とし

---

10) 「上海地方の如く水濠多く一見自動車部隊の行動困難と思はれる地形に於ても，適当なる手段を講すれば，相当活動の余地あること及び満州方面の冬季に在りましては，自動車部隊は遺憾なく其の能力を発揮し得の確証を得」（「満州事変に於ける自動車部隊の行動に就て」『モーター』1932 年 6 月号，pp. 43-44）．

11) 当時，熱河作戦に参戦した者は次のように回顧している．「とくにフォードの活躍はめざましかったですね．それまでの軍の国産トラックは頑丈なんですが，なにしろ重い．其の点，フォードは車体が軽く，スピードも一〇〇キロぐらいは出ました．熱河作戦では，兵站線は一〇〇〇キロに及んだわけですが，それを一回走るだけではなく，何度もピストン輸送をしなければならない．そうすると，スピードの差がどんどんついてしまうんです」（前掲『アメリカ車上陸を阻止せよ』p. 44）．

12) 前掲『日本自動車工業史座談会記録集』p. 67.

13) 以下，この部分については，別に断らない限り，伊藤久雄「自動車工業確立ニ関スル経過」；前掲『日本自動車工業史座談会記録集』pp. 63-69 による．

第5章 自動車製造事業法と戦時統制政策による自動車工業の再編成

表 5-2 自動車製造事業法の制定に至る過程

年	標準車政策 （商工省）	国産大衆車の型式 （陸軍省）	国産大衆車工業確立政策 （陸軍・商工・その他関係省）	外国会社の動向
1929	国産振興委員会設置			
1931	自工確立委員会設置，標準型式決定			
1932	標準車に補助金交付（34年まで）			
1933		11月：研究着手	3月：陸軍省動員課で準備研究開始 12月：陸軍で確立方法の研究に着手	
1934		3月：国産自動車型式決定委員任命	1月：商工省と交渉開始 4月：民間業者（7社）の意見聴取（陸軍・商工省） 6月：陸軍省案成立 7月：商工省案成立 8月：第1回各省委員会開催 10月：小委員会案成立	4月：日産・GM提携問題発生 8月：フォード，横浜市有地の買収に着手 12月：日産・GM交渉決裂
1935		1月：試作車第1回試験 7月：試作車第2回試験（修正車） 9月：標準型式決定	34年12月～35年3月：陸軍・商工両相の交渉 4月：商工省局長・課長交代，交渉再開 6月：商工省案受領，陸軍省意見提出 7月：両省意見一致 8月：閣議決定	2月：横浜市長，土地売却拒否 4月：フォード，浅野の埋立地の買収交渉 5月：商工省，浅野土地売却反対決定 7月：浅野，土地売却
1936			1月：陸軍大臣，事業法案決裁 5月：事業法案，衆議院（19日）・貴族院（23日）通過，公布（28日） 7月：事業法施行令公布，同法施行細則告示	6月：フォード，工場設置許可申請書提出

出所：伊藤久雄「自動車工業確立ニ関スル経過」．

て決定した．

　他方，この標準型式による国産大衆車工業の確立のための立法化について，陸軍は1934年1月から商工省に働きかけた[14]．先述したように，この時点で商工省は自動車工業政策に対してあまり積極的ではなかったが，当時の標準車政策が予想外にうまく進展せず，大衆車部門に対する政策の必要性は感じていたと思われる[15]．両省の交渉過程で，34年6月には「内地自動車工業確立方策陸軍案」が，同7月には「自動車工業確立要綱商工省案」がそれぞれ作られた．商工省案には「現に存する自動車製造業に対しては現存の範囲において許可を受けたるものと見なし，事業の継続を認めること」という条項が含まれていたが，陸軍案にはそれに関する条項はなかった．ただし，陸軍が商工省案に同意したので，その商工省案をもとに関係各省と審議することになった．

　すなわち，1934年8月に陸軍省・商工省・海軍省・大蔵省・鉄道省・内務省・資源局・内務省の局・課長を委員とする委員会が設けられた．実際の審議はその中の小委員会を中心に行われ，同年10月に小委員会の案がまとめられた．それは，大衆車事業を許可事業とし，それに保護措置を与えるという一般的な内容に留まり，外国メーカー問題などに対する条項は含まれていなかった．しかも，その案は委員会総会に提出されたものの，結論に至らなかった．

　この委員会で結論が出されなかった理由については，「質疑が続出し」，国会開会の直前だったためとしているだけで，詳しいことは不明である．

---

14) 軍用自動車補助法を単独で制定した陸軍が，事業法についてはなぜ商工省と共同で制定させようとしたのかについては不明である．考えられるのは，軍用自動車補助法の時期と異なって，標準車政策の時期から商工省が自動車工業に関わっていたので，陸軍省のみによる場合には商工省から管轄権の問題が提起される可能性があったことである．しかし，いずれにしても，この問題は単なる行政範囲に留まらず，戦前日本の政治システムに関わるものであり，政治史の分析が必要であると思われるが，本書ではそれに立ち入らない．

15) 事業法の制定過程で商工省側の担当者であった小金義照は，商工省が1930年代初頭から自動車工業や窒素肥料工業を中心とした重化学工業の育成方法を考えており，事業法はあくまで商工省の主導で制定したと主張している（前掲『日本自動車工業史行政記録集』p.31）．もっとも，少なくとも要綱の公布に至るまでの過程でイニシアティブを取ったのは陸軍省だったと思われる．

ただし，その後の展開過程を見ると，その原因はこの法の実現可能性や外国メーカーへの処遇をめぐって各省の意見が一致していなかったことにあったと推測される．まず，この委員会では審議の間，既存メーカーの意見を徴したが，「企図心がなく徒らに政府依存の補助政策を強調するのみ」だったので，大衆車部門の担い手が見つけられなかった．これより，最も重要なのは，外国メーカーとの提携を認めるかどうかの問題であった．後述するように，1934年4月から日産はGMとの提携交渉を進めていたが，商工省がそれを承認しようとしたのに対して陸軍は強く反対し，結局同年12月には両社の交渉が解消されることになった．この問題に対する陸軍の立場から大衆車工業政策は，外国メーカーは国内メーカーと提携した場合でも政策の保護対象として認められないことが明らかになったが，この主張の妥当性を委員会で納得させることができず，商工省も積極的にこの案を推進しようとはしなかったと思われる．

そして，こうした「委員会の雰囲気と商工省当局の意向」を見た陸軍は，1935年初めに陸軍大臣と商工大臣との直接交渉によってこの問題を解決しようとしたが，商工大臣は陸軍大臣の要求に対して回答を避けた．また，財界に対しても大衆車部門への参入を勧告したが同じく確答するものはなかった．

そうした中，1935年4月にフォードが設備拡張のために土地を購入しようとするという情報を得た陸軍は，再びこれに強く反対すると共に商工省にも要綱案の決定を急ぐように働きかけた．折から商工省の担当者が岸信介工務局長と小金義照工政課長といった「革新官僚」に替わり，陸軍の意見が受け入れられるようになった．また，その間に豊田自動織機製作所が大衆車の製造を企図し，日産の設備も充実するようになっていたので，担い手も見通しがつくようになった．そして，同年8月には商工・陸軍両省の連帯で閣議に自動車工業法要綱を稟請して閣議決定された．

要綱の内容は，1) 普通自動車の組立または主要部品の製造事業を許可事業とする．ただし，一定数量に達しない場合は許可を要せず，需要を考慮して1社または数社のみに許可を与える．2) 許可を受け得る者は株数・決

議権の過半数が日本臣民に属さなければならない．3) 許可事業に関しては産業上・国防上必要な監督規定を設ける．4) 現存する自動車メーカーについては，本方針の決定当時における現存範囲内においてのみ既得の権益を認めてその事業の遂行を許容し，新設・拡張についてはそれを認めない．5) 本工業の確立のためには原料・材料より部品・組立まですべてを国産とすることを国防上の要件とする．なお，外国自動車との競争を国産車に有利にするため各種助成手段を講じるべきであり，これら細部については次の議会に必ず提出する，ということであった．

　要綱の発表と同時に商工省はこの法案の運用に関する大体の方針も説明した．そこでは，「許可事業の特典を享有し得る資格」は大体年産5,000～10,000台のメーカーの1～2社とすること，小型・特殊車は法律の適用外とすることが明らかになった[16]．

　また，同日には陸軍省と商工省がそれぞれ大臣名義の声明文を通じて要綱の根本趣旨などを説明したが，これについては後に岸信介商工省工務局長によってより詳しく行われた[17]．そこでは，当時日本では自動車を造る技術はさほど遅れていないが，大量生産でないために工業として成立していないと指摘した．その大量生産ができない理由は，すでに外国メーカーが市場を掌握しているからであり，従って工業の確立のためには，「どうしても何時かは彼等と正面衝突をしなければならぬ運命に置かれている」ので，「一刻も早く彼等と衝突して」大規模な自動車製造工場を設立すべきだと考え，要綱を公布したと説明した．

　では，以上のような要綱の公布に至る過程やその内容を前提にし，陸軍と商工省の大衆車工業確立の目的や手段，そしてその両者の整合性について検討してみよう．まず，大衆車工業の確立は「国防上」かつ「産業上」から必要であるとしている．ここで，陸軍が強調した国防上とは有事の際の大衆車の動員・徴発のことであり，主に商工省の関心事だった産業上と

---

16) 『旬刊モーター』1935年8月15日．
17) 1935年8月14日，日本工業新聞社主催の自動車工業確立座談会において岸信介が行った発言（白尾清次「自動車工業法案に関して（一）」『旬刊モーター』1935年11月25日）．

第5章　自動車製造事業法と戦時統制政策による自動車工業の再編成　　211

は関連産業への波及効果を指すものである．しかし，この国防上，産業上の理由のためなら，必ずしも要綱のような外国メーカー排除の原則「条項2」を前提にする必要はなく，「条項5」のみで十分であろう．すなわち，外国メーカーが国内で組立のみを行う場合には，有事の際に部品の調達が困難となり，また平時においても関連分野への波及は小さいが，外国メーカーが国内で部品製造まで行う場合にはその不安がないはずである．有事の際には外国メーカーの工場を没収することも可能であろう[18]．従って，そのリスクを負わざるを得ない外国メーカーが部品の国内生産に踏み切るかどうかがむしろ問題になるはずであったが，実際の展開では先述したようにフォードが部品まで製造する計画を出したにもかかわらず，陸軍の反対によって挫折させられたのである．後述するように，この要綱に反対する外国メーカーはこの政策意図を理解するのに苦しんだというが，それもこうした政策の目標と手段との間の矛盾に気づいたためだったと思われる．

　陸軍が純国産メーカーにこだわった理由として，大衆車工場を将来に航空機工場に転換させようとしたためと担当者は説明しているが[19]，それも最初から自動車と航空機の同時生産を目指すことならともかく，有事の際に転用させることなら外国メーカーの参入制限の理由にはならない．従って，この条項の真の意図は大衆車メーカーへの干渉を可能にするため「条項3」のものであったと思われる．

　次に，こうした外国車メーカー排除の原則の下で国内メーカーによる大衆車の量産＝工業確立の方法をどのように想定していたのかを考えてみよう．この点は，実は最も肝心な部分であるにも拘わらず，要綱では明確にされなかった．ただし，それまでの経験を通じて製造技術上の困難はないので，一定の市場さえ確保されれば外国車とある程度競争できるような国産車の供給が可能になると判断したことは確かである．そして，その手段として既存外国メーカーの供給量を現在の水準で釘付けにすることを選択

---

18)　事業法の成立後，この法の審議に関わった議員もこうした指摘を行っている（堀内良平「自動車製造事業法に対する感想」『工政』1936年8月号, p.43）．
19)　前掲『日本自動車工業史座談会記録集』pp.64-65．

したのである．それは，大衆車の需要が増加していくことを前提にすると，その増加分を国内メーカーに与えることを意味している．実際に1933年に1.5万台だった外国メーカー3社の組立台数が34年には3.2万台と1年間で1.7万台も増加した．先述したように年産5,000〜10,000台を生産する1〜2社に許可することを想定したのはそのためだったのである．

　ただし，この構想が実現するためにはまず需要の増加が前提となる．それがなかった場合には外国車と直接に競争しなければならなくなる．また，需要が増加する場合でも，供給が制限されるのは外国メーカーの国内組立分のみであり，直接輸入による台数は制限がないので，国産車はそれと競争することになる．その競争を有利にするために各種助成手段を講じることになっていたが，税制上の優遇や関税の引き上げ以外はそれほど直接にこれに影響するものとは考えられない．要するに，要綱の内容から判断すると，大衆車工業の確立いかんは，こうした助成をバックに国内メーカーが外国車と競争できるかどうかに関わっていたのである．

　以上の条件が満たされなかった場合，すなわち，市場が拡大せず国内メーカーが外国メーカーと競争するか，あるいは市場が拡大しても輸入車に対する国産車の競争力が弱いために国産車の生産台数が少なく，国内メーカーの経営が成り立たない場合に，国産車の強制使用などさらなる保護を加えることは需要者の反発を惹き起こす可能性を孕んでいた．

(2) 要綱に対する反応と国産化論争

　では，こうした要綱について関係業界ではいかなる反応を示したのであろうか．要綱の発表直後に各新聞がそろってこれに対する論評の記事を載せた[20]．そこでは，自動車工業を確立させるために国内メーカーを許可・統制することに対しては一致して賛成したが，外国メーカーに対する処遇については意見が分かれた．『時事新報』（1935年8月11日）は「現に我国に於て事業を営み，且優秀なる技術と強力なる資本を有するものに対して

---

　20)　以下，これについては，『旬刊モーター』1935年8月15日による．

は，努めて協力的態度を以て臨み，内外の共存共栄を図るこそ，我が自動車工業を他日に大成せしむる所以ではないかと思はれる」と外国メーカー排除に反対論を主張した．それに対して，『東京朝日新聞』(8月13日) は，「斯業の国防上並に産業上における重要性に鑑がみ，企業の支配権をして明白に邦人に帰属せしむるの妥当なるについては論なきところであって，ただこれがため勢ひ，外国自動車会社の既得権と摩擦関係を生ずるを遺憾とするも，これも国策上誠に已むを得ずとせねばならぬ」と賛成論を主張した．しかし，主観的な賛否はともかく，当時一般的な雰囲気としては「当局も自動車工業の自給自足を目標にはおいているが，外国系会社と可及的に協調的態度を以て進む方針だといふのも，また止むを得ないことである」(『報知新聞』8月13日) という判断が支配的だったと思われる．

ところで，その中には大衆車の概念，現存者権益認定の問題 (国内メーカー)，外国メーカーの処遇問題に対する解釈をめぐってさまざまな混乱もあったようである．例えば，要綱から外国車排除の部分のみを重視した場合には「仮に第一項の許可事業の資格が年産三千乃至一万台程度の生産者といふことになれば現在のフォード年産一万五千台は三千台未満に切詰られなければならないといふハメになる」と理解した場合もあったのである[21]．こうした混乱は事業法施行細則によって政策の対象や運用の方針が明らかになる1936年7月まで残されていた．

業界の反応は1935年8月14日に日本工業新聞社の主催で行われた自動車工業確立座談会から窺うことができる[22]．そこで，瓦斯電の担当者は高級車と大衆車の技術的な相違はないので，政府が補助政策を樹立して国産自動車工業の確立に邁進すると2，3年以内にその達成が可能であると述

---

21) 「自動車工業法案要綱の決定とその波紋」『東洋経済新報』第1669号 (1935年8月31日), pp.16-17. この解釈はもちろん，後の第4項，つまり現存者の権利に対する部分を見落とした間違いである．しかし，当時はこの既得権の範囲について，引用のような解釈が相当あったようである．なお，この引用をそのまま受け入れている先行研究 (前掲，老川慶喜「日本の自動車国産化政策とアメリカの対日認識」p.185) もある．

22) 白尾清次「自動車工業法案に関して (一) (二) (三)」『旬刊モーター』1935年11月25日, 12月5日, 12月15日.

べ，法案に賛成することを明らかにした．ただし，同社がその大衆車事業に参入するかどうかについては言及を避けた．一方，国産自動車部分品製作業組合の担当者は，アメリカに比べて日本の技術がかなり劣っている現状では「一社もしくは数社に之を製作せしむるが如き認識不足の暴挙に出づることなく，多数の各専門部分品製造業者を指揮監督し，十分なる保助金を下付」すべきだと主張し，許可会社の数を制限することに反対した．

需要者はより明確に反対意見を表明した．日本乗合自動車協会は，上述の座談会でも外国メーカーの排除を批判したが，1935年9月には法案に反対する建議書を商工省に提出したのである．その主な理由は高価格の国産車を購入させられることによって，バス需要の減少やバス業の経営に打撃が予想されるからということであった[23]．タクシー業界も同じく「価格に不合理なることを強制する欠点」があるという理由で反対した．ところで，タクシー業界では，この法案が大衆車の中でも乗用車の国産化を図っていたと判断していた[24]．他方，法案の適用対象とならなかった小型車業界では，日本における自動車国産化の方法は小型車によるべきだと主張し，この法案を間接的に批判した[25]．

以上のような，大衆車中心の国産化政策に対する需要者や小型車業界からの批判は，1920年代以来の輸入商・車体業界の論理の延長にあるものであった．これは，自動車の保有台数が増加するとその市場向けの部品・完

---

23) その他，バス業者は同法案について「一旦緩急ある場合における自動車工業は恰も地方鉄道の軍用令におけるが如く之を国家の管理下に統制する事必ずしも困難にあらず」という疑念もあったようである（『旬刊モーター』1935年10月5日）．ついでに当時日本乗合自動車協会の堀内良平会長は代議士であり，事業法案が議会で審議されるときに，以上のようなバス業界の主張を代弁するようになる．

24) 「（同法案の対象が何を指しているかはまだ不明であるが）同法案設定当時の政府の声明等より推察してフォード，シボレー級の機構を有する所謂大衆車而も乗用車であらうと信ぜられる」（タクシー問題研究会編『タクシーと国産自動車』1936年，pp.49-50）．

25) 「未だ生産皆無の此種自動車の製造事業を自動車工業法中の大衆車に編入せんが将来の対外的発展を阻止する結果となるべき，寧ろ現在の小型自動車の規格を拡大して技術的にも経済的にも自由競争に任せ自然の勢により若草の芽え出づる如き底力を以て根強き発展を期す可く」（「小型自動車発達の経路と国産自動車工業の確立」『大阪毎日新聞』1935年9月30日）．

成車メーカーが登場するはずなので，自動車市場を拡大させるための諸政策を採ることが自動車国産化の唯一で可能な道であるという論理であった．従って，関税の引き上げなど無理に国内供給者を保護するための政策よりは，自動車関係諸税金の減免，道路の改善・拡張，免許条件の緩和などの政策を主張したのである．供給者を保護する軍用自動車補助法や標準車政策が共に失敗した一方で，無免許措置によって小型車部門が急成長したのはこうした主張を裏付けるものとして見なされた．

ところが，こうした需要中心・小型車中心の政策を通じて国産自動車工業を確立させるべきだという主張は既に 1930 年代初頭から現れていた．31 年当時 500 cc だった小型車の規格を 750 cc にまで拡大することを要求する陳情書のなかでは，小型車の発達は「将来進んで中型自動車の生産事業にも何等補助金等の支持を要することなく経済的に進展することを得，現在至難とせらるる国産自動車工業の基礎を確立することも敢て難事に非ず」[26] という主張があった．そのために，小型車の規格をさらに 1,200 cc まで拡大し[27]，小型タクシーの許可を求めるようになったのである．

こうした主張に対して商工省は積極的に小型車を保護育成させる政策こそ採らなかったものの，それを抑制しようとはしなかった．すなわち，三輪車について「助成金とか或は無理な干渉などするのは害はあっても益がない」ので，「製造者や販売者の自体の努力に依って発達を図り，之を邪魔しないやうにしたい」[28] という立場だったのである．そして，第 4 章で述べた，標準車政策を決定した自動車工業確立調査委員会の報告の中でも，実現することはなかったものの，三輪車についても標準型式を定める必要があると指摘された[29]．

一方，陸軍は兵器として役立たないという理由で，小型車の発展には無

---

26) 『モーター』1931 年 7 月号，p. 49.
27) 「無免許運転自動車規格の拡張を希望する根本理由」『モーター』1931 年 9 月号，pp. 34-38.
28) 吉田英助（商工省技師）「無免許自動車過去現在及其将来を語る（一）」『モーター』1932 年 1 月号，p. 113.
29) 商工省工務局「自動車工業確立委員会の経過（一）」『モーター』1932 年 8 月号，p. 104.

関心であった.「500 cc のオートバイが日本国内で何十万台できた所が, 軍事上の価値から言ったら何の価値もない, 軍事上に無用のものだ, 働きを為さぬ」[30] と陸軍省技師は言い切ったが, それはオートバイよりはむしろ三輪車に対する指摘だったと思われる[31].

いずれにしても, こうした状況の中で要綱によって大衆車の国産化が問題として登場したため, 先述したように小型車業界は間接的にそれを批判したのである. そして, 大衆車の国産化についても, 日産の戦略が唯一の現実的な方法として見なされていた.

ダットサンという小型車の生産と共に GM やフォードへの部品をも生産していた日産は 1934 年頃から工場拡張を進める一方で大衆車への参入を試みた. ただし, それは直ちに新モデルの完成車を製造するということでなく, それまでの外国メーカー向けの部品生産を拡大させる段階を経て完成車生産に行くという漸進的な計画であった. すなわち, 外国メーカーへの納入部品を増加させていくと,「5 年間もたてば和製の部分品で全部の完成車ができあがる」[32] と見たのである. この戦略から GM との提携交渉がはじまったが, 既述したように陸軍の反対によって失敗に終わった[33].

以上のように, 要綱の公布された時期に主に民間には需要を重視すべきという国産化論が存在し, 商工省と陸軍の供給重視のそれとは対立してい

---

30) 前掲「無免許自動車過去現在及其将来を語る（一）」p. 113.
31) 陸軍がオートバイに無関心だったことはあり得ない. 1920 年代に満州などでの各種試験にはオートバイも参加させており, 30 年代半ばからはハーレーを国産化した陸王について連絡用としての軍用価値を認めて全面的に支援したからである. 従って, 引用のオートバイという表現は寧ろ三輪車を指すものと思われるのである.
32) 日産自動車『日産自動車三十年史』1965 年, p. 40.
33) 外国メーカー向けの部品生産の拡大によって国産大衆車を製造しようとした日産の戦略は, 当時の国内部品業者の中でも主流を占めていた. 例えば, 販売業者と部品製造業者の組織である全国自動車業組合聯合会や東京自動車商組合では, 自動車需要減少の恐れがあるという理由で自動車部品の関税引き上げに反対した（『自動車之日本』1932 年 6 月号, p. 1；34 年 10 月号, pp. 57-60）. また, 国産自動車部品組合では, 1934 年にフォードの部品を使ってトラックを試作し, 翌年には聖自動車製造（株）を設立して本格的な製造を試みた（日本自動車工業会『日本自動車工業史稿（3）』1969 年, pp. 372-376；『自動車之日本』1935 年 7 月号, pp. 62-64）. 後述するように, この聖自動車は事業法の成立後, 許可会社を申請したものの, 許可されなかった.

た．また，こうした需要中心論は外国メーカーとの関係についても，協調・提携を進めようとする漸進論的な方法を主張しており，供給重視論の外国車排除という急進的な方法とは異なっていた．こうした需要中心・漸進的国産化論は需要者・小型車業者はもとより標準車メーカーや政治家にも現実的な国産化論として見なされていた．先述したように，標準車メーカーが大衆車への参入に消極的であり，商工大臣が日産とGMの提携やフォードの拡張について肯定的だったのはそのためだったと思われる．

民間において急進的な国産化論に近いメーカーには豊田自動織機（以下，豊田と略す）があった[34]．もちろん，それは外国車を排除すべきという意味合いでなく，大衆車に直ちに参入するという意味においてである．豊田が自動車工業への参入に際して，当時の主流だった小型車でなく大衆車を参入分野として設定したのは，日本の自動車需要構造に対する分析に基づいた戦略であった．すなわち，日本ではアメリカのような自家用乗用車よりは営業用乗用車の方が有望であるが，小型車がいくら発達してもその特徴上自家用としてしか使われないので需要が限定されると見ていたのである[35]．なお，大衆車の中でも，国内メーカーが相対的に強みを持っていたトラック・バスでなく，乗用車を狙ったことも同様の理由からだと思われる[36]．

---

34) 当時，日産の自動車事業の戦略が漸進的・小型車中心，経験第一主義だったのに対して，豊田のそれは急進的，普通車中心，設備第一主義と言われた（『オートモビル』1935年6月号，p.23）．

35) 「最近小型車が大分現れて参りましたが之は日本人の嗜好に適する様でありまして，其の方面に自家用がかなり発達する様に思はれます．しかし価格の点から申しますと，まあ一般の富の程度は，たとひ小型でも簡単には購入出来さうにもありません．結局小型車も大して発達しないのではないでせうか」（豊田利三郎「日本自動車工業に就いて」日本交通協会『交通事業の諸問題』1936年，p.225）．もちろん，これは大衆車からの参入理由を説明するためのものであり，豊田が小型車に無関心だったわけではない．戦時期の1938年には，小型四輪車を生産していた京三製作所を買収して京三自動車製造（株）を設立し，小型車の生産にも関わったからである（『自動車工業』1938年5月号，p.58）．

36) なお，豊田がいかなる構想の下で，大衆車部門においてGM・フォードと競争ができると判断し，事業法の制定過程にいかに関わり，その後どう対応していったのかについては第6章で改めて検討する．

次に，先行研究で最も関心が集中していたアメリカ政府やGM・フォードの反応を簡単にまとめてみよう．1935年11月にアメリカ国務省は駐日アメリカ大使館に，この法案が日米通商航海条約に違反すると通知した．大使館はこれを受けて日本外務省に抗議したが，日本政府は「国防」のためという理由で諒解を求めた．そこで，アメリカ政府は，それ以上の深入りを避けて，「ウエイト・アンド・シー」の態度に出た[37]．

GMは要綱に対して極端な反発を示さず，その公布の直後に休止状態にあった日産との提携に再び積極的に乗り出した．しかも，前回の交渉とは違って，株式の過半数を日産に譲渡するという案を提示した．しかし，今回は日産側がそれに消極的であったため[38]，また交渉は失敗に終わった．

一方，GMと異なって，海外でも経営権を維持する方針を持ち続けていたフォードは，要綱の公布後「本法案が如何なる法的効力を主張するとも，フォードは会社支配権を抛棄しない」[39]という声明を発表し，購入した土地に工場建設を続けることを明らかにした．以上のようなフォードの強硬な姿勢は，日本の技術水準から見て法案通りには国産大衆車の生産ができないと予想し[40]，また政府内の「親英米派」政治家に法案の改正を期待していたからであった[41]．少なくとも，フォードは法案が正式に法律化するまでに拡張した部分は既得権として認められるだろうという思惑があったのである．

---

37) 前掲『アメリカ車上陸を阻止せよ』pp. 144-150.
38) 「日産社長鮎川氏は，（一）昨春と業法制定の方針の決定せる今日とは全然事情が異なって居り，（二）一ヵ年間のダットサン製作経験を得，今や大衆車製作の技術的根拠を持つに至ったから必ずしも提携せねばならぬことはない――と強硬態度を持して居る」（前掲「自動車工業法案要綱の決定とその波紋」p. 17）．ただし，以上のような技術的な自信よりは陸軍の反対を予想したことが，日産の拒否にとってより決定的な要因だったと推測される．
39) 前掲『タクシーと国産自動車』p. 47.
40) 当時コップ日本フォード総支配人は「法律で自動車が出来たらお目に掛る」（前掲『自動車三十年史』p. 354）と豪語したというが，これが当時外国メーカーの最も率直な感想だったであろう．
41) この法案に対する，吉田茂などの「親英米派」政治家の認識と，それとの関係からフォードが採った反応の経過については，前掲『アメリカ車上陸を阻止せよ』が詳しい．

2. 自動車製造事業法の成立とその意義

(1) 事業法案の内容

　以上のように，国内外からの危惧や反対をもたらした要綱であるが，それに対して商工省は要綱の原則に基づきつつ，どのような具体的な法律を制定させていったのであろうか．商工省は要綱が公布された翌月である1935年9月にすでに，大まかな事業法の条項をまとめていた．最初は全文20条であったが，次第に追加・修正され12月末までには25条の全文が完成した[42]．それについて36年1月中に大蔵省・外務省・陸軍省などが回覧・同意したので，36年5月に第69回帝国議会に提出した．

　その内容は以下のようなものであった．1) 法の目的：国防の整備及び産業の発達を期するため日本に於いて自動車工業の確立を図ること（第1条）．2) 方法：自動車製造事業を政府の許可とするが，その許可を受けるためには一定の生産数量に達することと，その会社が日本国籍を持つことが必要である（第3,4条）．3) 許可会社に対する助成：5年間所得税・営業収益税の免除，器具・機械・材料を輸入する際に5年間輸入税の免除，設備投資・拡張用の資金の調達に優遇措置を与える（第6,8,9,10条）．4) 対外保護：自動車または自動車部品の輸入が自動車製造事業の確立を妨げる虞があるときは輸入制限，また輸入により市価が低落して自動車製造事業の確立を妨げる虞があるときは物品価格の5割まで輸入税を賦課（第11,12条）．5) 統制：政府は許可会社に事業計画・会計・販売・設備などの変更を命じることが可能，軍事上から軍用自動車の製造を命じることが可能（第13,15,16,17条）．6) 既得権者に対する処置：1935年8月9日以前の範囲内で認める（附則）．

　すなわち，この法案は要綱の原則を具体化したものであったが，法の制定目的とその方法について商工省は，議会での法案提案理由で次のように説明した[43]．まず，なぜ大衆車を対象としたのかについては，自動車製造

---

　42)「自動車工業法案」昭和10年9月11日～昭和10年12月23日『自動車工業法案』(『商工政策史編纂室資料』のうち小金義照寄贈文書所収，以下，『小金文書』と表記する).

事業の本格的な確立の根本方策が「大量生産の基礎の上に確立すること」にあり，そのためには最も需要の多い大衆向自動車におけるその確立を図る必要があるとした．その大量生産のために，一方ではこの部門への参入を制限して企業の乱立を防ぎ，他方では参入した国産メーカーが外国車との競争で有利となるように助成策を与えるとした．

しかし，この説明や条文だけでは，依然として法の運用方法について曖昧な点が多く残されており，全体的に要綱とそれほど変わらなかった．そのため，要綱の公布後に現れた諸集団からの危惧が解消されず，後述するように，議会で質問が続出したのである．

この曖昧さは，法案の最も肝心な部分である，許可会社の数，許可基準，外国メーカーの既得権の範囲などが施行令によって規定されることになっており，法案の審議の際には許可会社の候補として内定されていた豊田と日産の事業計画がまだ定まっていなかったからであった．

ただし，要綱の公布後に現れた危惧のうち相当部分について商工省はすでに検討しており，議会での予想質問に対する答弁資料として用意していた．そこに，その現実性はともかく，この法案に関する当時政策立案者の具体的な考え方が明確な形で現れているので，それを項目別に検討してみよう[44]．

〈根本趣旨に関する事項〉

まず，この法によって自動車工業確立の可能性があるかという予想質問については，参入を許可制とし，許可会社に税制・資金調達などの助成と輸入制限・関税引上げなどの措置があるので，「政府ノ指導ト企業者ノ努力ト相俟テ目的ヲ達成シ得ル」とした．また，国産車の使用奨励方策については，それを考慮しているものの，それより重要なのは「安価良質ノ国産

---

[43] 商工省工務局「自動車製造事業法提案理由説明」昭和11年5月『自動車工業勅令省令案』（『小金文書』）．

[44] 以下，これについては，商工省工務局「自動車製造法案に関する質問予想事項」昭和11年5月『自動車工業法案』；陸軍省動員課「自動車に関する議会説明資料」昭和11年4月10日『自動車工業法案』（いずれも『小金文書』）による．

自動車ヲ如何ニ豊富ニ供給シ得ルヤ」の問題であるとした．要するに，ここでは明確ではないとはいえ，外国車より安く供給することを前提としていたことが注目される．

〈従来の自動車工業政策との関係〉

　これについては，対象とする車種が異なるだけにそれまでの政策を変更することはないとした．従って，軍用特殊車については引き続き軍用自動車補助法が適用されるし，標準車政策についてもそれが事業法に「代替セントスルノ趣旨ハ毫モナシ」とした．また，小型車との関係については，「小型自動車ハ現在其ノ簡便ナルト運転免許ヲ要セザル等ノ利便ヨリシテ或程度普及発展ヲ見居ルト雖モ，本法立法ノ趣旨ハ所謂大衆車ノ本格的確立ヲ図ルニ在ルモノナルヲ以テ小型車ハ本法ノ適用外ニ置カルベキモノト思料ス．但シ小型車ハ使用ノ簡便ト海外輸出等トノ関係ニ鑑ミ実際問題トシテハ適当ノ考慮ヲ払フノ要アルベシ」とした．要するに，小型車については政策的な助成なしにすでに発達しているので，大衆車のような保護策は採らないという1930年代初頭からの認識が続いており，この法が軍用車を抑圧するためでないことと同じく小型車を統制するためのものでもなかったのである．

〈対外関係に関する事項〉

　まず，許可会社の資格を国内会社に限定することが通商条約に違反するかどうかの問題については，日本製鉄株式会社法・日本無線電信株式会社法・鉱業法などの前例があるのでそれに違反しないとした．また，外国会社の事業法に対する態度に関する問題については，フォードとGM共に附則に規定されている範囲内で営業を継続することと予想した．さらに，両社が自動車の供給を拒否する場合の対策としては，日本の技術・資源から見てその打撃はそれほどでなく，ヨーロッパからの輸入も可能であるが，むしろ工業進歩の機会となるとした．

〈運用に関する事項〉

　まず，対象車種やその規模については，命令を以って定めるということに留まり，許可予定会社についても豊田と日産を挙げたものの，具体的な計画は発表する程度になっていないとした．ただし，豊田が1934年末に発表したトラック・シャシー価格は同級外国車のそれより安いことを指摘しておいた．そして，事業法の実施によって自動車価格の騰貴の可能性はないかについても，販売価格に対して適当な監督を行って不当な騰貴を認めない方針であるとした．一方，国産車の性能が外国車に比べて著しく劣ることはないかという予想質問については，「政府ノ適切ナル指導ト営業者ノ努力トヲ以テスレバ今後製造セラルベキ大衆車ノ性能ニ付テモ信頼スルニ足ルベキモノナリト信ズ」とした．また，通常主要産業の免税期間である3年に対してこの法案ではそれを5年とした理由については，自動車工業の場合に初期設備額が多く，経験も少なく，外国との競争が予想されるためとした．

　要するに，ここからは，当時豊田と日産の具体的な事業計画が定まらなかったために許可会社の範囲，数量などの発表はできなかったものの，国内メーカーの性能・価格水準を考えると税制などの保護措置によって外国メーカーとの競争が充分可能であると判断したのである．とくに，需要者が最も危惧していた高価格の国産車を買わされる可能性については，一時的にせよそれが止むを得ないという認識はなかったことが注目される．

〈外国メーカーの既得権に関する事項〉

　ここでは，要綱の公布時点の範囲内でのみ外国車の権利を認めるという附則第4条が法律の不遡及の原則に違反しないかという質問を当然予想して，要綱を正式の法律と見なす見解を強調した．ただし，その権利というのは，1935年8月9日以前の範囲内で事業を営むことができるという意味であり，「八月九日以前ノ状態ソノ儘ノ権益ヲ認メタルモノニ非ザル」と解釈した．すなわち，本文第11条では自動車・部品の輸入が自動車製造事業の確立を妨げる虞あるときに政府は自動車・部品の輸入を制限することが

可能であるとされたが,この条項によって部品の輸入が制限された場合,外国メーカーは国産部品を使用して組立・販売を行わなければならないと解釈したのである.

こうした解釈は,大衆車需要が停滞あるいは減少した場合に重要な意味を持つようになる.というのは,その場合には外国メーカーの組立台数の範囲を制限して国産車の市場を確保するという事業法の大前提が成り立たなくなるからである.その場合に,国産車は外国車と直接に競争せざるを得なくなり,想定していた大量生産が可能な水準に到達できない可能性も高くなる.この解釈は,そのときに部品の輸入制限を通じて強制的に外国車の競争力を低下させることも辞さないということを意味したのである.もちろん,その場合には外国車の価格も高くなり,需要者の危惧が現実化し,法の運用に大きな摩擦が惹き起こされる可能性があるものの,それも含めて国内メーカーを保護しようとした商工省のスタンスが確認されるのである.

(2) 事業法案の審議過程

では,実際にこの法案について議会でどのような質問が出され,いかに答弁したのであろうか.そのためには,まずこの法案を審議する委員会メンバーの性格を確認することが必要である.すなわち,メンバーの関連業界との関係によって注目する部門が異なるからである.しかし,これについては,堀内良平委員が乗合自動車業界の代表者であることのみが確認でき,ほかについては不明である.もっとも,需要者のうちタクシー・トラック業は小規模業者によって構成され,全国的な圧力団体としての機能を果たしうる機構がなかったことと,供給者のなかでも小型車業界が同じ状況だったことを考えると,乗合自動車業界以外には中型車製造業者が委員会のメンバーに一部の影響力を有しているにすぎなかったと推測される.以上のような状況を念頭に置きながら,以下では実際に行われた質疑・応答を項目別に分けて検討してみよう[45].

〈需要者問題〉

　この問題については，需要者の危惧を反映して，「此法律の出来た為に自動車の価格が上りはせぬか，又自動車の運輸事業者は少なからず之に迷惑を受けはしないか，それで更に国産の外国品に比べて優良ならざるものに付ては，満州に於て其の経験嘗めて居るが如き実情で無理に国産品を使用させたいと云ふ点から，非常に消費者が高い自動車を買ったり，途中で故障の頻発する自動車を使用せしむるやうな虞がありませぬか」（植原悦二郎委員）という質問がなされた．これに対して，小川郷太郎商工大臣は「此事業が成立ちますれば，（フォード並の——引用者）三千円のものをもっと安く売れるやうになって行くと……それで現在の値段以上に高くなって，民衆が困るであらうと云ふやうな御心配はない」と断言した．

　ただし，この問題は審議中に繰り返して指摘され，結局，法案の通過の際には，「本法施行に依りて助成指定の自動車製造業者の発達を不当に促進せしめんと図り，強ひて経済的不利なる国産自動車の普及を企て，一般自動車事業者及び民衆の不利を招かざること」という希望条項を添付することになった．

〈国産大衆車工業の確立可能性とその方法の問題〉

　この問題は，先述した国産自動車工業確立をめぐった論争の延長であり，主として漸進論的国産化論・需要中心論の議会委員から質問が出され，急進的国産化論・供給中心論の政府委員から応答が行われた．議会委員の質問は，現在国産車の技術水準を考えた場合に，外国車と競争して確保しうる市場が存在しえるかということであった．

　まず，技術問題については，「今年二月の雪の降った時に……（一台当たり——引用者）二万円掛かった省営バスは，此雪の中を走らず営業を中止して居るが，僅か四五千円掛けたシボレー，フォードの如きは，勇敢に営業を続けて行った」（吉田喜三太委員）と指摘した．そこで，事業法は国防

45）　以下，審議過程については，「自動車製造法案委員会速記録」『旬刊モーター』1936 年 7 月 25 日による．

第5章　自動車製造事業法と戦時統制政策による自動車工業の再編成　　225

の整備及び産業の発達を目的としているが，現在の国産車では国防手段としては能力が不足しているので，「二つの目的は調和がなかなか困難なこと」（貴族院の裏松友光委員）ではないかという厳しい質問が出された．

次に需要問題については，「内地の現在の需要は約三万台の需要がある……そこへ三万台の製造許可は『フォード』『シボレー』に対してある，それは需要供給がぴったりと合って，それで将来共三万台は認めるのであります，さうすると……売る『フィールド』がない」（岡崎久次郎委員）という指摘がなされた[46]．外国車の需要を除いた1,2万台を国産車需要として想定しているということに対しては，車体のプレスには少なくとも100万台の需要を必要にしているので大量生産でないとした（植原悦二郎委員）．

さらに，「日産に於ても……大衆的自動車と云ふのは，まだ出来て居らぬ，豊田では『トラック』を造って居るけれども，本当の乗用車と云ふものを，造るやうな訳になって居らぬ……出来て居らぬものを法律を作って」，つまり，「五箇月の子供を腹の中から引出して育てようとする」ことなので，「結局自動車事業並に自動車の使用を非常に発達せしめようとし，増進せしめようとしつつありながら，結論は逆な結論になる虞を多分に持って居る」と，この法案が時期尚早であるという主張も出された（植原悦二郎委員）[47]．そして，自動車工業を確立させるためには，先述の需要中心論同様にむしろ需要喚起策として自動車税金の引き下げや道路の改善などが望ましいと主張した．

ただし，議員たちは小型車中心論には言及せず[48]，既存の中型車業者

---

46) 質問の意図は異なるものの，貴族院でも同様の懸念が出された．「日本の国産自動車工業は斯くの如き法案が出来ましても，前途はなかなかむづかしい……内地に於て外国の有力な二会社があるので……此の外国の二会社に対して何とか之を一つ日本の権利にするとか，なんとかする御考えがないか……現在に於て外国の二会社だけで将来殖えない（とはいえ――引用者），其の既得権は随分大きいものでありますからなかなか長い間其の為に苦しめられて行くことになりはしないか」（小倉正恒委員）．
47) これに似たような指摘は，国産大衆車の生産が急増する戦時期になっても国産車の技術不足に対する批判としてしばしば行われた．例えば，梁瀬自動車の梁瀬長太郎は1940年頃に，「匍ってる子供に立つことを教へず，いきなり歩ませた様な感じがありますが，日本の自動車製造許可制ではないかと思ひます．……順序を経てないから一人立ちは出来ないのであります」と事業法を厳しく批判した（『モーター』1940年3月号，p.45）．

（輸入業者）への配慮を求めるに留まった．とくに，中型車業者の保護のためには，「本法施行に依り助成会社の保護に偏し，其他の自動車業者の既得の権益を損害せざるやう最善の注意を払ふこと」という文句を，法案の通過の際に希望条項として添付した．

以上のような質問に対して，政府側は先述した準備資料に沿って答弁した．まず，技術問題について，小川商工大臣は「私も実は今日迄，自動車なるものは殆ど外国人の手に在って，日本では製造されないものと一応考へて居りましたのですが，能く実際を見ますると云ふと，最近に於きましてから，相当私の想像して居った以上に発達して居るし，又発達の可能性を持って居るやうに考へる」と答えた．この答弁からは，政治家と商工省官僚との見解の差も窺える．先述したように，政治家は日産とGMとの提携を許可しようとしたし，この法案についても当初は反対する立場だったことが読み取れるからである[49]．

一方，大量生産の水準については，日本におけるそれはアメリカのそれとは異なることを指摘し，「大衆向自動車を製造する事業として成立つ経済単位……に付きまして……今日実業家の申して居る所に依れば，年産五，六千台のものを生産するならば，……現在のフォードとかシボレーの供給して居る値段より或る程度安い値段で市場に供給出来る」（岸信介工務局長）と主張した．また，大量生産に必要になる関連工業の水準についても，ある程度の自信を表明した[50]．

---

48) 委員たちの小型車に対する認識は次の発言を見ても明らかである．「ダットサンを自動車と思はれては困るが是は自動車模型位のもので，実際自動車の仲間入りはさるべき資格のものではない」（植原悦二郎委員）．

49) こうした政治家と商工省官僚との軋轢は次のような指摘からも分かる．「自動車製造事業法制定当時の工政課長小金さんは，大臣の小川さんに法案の説明を行ったときに，大臣は，これは天下の悪法である，といいながら，法案をしぶしぶ承認されたそうです．そのときに，岸さんと小金さんが計画的に，この法案を進めたということで，小金さんはえらく怒られました．その結果，（法律の成立後――引用者）小金さんは福岡の鉱山局長に転出させられたという話があります」（前掲『日本自動車工業史座談会記録集』p.69）．

50) 「部分品の如きは海外から輸入しなければ実際出来ないぢゃないか，又非常に高く付きはしないかと云ふ質問もありましたが，是は政府の方面に於きましては今日では製鉄も鋼鉄も是等の素材に関しては十分なる国産を造り得る自信を持って居る．確信を持って居る

〈外国メーカーの既得権・外国資本の制限問題〉

まず，不遡及の問題については，それほど反対の意見は出なかった．これは，小川商工大臣の「中々無理な立法ではありませうけれども，日本の国情から致しますれば已むを得ぬ」という説明を受け入れたからであった．しかし，許可会社の場合，株の過半数が日本国籍になるべきとした条項については，資本調達の困難を理由に廃止を求める意見もあった（堀内良平委員）．これに対して，内地資本のみでも資本の調達が可能である答弁があった．

ところが，この問題をめぐっては，先述した予想答弁との食い違いが見られることもあった．それは附則第4条（8月9日時点での既得権認定）と本文第11条（輸入制限）との関係に対することであった．先述したように，法案の立案者は，両者のうち，本文第11条を優先して，国内自動車工業の確立が妨げられる虞がある場合には，8月9日時点での既得権の範囲も認められないと解釈していた．しかし，委員からは次のように解釈された．すなわち，「此法律に依って保護される所の自動車製造事業……は八月九日を基礎として居るのだから，其時に許されて居る実情では，それは其事業の確立を妨害するとは思はれない……斯う云ふ結論になる．さうすると此法案を作って，此法案の為に保護される会社を擁護する為に，今まで輸入して居った所の数量に対しても制限を加へる……さうではあるまいと思ふ」「今まで国民が買ったものに対して，此会社を保護する為に極度の制限を加へることはなからう」「八月九日以前に於て輸入して居った数量だけまでに制限するといふことになると，是は大変な問題になる」（植原悦二郎委員）．

これに対して小川大臣は「実際上は輸入を制限するやうなことはあるまい」とした上で，「八月九日を抑へて居るのは製造事業に関係して居る訳です．輸入の数量も（は――引用者）それに関係しない」と答えた．岸局長も，要綱の当時輸入されているのは少数の高級車であるので，これについ

と云ふ答弁でありました」（貴族院本議会において林博太郎貴族院委員会委員長の報告，岩崎松義『自動車工業の確立』伊藤書店，1941年，pp. 189-190 から再引用）．

て輸入制限をなす可能性は事実上ないと断言した．

しかし，先述したように，実際に問題となるべきことは完成車の輸入でなく，日本内の組立に使われる部品の輸入であった．この問題については質疑・応答は行われなかったものの，上述の答弁からは，要綱の公布の時点における外国メーカーの権利は，部品輸入まで含めて認めることになったのである．そして，この問題については，「本法施行上指定自動車事業者の助成に急なる為，不当に自動車及び部分品の輸入制限を企て，其価格の高騰を招来し，一般消費者の不利不便を醸成せしめざること」という希望条項を添付することになった．

以上のような審議を経て，先述した希望条項を添付した法案は，衆議院・貴族院を原案通り通過し，1936年5月に法律第33号として正式に公布された．

(3) 事業法施行令・施行細則の公布

事業法そのものにおいてブラックになっていた対象の範囲（車種，数量）は7月の同法施行令・施行細則によって決定された．法の公布後約1ヶ月にわたってその具体的な作業が進められたことになるが，実は法案の準備と共にそれに対する検討もなされていた．

商工省ではすでに要綱の公布直後の1935年9月に，普通車の範囲についてはエンジン排気量751cc以上4,000cc以下とし，数量については「経済単位ヲ年産三千台ト予想シ二千台」以上とする案を考えていた[51]．その後，同年11月5日の案では，主にフォードの工場拡張を阻止する目的で規格，部品の範囲，数量が策定された．まず，規格は排気量750ccを超える自動車としたが，その理由はフォードの小型（C型，933cc）を含めるためとした．また，部品の範囲はエンジン・クラッチ・変速機・前後車軸・フレーム・乗用車車体用型付鉄板と詳細に分けたが，それもフォードの部品工場の建設を抑制するためとした．数量については，二つの案があり，第

---

51)「自動車工業法案ニ関スル細部事項」昭和10年9月21日『自動車工業法案』(『小金文書』).

第5章　自動車製造事業法と戦時統制政策による自動車工業の再編成　　229

1案は許可を要せざる事業は完成車5千台・部品5千台分未満とし，第2案はそれを完成車5千台・部品3千台分未満とした．この第2案において部品の数量を引き下げたのも，フォードの部品工場の新設を防止するためとした[52]．

しかし，同年11月13日の案では規格と部品の範囲は同月5日の案と同じだったが，数量は完成車と部品共に5千台となった[53]．さらに，1936年3月には，部品の範囲についても，フレームと前後車軸の代わりに差動機が入り，数量も2千台となった[54]．ところが，同年6月には，部品の範囲にフレームが再び追加され，数量も完成車・部品共に3千台（または2千台）に変わった[55]．そして，規格は750ccを超える自動車に，部品の範囲はエンジン（その部品）・クラッチ・変速装置・差動装置・乗用車車体用型付鉄板・台枠側枠に，数量は完成車・部品共に3千台といった施行令・施行細則によって公布される内容が確定するのは6月25日の案であった[56]．

以上のように，対象車種と部品の場合，早い時期からその内容が定まっていたのに対して，その数量がなかなか確定しなかったのはなぜであろうか．これについては，商工省担当者が作成した資料が解明の手がかりとなる．1936年6月に作成されたものと推定されるこの資料の中で担当者は[57]，まず，自動車の範囲については，35年9月案と同じ理由で751cc以上を主張した．すなわち，フォードは小型フォード（933cc，1,172cc）など小型車製造を企図して本法適用外に出ようとするので，「車種ハ此ノ際

---

52)　「案」昭和10年11月5日『自動車工業勅令省令案』（『小金文書』）．
53)　無題（昭和10年11月13日）『自動車工業勅令省令案』（『小金文書』）．
54)　「自動車製造事業法施行細則案」昭和11年3月11日『自動車工業勅令省令案』（『小金文書』）．
55)　商工省工務局「自動車製造事業法ノ適用範囲ニ関スル件」昭和11年6月19日『自動車工業勅令省令案』（『小金文書』）．
56)　「自動車製造事業法施行細則案（未定稿）」昭和11年6月25日『自動車工業勅令省令案』（『小金文書』）．
57)　宮田技師「自動車製造事業法施行細則ニ規定スル事項ニ関スル考察」『自動車工業勅令省令案』（『小金文書』）．この資料の作成時期は記入されていないが，本文の内容から1936年6月のものと推定した．作成者の宮田技師とは，事業法の制定に関わった宮田応義商工省技師である．

成ル可ク広ク」する必要があるとした．

　一方，数量については，まず部品の場合，「製造工具，器具等ノ所謂経済的ノ寿命（規模——引用者）ヲ考ヘ，一方外国会社ガ本邦ニ於テ部分品ノ製造，組立ヲナスコトヲ抑ヘ且本邦ノ部分品製造業者ガ広ク本法ニ包含セラレヌガ如キ処ニ決定スルコトガ至当デアル」とした．工具・器具の経済的規模は人によって異なるものの，大体2,000〜4,000個程度と見積もった．また，この水準以下では外国会社が部品工場を新設する可能性もなく，参入を試みる国内部品メーカーも少数に留まるものと考えていた．

　また，完成車の場合は，「所謂経済的単位ニ基キテ外国会社ガ将来其ノ事業ヲ縮小スルモ尚之ヲ継続スルト認メラルル製造台数ト本邦製造会社ガ成ル可ク速ニ製造シ得ル台数トヨリ決定スルコトガ最モ妥当」とした．そして，その両者を満たせる水準を5,000〜6,000台と見込んだ．この水準なら，外国会社が事業を継続しても国内会社が競争できるし，豊田・日産いずれも1937年には年間6,000台製造を計画しているからであった．

　ところが，ここで考慮すべき問題があると指摘した．すなわち，豊田の場合，1935年末にトラックを市場に出したものの，設計の変更が必要なのでこの水準の製造ができない状態であり，日産は早くても36年秋頃に試作品が完成するため，両社共に今後1年間では5,000〜6,000台の製造が不可能であったことである．従って，「此等ノ事情ヨリ自動車及部分品ハ共ニ三千台程度ニ規定スルヲ適当ト認ムル」としつつ，「自動車ノ製造台数ハ一箇年五六千台ニ規定セザレバ大量生産ノ意味ヨリ見ルモ甚ダ少数ナル感ナキニ非ス」のため，自動車と部品を区別して，自動車6,000台，部品3,000台と規定することが最も妥当と主張した．

　要するに，数量の決定には外国メーカーの参入阻止という目的だけでなく，少数の会社による大量生産体制の確立という目的もあり，しかも許可会社として予定されていた豊田と日産がその基準を満たすという条件も考慮したのである．実際に施行令によって公布された水準は，先述したように自動車，部品共に3,000台となったが，以上の考え方から見ると，結局豊田と日産の生産予定台数に合わせたという意味合いが強かったと思われる．

両社が正式に事業会社として許可されるのは，法によって設置することが決められていた自動車製造事業委員会の第1回委員会においてであるが，その際に提出された資料によると，1936年10月～37年9月の生産予定台数は，豊田が4,850台，日産が3,400台であったこと[58]からもそれが裏付けられる．

ついでに，同委員会では，法の第4条に規定された外国メーカーの既得権の範囲も正式に決定された．それは1935年8月9日以前の過去3ヵ年の販売実績を平均したものであり，フォードが12,360台，GMが9,470台となった．第4章で見たように，両社の製造・販売実績は33年までは不況の影響で停滞し，34年から急増しているので，32, 33年分が含まれることによって，両社の許可台数が35年の実績（フォード14,865台，GM12,492台）よりかなり縮小されたことは言うまでもない．

ところで，以上のような過程を経て決定された事業法の具体的な内容は，要綱の公布当時に予想したものより，範囲が広く，数量は少なくなった．従って，当然のことながら，商工省が許可会社として予想しなかった国内メーカーからも多数の許可申請が申し出られた（表5-3）．

とくに，大衆車の範囲の上限が定められなかったので，それまでの軍用車・標準車メーカーには設備拡張のためには事業会社として許可を得る必要があるように解釈されたようである．しかも，標準車メーカーは，要綱の作成の段階で大衆車事業への参入を勧められたがそれを断った経緯があるため，この事業法によって抑圧されるのではないかという懸念が存在した．従って，自動車工業と瓦斯電は，事業法施行令・施行細則の公布された翌日に許可申請書と共に陳情書を商工省に提出した．そこで，両社共に1936年から年産1,000台の製造計画を立て，さらに将来にはそれぞれ年産5,000台製造への拡張を計画しているが，「製造数量を三千台と限定せられ而も法文の解釈上各種の自動車を含むものとすれは現在の時局に処し大に力を軍用車輛の製作に致すと同時に平時工業の基礎を確立し以て軍国奉仕

---

[58] 「自動車製造事業法第一回会議付議事項ニ関スル工務局長ノ説明要領」昭和11年9月14日『自動車製造事業委員会書類』（『小金文書』）．

表 5-3　自動車製造事業許可に関する請願

企業名	代表者	提出日	申請内容
国産部分品製作組合	小川菊造組合長	1936年5月28日	組合員の出資で聖自動車製造(株)を設立し，トラックの製造を開始したために事業会社として許可されたい．
恩加島鉄工所	紫柳新二社長	1936年6月	鍛工部品全部を重要部品として指定し，これを指定工場に製造させられたい．
寿内燃機	常田健次郎専務	1936年6月22日	燃料節約できるエンジンを開発したため，部品会社として許可されたい．
東洋工業		1936年8月4日	現在自動三輪車を製造しているが，将来大衆車の製造計画を有しているので，自動車製造事業を許可されたい．
自動車工業・東京瓦斯電気工業	新井源水社長・松方五郎社長	1936年8月31日	両社共に，今後生産能力を年産5千台に拡張する計画なので，事業会社として許可されたい．

出所：「自動車製造事業許可申請ニ関スル一般資料」昭和11年9月8日『自動車製造事業委員会書類』(『小金文書』)．

を全ふせんとする弊社に在りては殆ど策の施すへき所なく唖然為す所を知らざる次第」[59] であるとした．

　こうした認識は部品・小型車メーカーにも見られ，多数の許可申請が出されたのである．しかし，先述したように，事業法は小型車・中型車には適用しない方針であったし，部品もそもそも完成車メーカーが内製すべき品目を対象としたものであったため，これらの申請については許可されなかった．

(4) 事業法の構想と影響

　以上，立案者の構想を中心に要綱から事業法の制定までをやや詳しく検討してきたが，以上の過程で明らかになった事業法の構想をまとめてみよう．

---

[59] 「陳情書（自動車工業経営ニ関スル件）」昭和11年8月31日『自動車工業（特別資料）』(『小金文書』)．

まず，外国メーカーとの関係については，要綱の準備段階から事業法の施行令・施行細則の制定に至るまで一貫して外国メーカーのシェアを制限しようとしたのは確かである．その際に常に念頭に置かれたのはとりわけフォードの動向であった．ただし，制限といっても外交問題があって，外国メーカーの工場を没収したり，日本から締め出したりすることではなかった．少なくとも要綱が公布された時点での権利は認めており，また直接に輸入する分に対する明示的な制限を設けることもなかった．

外国メーカーの既得権を認めながらも，立案者が国産大衆車工業の確立が可能と判断したのは，なにより大衆車市場の拡大が予想されたからである．その拡大していく市場に対して，少数の許可会社が製造に当たることによって「大量生産」が可能となり，それを基盤として漸次外国メーカーとの競争もできると判断したのである．また，許可会社の助成のために，税制面での優遇や関税の引き上げ・輸入制限などの措置を用意していた．ただし，このうち輸入制限はダンピングを阻止するためであったし，それがなかった場合の輸入制限には国内需要者との摩擦を惹き起こす虞があったため，実際には採られる可能性の少ない措置であった．

要するに，事業法は市場拡大を前提に5年間の税制優遇措置を与え，その間に許可会社を外国メーカーと競争できる水準に到達させることを目的としていたのである．アメリカも事業法の構想をそのように理解していた．すなわち，事業法の公布直後にアメリカ領事館は，国務省宛の機密報告書で，この法の目標が軍の要求に対応することと需要者が購入しうる価格でアメリカ車と競合することにあると指摘した．そして，それが成功するか否かは，「生産の効率とデザインの良さにかかっている」とした[60]．アメリカ車との価格・品質競争力が事業法のキーであると見たのである．

ところで，商工省はどの程度の国産車が生産され，外国車との競争はどのように展開していくものと想定したのであろうか．これについては，法案を議会に提出する際に商工省が構想していた大衆車の需給予想から確認

---

60) 前掲『アメリカ車上陸を阻止せよ』pp. 174-175.

表5-4 大衆車の需給予想

単位：台

年度	1936	1937	1938	1939	1940
新車需要	30,000	32,000	35,000	37,000	40,000
国産製造台数	3,000	6,000	12,000	16,000	20,000
外国車代替台数	1,500	3,000	6,000	8,000	10,000

原注：1) 1936年度の製造台数は最大の見込みなので，減少することがありうる．
　　　2) 1937年度以降は想定であり，具体的な計画に基づいたものではない．
出所：「国産自動車ノ製造予想」昭和11年4月30日『自動車工業（特別資料）』（『小金文書』）．

することができる（表5-4）．

　そこでは，国産車の生産台数が1936年の3,000台から漸次増加して1940年には2万台に達し，その国産車は国内需要増加分と外国車からの代替需要によって販売され，同期間中の外国車は2.7万台から2万台に減少することと予想した．

　ただし，このように外国車からの代替需要を確保するためには，国産車の品質・価格競争力が備わっていなければならないし，需要者からの危惧を払拭させるためにはとりわけ外国車並みの価格を設定する必要があった．そして，事業法が公布されてからは，許可会社として内定していた豊田と日産にその可能性を打診した．その過程で，当初より大規模な生産計画が出されることになるが，それについては次章で豊田のケースを中心に検討する．

　事業法の構想を検討するにあたって，次に確認しなければならないのは乗用車の生産計画である．要綱の作成過程から陸軍が深く関わったこともあって，事業法は軍用の大衆トラックのみを対象としたイメージがあるからである．しかし，施行細則によって許可事業となる部品には乗用車車体用型付鉄板が含まれ，また豊田・日産の事業計画にも乗用車とトラック・バスを半分ずつ生産することになっていた[61]．要するに，事業法では，軍用トラックだけでなく，タクシー用の乗用車も国産大衆車によって外国車を代替させる目的を明確に有していたのである．

---

61)　「株式会社豊田自動織機製作所ニ関スル資料」「日産自動車株式会社ニ関スル資料」いずれも昭和11年9月8日『自動車製造事業委員会資料』（『小金資料』）．

第 5 章　自動車製造事業法と戦時統制政策による自動車工業の再編成　　235

　さらに，事業法の対象とならなかった中型車・小型車との関係についても確認しておく必要がある．まず，大衆車の規格に中型車が含まれて許可事業となっていたものの，事業法の構想は許可された大衆車メーカーの助成のためにそれまでの標準車メーカーを抑制しようとしたものではなかった．陸軍が大衆車を必要としたことも，従来の軍用車に取って代わられるものとしてではなく，それを補完するためであったことからも，この方針は当然のことであった．

　事業法の立案者は，繰り返しになるが，小型車についても保護・助成策は採らないものの，その自立的な発展を望むという認識を持っていた．とくに，小型車メーカーでありながら大衆車への参入を目論んだ日産は，大衆車事業計画書のなかにも小型車と大衆車を並行して生産することを明らかにしていた．しかも，そのなかでは小型車の一層の発展のために規格拡大を要求してもいた[62]．こうした要求は他の小型車業者にも見られ，とくに 1937 年頃には小型車と大衆車との中間の「中級車」についても事業法のような保護策を期待もしていた[63]．

　では，以上のような構想を持っていた事業法が実施されてから，大衆車及び他の車種にはどのような変化が生じたのであろうか．そもそも事業法

---

62)　「吾国ノ民度ト国情ヨリ考察シ小型自動車ハ民衆自家用車トシテ必需ノモノタルベク吾国ノ自動車ノ発達ニ重要ナル役割ヲ有スルモノナルヲ以テ引続キ乗用，貨物車ヲ並セ年産六〇〇〇台内外ヲ製造販売スル予定トシ需要ニ依リ其生産ヲ按配スルト雖モ大衆車ノ計画ニ対シ影響ヲ及ホサザルコトヲ眼目トス．尤モ従来ノ経験ニ徴シ現在内務省令ニ依ル小型車ハ寸法過小ノ為一般的需要ニ適セザル憾有リ輸出車トシテハ尚更不向ノモノナルニ依リダットサン海外販路ハ開拓ノ余地乏シ」日産自動車株式会社「日産自動車株式会社ノ現況及大衆車ニ関スル計画」昭和 11 年 5 月『自動車工業（特別資料）』（『小金文書』）．

63)　「当局の標榜せる大衆車（三三〇〇 cc 級）は真の経済単位に基準するものでなく寧ろ七五〇 cc 車と中間を衝く一五〇〇 cc〜二四〇〇 cc 車が凡ゆる角度から自工確立に合適なものであるとする意見が相当深刻に普及されて来たのでこれら普及車を標榜する所謂第三次自工確立運動が表面化して来た事は注目に値する」（『自動車年鑑』昭和 13 年版，工業日日新聞社，1937 年，生産 p. 13）．実際に商工省は 1937 年に 2,000 cc 級の乗用車を製造させる計画を立てており（商工省「自動車五ヵ年計画に関する方策乃至組織」昭和 12 年 8 月『国策研究会文書』Ca：17：12），日産，日本内燃機（わかば号），安全自動車（日光号）が 1937〜38 年に同級の乗用車を試作した（前掲『日産自動車三十年史』pp. 110-111；安全自動車『交通報国　安全自動車 70 年のあゆみ』1989 年，p. 133）．

表5-5 車種別生産・輸入・保有台数の推移

単位：台

年度	国内生産台数			組立・輸入台数	保有台数				
	普通車		小型車		普通車				小型車
		内大衆車			乗用車	バス	トラック	小計	
1934	1,077	0	6,648	35,304	44,153	26,328	42,060	112,540	39,702
1935	1,181	20	15,938	32,731	45,580	28,428	46,918	120,926	50,934
1936	5,851	1,142	20,621	33,175	46,165	28,745	51,338	126,248	65,030
1937	9,462	5,887	26,315	33,939	51,396	24,344	52,995	128,735	81,350
1938	15,755	14,106	21,801	1,100	47,966	24,024	55,063	127,053	90,288
1939	30,089	26,510	15,048	500	42,115	23,181	54,461	119,717	94,256
1940	43,706	29,816	13,634		39,920	22,394	60,517	122,831	91,028
1941	43,878	32,870	9,882		37,774	21,965	54,263	113,602	82,180
1942	35,491	32,866	7,707		28,043	21,744	56,319	106,396	79,921
1943	24,807	20,107	5,296		25,030	21,502	56,864	103,396	75,150
1944	21,453	19,794	2,676		22,350	16,769	55,506	94,625	67,857
1945	6,723	5,276	715		18,113	12,792	59,876	90,781	51,948

注：1) 大衆車の生産台数は日産（全生産台数からダットサンを差し引いた台数）と豊田（トヨタ）の合計である．
2) 1936～37，40～41年の普通車生産台数は当時の中型車生産台数を考慮すると異常に多いが，そのままにした．
3) 合計の合わない部分があるが，そのままにした．
出所：生産台数は，自動車工業会『自動車工業資料』1948年，pp.35-36；日産，トヨタの社史．
保有台数は，日本自動車会議所『我国に於ける自動車の変遷と将来の在り方』1948年，pp.3-4．

が想定していた5年間の実際の生産台数と保有台数を見ると，表5-5の通りである．まず，生産台数を見ると，同期間中に事業法の対象である国産大衆車が急増していることが分かる．国産大衆車の競争相手である外国メーカーの組立・輸入台数は1938年以降急減して40年にはなくなる．また，事業法と直接には関係のないはずの小型車も38年以降減少していく．一方，普通車の保有台数を見ると，トラックが同期間中に増加していくのに対して，乗用車とバスは38年以降減少あるいは停滞する．

要するに，1938年以降は国産大衆・中型トラックのみが増加し[64]，外国大衆車だけでなく，他の国産車も揃って減少したのである．とくに，外国大衆車の減少はあまりにもドラスティックであり[65]，事業法が構想してい

---

64) 豊田と日産共に1941～42年以降の生産トラックは，エンジンは従来のものでありながら軍用に特化させるために車軸を延長して最大4トンまで積載が可能なトラックとなった．従って，それまでの基準からみると，もはや大衆車ではなくなった．一方，同じ時期に中型トラックはディーゼル・エンジンを装着し積載量が7トンまで拡大し，大型車となった．
65) 表5-5のデータは国産大衆車の生産台数が過大に，外国メーカーの組立・輸入台数が過

た国産大衆車との競争の結果と見るには無理がある．従って，この変化を説明するためには，同期間中に生じた状況の変化，すなわち37年の日中戦争の勃発後に現れる戦時統制政策を検討する必要がある．

3. 戦時統制政策と自動車工業の再編成

(1) 戦時統制政策とその影響

　1936年以降陸軍は日本と「満州」で軍需工業と基礎産業を5年間で建設する計画を作成し，37年6月に近衛内閣では「生産力の拡充」，「国際収支の適合」，「物資需給の調整」という財政経済三原則を発表した．この原則は国際収支の破綻を回避しつつ物資ごとの需給を統制して5ヵ年計画を実施させることが目的であり，そのために統制立法を準備していた．そして，同年7月に勃発した日中戦争は，本格的な経済統制の展開を一挙に促進した．当初，貿易・金融から開始された統制は物資の配給統制・価格統制に拡大していった[66]．ここで統制とは，「市場の価格機構に何らかの方法で干渉し，その機能を制限すること」[67]を意味するが，その統制によって経済が機能するためには価格に代わる情報収集の媒体が必要となる．

　ところで，この経済統制が開始されるのは事業法が実施されてから丁度1年後のことであった．従って，前節で確認した事業法の構想を念頭に置きつつ，以下では，こうした経済統制が大衆車をはじめとする諸自動車部門にどのような影響を与えたのかを検討してみたい．

　統制は1937年9月の「臨時資金調整法」と「輸出入品等臨時措置法」から本格的に開始された．資金調整法の目的は資金の調整を通じて軍需産業に生産を集中させることであった．具体的には「資金調整標準に関する件」によって資金の用途や産業の分類が行われ，「事業資金調整標準」によ

　　　少となっている．その原因は1939年までは外国メーカーの組立台数の一部が国産大衆車として計上されたからである．詳しくは第6章で検討する．
　66)　原朗『日本経済史』放送大学教育振興会，1994年，pp.98-100．
　67)　中村隆英『日本の経済統制』日本経済新聞社，1974年，p.9．

って各産業に適用されることになった．まず，資金は（イ）事業設備の新設，拡張または改良に関する資金の貸付（ロ）社債の応募，引受または募集の取扱（ハ）会社の設立，資本参加，合併または目的変更，に使われるものに分類された．また，産業は，軍需との関係，国際収支改善との関係，現在の生産能力などの事情を考慮して，（甲）軍需に直接関係ある産業及びそれと密接な関係にある基礎産業（乙）甲及び丙に属さない産業（丙）生産力過剰産業・奢侈品産業，にそれぞれ分けられた．そして甲類については優先供給，丙類については原則的禁止，乙類は審査を経て資金供給を決定することになった．

　機械工業の中では金属工作機械・工具，球軸受と共に自動車が甲類に分類されたが，自動自転車は乙類，自転車は丙類となった．当初は自動車と一緒に甲類に属していた小型車は1938年初めの改正によって丙類に変わった[68]．

　「臨時資金調整法」が公布された同日，後のさまざまな統制法令の母体となる「輸出入品等臨時措置法」も公布された．同法は「輸入制限其ノ他ノ事由ニ因リ需給関係ノ調整ヲ必要トスル物品」については，「当該物品又ハ之ヲ原料トスル製品ノ配給，譲渡，使用又ハ消費ニ関シ必要ナル命令ヲナスコト」[69]が可能であり，臨時資金調整法同様に，輸入制限と国内物資の統制を通じて軍需生産への集中を目的としていた．

　自動車工業においては，1938年以降この法に基づいて次々と各種統制令・通牒が発せられた（表5-6）．これは，生産・販売・使用に関する統制，原材料に関する統制，企業整備に関するものに大きく分けられるが，とりわけ生産・販売・使用に関する統制によって軍事的な目的に適合しない部門が徹底的に縮小・禁止されることになった[70]．

　生産に関する統制は1938年8月の「原材料及原料の供給不足に依る自

　68）『自動車工業』1938年3月号，p.14．
　69）通商産業省編『商工政策史　第十一巻　産業統制』1964年，p.157．
　70）以下，自動車の生産・配給統制の中身については，岩崎松義『自動車工業の確立』伊藤書店，1941年，pp.310-314，349-351による．

第5章　自動車製造事業法と戦時統制政策による自動車工業の再編成　　239

表5-6　自動車工業における戦時統制令・通牒

分類	法律・通牒名	年月	担当	内容
生産・販売・使用統制	原材料及原料の供給不足による自動車工業の対策に関する件	1938年8月	商工省工務局	大衆車メーカーは貨物車生産に集中,小型車メーカーは乗用車生産を中止し,貨物車生産を抑制して大型車・兵器生産に転換すること
	石油消費規正に関する自動車の対策に関する件	1939年2月	燃料局,鉄道省監督局,内務省警保局	保有車種別に代替燃料への転換すべき比率を規定
	軍用自動車検査法	1939年3月	陸軍省	徴発のため,民間自動車の種類・性能を検査
	乗用自動車に関する供給制限に関する件	1939年5月	臨時物資調整局,商工省工務局	販売には商工大臣の承認が必要
	自動車の販売価格及販売条件に関する件	1939年5月	同	販売価格・条件の変更には商工大臣の承認が必要
	大型貨物自動車及乗合自動車の配給に関する件	1940年6月	商工省機械局	販売には商工大臣の承認が必要
	運送事業規則第4条の特例に関する件	1940年8月	鉄道省	自家用貨物車の変更・代替には地方長官の承認が必要
	小型自動車及電気自動車の配給に関する件	1940年11月	商工省機械局	販売には商工大臣の承認が必要
	貨物自動車用荷台の構造統一に関する件	1940年12月	商工省機械局,内務省警保局,陸軍省兵器局,鉄道省監督局	貨物車の荷台を6種に統一
原材料統制	鉄鋼配給統制規則	1938年7月	商工省	商工大臣の認定した団体以外には販売禁止
	自動車タイヤ・チューブ配給統制規則	1939年4月	商工省	ダイヤ・チューブの製造・販売には商工大臣の承認が必要
	自動車用鉄鋼の生産に関する件	1940年5月	商工省機械・鉄鋼局	日産・トヨタの所要鉄鋼には特別の考慮要
	自動車修理用部品資材の取扱の件	1940年5月	商工省機械局	修理用部品を日産とトヨタより配給
	自動車修理用部品配給統制規則	1941年5月	商工省	日本自動車部品工業組合聯合会,日本自動車製造工業組合が商工大臣の承認を受け,組合人に部品を配給
企業整備	機械鉄鋼製品工業整備に関する要綱	1940年12月	商工省	生産分野画定,下請工業整備
	自動車修理加工業整備に関する件	1941年4月	商工省機械局・振興部	全国統一的工業組合を通じて統制
	小型自動車部品工業整備に関する件	1941年8月	同	同
	自動車部品工業整備に関する件	1941年10月	同	同
	企業整備令	1942年5月	内閣	企業の設立・譲渡・廃止・合併などに関して命令可能
	自動車及同部品配給機構に関する件	1942年6月	商工省機械局	一手買取及び販売を行う日本自動車配給株式会社設立

出所：岩崎松義『自動車工業の確立』伊藤書店，1941年；同『自動車と部品』自研社，1942年；『モーター』各号より作成．

動車工業の対策に関する件」という商工省工務局長の通牒から始まる．自動車工業は39年から始まる物資動員計画と生産力拡充計画による重要15品目に含まれ，原材料・燃料が優先的に配給されていたものの，全般的な物資不足の影響から免れることはできなかった．そこで，最も軍需に近いトラックに自動車の生産を集中させるためにこの通牒が発せられたのである．

　ここではまず，トヨタ（豊田自動織機製作所から1937年8月に分離・独立）と日産に対してはトラックのみを生産すること，乗用車は軍の要請がある場合に限ってトラック生産に転換し難い手持ち原材料・部品を用いて生産することが命じられた．なお，日産に対しては小型車は貨物車のみ生産し，その数量も制限することという条項が付け加えられた．また，小型二輪・三輪・四輪車を製造していた27社に対しては事業を縮小すること，もっぱら貨物車を製造すること，今後大衆車あるいは兵器の部品製造に転換することが命じられた．この措置は，原材料の配給統制によって実行力が高まった．鉄鋼とタイヤ・チューブの配給は商工大臣の承認を受け，指定された団体にのみ販売することになったが，その際，トラックへの供給が優遇されたからである．

　生産に関する統制が一段落すると，1939～40年には配給統制が行われた．まず，普通乗用車に対しては39年5月に商工省工務局・臨時物資調整局第3部長より乗用車の製造・輸入・販売業者である18社宛てに通牒が発せられ，乗用車の販売を商工大臣の承認事項とした．すでに38年8月の通牒によって，国内製造業者による乗用車の生産は事実上禁止されていたので，この通牒の目的はフォードやシボレーの組立車と輸入車の販売制限にあったと思われる．普通トラック・バスの販売に対しても，40年6月から商工大臣の承認が必要となった．さらに，40年11月からは小型車の販売も統制されるようになった．

　以上のような配給統制の目的は，「乗用自動車に就ては供給の停止であり，大型貨物自動車，乗合自動車，小型貨物自動車のそれは配給の適正，特に優先配給制度を確保せんとする」[71]ことにあった．そして，その統制

は各種工業組合[72]を通じて行われた（表5-7）．

　事業法による許可会社であるトヨタと日産は1938年12月に日本自動車製造工業組合を結成し，鉄鋼などの原材料の配給統制を行った．小型車業者も39年に軽自動車工業組合を結成したが，40年6月に日本電気自動車工業組合と統合して日本第二自動車工業組合聯合会となった．

　この工業組合は自動車部品企業と修理業者の間にも組織されたが，そこには原材料の配給統制だけでなく企業整備の意味合いも含まれていた．この業種は，業者数も多く，小規模業者が殆どであったので，優良業者を中心に統合する必要があったからである．例えば，1940年12月の「機械鉄鋼製品工業整備に関する要綱」によって，自動車修理業，自動車部品業においても工業組合及びその聯合会が結成されたが，その場合，小型車部品は機械5台，職工数10人以上，普通車部品はそれぞれ10台・15人以上が組合員の資格基準となった．

　このように工業組合を通じた完成車・部品の配給統制が行われたが，その具体的な配給経路を鉄鋼のケースから見ると，日本鉄鋼製品工業組合聯合会（日工聯）→日本機械製造工業組合聯合会（機工聯），品種別工業組合聯合会（品種別工聯），新業種別工業組合聯合会（時局関係機器別工業組合聯合会：新業種別工聯），道府県工業組合聯合会（道府県工聯）→所属工業組合→各組合員となっていた[73]．

　ところで，1941年12月に自動車統制会が設立され[74]，従来自動車製造

---

71)　「本邦自動車工業の現況と其の整備の方向」『調査月報』（日本興業銀行），1942年7月号，p.63.

72)　もともと，工業組合は1925年の「重要輸出入工業組合制度」から始まる．この組合は粗製濫造であった輸出品の品質を統制し，「弱小中小企業を問屋制の下から解放し，商業的搾取にさらされないだけの資金力・技術力を身につけさせること」が目的であった．ところが，この制度は数次の改正を経て工業組合法になり，その主たる業種も輸出品に代わって機械・金属製品となった．とくに，38年6月の原材料の配給ルートとして工業組合を指定するという措置によって工業組合の数も急増した（長尾克子『日本機械工業史』社会評論社，1995年，pp.44-47）．

73)　同上，p.48-50.

74)　設立当時の自動車統制会のメンバーは，事業法の許可会社であるトヨタ・日産・ヂーゼル・車輪工業の4社に日本内燃機・川崎車輛（42年12月，脱退）を合わせた6社であった

表 5-7　戦時期における自動車工業関連団体の設立現況

団体名	年月	組合員	事業内容
機械工業鉄鋼配給会	1938年3月	時局関係の機器製造業者	
日本自動車タイヤ工業組合	1938年4月	ブリジストン，ダンロップ，横浜護謨	原材料配給，価格協定
日本自動車製造工業組合	1938年12月	日産，トヨタ	材料配給
薪炭瓦斯発生炉工業組合	1938年	商工省・農林省の試験に合格した業者	鉄鋼配給，製品検査，価格協定，協同販売
日本軽自動車工業組合	1939年7月	小型車業者	配給統制，価格統一
自動車認定部品工業組合	1939年10月	優良自動車部品及び自動車材料認定規則による認定業者	鉄鋼財配給・取締，製品検査，公定価格設定
日本電気自動車工業組合	1939年11月	電気自動車業者	蓄電池統制
日本自動車輸出組合	1939年11月	自動車・部品輸出業者	輸出価格・数量統制
全国自動車部品工業組合聯合会	1939年12月	自動車認定部品工業組合と5ヵ所の地域自動車部品工業組合	資材割当，需給調整，価格設定，材料指定
自動車タイヤ商業組合聯合会	1940年5月	地方の商業組合	配給・価格統制
日本第二自動車工業組合聯合会	1940年6月	軽自動車工業と電気自動車工業の統合	生産調節，原材料統制，販売先・価格統制
日本燃料器工業組合聯合会	1940年	代替燃料発生器業者	資材配給統制
日本アセチレン瓦斯発生炉工業組合	1940年	瓦斯発生器業者	鉄鋼，カーバイト消費統制
日本自動車修理加工工業組合聯合会	1941年10月	地方の工業組合	材料統制
日本小型自動車部品工業組合	1941年11月	工作機械5台，職工数10人以上の業者	材料統制，価格協定
自動車統制会	1941年12月	日産，トヨタ，ディーゼル，川崎，日本内燃機，車輪工業	生産，配給，原材料，資金・労力・燃料に関する計画
日本自動車部品工業組合	1942年3月	工作機械10台，職工数15人以上の業者	製品検査，資材割当，生産割当，規格統一
日本自動車配給株式会社	1942年7月	完成車・部品業者，地方の配給業者，運送業者	配給統制
日本小型自動車統制組合	1943年10月	小型完成車・部品業者	配給統制

出所：『モーター』各号より作成．

工業組合が担当した普通車の生産・配給統制はもとより，小型車や部品のそれもこの統制会によって一元的に管轄されることになった．さらに，42年7月には，自動車関係の生産・配給・使用業者による日本自動車配給株式会社が設立され，販売に関する一元的な統制が行われることになった．

以上の検討から明らかになったように，この時期の自動車の生産・販売は統制という，事業法の構想とは全く異なる方法の下で行われた．もちろん，事業法も市場に直接的に介入した政策ではあったが，外国メーカーの生産に上限を定めたこと以外は，あくまでも市場での競争を前提としていた．ところが，戦時統制は自動車の生産に必要な資金・原材料・部品の配給及び販売価格・販売先まで制限するものだったからである．また，1937年以降は，自動車の事業法に倣って製鉄・工作機械など他の工業でも事業法が制定されるようになるが，その部門では最初から生産・配給の統制を目的としたことが，自動車の事業法とは異なっていたと思われる．

こうした統制の結果，前掲表5-5に示したように，大型・中型トラック以外のすべての車種が衰退・停滞したのである．とくに，外国メーカーの場合は，外国為替管理法や輸出入品等臨時措置法の適用が強化されて組立用部品の輸入が制限され，さらに1940年8月からは本国への利益送金も不可能となったために，日本からの撤退を余儀なくされた[75]．一方，事業法の対象とならなかった中型トラックは，軍需の増加や軍の支援によって

が，その後統制会を通じた生産・配給の「一元的統制」を目指したため，各種車輛・部品・配給会社が加入することとなった．敗戦当時は，当初のメンバーにトラクター4社，電気自動車2社，日本燃料機，満州自動車製造，日本自動車配給，地域配給会社47社，日本自動車部分品工業組合（傘下137社），日本自動車車体統制組合（傘下78社），日本自動車修理加工工業組合（傘下47社），日本小型自動車統制組合（傘下61社）が加わっていた（U. S. Strategic Bombing Survey (Pacific), *Reports and Other Records 1928-1947*, roll 258）．

75) 通商産業省編『商工政策史 第十八巻 機械工業（上）』1976年，p. 422；尾崎正久『国産自動車史』自研社，1966年，p. 326．外貨不足に対処するために採られたこれらの政策はもちろん国産自動車の保護=外国メーカーの追い出し政策につながる面もある．しかし，これらの政策は，まず，自動車工業に限られた産業政策でなく，戦時経済統制政策であった．また，第6章で紹介する「委任製造」，国内メーカーとアメリカ・メーカーとの提携の動きがこれらの政策が採られた時期に見られた，ことなどを考えると，事業法の延長で，これらの戦時経済統制政策を位置づけることは適切ではないであろう．

この時期に生産が急増した．標準車や軍用車生産メーカーの東京自動車工業（37年4月に自動車工業と瓦斯電が合併）の工場は38年4月に陸軍の管理工場と指定されて資材の供給が保証されるようになり，41年3月にディーゼル・トラック専門メーカーとして事業法の許可会社となった[76]．

一方，大衆車は軍用トラックを中心に急増することになったが，その原因を統制のもとで生産・配給が優遇されたことだけに求めるのは不十分であろう．許可会社は統制を前提に参入したわけでもないし，中型車メーカーと異なってそれ以前の生産経験がないので技術的な問題も抱えていたと思われるからである．これについては次章で検討することとし，以下では国内自動車部門のうち，統制によって最大の打撃を被った小型車部門について見てみたい．

(2) 小型車工業の没落

この時期における小型車の車種別・メーカー別生産台数の推移は表5-8の通りである．ここからは，戦時統制が開始される1937年をピークとして，生産が急速に減少していくことが分かる．その原因は需要の減少ではなく，38年8月の通牒の影響によって「配給される鉄材料を聞くに，極めて少量で，到底事業を継続することが出来ない程」[77]であることにあった．

戦時統制の開始と共に小型トラックの需要はむしろ急増した．例えば，1938年末に小型車メーカーは資材難を予想して月賦販売の停止による販売の調整を図った．それによって，従来月賦による購入者の7割は購入を断念することが予想されたが，結果はそのほとんどが現金購入に代わったという．とくに，軍事工場への資材運搬・製品配給といった「時局需要」の増加が著しかったからであった[78]．

従って，小型車業者は「銃後の生産拡充に堰き止め難い程各方面から渇

---

76) いすゞ自動車『いすゞ自動車50年史』1988年，pp. 47-73.
77) 「戦時体制の自動車業界に及ぼせる影響」『モーター』1938年11月号，p. 36.
78) 大石三郎「小型自動車は果たして時局報国の価値なきや」『モーター』1938年12月号，pp. 36-38.

第5章　自動車製造事業法と戦時統制政策による自動車工業の再編成　　245

表 5-8　戦時期における小型車の車種別生産台数推移

車種	メーカー	車名	1936	1937	1938	1939	1940	1941	1942	1943	1944	1945
四輪	日産	ダットサン	6,154	8,353	6,426	1,938	1,267	1,309	845	294	9	
	ライト自工	ライト	35	82	84	38	60					
	高速機関	オオタ	26	960	955	277	112	81	65	39	46	31
	日本内燃機	くろがね	120	300	750	900	1,000	1,200	800	600	300	
	小計		6,335	9,695	8,217	3,153	2,439	2,590	1,710	933	355	31
三輪	発動機製造	ダイハツ	3,957	5,122	4,561	2,682	2,246	2,340	1,811	1,026	627	193
	東洋工業	マツダ	2,057	3,078	1,185	1,921	1,451	1,058	826	466	111	68
	日本内燃機	くろがね	1,693	1,786	898	568	1,800	1,000	1,027	737	600	119
	陸王内燃機	陸王	450	200	350	350	200	200	100			
	帝国精機	ヂャイアント	644	636	446	499	394	68				
	日本エヤーブレーキ	ツバサ	608	474	45	71	217					
	ホクソンモーター	ホクソン	70	64	65	31	28					
	日新自動車	ニッシン	134	182	70	85	120					
	山合製作所	国益	820	740	450	75	300					
	昭和自動車製作所	昭和		8	66	46	55					
	旭内燃機	イワサキ	800	1,200	1,000	300	300		32	15		
	水野鉄工所	ミヅノ	361	362	263	139	156		23	15		
	昭和内燃機	日曹	350	536	530	370	410					
	兵庫モータース	HMC	738	611	662	574	448					
	平野製作所	ヒラノ	12	105	13	434	47					
	モーター商会	MSA	146	132	81	49	80					
	小計		12,840	15,236	10,685	8,194	8,252	4,666	3,821	2,259	1,338	380
二輪	日本内燃機	くろがね	500	500	600	720	1,000	900	720	600	360	
	宮田製作所	アサヒ	307	924	644	312	130	195	131	31	3	
	陸王内燃機	陸王	550	900	950	1,150	1,705	1,501	1,338	1,334	666	127
	目黒製作所	メグロ		78	153	136	112					
	中川幸四郎商店	キャブトン	89	90	136	111	90					
	小計		1,446	2,492	2,483	2,429	3,037	2,596	2,189	1,965	1,029	127
合計			20,621	27,423	21,385	13,776	13,728	9,852	7,720	5,157	2,722	538

注：小計の合わないところがあるが，そのままにした．
出所：日本自動車会議所『調査月報』第4号，1947年4月．

望されてゐる小型自動車に対する統制も……当然多少の修正を加へるべき」[79]と主張するようになった．こうした小型車抑制政策不可論はすでに1937年末から出されていた．代用燃料奨励政策が採られたのに対して，東京交通記者倶楽部は37年12月の「液体燃料新政策決定要望意見書」を発表し，燃料節約のためにはバス・トラックに代用燃料を，タクシーに小型車を使うべきだと主張した．小型車に対する抑制政策に変更を求める小型

---

79) 同上，p. 40.

車業者の主張はその後も繰り返され，41年1月に日本軽自動車工業組合は建議書を提出し，既存自動車の代替には地方長官の許可を受けることにした40年8月の鉄道省通牒が実際には小型車の使用抑制となっているのでその是正を求めた[80]．小型車業界だけでなく，一般の自動車関係団体からも小型車への配慮を求める主張がなされた[81]．

　しかし，原材料の配給統制によって小型車の生産は減少を余儀なくされた．資材の配給を確保するために，小型車業者は1940年6月に日本第二自動車工業組合聯合会を組織するものの，自動車統制会の発足のときにその会員として加入することができず，原材料配給の面で統制会会員より不利であった．例えば，先述した鉄鋼の配給経路は統制会の設立後，鉄鋼販売統制株式会社が機械工業別統制会（産業機械，電気機械，精密機械，自動車，車輛），日本機械器具工業組合聯合会，鉄鋼製品工業組合聯合会に配給する仕組みに変わったが，自動車統制会が鉄鋼販売統制株式会社から直接に鉄鋼の配給を受けたのに対して，第二自動車工業組合聯合会は日本機械器具工業組合聯合会の傘下組織として，それを通じて配給されたのである[82]．

　資材の配給統制と共に，1941年からは戦時型標準小型車の試作による生産統制も試みられた．これは，当然のことながら，標準型を制定して小型車を育成させるためでなく，規格以外の車の生産を全面禁止させるためであった．この計画によって，41年4月に小型車試作専門委員会が設けられ，4種類の型式と試作会社が決定した（表5-9）．

　標準型の中には1930年代以降市場からほとんど姿を消していた350 ccの二輪車が含まれているのが注目されるが，これは陸王の大型二輪車と共にもっぱら軍用としての価値が認められたからである．この標準車は43年頃までに試作が完了し，44年から本格的に製造する計画だったが，「戦

---

80) 「小型自動車に関し当局に建議す」『モーター』1941年2月号，p.114．
81) 帝国自動車協会では，1939年に小型車製造・使用の奨励を企画院・陸軍省・商工省に建議した．また，この建議の中には，当時の大衆車は大きすぎるので，1,500 cc以下を標準型とすべきだという項目も含まれていた（『極東モーター』1939年2月号，p.125）．
82) 前掲『日本機械工業史』pp.78-80．

第5章　自動車製造事業法と戦時統制政策による自動車工業の再編成　　247

表5-9　戦時標準小型車の種類

名称	車種	排気量	気筒数	試作担当
A型	二輪車	1,300cc	2	陸王内燃機
B型	三輪車	650cc	1	発動機製造
C型	三輪車	700cc	2	日本内燃機，東洋工業
D型	二輪車	350cc	1	宮田製作所

注：1) B型とC型のシャシーは同一．
　　2) C型の場合，エンジンは日本内燃機，その他は東洋工業が担当．
出所：東洋工業『東洋工業三十年史』1950年，pp.168-169;
　　　岩崎松義『自動車と部品』自研社，1942年，pp.74-75.

況の重大化は各企業ともにその本格的な製造に乗出す余裕を与えなかった」[83]ため，陽の目を見ることはできなかった．

　標準車試作と共に小型車メーカーの整備も進められた．とくに，1942年5月に「企業整備令」が公布されてからは，小型車業者の間で自主的に統廃合の議論が進展した．その結果，40年12月に23にも達していた小型車業者の数は，43年3月までに三輪車4社（発動機製造，日本内燃機，東洋工業，帝国製鋲），二輪車2社（宮田製作所，陸王内燃機）に整備されることになった[84]．

　四輪車のほとんどを占めていたダットサンは，まず1938年8月の通牒によって乗用車の生産が事実上打ち切られた後，軍用に適合させるために1,000cc級のトラックを試作するもののうまく行かず，43年以降はトラックの生産も中止となった．三井の資本参加などによって小型四輪車の大量生産を試みた高速機関は，この時期には陸軍の要請によって立川飛行機の傘下に入り，航空機部品を製造することになった[85]．

　小型車の中で軍需との関わりが最も薄かった三輪車はより深刻な打撃を被った．企業整備の過程では三輪車メーカーの統廃合・転業が焦点となった．この結果，群小メーカーの整理に留まらず，大手メーカーも転業を余

---

83) 東洋工業『東洋工業株式会社三十年史』1950年，p.169.
84) 東洋経済新報社編『昭和産業史　第一巻』1950年，p.347；前掲『東洋工業三十年史』p.176.
85) 前掲『輜重兵史　上　沿革編・自動車編』p.610.

儀なくされた．第4章で触れたように，三輪車メーカーは1930年代初頭に金属・機械工業から参入したケースが多く，次第に三輪車の比重を高めていったものの，依然として元の業種にも関わっていた．そのため，戦時期には再び軍需用の機械・金属関係の生産に戻ることを強いられたのである．例えば，工作機械・工具を生産しつつも30年代半ば頃から三輪車が主力製品となっていた東洋工業の場合，この時期の主力製品は小銃が三輪車に取って代わった[86]．三輪車業界の最大メーカーとして各種小型エンジンの生産から始まった発動機製造も37年には小型四輪車を試作するなど小型車部門の拡張を試みたが，戦時期に入ってからは鉄道車輛機器部品に集中させられるようになった[87]．

ところが，小型車の全般的な衰退とは対照的に，軍用小型車を製造していたメーカーは，当然のことながら戦時期に入ってからも生産を増加させた．陸王内燃機と日本内燃機がそのケースである．とくに，日本内燃機は小型車メーカーとしては唯一，設立当時から自動車統制会に加入していた．同社は二輪・三輪・四輪の軍用小型車を生産し，1938年以降も生産が増加するものの，その増加の勢いも41年までしか続かなかった．同社については，戦時期自動車メーカーの「民軍転換」という観点から，第7章で改めて検討する．

小 括

以上の本文の分析から明らかになったことを，冒頭に掲げた問題意識と関連させながら簡単にまとめておこう．

外国大衆車との競争を避けて国産自動車工業を確立させようとした1930年代前半までの自動車政策は，「満州事変」を契機として大衆車の軍事的な価値を認識し，それを国内メーカーに生産させようとする陸軍の介入によって大きく変化する．そうした政策意図によって陸軍が商工省と共

---

86) 前掲『東洋工業三十年史』pp. 315-316；東洋工業『東洋工業五十年史 沿革編』1972年，pp. 95，119．
87) ダイハツ工業『六十年史』1967年，p. 39．

に制定させたのが自動車製造事業法であった．この法は外国メーカーの生産台数の増加を制限し，拡大するものと予想される市場においてある程度の国内メーカーの供給枠を確保しようとした．一方で，国内メーカーの参入をも制限して少数の許可会社に生産を委ねようとした．

そして，国産大衆車工業確立の方法は，許可会社に税制上の優遇など助成を行って外国メーカーと競争しながら漸進的に国内生産を増加させていくことであった．この構想では，外国メーカーを全面的に締め出すこともなければ，事業法の対象外だった小型車を抑制する意図もなかった．

しかし，事業法が実施されてから1年後に統制経済に変わり，事業法が前提としていた市場経済とは全く異なる形で自動車の生産・販売が行われるようになった．その結果，大型・中型トラック以外のすべての車種が減少し，外国メーカーは日本から撤退を，また小型車メーカーは軍需部門への転換を余儀なくされた．

要するに，事業法で大衆車工業の確立時期として想定していた5年後を待たずに大衆車の生産は急増したが，それは小型車のみならず大衆乗用車をも犠牲にして，資材の供給を大衆トラックに集中させてはじめて可能となった．事業法がこうした統制政策を前提として制定されたことではないだけに，以上のような結果は事業法の成果ではなく，統制政策の影響と見るべきであろう．

第6章　戦時期における国産大衆車工業の形成と展開

はじめに

　戦時期には統制政策によって乗用車や小型車は衰退していったが，大衆・中型トラックは成長の契機となった．とくに，それまで生産されなかった国産大衆車の生産増加は著しく，ピークのときは年間 3.5 万台にも達した．そして，大衆車メーカーのトヨタと日産はこの時期の経験もあって戦後に日本自動車工業の飛躍的な成長の主役となった．その意味で，この時期は日本自動車工業にとって戦前の到達点であると共に，戦後の出発点でもある．

　ところで，前章では自動車製造事業法の構想とは異なり，戦時期に入って輸入・資金・物資の統制によって外国車・小型車が撤退・抑制されたことを明らかにしたが，国産大衆車の急増がどのような過程を経て可能になったかについては解明されなかった．本章の課題は，それを明らかにすることである．

　これを解明するためには，まず統制政策によってどのような状況が作り出されたのかを検討する必要がある．というのは，自動車の中では大衆トラックが優遇されたとはいえ，自動車への物資割当は他の部門との関係，すなわち戦時経済全体の目標・運用方針によって決められるからである．また，その状況の下で大衆車メーカーがどのように対応していったのかを検討しなければならない．物資の優先配給という優遇措置によって大衆車の急増が直ちにもたらされたとは考えられないからである．なお，メーカーの対応を検討する際には，参入当時の事業計画を確認する必要がある．それによって，戦時期に入ってから計画の修正や対応の変化が一層明らか

になると思われるからである[1].

以上のような問題意識のもとで，本章ではまず，①事業法の制定過程から日中戦争勃発前に至る事業法制定前後（1936年度～37年度上半期），②戦時期に入って「生産力拡充計画」によって設備拡充が行われる設備拡張期（1937年度上半期～39年度），③生産能力内での生産増加が求められる生産拡大期（1940年度～43年度）に時期を分け[2]，事業法期における当初の大衆車工業確立構想が戦時期に入ってどう変化していくのかを検討する．

次に，これらの各時期について，事業法による2許可会社のうちの1社であるトヨタ自動車工業（以下，トヨタと略す）[3]を取り上げ，原価問題と技術問題を中心にメーカー側の対応を検討する．外部環境がトヨタに求めたものは時期によって変わっていき，トヨタは資金と部品の調達方法，設備の規模と構成などの変化によって対応を模索するが，そうした対応はつまるところ上記の二つの問題に帰するものと思われるからである．

なお，本章では戦後との関連を念頭に置きながら分析を進めていきたい．そのため，この時期の到達点を確定することに留意し，「大量生産体制」の確立程度を指標とした評価を試みる．この基準を指標とするのは，戦時期には国際競争力が消失して価格やコストに関わる国際比較が到達水準を論じる基準たり得なくなったからである．それだけでなく，戦前・戦後の日

---

1) 大衆車メーカーの参入過程を考察した，宇田川勝「日産財閥の自動車産業進出について（上）（下）」『経営志林』（法政大学），第13巻第4号～第14巻第1号，1976～77年と四宮正親「戦前の自動車産業——産業政策とトヨタ」『経営学研究論集』（西南学院大学），第3号，1984年は，参入の動機や方法に対する分析が中心であり，事業計画に関しては十分な検討が行われていない．

2) 戦時動員体制全般に関する時期区分である「生産力拡充期」（1937年度～40年度），「生産拡充期」（1941年度～43年上半期）と比較した場合，本章の時期区分は生産力拡充期（設備拡張期）が39年度までである点で異なる．「生産力拡充」，「生産拡充」そして1943年度下半期以降の「生産増強」の概念については，原朗「太平洋戦争期の生産増強政策」近代日本研究会編『近代日本研究 9 戦時経済』山川出版社，1987年，p.232を参照．

3) 当時トヨタのトップマネージャーであった豊田喜一郎（1937年取締役，39年副社長，41年社長）の書いた記録がまとめられ，戦時期におけるトヨタの対応を分析できるようになった（和田一夫編『豊田喜一郎文書集成』名古屋大学出版会，1999年．以下『豊田文書』と略す）．

本では自動車工業の確立のためにはこの大量生産体制が最も重要であると認識されていたからでもある．実際に，トヨタが原価・技術問題の解決手段として考えたのもそれであったし，戦後の日本自動車メーカーがアメリカ・メーカーへのキャッチ・アップを掲げたときにも，その目標はアメリカの大量生産体制であったのである．

ところで，1910年代に確立したアメリカの大量生産体制とは，第1章で述べたように，単なる大量の生産という意味に止まらず，その大量の生産を可能にするシステムそのものという意味合いを有していた．そのシステムの条件としては，大量の需要だけでなく，部品及び関連工業のバックアップ，独特な工程管理が必要となっており[4]，さらにその前提には製造技術の「標準化」が存在していた．こうした条件を欠いていた参入当時のトヨタが原価節減と技術改善という目標を追求していく過程で，大量生産をどう理解し，いかなる解決を模索したのか，またどこまで解決できたのかを検討する．

1. 自動車製造事業法制定前後（1936～1937年度上半期）

(1) 事業法における大衆車事業計画

事業法の制定から許可会社の選定に至るまでの過程については前章で触れたが，ここではそこで立ち入って分析しなかった事業法の構想やトヨタの事業計画を検討してみよう．商工省は1936年5月に事業法案が議会で審議される前に，そこでの答弁資料を作成するために，外国車と競争できる水準の生産規模をトヨタと日産に検討させたようであるが，トヨタはその水準を月産1,500台と想定した[5]．

---

[4] アメリカ自動車工業の大量生産における関連工業の重要性については大東英祐「アメリカにおける大量生産システムの形成基盤」東京大学社会科学研究所編『20世紀システム2 経済成長Ⅰ』東京大学出版会，1998年を，また，工程管理の革新性については，塩見治人『現代大量生産体制論』森山書店，1978年，第5章を参照．

[5] 「現在外国ヨリノ大衆車（部品——引用者）輸入ハ年約二万台ト見做スモ将来益増加ノ状態ナリ，故ニ現在能力月産五〇〇台年六〇〇〇台ニテハ自動車工業確立困難ナリ故ニ最低

より具体的な構想は，1936年7月にトヨタが許可会社を申請する際に提出した資料に現れている[6]．そこでは，事業法の趣旨である外国車の駆逐のためには技術，価格，多量生産の3つの条件が必要であるが，まず技術に関しては，トヨタは過去3年間の経験によって自信を得ており，外国車並みの性能を持つ車の製造が可能であると主張した．価格については，月産1,500台水準に達すると，現在の外国車と同様の販売価格とすることができると主張した．その根拠を示すために，乗用車における月産200台，500台，1,500台の場合の原価予測が提示された．また，多量生産は結局資金調達問題と見なし，当時の生産能力である月産500台から1,500台に増産するためには950万円の資金が必要であると見積もった．その資金は「増資の形式を採ることは経営者の立場上思ひ切って車の値段をさげ外車を駆逐するには不利」なため，借入金によってまかなう計画であった[7]．

こうしたメーカーの申請書に基づき，商工省はより計画を具体化させた上で，1936年9月に第1回自動車製造事業委員会にこれを提出した[8]．委員会の検討を経て日産とトヨタが許可会社として認められる基礎となったこの資料では，日産とトヨタの生産及び生産能力が表6-1のとおり想定されていた．トヨタの場合，最終の生産能力が月産2,000台となり，申請書の計画より500台の増加となった．そのため所要資金も1,500万円と増加し，調達方法は借入金1,120万円，増資300万円及び豊田自動織機からの

月産一五〇〇台即チ年産一八〇〇〇台ヲ目標ニ標準ヲナス」（「株式会社豊田自動織機製作所自動車部ニ関スルモノ」昭和11年5月『自動車工業（特別資料）』（『商工政策史編纂室資料』うち，小金義照寄贈文書，以下『小金文書』と表記する）．

6) 「自動車工業法案許可申請ニ就テ」昭和11年6月『自動車工業（特別資料）』（『小金文書』）．

7) 要するに，ここでは低価格策定のため株式より借入金による資金調達方法を選んだとしている．しかし，その選択はむしろ株式公開によって発生しうる，外部からの経営支配を避けるためという，豊田紡績からの「伝統」によるものであったと思われる．後述するように，後になると株式による資金調達も増加するが，その際にも経営権の維持が前提となっていた．

8) 「自動車製造事業許可申請ニ関スル一般資料」，「株式会社豊田自動織機製作所ニ関スル資料」，「日産自動車株式会社ニ関スル資料」．いずれも昭和11年9月8日『自動車製造事業委員会資料』（『小金文書』）．

第6章 戦時期における国産大衆車工業の形成と展開

表6-1 トヨタ・日産の大衆車製造計画

単位：台

		1936年7〜12月	1937年	1938年	1939年	1940年
トヨタ	乗用車	150	2,500	5,000	8,000	8,000
	トラック	700	2,500	5,000	7,000	7,000
	バス	150	1,000	2,000	3,000	3,000
	合計	1,000	6,000	12,000	18,000	18,000
	製造能力	5,000	8,500	20,000	24,000	24,000
日産	乗用車	0	2,500	6,000	10,000	15,000
	トラック	0	2,000	4,000	6,500	10,000
	バス	0	1,500	2,000	3,500	5,000
	合計	0	6,000	12,000	20,000	30,000
	製造能力	10,000	20,000	24,000	30,000	50,000

出所：「株式会社豊田自動織機製作所ニ関スル資料」，「日産自動車株式会社ニ関スル資料」昭和11年9月8日『小金文書』．

　流用金80万円となった．このうち借入金は興業銀行から1,000万円，残りは現在の借入先（住友，第一，三菱）あるいは三井銀行から調達することになっていた[9]．

　以上のように，事業法の構想はトヨタと商工省の間で行われた検討作業を中心として具体化された[10]．その構想の最大の特徴は，外国車との競争が可能になる安価な車を製造することこそが，大衆車工業確立の条件であると判断したことである．この考え方はそれまでの自動車政策の経緯と，なによりも当時の自動車市場の実態から経験的に学んだものであった．すなわち，品質がさほど問題とされなかった中型車の実績が振るわなかった

---

9) 借入先として興業銀行・三井銀行が具体的に明示されているのは，商工省から何らかの保証があったことを反映していると思われる．とくに，事業法の成立後に大衆車に参入しようとした三井の計画に反対した陸軍は，その代わりにトヨタへの投資を求めたことがある（「三井合名南条金雄氏トノ対談要旨」昭和11年6月24日『自動車製造事業委員会資料』（『小金文書』））．

10) 日産も同じ計画を出してはいるものの，具体性に欠けていた．それは，日産の場合，GMとの提携交渉が決裂してから大衆車への独自参入を決定したため，この時期にはまだ大衆車事業の準備が整っていなかったからであると思われる．しかし，より根本的な理由は，この時期に日産は依然として小型車との並行生産を図っており，トヨタと異なって，その小型車生産の経験を通じて日本国内における大衆車の大量生産に対する技術能力を懐疑的に見ていたからと考えられる．なお，表6-1に見られる日産の大規模な計画の根拠は示されていないが，資金調達方法は主に株式の公募によるものであった．

反面[11]，低価格を売り物とした小型車の増加は著しかったからである．

　一方，技術（性能）は十分な水準に達しているという認識が事業法の構想の前提となっていた．従って，構想段階では，主に自動車部品に関する技術問題が考慮されるに留まり，自動車部品工業の生産額が1930年代に入って急増したことと，フォード・GMへ納入している部品が多数あることが確認されたにすぎない[12]．その他，関連工業の技術については，工作機械の長期間の輸入はやむをえないと認めたものの，材料は1～2年の短期間に国産品への代替が可能と判断した[13]．

　このように技術が外国メーカーに劣っていないと判断したため，安価な車の製造いかんはその生産規模によるものと見た．また，その価格水準を現存する外国車の価格をターゲットとしたため，外国車との価格競争のためには，少なくとも当時外国メーカーの日本国内での生産能力だった月産1,500台水準を目標としなければならなかったのである．

　次に，こうして製造された国産大衆車がいかにして販売されるのかが問題になるはずであった．事業法によって外国車の生産拡張は禁止されたものの，年間2.2万台程度の枠は認められた．1935年の大衆車市場規模が3.3万台であったことを考えると，市場が拡大しなくても国産車には1万台程度の販路が保証されていたと言えるが，国産車の製造予想台数は38年からすでに2万台を超えていた（前掲表6-1参照）．

　ところが，事業法の構想段階でこのギャップはあまり重要視されず，議会での討論過程では市場の拡大や伝統的な国産品奨励による効果を期待するのに留まった[14]．国産車の生産増加のために外国車の枠をさらに削減し

---

11)　もちろん，国産中型車（標準車）の性能問題は，事業法案が議会で討論されている際に，事業法が時期尚早論であるとの根拠の一つとして指摘されている．もっとも，標準車政策の失敗の根本的な原因は性能より高価格にあったということは一般的に認められていた．

12)　「本邦自動車部品工業ノ趨勢」昭和11年5月，前掲『自動車工業（特別資料）』；前掲「自動車製造事業許可申請ニ関スル一般資料」．もちろん，外国車への納入部品は汎用性の高い修理用部品が中心であったが，組立用の核心部品も1918年の「軍用自動車補助法」以来の部品メーカーの成長によって十分製造可能であると判断したようである．

13)　商工省工務局「自動車製造事業法案提案理由説明」昭和11年5月3日『自動車工業法案』（『小金文書』）．

たり，直接に国産車の購入を強制するなどの政策は意図されていなかった．この方針は事業法の実施後も変わらなかった．例えば，1937年中の大衆車の需給予想によると，外国車は5年後までに年間2.5～2.8万台を予想しており，これに国産大衆車の製造予想台数を合わせた供給台数は予想需要を大幅に超過した（後掲表6-2）[15]．しかし，その対策として講じられたのは，自動車税の軽減，自家用車の普及促進などの市場拡大政策と営業用車・官庁用車の国産車使用勧誘，輸入制限などの間接的な国産品保護政策に留まっていたのである[16]．

(2) 事業法制定後のトヨタの事業計画

次に，事業法制定前後のトヨタ自らの構想を検討してみよう．先述したように，トヨタは月産1,500台計画を提出して許可会社として認められた．ところが，この生産規模は，外国車並みの製造原価を達成して収益を実現するための手段であり，それ自体が目的ではなかったことに注意する必要がある．言い換えれば，外国車の原価あるいは販売価格が上昇すれば，目標とする生産規模も変更されうる可能性が潜んでいたのである．

豊田自動織機から分離独立した新会社の設立や挙母工場の建設を計画する1937年初め頃になってこの可能性が現実化した．まず，トヨタは当時のシボレー・トラックの卸売り価格を2,800円，その原価は2,400円と見て，外国車より安く販売するという方針によって卸売り価格の目標を2,400円とした．その上で，実績の原価計算に基づき，月産500台の生産規模になると2,140円の原価で製造できると予想した．将来的に当初の目標だった1,500台に増産する必要は認めたものの，その理由は外国車並みの原価の達成ではなく，1台当りの収益を増大させるためであった[17]．こうした計

---

14) 小川郷太郎商工大臣の答弁（「自動車製造法案委員会速記録」『旬刊モーター』1936年7月25日）．
15) 商工省工務局「産業五ヶ年計画」昭和12年4月，原朗・山崎志郎編『生産力拡充計画資料』第1巻，現代史料出版，1996年．
16) 商工省「自動車五ヶ年計画ニ関スル方策乃至組織」昭和12年8月『国策研究会文書』Ca：17：12．

算を根拠に，500台生産を前提として新会社を設立する計画を立てた[18]．また，挙母工場では38年9月から月産1,000台の生産を開始し，月産1,500台の生産は39年4月から行う計画であった．月産1,000台の挙母工場を建設するための1,000万円の資金は借入金によって調達しようとした[19]．

以上のように，トヨタが1937年初め頃に月産500台体制を整備した上で，1,000台体制を経て目標の1,500台体制までに段階的に拡張させていく構想を持つようになったのは，販売への危惧が残されていたからであった．それだけでなくトヨタが株式による資金調達を回避しようとする経営方針を持ち続けていたことも[20]，設備拡張投資を慎重にさせた原因と思われる．というのは，この方針にこだわる限り，資金は借入金に頼るしかないが，急激な増設による多額の借入金は原価に影響を与えることになるからである．

しかし，商工省は許可時点の計画と異なるこうした変更を認めず，トヨ

---

17)「原価計算ト今後ノ予想」1937年2月推定『豊田文書』pp. 181-193．ただし，事業法制定段階においてシボレー・トラックの原価は1,600円（卸売り価格2,500円）あるいは1,828円（同2,589円）とされていた（「定価」昭和11年5月6日，前掲『自動車工業（特別資料）』；前掲「自動車製造事業許可申請ニ関スル一般資料」）．設備規模の計画に大きく影響するこの原価の差がなぜ生じたのかは判明しないが，その理由としては1936年の推計が正確なものではなかったこと，あるいはGMの原価水準を訂正するような状況の変化が37年に発生したことが考えられる．前者は，そもそもGMの原価というのは正式に公表されたものでなく，販売台数，代理店販売価格，利益から推論したものにすぎなかったからである．これは両時期の販売マージンの差が大きいことからも窺われる．後者は，37年初め頃に自動車部品関税の大幅な引き上げが予想されていたため（実際の公布は37年3月，実施は同年8月），それを考慮して原価推計を訂正した可能性があるからである．

18) 原価計算と同時作成されたものと推定される文書によると，新会社は1,200万円の株式会社とするが，そのうち700万円の豊田自動織機の既存投資を現物出資することとし，残り500万円を外部より調達しようとした．すなわち，挙母工場の建設資金調達計画は含まれていなかったのである（「新会社ノ株式」1937年2月推定『豊田文書』pp. 178-180）．

19) 前掲「原価計算ト今後ノ予想」p. 191．

20) 先述したように，事業法への許可申請書では株式による資金調達計画はなかったこと，1937年初めの新会社の設立計画でも株式による資金調達の理由を「豊田一家のみの資本を以て本事業を独占的に経営する事は世界非難の的となり勝ち」（前掲「新会社ノ株式」p. 180）としたことからも，これが窺われる．

タに対して当初の計画通り挙母工場の生産開始時点で月産1,500台規模とし，速やかに2,000台への設備拡張を行うように要求した[21]．従って，トヨタは新会社の設立計画を大幅に変更せざるを得なくなった[22]．すなわち，新会社の資本金は3,200万円（第1回払込み2,400万円）とし，その中の1,800万円（払込み1,350万円，既存投資分の現物出資）は豊田自動織機が，残り1,400万円（払込み1,050万円）は外部からの公募によって調達することになった．この1,050万円に1,500万円の借入金を加えて，月産1,500台の挙母工場建設資金とすることになった．すなわち，もとの計画より拡張が繰り上げられ，株式による調達額も多くなったが，株式の公開を「本事業に理解のある諸賢にのみ」[23]に限定して，経営権を維持しようとする方針は変わらなかった．

　以上のようにトヨタは参入当時から安価な製造を最大の目標として掲げたが，その戦略は実際の生産にどう反映されたのか．1937年半ば頃の刈谷工場には製鋼，鋳物，アクスル，プレス，工作機械の製作工場と，組立，ボディ，塗装，内張，鍍金，検査工場を設けており，主要部品の製造から組立までの一貫製造設備を有していた．その中で最も力を入れたのは鋳物と機械加工工場であり，鍛造とプレスの設備は少なかった[24]．要するに，技術は1台の自動車を一貫生産することに力点が置かれ，大量生産のための技術には相対的に関心が薄かったのである．

　これは技術よりは原価を重視するトヨタの方針に基づいたものでもあった．すなわち，トヨタは可能な限り部品メーカーを利用しながら，部品メ

---

21)「商工省にては極力増産の急務なるをしゅちょうし，吾々が計画中なる次期増産一千台までの計画を以ては物足りない，直ちに千五百台からすぐ二千台までの計画をなす可しと，命令的に吾々にせまられる」（「自動車製造部拡張趣意書」1937年春頃推定『豊田文書』p. 203）．

22) このようにトヨタが商工省の増産要求に従ったことについて，商工省の「強引な圧力に屈した結果」（中岡哲郎『自動車が走った　技術と日本人』朝日新聞社，1995年，p. 51）と解釈するのは，許可申請の際にトヨタ自身が提出した規模を考えると，一面的な評価であろう．

23)「豊田自動車製造株式会社設立趣意書」1937年6月推定『豊田文書』pp. 205-206．

24)「トヨタ自動車躍進譜」1937年7月『豊田文書』pp. 110-170．

ーカーが製造できない品目を内製する方針であったため，鍛造加工は当時すでに広範に存在していた部品メーカーに頼ることになったのである．また，当時の月産400台程度の生産では大型プレスを設けるのはコストの面でむしろ不利だったため，ボディ製作を「プレス操作に手工業を加味」[25]することとし，そのプレス加工も外注したのである．

また，この時期の生産方法については，シリンダーブロックの加工，フレームとシャシーの組立，内張工程ではコンベアによる「流れ作業」が行われていたという[26]．ただし，ここで流れ作業というのは工程順の作業方式あるいはコンベアによる移動を意味していた．すなわち，作業時間をコントロールするためでなく，加工順序の確定と運搬上の便宜を図るためという意味合いが強い．これは当時の生産規模ではむしろ当然のことであったと思われる．

それにも拘わらず，トヨタが以上のような設備と生産方法についても「流れ生産」と規定したのは，当時の「大量生産」に関する考え方を反映しているように思われる．1920年代の合理化運動の中で生産方法の改善策として大量生産方式が注目されることになったが，日本においてその運動はアメリカよりドイツの影響を強く受けた．そのドイツでは，生産量の多少に拘わらず「材料が加工されて製品となるまでの仕事即ち製造工程がある程度まで一貫して水の流れるが如く淀みなく進行する製造法式」が流れ生産であり，フォードの大量生産は大量の需要がある場合の流れ生産として見なしていたのである[27]．

ただし，流れ生産による効率的な生産を実現させても，大量生産品との原価の差は避けられない．にも拘わらず，月産500台程度の規模でも原価の面で外国車と競争できるとトヨタが予想したのは，賃金水準と工場管理

---

25) 「プレス操作に手工業を加味」1936年6月5日『豊田文書』pp. 88-90.
26) 前掲「トヨタ自動車躍進譜」pp. 146-162.
27) 鈴木久蔵『流れ作業』日東社，1930年，pp. 1-4. 1920年代のイギリスにおいても，大量生産 (mass production) と流れ生産 (flow production) を区別し，流れ生産は生産量の多少を問わず，工程間の有機的な関連が重要であるという見解があった (Frank G. Woollard, *Principles of Mass and Flow Production*, Iliffe, 1954).

方法に期待していたからである．すなわち，賃金がアメリカの1/7である労働力の多量投入や女工の多数採用など紡織機会社経営の経験を活かすことで，設備規模の格差による直接製造費の差はカバーできると見たのである[28]．

2. 設備拡張期（1937年度下半期～1939年度）

(1) 生産力拡充計画における大衆車の生産目標

　事業法による大衆車工業の確立構想は，日中戦争の勃発からはじまる戦時経済統制によって大きく変わっていく．この戦時期の大衆車の生産目標は「生産力拡充計画」によって定められることになるが，その計画による大衆車需給予想の変化は表6-2の通りである．

　1937年4月に商工省が作成した計画では，事業法の構想を前提とした「産業五ヶ年計画」より軍需を考慮した分の需要増加を予想したが，40年までの生産計画の変更は見られなかった．ところが，戦争勃発後の同年9月に作成された計画では需要の見込みが更に拡大し，生産の拡大も予定されることになった．

　その後，1937年10月に企画院が設置されてからは，輸入力配分に基づいた物資動員計画と調整しつつ計画を作成することになり，38年3月の「生産力拡充計画大綱」では計画規模が前年のものより縮小された．もっとも，41年度の生産能力目標8万台は事業法の構想水準よりは拡大した規模であった．この目標達成のためには「自動車特ニ国産自動車ノ普及徹底ヲ図ル」必要性が強調されたが，その手段は従来のものとほぼ変わらなかった[29]．

　ところが，この計画を支える輸入力が早くも破綻したため，当初の計画

---

28) 前掲「自動車製造部拡張趣意書」pp.198-200．紡織機製造においては機械段取りの改造によって，「三割近き女工を使用することを得」たという．

29) 生産力拡充委員会「生産力拡充計画　大綱」昭和13年3月，前掲『生産力拡充計画資料』第2巻．

表 6-2 生産力拡充計画における大衆車の需給予想の変化

単位：台

作成年月	立案機関	計画名		1937	1938	1939	1940	1941
1937 年 4 月	商工省工務局	産業 五ヶ年計画	需要	35,400	38,300	41,400	44,600	48,200
			国産車生産	13,250	22,700	36,250	53,800	55,350
			外国車生産	24,830	25,830	26,830	27,830	27,830
1937 年 4 月	商工省工務局	生産力拡充 五ヶ年計画	需要	35,400	39,800	54,800	71,100	85,300
			国産車生産	13,250	22,700	36,250	53,800	90,000
			外国車生産	24,830	25,830	26,830	27,830	—
1937 年 9 月	商工省工務局	生産力拡充 五ヶ年計画 （未定稿）	需要 A	37,800	47,200	59,600	77,200	100,000
			生産 B	9,600	22,400	44,000	68,000	100,000
			A－B	28,200	24,800	15,600	9,200	0
1938 年 3 月	生産力拡充委員会	生産力拡充 計画大綱	生産能力					80,000
1938 年 11 月	生産力拡充委員会	生産力拡充 計画査定表	需要		53,500	45,000	65,000	80,000
			生産		20,000	45,000	65,000	80,000
			輸入		33,500	0	0	0
1938 年 12 月	商工省臨時物資調整局	生産力拡充計画査定案に関する意見	需要		58,000	75,000	75,000	80,000
			生産		15,000	40,000	65,000	80,000
			輸入		19,500	15,000	10,000	0
1938 年 12 月	生産力拡充委員会	重要産業生産力拡充四年計画	生産		15,700	45,000	65,000	80,000

注：「生産力拡充五ヶ年計画」と「同（未定稿）」の需給予想には甲乙の 2 種類があるが，ここでは戦時需要を考慮した乙表による．「生産力拡充五ヶ年計画」の需要と生産は日本国内のみ，「同（未定稿）」の需要には満州への輸出分を含む．
出所：『生産力拡充計画資料』第 1 巻，第 2 巻．

は修正を余儀なくされた．自動車の場合には甲（軍用車，貨物車）と乙（その他の自動車）に分けて，甲に属するもののみを優先的に拡充させる方針が採られた[30]．これに沿って，前章で述べたように，38 年 8 月に商工省は「原材料及原料の供給不足に依る自動車工業の対策に関する件」という通牒を発し，トヨタと日産に対しては貨物車のみを生産することを命じたのである．

生産力拡充計画は 1938 年 12 月になって漸く「重要産業生産力拡充四年計画（日本の部）」としてまとめられた．これによって 41 年度までの目標が確定すると，次は単年度ごとの実施計画の立案がはじまったが，ここで

---

30) 臨時物資調整局「物資動員計画ノ修正ニ伴フ生産力拡充計画再検討ノ件」昭和 13 年 6 月 2 日，前掲『生産力拡充計画資料』第 2 巻．

第6章 戦時期における国産大衆車工業の形成と展開

も資材供給が躓きの原因となり，39年9月に決定された39年度実施計画における大衆車の生産目標は，当初の4.5万台を大きく下回る2.8万台（内トヨタは1.35万台）に縮小された[31]．要するに，実施計画段階における生産力拡充計画は，他の車種を抑制したうえでなお，事業法が想定した大衆車生産目標を下回る水準に留まったのである．

以上の過程で，国内の他の車種メーカーだけでなく外国メーカーも深刻な打撃を受けた．もっとも，それは政府の直接的な「追い出し」政策によるものでも，関税の引き上げ[32]と為替レートの下落による競争力の悪化のためでもなく，外国為替管理法や輸出入品等臨時措置法によって組立用の部品輸入と利益の本国送金が不可能になったためである．結局，1939年以降には日本での生産中止を余儀なくされたが，この時期は軍需を中心として需要が急増しており，トヨタと日産の生産体制がまだ軌道に乗っていない状態であったため，外国メーカーの供給能力を利用しなければならなかった．そこで，民間から大量の徴発を行う一方で[33]，外国メーカーには「委任製造」という変則的な措置も採らざるを得なかったのである[34]．

以上から明らかなように，この時期の計画と事業法構想との間の最大の

---

31) 「昭和十四年度生産力拡充実施計画」昭和14年9月，前掲『生産力拡充計画資料』第3巻．
32) 関税定率法の一部改正により，1937年8月から完成車は50％から70％（日仏協定税率は35％から49％），部品は従価に換算して42％から60％，エンジンは従価に換算して35％から50％にそれぞれ引き上げられた（大蔵省税関部編『日本関税税関史 資料Ⅱ』1960年）．
33) 1937年中に民間から徴発されたトラックは6,000台であった．戦時中の最大規模の徴発は41年の1.8万台であり，31～44年までの総数は29,470台であった（United States Strategic Bombing Survey (Pacific), *Reports and Other Records*, roll 258. 以下USSBSと略す）．
34) 「委任製造」とは，実際には外国メーカーが組み立てた車を，国内メーカーが部品を輸入して外国メーカーに組立を委任させたものとして取り扱う方式である．要するに，事業法で定められた外国車の枠を守りつつ，供給不足を埋めるために取られた措置であった．この方式によって，日産とフォードの間には1937年8月～10月に2,800台，39年4月～40年3月に5,000台のフォード車が組み立てられた（『日産自動車三十年史』1965年，pp. 77-78）．時期は不明であるが，トヨタとGMの間でも同方式によって5,000台の組立が行われたという（自動車工業振興会『日本自動車工業史行政記録集』1979年，p. 43）．

変化は，もはや大衆車における価格の高低は問題になり得なくなり，軍用に必要な性能を備えた生産量の確保こそが重視されることになったことである．こうした変化はトヨタにいかなる影響を与え，またトヨタはどう対応していったのであろうか．

(2) 過剰投資と原価問題

　日中戦争の勃発による環境の変化によって，当初の予定より繰り上げられて1937年8月に設立された新会社（トヨタ自動車工業）の資本金は1,200万円（払込み900万円）となったが，その内豊田自動織機の現物出資が675万円であり，残り225万円も豊田系関係者及び新会社の役員に受け持たされた．前節に紹介した当初の計画よりも資本金が減少したため，借入金が2,500万円と当初より増加した．こうした資金調達方法の変化がなぜ生じたのかについては不明であるが，結果的には37年初頭の方針通り，株式による外部資金導入は避けられることになった．借入金はシンジケート融資団（興銀，三井，三菱，第一，三和，三井信託，三菱信託）によって調達した[35]．

　そして，1938年9月までに月産1,500台の設備拡張が完了すると，ただちに月産2,000台の拡張計画に着手した[36]．これに必要な資金調達のため，同年10月にシンジケート団から500万円の追加借入を行うとともに[37]，資本金を3,000万円に増資した．その払込額は同年12月〜39年10月まで

---

35) 保坂光儀「挙母工場の生産能力等について」『トヨタ博物館紀要』No.4，1997年，pp.33-34（原資料は『名古屋新聞』1938年10月4日付）．また，この借入金は，後掲表6-5の項目から判断すると，支払手形の形式で調達したようである．

36) トヨタ自動車『トヨタ自動車30年史』1967年，p.130によると，この時期の拡張目標は月産3,000台となっているが，1937年当時における39年までの目標は月産2,000台であったし，実際に達成されたのもその規模であった．従って，この記述が正しいのなら，先述したように生産力拡充計画が作成されていた38年には3,000台までの増産を要求され，それに基づいて計画が検討されたが，その後に資材の入手難から計画が縮小された可能性がある．

37) 前掲，保坂光儀「挙母工場の生産能力等について」p.34によると，3,000万円までの融資が最初からの予定額であった．また，後掲表6-5によると，39年9月までにさらに580万円を借り入れたようである．

第6章 戦時期における国産大衆車工業の形成と展開

表6-3 トヨタにおける設備拡充計画の推移と結果

		計画				結果
		1936年9月	1937年春	1937年6月	1937年8月	1939年10月
拡張完了・設備規模		1939年・月産1500台	同左	1939年・月産2,000台	同左	月産2,000台
操業開始・設備規模		1938年・月産1,000台	同左	1938年・月産1,500台	同左	
操業開始までの所要資金		1,500万円	1,500万円	2,550万円	2,725万円	
資金調達方法	資本金	300万円	500万円	1,050万円	225万円	1,425万円
	借入金	1,120万円	1,000万円	1,500万円	2,500万円	3,750万円
借入金の返済期間		1941～43年度	1939～41年度	1940～42年度		

注：1) 1936年9月の資金調達にはその他豊田自動織機からの流用金80万円がある．
　　2) 計画の所要資金と調達方法は操業開始時点までのもの．
　　3) 資本金は払込額基準で現物出資分を除いたもの．
出所：1936年9月は「株式会社豊田自動織機製作所ニ関スル資料」；「自動車工業法案許可申請ニ就テ」．
　　　1937年春は「新会社ノ株式」；「原価計算ト今後ノ予想」；「自動車製造部拡張趣意書」．
　　　1937年6月は「豊田自動車製造株式会社設立趣意書」．
　　　1937年8月は『トヨタ自動車30年史』p.99；「挙母工場の生産能力等について」．
　　　1939年10月の結果は「今後ノ経営方針」；『トヨタ自動車30年史』p.131より作成．

の間に1,200万円に達し，これらの資金で39年中には機械工場を筆頭に鋳物・鍛造・組立の各工場を拡張し[38]，完全ではないものの月産2,000台の生産能力を有するようになった（表6-3）．

このような急激な設備拡充は経営構造にも変化を生じさせた．まず，1938年10月の増資の結果，株主数はそれまでの26名から637名に増え，大株主には豊田関係企業・役員の他に東洋紡績と三井物産が新たに登場した．とくに東洋紡績は23％の株式を取得し，豊田自動織機（30％）に次ぐ第2位の株主となった[39]．また，借入金の増加と共に三井との関係も緊密

[38) 前掲『トヨタ自動車30年史』p.131．ただし，この資金の一部は1940年3月創立された豊田製鋼への設立資金に回されたように思われる．これは後掲表6-5の有価証券・長期投資の項目の変化からも窺われる．

39) トヨタ自動車『営業報告書』各回．この資本参加に伴って東洋紡績から一人がトヨタの取締役となった．ただし，この東洋紡績のトヨタへの投資は「豊田自動織機製作所の営業関係により，紡績方面に出資方を請」ったためであり，東洋紡績が「直接営業として，然る方面に積極的に乗り出す意図は，今のところない」ものであった（『ダイヤモンド』1939年3月1日号，p.112)．要するに，トヨタが経営権に脅威を与えられない出資源として東洋紡績を選択したのである．

になった[40]．

　ところで，この設備拡張過程でトヨタが最も深刻に受け止めたのは過剰投資問題であった[41]．一部で2,000台の生産能力を備えるようになった1939年10月頃，トヨタは当時の現状について，「統制に引っかかりたる為め最も順調に行きたる場合より一千万円以上の過剰投資をなし」，なお「事業の基礎を強固にする為めには更に一千万円の消却が必要」であると捉えた．ここでいう過剰投資とは当時の生産能力と実際の生産台数の差，すなわち稼働率の問題であり[42]，事業の基礎を強固にするためというのは予想より膨らんだ借入金のことを指すものと思われる．ところが，当時欧州大戦という「天恵」が与えられたとトヨタは判断し，この機会を利用して40年～41年間に経営の「癌」である2,000万円の過剰投資を「消却」する方針を打ち出した[43]．

　その方法として直接工費の低下と販売価格の引き上げも考慮されたが，最も重要なのは経費節減によって収益を増加させることであった．当時1台当り収益が低い原因は過大な経費にあると判断したからである（表6-4）．そして，当時の月産1,000台に要していた経費100万円を据置しつつ1,500台まで生産するという目標を設定した．トヨタは，人件費，営業費，操業

---

40) シンジケート融資団の中の銀行別融資比率は判明しないが，三井が主導的な役割を果たしたことは確かである．これは事業法の成立後，「三井が資金の面でわが社をバックアップすることになった」（トヨタ自動車『トヨタ20年史』1958年，p.140）という記述からも分かる．また，先述したようにトヨタへの投資を求めた陸軍の意向に沿って，三井はトヨタに「二千万円を出すことにな」り，「この関係で後（1941年1月――引用者）に三井より赤井（久義――引用者）氏が副社長でトヨタ入りをすることになった」（尾崎正久『豊田喜一郎氏』自研社，1955年，p.106）という．ただし，これらの影響で，トヨタの内部意思決定過程や事業戦略が転換した形跡は見られない．

41) 以下，この問題については，「今後ノ経営方針」1939年10月推定『豊田文書』pp.300-308 による．

42) 当時の生産能力は全部門が揃っているわけではなかったものの月産2,000台であった．それに対して，実際の生産台数は8月に1,046台，9月に1,313台であった．

43) ただし，当時ヨーロッパからの輸入車はほとんどなく，事業法以来の最大の問題はアメリカ車との競争関係であった．そのアメリカ車も，先述したように，1939年以降は「委任製造」以外には生産活動がなかったため，この欧州大戦の勃発が客観的にトヨタに有利な状況の変化をもたらしたとは見なしがたい．

表 6-4 トヨタ・トラックの 1 台当り原価構成の変化

単位：円

	1936 年 11 月	1937 年春	1937 年 6 月	1939 年 7 月	1939 年 10 月	
月産規模	200 台 実績	1,500 台 予想	1,000 台 予想	1,000 台 実績	1,500 台 予想	2,000 台 予想
外注部品	1,400	1,000	1,000	2,300	1,300	1,300
直接工賃	297	150	280	180	130	
経費	673	400	550	1,000	667	500

注：1939 年 7 月以前の経費とは総原価から外注部品と直接工賃及び社内使用の材料費を除いたもの．
出所：1936 年 11 月と 37 年春は「原価計算ト今後ノ方向」，37 年 6 月は「豊田自動車製造株式会社設立趣意書」，39 年 7 月と 39 年 10 月は「今後ノ経営方針」より作成．

費，維持費，設計・工務費などの検討を通じて，それが可能になると判断した．例えば，人件費の場合は雑給手当を削減し，検査係は女工のみとし，新規採用は請負工のみにすることによって総額はむしろ減少するものと予想した．設計・工務費は製造不良比率を下げてある程度まで経費増加の抑制ができると見た．

この経費節減の達成は 1939 年末までが目標とされ，さらにトヨタは欧州大戦中に月産 2,000 台体制を完成させようとした．その際に力点を置いたのは部品調達方法の改編であった．当時 1 台当り外注部品の価格は 2,300 円と当初の予想を大幅に上回っていた（表 6-4）．これは部品価格の上昇もあったであろうが，それ以上に生産量の増大と共に外注品目数が 700 点にも増加した結果と思われる．ところが，当時トヨタは生産能力をフルに稼動していない状況であったから，1 台当り 1,000 円分の部品を内製あるいは部品工場を新規設立して製作し，その代わりに外注部品を価格では 1,000 円（タイヤを含めて 1,300 円），品目数で 500 点まで圧縮しようとした．すなわち，既存の設備能力を完全に発揮するためには，一部の追加投資を通じた内製の拡大が有利と判断したのである．内製化によって得られる利益は 1 台当り 200〜300 円と見積もられ[44]，追加投資に要する資

---

44) なぜ内製によって原価節減ができるのかに関する説明はない．ただし，当時の外注部品価格は「従来の自由競争時代の余弊まだぬけず，千差万別」（「価格問題と計画経済」『モーターファン』1940 年 4 月号，p.48）という指摘のように，原価計算によるものではなく，従来の外国車向けの価格に一定の比率をかけて設定していたようである．そこで，トヨタ

268

表 6-5　トヨタの貸借対照表の推移

単位：千円

	営業期	1～2	3	4	5	6	7	8	9	10	11	12	13	14	15	16
	営業期間	37.8～	38.4～	38.10～	39.4～	39.10～	40.4～	40.10～	41.4～	41.10～	42.4～	42.10～	43.4～	43.10～	44.4～	44.10～
		38.3	38.9	39.3	39.9	40.3	40.9	41.3	41.9	42.3	42.9	43.3	43.9	44.3	44.9	45.3
貸方	資本金	12,000	12,000	30,000	30,000	30,000	30,000	30,000	30,000	30,000	30,000	30,000	60,000	91,500	91,500	91,500
	諸積立金	37	72	134	205	361	513	673	841	1,652	4,213	5,339	7,220	18,378	17,788	22,944
	社債									5,000	15,000	20,000	20,000	19,875	19,625	19,250
	借入金								5,000	36,861	28,970	36,650	34,650	70,630	79,050	88,458
	支払手形	17,850	25,988	31,708	37,517	41,179	42,562	47,865	43,998	5,334	5,189	6,456	8,309	3,139	2,014	2,580
	掛買代金	4,404	4,093	7,344	8,187	8,470	9,499	7,797	7,412	8,414	8,534	9,534	9,691	10,184	15,708	21,428
	預り金	265	402	540	729	889	1,079	1,230	1,389	1,887	2,223	2,432	2,617	4,918	5,757	6,937
	前受金									6,654	15,743	7,224	4,527	7,972	7,261	4,446
	仮受金	526	3,538	6,542	5,448	1,718	8,684	2,944	11,043	1,872	1,590	1,361	7,388	6,164	8,694	8,938
	当期純利益		548	279	1,222	1,750	626	1,233	1,970	3,491	2,471	3,158	3,008	7,070	7,802	8,297
	其他			293	242	151	171	6	204	1,050	1,080	1,228	1,281	3,425	4,056	3,921
合計		35,082	46,641	76,840	83,550	84,518	93,134	91,748	101,857	102,215	115,013	153,382	158,691	243,255	259,255	278,699
借方	未払資本金	3,000	3,000	18,000	13,500	9,000	4,500					22,500	15,000	20,210	20,210	20,210
	土地・建物	837	6,312	7,515	8,888	8,699	8,548	8,341	8,369	8,841	8,960	9,399	9,186	17,999	14,831	15,893
	設備			2,868	3,417	3,531	3,450	3,409	3,011	1,722	1,702	1,602	1,547	1,665	1,576	1,558
	機械	10,592	15,112	17,702	18,559	19,298	19,955	19,629	16,763	14,717	14,665	14,809	14,887	20,419	14,453	15,873
	工具	1,781	2,533	3,476	4,567	5,776	6,684	6,932	6,998	3,398	4,249	4,218	4,400	4,086	3,347	3,553
	有価証券・長期投資	437	519	589	687	2,911	3,708	4,664	9,065	12,919	14,696	25,745	29,401	44,403	44,983	55,348
	材料品・貯蔵品	4,302	5,890	10,996	13,460	13,232	17,258	18,686	18,283	18,760	26,456	31,759	37,308	44,170	45,818	52,295
	仕掛品	1,957	1,600	3,888	4,579	4,811	5,559	6,615	8,285	9,304	9,138	7,963	12,075	14,982	11,616	17,848
	製品	1,283	1,963	2,367	3,275	3,858	5,725	5,797	6,213	4,038	6,816	5,315	3,731	10,365	5,383	3,925
	掛売代金	1,091	3,443	2,921	4,978	3,836	5,368	8,286	8,030	12,981	13,278	15,069	10,153	16,276	18,102	15,111
	前払金									4,022	6,233	5,198	11,109	13,896	29,595	31,886
	預け金	2,897	640	1,340	1,740	2,370	2,019	1,297	3,078	2,534	4,420	3,401	3,507	17,232	22,593	13,219
	仮出金・仮払金	5,638	4,555	3,683	3,827	4,446	5,849	5,257	7,481	2,558	1,694	3,360	3,184	9,927	15,975	18,103
	其他	1,264	1,074	1,495	2,074	2,748	4,511	2,836	6,280	6,965	2,707	3,042	3,204	7,627	10,772	13,875

出所：トヨタ自動車『営業報告書』各回。

金はこれによって充当することができるというわけである．

では，以上のような方針を採った背景はどのように考えられるであろうか．当初の予想を遥かに上回って多額の借入金を抱えたことが，当時のトヨタに将来の経営に対する危機感を抱かせたであろうことは容易に推測されうる．ただし，1939年9月期の決算によると収益は前期より増加し，40年3月期も同様である（表6-5）．しかも，供給不足が深刻な状態であったため，販売競争によって収益が減少する可能性も小さかった．従って，この方針は当時の経営条件が問題となって決定されたというよりは，戦時経済の終了後を睨んで外国車との競争に備えるための目標を提示したものと評価すべきであろう．

(3) 技術問題

以上のように，設備拡張の過程でトヨタが原価問題を最も重要な問題として「主観的」に意識したが，この時期にトヨタに「客観的」に求められたのは実は技術問題であった．この問題の発端は，日中戦争開始後に「満州」で国産大衆車を大量に使用していた軍によって1938年頃から厳しい批判が行われたことであった[45]．また39年上半期の日産が技術的な欠陥によって2,000台の在庫を抱えていたことも，トヨタに技術より価格を重視する従来の方針を再検討させる要因となった．そこで，まずトヨタはそれまで「悪い車と承知しつつ市場に提供せねばならない状態」であったことを認め，「世間に使用されていたものをより良くする」ための「改良」ではなく，「世間並みのものにする」ための「改善」を課題として挙げた．その方法は，一品ごとの検査という原則の下で，製作順序・方法，工具の標準動作，検査方法などについて標準作業方法を定めるという，それまでの製造方法を一から再検討することであった[46]．要するに，この時期になっ

は内製によって割高だった部品の原価を節減することができると判断したと思われる．
45) 原乙未生「支那事変に於ける国産自動車の活動」『内燃機関』第2巻第9号，1938年9月；上西甚蔵「国産自動車の戦時修理所感」『機械学会誌』第42巻第263号，1939年2月.
46) 「第五期に於ける吾等の覚悟」1939年6月『豊田文書』pp. 294-298；前掲「今後ノ経営方針」p. 307.

て，トヨタは従来1台の自動車を製造しうる技術から，性能向上技術に力点を置かねばならなくなったのである．

ところが，この時期の技術問題はこの程度の内部対策で済まされなかった．国産車の品質に対する批判は，外国メーカーとの提携要求に発展したからである．そこで，商工省も1938年のトヨタ対フォード，39年中のトヨタ・日産・フォードの3社間の提携交渉を進めざるをえなかった[47]．ただし，商工省が提携に積極的に乗り出したのは，供給量の確保という側面もあったと思われる[48]．

結局，この交渉は陸軍の反対とフォード側の事情によって不成立に終わったが[49]，そもそもこれらの提携の必要性に対してトヨタは消極的であった[50]．それはトヨタが，国産車の技術問題は自力で解決できると判断したからであり，こうした判断は自動車技術委員会との関係においても現れた[51]．この委員会では1939年12月～40年4月に「国産大衆車の品質・性

---

47) この提携交渉について詳しくは，長島修「戦時日本自動車工業の諸側面」『市史研究よこはま』第9号，1996年を参照．

48) これは，提携契約の中にフォードの既存工場の利用だけでなく，合弁会社による新工場建設が含まれていることからも窺われる（商工省工務局「フォード，トヨタ提携ニ関スル件」昭和14年3月18日『国策研究会文書』D：4；「フォード会社ト国産自動車会社トノ提携ニ関スル問題処理ニ付テ」同，Ac：41：7）．

49) 前掲『トヨタ自動車30年史』p.346によると，トヨタとフォードの件は事前に陸軍整備局の許可を得たにも拘わらず，満州関係を扱っていた軍務局の反対によって，また3社間の件は「当事者の一部から異論がで」たために成立しなかったという．ここで，当事者の一部というのはフォードを指すものと思われる．両提携がともに軍の反対によって失敗したとする先行研究（前掲，長島修「戦時日本自動車工業の諸側面」）も日本フォードとアメリカ本社との間には意見の食い違いがあったとしている．

50) 日産と比べて消極的であったものの，トヨタがこの提携に反対したわけではない．トヨタでこの提携の窓口となった神谷正太郎は豊田喜一郎も提携の必要性を認めたとしている（前掲『トヨタ自動車30年史』p.346）．しかし，この提携交渉が完全に消え去った1940年5月になって，豊田喜一郎はこの交渉が商工省の圧力によるものであると主張した（「国産自動車は完全なものが出来るか」1940年4月『豊田文書』pp.357-358）．

51) この委員会は1939年9月に設立されたが，通説のように外国メーカーとの提携失敗を受け，国内の専門家によって技術問題を解決しようとする意図から設けられたものではない．同委員会の設立計画は39年初めからすでに構想されていたのである（「自動車生産力拡充具体的計画」昭和14年3月8日『国策研究会文書』Cb：6：26）．この委員会のメンバーは商工省をはじめとする関係各省，陸軍，民間，トヨタ，日産の関係者から構成された．

能の改善に関する事項」が検討され，トヨタと日産に対してさまざまな改善を要求した．トヨタに対しては 31 項目が指摘されたが，この中には 39 年以来の改善済み 14 項目が含まれており，その他は一部改善済み 10，試作品試験中 5，研究中 2 項目であった．これに対してトヨタは，指摘事項の中で残された問題は堅牢性の不足と部品の均一性の欠如に関するものであるが，この点は材料問題に帰するものと主張した[52]．

もっとも，トヨタがこの時期に材料以外のすべての技術問題を解決したと判断していたわけではない．例えば，1940 年 2 月には技術問題を「早く改善して真にトヨタ車として恥しく無い」ものにするため，社内幹部に対して製作の順序及び方法に関して改善すべきこと，品質改善のために外注を内製に転換する必要があることなどに関する意見を求めた[53]．要するに，先述したような 39 年中の「改善」問題が依然として解決されておらず，部品の内製転換方針は原価問題だけでなく技術問題からも採られたものだったのである．

ただし，設計・製造方法，外注部品の問題は近い将来に解決できると判断したのに対して，材料問題のみは早急に解決しがたいと見たのである[54]．ところが，この材料問題は，1 台の自動車の性能を改善するためだけでなく，設備拡張の結果として開始された「大量生産」の必要性からも認識されたものであった．この認識に到達する過程を検討するために，まず新設・拡張された挙母工場の設備状況を見てみよう．

挙母工場の建設には参入当時からの方針が受け継がれ，相対的に少量生産という制約のもとでも，生産工程を合理化することに力点が置かれた．従って，工作機械は能率だけでなく長期間使用しうる「調節可能な専用機

以下，この委員会の活動とトヨタの反論は「自動車技術委員会会議録」による．なお，この会議録の一部は，前掲『日本自動車工業史行政記録集』にも収録されている．

52) すでに 1939 年初め頃にも「現在トヨタ自動車に就て云はるる小言の中八九割までは材料の品質」に関わるものと主張した（「自動車工業の確立に就て」1939 年 3 月『豊田文書』p. 285）．

53) 前掲『トヨタ自動車 30 年史』p. 180．

54) 「国産自動車工業界最近の諸問題に就いて」1939 年 11 月『豊田文書』pp. 314-321．

械」を導入し，機械を工程別に配置した．プレス機械も小型とし，コンベヤは鋳物・塗装・組立ラインには完備したものの，他の部分には一部の導入に留まった55)．

こうした結果，月産1,500台の生産体制が整った1939年初の挙母工場設備は，刈谷工場と同様に機械と鋳物部門が中心になった．加工工場別面積を見ると，機械工場が8,820坪，鋳物が3,951坪であったのに対して，鍛冶は896坪にすぎなかった56)．要するに，鍛造能力の不足を外注と機械加工でカバーする方針であったが，生産量の増加に伴って「原始的」な鍛造方法が大量生産のネックとなってきた．「精巧な機械である程，多量製作の機械である程，鍛造物の形を正確に打たなくてはならな」いことを認識しはじめたが，「フォージングの外註をすると往々にしてマス・プロダクションの機械にかからな」くなったからである57)．そこで，従来のハンマーによる鍛造ではなくフォージング・マシンによる「型鍛造」に転換させていくことになったが，そのための均一な材料の確保の重要性が高まったのである．

また，トヨタが1940年までに輸入したエンジン・変速機加工用工作機械の生産能力は年間3.6万台といわれた58)．ところが，その工作機械に輸入材料を使うと1日30個のデファレンシャル・ギヤーが加工できたのに対して，国産材料を用いた場合では5～6個の加工に留まった59)．従って，ここでも大量生産のためには「マシナビリチーの良い」，「均一でむらのない」材料の確保が最も重要な前提条件となることを認識するようになったのである60)．

要するに，トヨタは性能向上に必要な技術問題の原因を追求する過程で

---

55) 前掲『トヨタ自動車20年史』pp.112-127, 605-629.
56) 前掲『トヨタ自動車30年史』p.123. また，1939年中には鍛冶工場が2倍，機械と鋳物工場は1.5倍ずつ拡張された．
57) 前掲「国産自動車は完全なものが出来るか」p.332.
58) "Productive Capacity of the Japanese Motor Vehicle Factories" (1943.2), op. cit., USSBS.
59) 前掲「国産自動車工業界最近の諸問題に就いて」p.316.
60) 前掲「国産自動車は完全なものが出来るか」p.329.

材料の重要性を認識する一方で,それが大量生産に欠かせない条件であることにも気づいたのである.ところが,外部の製鋼会社に依存することは不可能な状況であったので[61],部品問題と同様に材料問題の解決策としても内製化方針が採られ,1940年3月には豊田製鋼を設立した[62].

以上のように,この時期にトヨタは当初の計画より急激な設備拡充に迫られたが,危惧されていた販売の問題は現れず市場問題は立ち消えとなった.その一方で,この過程で関連工業の重要性が認識され,自製によって解決する方針を決定した.他方,大量生産のためのもう一つの条件となる工程管理に関しては,「ジャスト・イン・タイム」[63]の発想が見られたり,「号口管理制度」[64]が一部導入されたとはいえ,本格的な検討・実施が行われたとは見受けられない.これらの方法は製造技術の標準が確立して原価問題が重要になる時に求められるものであるが,この時期にはそうした前提がまだ整っておらず,しかもその原因がトヨタの外部に存在している状態だったからである.

---

61) 当時,国産車の技術的な欠陥にとって最大の原因が材料問題にあるという主張は一般的にも認められていた.そして,商工省は1941年6月に日本鉄鋼工業組合聯合会に対して,日産とトヨタ向けの鉄鋼を発注する際には,同一製造業者・同一品種にすることを指示した(岩崎松義『自動車と部品』自研社,1942年,pp.139-140).ここからは,当時自動車向けの鉄鋼が,トヨタが求めていた均一な製品という前提条件をも満たしていない状況だったことが窺われる.

62) 従来の製鋼部の拡張計画は挙母工場の建設と共に1938年3月に決定されていた.また,39年5月には更に増設の必要が生じたため,知多に新工場の建設を計画した.そして40年2月に製鉄事業法による設立許可を得て,同年3月に豊田製鋼が誕生した(豊田自動織機製作所『40年史』1967年,pp.233-239).もっとも,この時期の製鋼工場拡張の理由は主に量の確保にあって,大量生産との関連で位置づけられるようになるのは39年中の増産経験を得てからと思われる.

63) 「無駄と過剰の無い事.部分品が移動し循環してゆくに就て『待たせたり』しない事.『ジャスト,インタイム』に各部分品が整えられる事が大切だ」(「挙母工場の建設と完成」1938年7月『豊田文書』p.254).

64) これは「部品ごとに適当な数(例えば10台分,30台分など)を一つのグループとし,これを1号口と名づけ,その部品の生産上の進度をはあくする制度」(前掲『トヨタ自動車20年史』p.87)である.

3. 生産拡大期 (1940～1943年度)

(1) 自動車工業の地位低下

　1939年度の生産力拡充実施計画における大衆車の生産能力は4万台と設定されて目標通り達成したが，40年度以降は事実上の設備拡張は打ち切られて操業率維持を目標とする「生産拡充」段階に入った．さらに43年度からは戦況の影響によって生産拡充計画は5大重点産業に絞り込まれることとなるが，大衆車工業はそれに含まれなかった．

　年度ごとの生産（力）拡充実施計画の目標とその実績をみると，1941年までの達成率は非常に高かったことが分かる（表6-6）．ただし，計画自体が年度の後半になって漸く作成されたものであるため，それ以前に検討されたと思われる企業計画の目標値に対する達成率を見ると80％台まで低下する．その後の達成率は落ちていき，とくに43年度以降はそのテンポが急速になった．以上のような生産（力）拡充計画はそもそも資材の割当を前提とするものだけに，生産実績も資材の割当実績に左右された．例えば，自動車部門への鉄鋼の割当計画と実績を見ると，40～41年中は計画に近い鉄鋼が供給されたことが確認される[65]．

　以上のように，資材の制約によって生産能力の限度まで生産することができなかったため，この時期の大衆車メーカーは膨大な遊休設備を抱えることとなった．例えば，1943年度上半期の遊休設備額（ヂーゼル自動車含む）は2,600万円にのぼり，工業全体の中では化学工業に次ぐ第2位の規模であった．従って，操業率と利益率も航空機や造船のそれより低かった[66]．

---

[65]　「昭和十四年～十六年度生産力拡充計画用資材累計配当実績」，前掲『生産力拡充計画資料』第7巻．ほかの調査でも自動車生産（戦闘用車輌含む）と鉄鋼配給との高い相関が指摘されている．すなわち，1941年を100とした場合，鉄鋼は42年66.5，43年71.3，44年47.3であったが，自動車はそれぞれ62.0，44.8，38.8であった．ちなみに，この時期の自動車に対する資材配給優先順位は41年のB_1から42年B_2，43～44年はCに下がっていった（"Japanese Motor Vehicle Industry"（1946.11），pp. 6-7, op. cit., USSBS）．

[66]　1943年度上半期の操業率を比べると，航空機工業が105％だったのに対して，自動車工業は73％（トヨタ76％，日産52％）であった．同時期の経営資本利益率は航空機工業が

表 6-6　大衆車の生産目標と実績の推移

単位：台，％

年度	作成月	生産（力）拡充実施計画					
		大衆車			内トヨタ		
		計画A	実績B	B／A	計画C	実績D	D／C
1939	9月	28,000	27,900	100	13,500	14,018	104
1940	11月	28,000	27,000	96	14,000	13,500	96
1941	12月	26,000	24,464	94	13,000	11,464	88
		(10,000)	(10,579)	106	(5,000)	(4,851)	97
1942	10月	25,000	18,400	74	12,500	9,200	74
		(10,000)			(5,000)		
1943	8月	15,000	6,227	42	7,500		

年度	企業計画					
	大衆車			内トヨタ		
	計画A	実績B	B／A	計画C	実績D	D／C
1939	33,000	28,913	88	15,000	14,018	93
1940	35,000	28,983	83	15,000	14,049	94
1941	40,000	35,279	88	18,000	15,676	87
1942	38,100	30,380	80	16,100	15,601	97
1943	38,000	19,089	50	12,000	9,862	82
1944	28,450	17,020	60	13,450	10,689	79
1945	16,060	1,481	9	9,120	1,035	11

注：大衆車はトヨタと日産（大衆車のみ）の合計，（　）は軍資材持ち分．
出所：生産（力）拡充実施計画は前掲『生産力拡充計画資料』第1～第9巻，企業計画はUSSBSにより作成．

　ただし，この低い収益率というのは重点産業に比べた場合の相対的なものであり，大衆車メーカーの経営が圧迫されていたというわけではない．トヨタの場合も，この時期の収益は安定的に増加していた（前掲表6-5参照）．その理由は，なにより販売上の問題が完全になくなり，経営維持に必要な利益が保証されていたからである．

　まず，この時期になって販売統制が一層強化された．すなわち，1939年5月の自動車の販売価格及び条件と，乗用車の販売先に対する統制につづき，40年6月にはバス・トラックの販売先にも四半期ごとに商工大臣の承認が必要となった[67]．このような販売統制は民間への供給を抑制して軍へ

　11.7％，自動車工業7.5％（トヨタ12.4％，日産5.7％）であった（陸軍省『陸軍軍需工業経済年鑑　昭和十八年度版』概観 pp.50-54，統計表 pp.646-648）．

表6-7 大衆トラック・シャシーの価格推移

単位：円

年月	日産			トヨタ		
	型式	メーカー価格	ディーラー価格	型式	メーカー価格	ディーラー価格
1937年10月	128吋	3,759	3,967	GA型	2,685	3,530
1938年 5月		3,990	4,300		3,070	4,095
1939年 1月		3,923	4,239	GB型	3,350	4,295
1940年 9月		4,082			3,409	
1941年 3月	180型	4,300	4,730		4,000	4,400
1941年12月		4,400	4,830		4,100	4,530
1942年 9月		4,770	5,150	KB型	4,720	5,100
1943年10月		5,350	5,735		5,350	5,735
1944年 6月		6,500	6,910	KC型	6,500	6,910
1945年 5月		12,000	12,500		12,000	12,500

注：1940年9月は停止価格，41年3月以降は公定価格．
出所：東洋経済新報社編『昭和産業史　第1巻』1950年，p.343；『日産自動車三十年史』1965年，pp.67, 96, 付録；『トヨタ自動車20年史』p.148；『自動車年鑑』昭和22年度版，p.237より作成．

の供給を確保しようとした措置であったため，39年中に40％程度であった軍への販売比率は40年に50％，41年68％，42年61％，43年78％，44年87％と年を追って高まっていった[68]．

販売先は制約されたが，統制下では販売価格に「適正利潤」が保証されていた．例えば，1941年3月に「公定価格」を設定する際には，それまでの材料費の上昇だけでなく，トヨタと日産の収益状態及び減価償却状態をも考慮して，「今後に於ける両社の健全なる経営を期し得べき価格を制定した」[69]という（表6-7）．また，42年から事業法による免税期間が満了して利益が減ったため，同年6月には販売価格の引上措置が行われた[70]．

67）岩崎松義『自動車工業の確立』伊藤書店，1941年，pp.314-316, 324-326.
68）op. cit., USSBS. ただし，1942年までの数値は日産のみであり，43年以降はトヨタ，日産，ヂーゼルの合計である．
69）『自動車年鑑』昭和17年版，工業日日新聞社，1942年，価格p.1. また，この価格制定の特徴は販売マージンを他の業種と同じく1割と一律に定めたため，表6-7に見られるように，それまで販売マージンが大きかったトヨタにとりわけ有利であった．なお，当時公定価格は商工省の価格経営委員会で検討されたが，この委員会は中央と地方に分かれていた．中央委員会は商工大臣の諮問に応じており，9つの部会から構成されていた．さらに，その傘下に専門委員会が設けられていた．自動車部品・貨物自動車・乗合自動車車体・小型三輪車の価格は金属部会車輛専門委員会の管轄であった（「自動車及同部分品の価格形成に就いて」『自動車統制会報』第10号，1943年4月，p.8）．

第6章　戦時期における国産大衆車工業の形成と展開　　277

　以上のように，この時期は，原価・販売より技術・増産が重要な問題となった設備拡張期の特徴がより顕著に現れた．その一方で，設備拡張による増産は不可能となり，しかも資材の割当という制約が課せられていた．こうした状況でトヨタは原価と技術問題に対してどう対応していったのであろうか．

(2) 原価・技術問題

　トヨタは1941年初までには「常態に復帰したとき」に外国車と価格競争しうる条件を確保すべきという方針を持ち続けていた．そのため，「製作台数の多くなる程一台当り割掛けは安くなる筈」であるのに，「遥かに少量の製作である刈谷工場時代より高くなっ」ていた間接経費の節減が問題となった．これを39年10月当時の課題と比較すると，経費の中でとくに間接経費を問題にしているのが注目される．ところが，当時はすでに「一台の機械をチョット横へ一，二間移すにしても，一々許可を受けねばならぬ」[71] 状況であったため，その問題の解決には限界があったと思われる．

　こうした事情もあってか，1941年初頭以降のトヨタでは原価節減に関する積極的な動きはあまり見られなくなった．これは，先述したような状況のもとでその可能性と誘因が小さかったことに加えて[72]，当時の原価構成の変化にもよるものと見られる．すなわち，43年頃になると，メーカーの自主的な原価節減が可能な賃金と製造経費の比重が非常に低くなったのである．例えば，41年9月のトヨタの原価構成は，材料費が81.2%，労務費7.3%，経費9.9%であったが[73]，42年度下期では材料費が95%まで上昇

---

70) トヨタ自動車『営業報告書』第11回（1942年4月〜9月）．
71) 「国産自動車の完成を期して」1941年4月『豊田文書』pp. 365-374．
72) この時期には1939年当時のような原価節減によって回避すべき資金的な危機はなかった．借入金は当初計画のように急激に減少はしないものの，航空機部門に本格的に進出する以前の43年上半期までは安定的に推移している（前掲表6-5参照）．一方，資本金は43年1月に6,000万円と増資するが株主・役員構成の変化はなく，同年11月の9,150万円への増資は中央紡績（豊田紡織の後身）との合併によるものであった．従って，この増資過程でトヨタに経営権の変化はなかったと見られる．
73) 神谷正太郎『自動車』ダイヤモンド社，1951年，p. 304（ただし，A社をトヨタと推定

表6-8 製品原価の構成

単位：円，％

	日産		トヨタ		ヂーゼル	
	トラック	％	トラック（KBR）	％	6輪トラック（甲）	％
材料費	1,298,018	92.0	8,319,361	94.7	185,058	61.3
労務費	8,670	0.6	16,478	0.2	14,434	4.8
経費	54,430	3.9	71,888	0.8	91,450	30.3
製造原価	1,361,118	96.5	8,407,728	95.7	290,943	96.3
一般管理費・販売費	49,920	3.5	375,825	4.3	11,055	3.7
総原価	1,411,038	100.0	8,783,553	100.0	301,999	100.0
生産数量（台）	320		1,986		30	
単位製品総原価	4,409		4,423		10,067	
契約原価	4,470		4,747		9,550	
原価に対する利益率		1.3		7.3		-5.1

注：製造期間はトヨタは1942年10月～43年3月，日産とヂーゼルは43年上期中．
出所：『陸軍軍需工業経済年鑑 昭和十八年度版』統計表，p.555．

したのである（表6-8)[74]．

次に技術問題について見てみよう．この問題は前節に述べたように性能と大量生産の両方に関わっていた．まず性能については，1940年に自動車技術委員会から指摘された問題を解決することに重点が置かれた．設計に関してはエンジン馬力の向上，ステアリング・プロペラシャフトの改造と共に，北支向けとしてラジエーター・エヤークリーナー・フロントスプリングの改良を行った．加工製作については，製作段取り順序，加工精度，検査方法などに関する基準を決定した．ただし，ボールベアリングが入手困難のため一部解決できず，加工機械が輸入工作機械に依存しているため，その修繕・改装の時の入手問題が潜在的に存在していると見た．この問題

した）．表6-8の分類と1941年当時の分類が一致しているのかどうかは不明なので直接的な比較は控えるべきであるが，材料費の比重が上昇したことは確かであろう．ちなみに，表6-8の項目は，当時の原価計算方法によるものと思われるが，「製造工業原価計算要綱」によると，労務費は賃金・給料・雑給，経費は手当・保険料・厚生費・減価償却費・電力瓦斯代など，材料費は材料の他，部品・工具器具費などを含むものであった（「製造工業原価計算要綱」日本原価計算協会編『原価計算』第2巻第4号，1942年4月，pp.40-49）．なお，「自動車製造工業原価計算準則」，「自動車車体製造工業原価計算準則」は43年8月に公布された．

74) 資料の数値から判断すると，原価に対する利益率とは，(契約原価一単位製品総原価)／単位製品総原価の百分率で計算されたものである．すなわち，契約原価通り軍に納品されたようである．

第 6 章　戦時期における国産大衆車工業の形成と展開　　　279

以外は 1, 2 年内に十分克服可能と判断した[75]．

　ところが，1942 年以降になると，性能問題に対する軍からの指摘はあまり見られなくなり，トヨタ側も積極的な対応はしなくなった．すなわち，トヨタは，製造した車が「果してどう云ふ結果を示しているかと云ふ事に対しては全く連絡が途絶し」たため，時々政府や軍の指摘があっても「聴き流し」にしたのである[76]．主な戦場が大陸から海上・島嶼に変わって軍需品としての自動車の重要度が下がり，43 年半ば以降に求められた「戦時型」トラックが当時トヨタの技術水準よりも低いものだったからである[77]．

　部品調達の方法については，1939 年の内製への転換方針によって 40 年 1 月頃には調達品目数が従来の 700 点から 570 点に減ったが[78]，その後は計画通りには進行しなかったと見られる．これは，材料品・貯蔵品の金額が増加しつつあったことから推測できる（前掲表 6-5 参照）他，例えば，41 年中の外注状況をそれ以前の状況と比べたリストからも確認される[79]．すなわち，41 年中にも，依然として鍛造品素材加工をはじめとする外注品目には大きな変化がなかったのである．ただし，その外注先には変化が見られ，とくに豊田自動織機などの関連企業への外注比率が高くなった[80]．

　1939 年の方針に沿い，40 年 2 月に出された「外注部品内製切替命令」によると，関連企業からの「準内製品」の拡大だけでなく，外注部品のうち

---

75)　前掲「国産自動車の完成を期して」pp. 369-375．また，輸入工作機械の入手問題は当時豊田工機の設立計画（1941 年 5 月設立）の根拠をなしていると思われる．
76)　「自動車工業の現状とトヨタ自動車の進路」1946 年 5 月『豊田文書』p. 489．
77)　いわゆる戦時型自動車の規格は 1943 年 7 月に自動車技術委員会で決定されたが，その最大の目的は資材の節約にあって性能の低下はやむをえないと判断した（寺沢市兵衛「戦時規格型車の建造」『流線型』1943 年 9 月号，p. 19）．この車について戦後トヨタは，「気抜した様な車」であり，「技術者としての私達の立場からは全く良心に恥るやうな」（前掲「自動車工業の現状とトヨタ自動車の進路」p. 489）ものだったと評した．
78)　前掲『トヨタ自動車 30 年史』p. 180．
79)　大場四千男「『自動車製造事業法』とトヨタ・日産・いすゞの日本的生産システム」『北海学院大学経済論集』第 38 巻第 2 号，1990 年，p. 155（『日本自動車産業の成立と自動車製造事業法の研究』信山社，2001 年に収録）．
80)　豊田自動織機は 1941 年からは従来の繊維機械に代わって，軍需品，自動車部品生産に全面的に転換したという（前掲『40 年史』p. 268）．

表6-9 トヨタと下請・取引関係のある部品メーカーの取引企業数

単位:社

一次下請メーカー				二次下請メーカー				取引関係のあるメーカー				合計
1社	2社	3社以上	計	1社	2社	3社以上	計	1社	2社	3社以上	計	
14	8	6	28	12	7	14	33	1	1	10	12	73

注:1) 原資料から，トヨタが親工場に入っている場合を一次下請，第二親工場に入っている場合を二次下請，その他子工場報告に入っている場合を取引関係のあるメーカーとそれぞれ分類した．
2) 取引企業数は親工場と子工場報告に入っている発注企業数の合計であるが，ただし，豊田自動織機，豊田製鋼，豊田工機はトヨタと同様に取り扱った．
3) 二次下請の場合，一次下請が豊田自動織機であるケースは17社である．
出所:「協力工場台帳 愛知県」1943年半ば推定(『国策研究会文書』Ab:6)より作成．

「特殊外注」すなわち「特別下請工場」の強化にも重点が置かれていた[81]．しかし，この時期には発注者が下請工場をコントロールできる状況ではなく[82]，この目的は達成されなかったと見られる．これと関連して，まず考えられるのは下請工場の専属化の程度であるが，43年半ば頃の外注部品メーカーの中でトヨタ1社に専属しているものの比率は低かった(表6-9)．

しかも，複数に納入している部品メーカーのトヨタ以外の発注先は航空機などの軍需品メーカーであり，トヨタは下請工場との関係をめぐってその「重点産業」と競合関係にあったわけである．この競合関係はトヨタにとっては不利な状況であった．例えば，1943年中の自動車統制会の調べによると，航空機など軍需品向け部品の加工賃は自動車向け部品のそれより平均7.5倍も高かった(表6-10)．

さらに，資材割当上の不利も加わって自動車から重点産業への部品メーカーの離脱が深刻化したため[83]，トヨタには下請けメーカーとの関係強化よりはむしろ部品メーカーの確保が急務となったのである．1943年12月に既存の「協力会」を発展的に解消して「協豊会」というより強力な組織

---

81) 前掲『トヨタ自動車30年史』pp.181-182. ここで「特殊外注」とは「この部品は或る程度の設備を必要とし，その製作を指導する必要あるものにして当社は資本的に或は金融的に関係密接なる工場にて特に製作なさしむるもの」である．
82) 戦時期下請政策の成果と限界については，植田浩史『戦時期日本の下請工業——中小企業と「下請＝協力工業政策」』ミネルヴァ書房，2004年が詳しい．
83) トヨタにプレス部品を1個当7厘で納入していた小島プレスは，同じ部品を三菱(重工業)には5銭で納入できたが断った(協豊会『協豊会二十五年のあゆみ』1967年，p.13)というが，こうしたケースは例外的だったと考えられる．

第6章　戦時期における国産大衆車工業の形成と展開

表6-10　自動車部品と軍需部品との加工賃比較

単位：円

	社名	航空機A	艦船A	戦車A	自動車B	A／B
ボルト・ナットの価格	日産	0.958			0.072	13.30
ボルト・ナットの加工賃	トヨタ	0.858			0.092	9.30
ボルト・ナットの加工賃（下請2社平均）	ヂーゼル	0.259			0.039	6.64
コイル・スプリング	日産			0.377	0.077	4.89
バルブ・スプリング，ピストンリング加工賃	トヨタ	1.65			0.41	4.00
鍛造工賃	トヨタ	29.66			2.71	10.90
鍛造工賃	ヂーゼル	5.50	3.00		0.80	6.87(3.75)

注：1943年8月5日，自動車統制会経理課調べ．
出所：「自動車部品対戦車，航空機部品並加工賃に関する件」『柏原兵太郎文書』151:26．

に変更したのもこうした理由によるものであったと思われる[84]．要するに，この時期のトヨタにとって，豊田関係会社以外の部品メーカーは，技術問題もさることながら原価節減にとってもほとんど機能しなかったと考えられる[85]．

次に大量生産と関わって最も重要視された材料問題の状況を見よう．先述したように1940年3月に豊田製鋼が設立されると共に，それ以前から計画されていた知多工場の建設が本格化した．計画では，同工場は40年末までに年間3.4万台分（新車用2万，部品用4.5万）の生産能力を備える予定であった．しかし，資材不足によって工事は縮小・延期され，43年半ばに一部が完成し，圧延の稼動は44年になって始まるという有様であった[86]．

結局，材料問題を内製によって解決するという構想は実現できなかったわけであるが，量の確保に失敗したことよりは，そもそも大量生産用材料

---

84)　前掲『トヨタ自動車20年史』p.110．
85)　従って，この時期に「製品の系列取引を慣行化させ，鋼材原料，資金，技術，情報等広い範囲で相互信頼関係を結び，高品質の製品を作り出す源泉と化し，日本的生産システムの原型となった」（前掲『『自動車製造事業法』とトヨタ・日産・いすゞの日本的生産システム」p.154）というのは，当時のこうした客観的な状況を無視した解釈であろう．
86)　愛知製鋼『愛知製鋼30年史』1970年，pp.33-39．

の製造技術を習得できなかったことがより重要であろう．技術習得のため，アメリカの技術者を招聘して1940年中に指導を受けたが[87]，結局成功できず，41年初めになっても，この問題は「果して二年三年の短期間で解決するのか，或ひは，十年を要するものか全く見当すらつかぬ」[88]状況であったからである．要するに，切削性（マシーナビリティ）と耐久性（デュワラビリティ）とを同時に備えた鋼の生産ができなったのである[89]．実際に，豊田製鋼で生産した製鋼の品質は既存の外注品よりも劣っていたようである[90]．

また，この時期には原価節減のための工作方法・工程管理に対する工夫もあまり見られなかった[91]．ただし，大量生産と関連して，これ以前の時期に重要性を認識した鍛造方法ついては，1942年以降は型鍛造に変わったようである[92]．

以上の材料問題による制約の中においても，この時期の増産要求に一定程度応じ得た理由は，機械加工部門に労働力を追加的に投入したからである．例えば，年間1万台を生産した1943年頃のクランクシャフト・ラインには従業員に動員学徒を合わせて75名が作業したという．年間8万台を生産した57年のこのラインの人員が8名になることを考えると，いかに「人海戦術」に頼っていたかが分かる[93]．

もっとも，こうした方法によるにしても増産が可能であった事実を軽視すべきではなかろう．トヨタが原価節減の手段として女工の比率を増加さ

---

87) 同上，p. 31.
88) 前掲「国産自動車の完成を期して」p. 375.
89) 「自動車材料用製鋼工業の強化に就て」1940年8月『豊田文書』pp. 412-413.
90) 「知多工場のバネ鋼は折れて使いものになりませんでした．それで……三菱鋼材からバネ鋼を買いました」（自動車工業振興会『日本自動車工業史口述記録集』1975年，p. 156）.
91) 基本的に設備の変更がなく原価の重要性がなくなったためか，この時期の工作方法・工程管理に関する資料は見当たらない．ただし，機械加工から組立に至るまでの工作方法に関しては計画通り進み，少なくともこれが増産の障害要因になることはなかったと思われる．
92) 自動車統制会の指摘によると，トヨタが鍛造設備の不足によって計画通りの生産ができなかったのは1941年までであった（op. cit., USSBS）.
93) 前掲『トヨタ自動車20年史』p. 197.

表 6-11　トヨタと日産の労働力構成及び出勤率の推移

単位：人，％

年度	日産						トヨタ			
	男子工		女工		合計	出勤率（％）	男子工	女工	合計	出勤率（％）
	16歳以上	16歳未満	16歳以上	16歳未満						
1938	3,500	250	150	100	4,000	85	1,721	211	1,932	
1939	3,500	1,500	200	300	5,500	85	4,216	826	5,042	
1940	5,800	1,600	200	400	8,000	85	4,347	908	5,255	
1941	5,800	1,600	200	400	8,000	85	4,539	850	5,389	
1942	5,400	2,000	200	400	8,000	85	5,501	1,580	7,081	
1943	4,930	1,500	170	400	7,000	80	6,094	1,684	7,778	83.5
1944	4,500	1,100	160	240	6,000	75	5,712	2,220	7,932	86.7
1945	4,550	1,000	200	250	6,000	65	5,071	2,482	7,553	83.4

注：日産，トヨタ共に外国人労働者はない．トヨタは16歳未満の労働者もない．
出所：USSBS.

せようとしたことは先述したが，それは労働力の構成にも現れた（表6-11）．しかも，1943年末にトヨタは，当時の設備及び工程を変更しなくても，21％であった女工の比率を53％まで上昇させることができると見ていた．当時の女工の使用比率を見ると，一般的に男子工の部門と見なされていたボール盤工（48％），鍛造工（38％）などの部門でも高かった[94]．すでにこうした経験を有していたことが，43年以降の熟練労働力の非熟練工への「稀釈化」にも拘わらず生産はあまり影響を被らなかった[95]，という主張が行われる背景となったと思われる．

(3) 自動車工業における大量生産方式の到達水準

最後に，戦時期にトヨタあるいは大衆車工業が到達した水準はいかなる

---

[94] 山中清一「トヨタ自動車における女工員の技術指導」『兵器工業新聞』1943年11月，134号（中村静治『日本自動車工業発達史論』勁草書房，1953年，p.258から再引）．この記述は『トヨタ自動車20年史』p.212にも載っているが，それによると，山中清一は豊田紡織以来の人事担当者である．

[95] トヨタ自動車のUSSBSへの報告（1945年10月20日，op. cit., USSBS）．なお，この資料には新規労働者に対しては10日間の基礎教育の上，現場配置を行ったとされている．これに対して，日産はその期間が3ヶ月であり，労働力構成の変化によって深刻な打撃を受けたと報告している（日産自動車のUSSBSへの報告，1945年10月18日，op. cit., USSBS）．

ものであったのかを検討しよう．まず，トヨタ自らは大量生産用の専用工作機械と材料を確保することができなかったため，当時の大衆車の大量生産には根本的な限界があり，戦時期以前の状態に復帰したときには非常な苦境に陥るであろうと悲観的に考えていた[96]．

しかし，この問題はつまるところ事業法ないしトヨタの初期構想の未熟性につきあたると言えよう．すなわち，関連工業のバックアップの重要性に対する当初の認識不足が生産量増加と共に深刻な問題として表面化したのである．こうした事情は他の組立機械工業に共通する問題でもあった．従って，ここでの問題の焦点は，その共通の制約条件のもとで，他の工業に比べて大衆車工業の大量生産水準はどうであったのかという点にある．これを端的に示しているのが，1943年10月に大量生産方式によって自動車工業を確立し，航空機と工作機械の増産問題の解決に示唆することが多いという理由で，自動車3社が商工大臣から表彰を受けたことである[97]．

当時自動車工業の技術の中で他の工業に影響を与えたものとしては次のようなものが認められていた．すなわち，従来手工的作業に頼っていた鈑金をプレス作業化したこと，従来火造り作業だった鍛造に型鍛造を採用したこと，シリンダー本体あるいはクランク軸の機械加工作業に多数の機械群列による流れ作業を採用したこと，組立に（ローラ）コンベアを使用したこと，素材の均等性に対する重要性を認識したことなどである[98]．

---

96) 豊田喜一郎「決戦への多量生産」『流線型』1943年11月号, pp. 27-28.
97) 東条英機（商工大臣）「自動車工業確立に寄す」『流線型』1943年11月号, p. 13. 注96の豊田喜一郎自らの評価は，皮肉にも，この表彰への挨拶文であった．
98) 久芳道雄（日産技術部長兼製造部長）「自動車の多量生産」『多量生産研究』下巻, 軍需工業新聞出版局, 1944年, pp. 138-139. また，航空機生産に関する行政査察報告（第3回, 1943年10月）において「専用機械による流れ作業実施のための工作機械配置の改善」,「精密鍛造普及の為の設計の改善, 型彫能力の向上」などの対策が求められた（山崎志郎「太平洋戦争後半期における航空機増産政策」『土地制度史学』第130号, 1991年），ということからもこの影響が窺われる．とくに，自動車工業の型鍛造は最も注目されていたようである．航空機の増産に鍛造品が隘路となった軍は，当時最も優れた型鍛造技術を保有していた「N重工業」のそれを利用しようとしたという（奥村正二『技術史をみる眼』技術と人間, 1977年, p. 67). ここでN重工業とは日産を指すが，当時から日産は鍛造技術が優れていることで知られており，トヨタのように鍛造問題に苦労することがなかった．それ

第6章　戦時期における国産大衆車工業の形成と展開　　285

　これは航空機工業と自動車工業との関係でも確認できる．当時のアメリカで自動車工業の大量生産方式が航空機などの兵器生産に広範に応用され，著しい生産性の向上を実現させたことは，既に日本でも知られていた[99]．日本の航空機工業も戦時期に入って大量生産方式を研究する際に典型として想定していたのはアメリカ自動車工業のそれであった．しかし，当時の日本の航空機工業の状況を考えると，その典型をそのまま適用するのは不可能であることは自明だったため，大量生産の基本原理をどう活かすべきかが問題となった．その基本原理が，生産量の多少に拘わらず生産過程を効率化する「流れ生産」であった．

　ところで，1941年7月に行われた，全国の主要工場・鉱山を対象にした流れ作業の実施状況に関する調査によると，機械工業においては安川電機製作所が流れ生産を広範に実施しており，トヨタも組立・塗装の全部と鋳造・機械加工の一部にこれを実施していた．その他，当時自動車部品を主に生産していた豊田自動織機においても一部でそれが行われていたのに対して，中島飛行機武蔵野製作所は検討中の段階であった[100]．この調査などに基づき，43年以降航空機の特殊性を考慮してエンジン加工においては「半流れ作業方式」[101]を，機体組立においては「前進式流れ方式」[102]が航

　　　は，太平洋戦争勃発の前に型彫機や大量の型材をアメリカから輸入しておいたからであった（前掲『自動車工業史口述記録集』p. 133）．
　99）　例えば，豊田英二は1942年に，*Automotive Industries*誌から「Timkenにおける国防産業」，「自動車生産方式による国防産業の高度化」，「国防産業の充実と今日の急務」を抜粋翻訳した（『機械学会誌』第45巻第302号，1942年5月，pp. 373-374）．
　100）　日本学術振興会工業改善研究会第16特別委員会「我国ニ使用セラルル流レ作業及之ガ原則ノ応用ニ関スル調査　報告」1942年（奥田健二・佐々木聡編『日本経済聯盟会・日本学術振興会資料』日本科学的管理史資料集第10巻，五山堂書店，1997年所収）．この調査の対象となった電気・機械の14会社名は判明するが，調査結果の会社名は英文イニシャルで記載されているため，その内容から次のように推測した．NMは中島飛行機武蔵野製作所，YDは安川電機製作所，TGは二つあるが，トヨタと豊田自動織機とに分類した．
　101）　佐久間一郎「生産力と流れ作業」日本経済聯盟会編『多量生産方式実現の具体策』山海堂，1943年．
　102）　「三菱名古屋航空機製作所」日本産業経済新聞社政経部編『全国模範工場視察記』霞ヶ関書房，1943年．なお，これらの方式の詳しい内容とその意義については，和田一夫「日本における『流れ作業』方式の展開(1)(2)」『経済学論集』（東京大学），第61巻第3～4

空機工業で創り出されることとなった.

　要するに,航空機工業における独特な生産方式の開発は,自動車工業での経験を修正させることで可能になったのである[103].日本の自動車工業が航空機工業よりも,一般的な原理を適用しやすかったのは,大量生産方式の典型が同業の自動車工業で確立していただけに,機械配置,組立ラインの設置の方法は既知のものであったことや,相対的に生産数量が多かったためである[104].しかし,この時期の自動車工業と航空機工業との根本的な違いは,自動車工業の場合にはモデル変更がほとんど行われなかったことであろう.補給部品の調達関係のために軍はモデルの固定化を要求した.そのため,トヨタの場合,エンジンの変更は1939年1月にGB型トラックで行われただけであり,シャシーでも2回のマイナーチェンジが行われたにすぎなかった.そのため,設計変更に伴って必要となるはずの工作機械・鍛造の型の設計・製造技術などは,当時は未熟であったにも拘わらず,根本的な制約条件になることはなかったのである.

　以上の意味で,戦時中に到達した日本自動車工業の水準は,大量生産システムあるいは流れ生産を原理的には理解することができたものの,それを実現させる段階には至らなかったと評価すべきであろう.それが実現するためには,関連工業からのバックアップによる材料問題の解決と,原価節減につながる工程管理技術の確立が必要となっていた.その解決こそが,戦後大衆車工業にとって,大量生産方式確立の最も重要な課題となるが,

　　　号,1995〜96年を参照.
103) 戦時中の航空機の生産方式は戦後に小規模自動車メーカーに影響を与えたという(前掲「日本における『流れ作業』方式の展開(2)」).ただし,以上のような理由によって,それが,戦時中の航空機工業の大量生産あるいは流れ生産の水準が自動車工業のそれより進んでいたという主張(Kazuo Wada, "The Emergence of the 'Flow Production' Method in Japan", Haruhito Shiomi and Kazuo Wada ed., *Fordism Trasformed*, Oxford Univ. Press, 1995)につながることには賛同しがたい.
104) ちなみに,1941年7月のトヨタの月間生産台数は1,260台であり,ピークの時は2,000台程度であった.安川電機は40年中に小型電磁軌道開閉器のみで月間4,000個を生産していた(安川電機『安川電機40年史』1956年,p.311).一方,航空機はピークだった43〜44年にも,単一工場の単一エンジンの生産量は300台にも達しなかった(山本潔『日本における職場の技術・労働史』東京大学出版会,1994年,p.261).

それについては第9章で検討する．

小　括

　以上から明らかになったことを，以下に簡単にまとめておこう．

　事業法の構想は一定の期間外国車の供給量を抑制しつつ，国内メーカーに競争力を持たせることによって大衆車工業を確立させようとするものであった．許可会社の生産規模もそのために決められたものであり，しかもその水準はトヨタの事業計画に基づいたものであった．この時期のトヨタは主に原価節減によって外国車との競争が可能と判断し，技術は1台の自動車を製造しうるという側面で把握していたにすぎない．

　ところが，戦時期に入ってから生産・設備規模はメーカーの「外部」である生産（力）拡充計画によって定められることになり，トヨタはその条件の下で対応せざるを得なくなった．他方では，需要問題は解決され，技術問題のみが重視されることになった．その技術の内容も1940年初頭までの性能技術に関するものから，その後は，増産，すなわち大量生産技術に移行した．

　従って，当初は原価節減のための手段となるはずであった大量生産方式が，原価問題と関係なくもっぱら技術問題の解決方法として追求されるようになった．すなわち，大量生産は工程管理としての意味合いが弱まり，1940年以降には生産の流れを確保する意味のみが重視されることになったのである．その過程でトヨタは流れ生産にとって最大のネックが材料問題にあることに気づき，内製化による解決を試みたが結局実現できなかった．原価と技術という両方の課題から取り組んだ部品の内製化と下請関係強化の方針も，戦時下の様々な制約のために成果を上げることはできなかった．

　もっとも，このような限界はあったとはいえ，戦時期に大衆車工業はある程度の増産を実現した．生産がピークであった1941年のトラック生産台数（中型車含み）はアメリカに次いで世界第2位の水準であった[105]．また，生産方式の面においても，大衆車工業の水準は同時期の国内他工業に

比べて進んでおり，航空機工業などにも一定の影響を与えた．

---

105) 日本自動車工業会『日本自動車産業史』1988年, p.55.

第7章 戦時期における小型車工業と自動車販売業の「民軍転換」

はじめに

　第4章〜第6章までは政府政策とそれに対する企業の対応を中心に検討した．その際は，企業は政策の対象となったもの，あるいは政策によって大きな影響を与えられたものを対象とした．中型車と大衆車は前者であり，小型車は後者である．ただし，戦時期における小型車については，戦時統制政策が業界全体に与えた影響を検討するに留まり，メーカーの変化や対応についてまで立ち入った分析は行われなかった．この小型車メーカーの戦時中の変化について検討することが本章の第1の課題である．

　ところで，自動車工業は自動車製造業だけに限定されない裾野の広い工業である．第2章にも紹介したように，企業数だけを見るなら，完成車製造業者は全自動車工業のうちごく一部にすぎず，部品製造，完成車及び部品の販売，修理業がほとんどを占めている．より広く捉えるなら，自動車を用いた運輸業も自動車工業に含まれよう．

　ところが，これら業種は小規模業者がほとんどで企業レベルでの資料が残されていないので，その実態を摑みにくいという分析上の限界がある．この部門に対する先行研究が非常に少ない所以である．本章でもその限界を完全に克服することはできないが，最近発掘された資料を利用し[1]，可

---

1) 本章は『戦時金融金庫史料』（以下，『戦金史料』と略す），『証券処理調整協議会（SCLC）史料』（東京大学経済学図書館所蔵），『工鉱業関係会社報告書』（雄松堂出版）という三つの史料によって分析が可能になった．『戦金史料』は，国立公文書館所蔵の『閉鎖機関整理委員会（CILC）保有史料』の一部であるが，このCILCの性格については，閉鎖機関整理委員会『閉鎖機関とその特殊清算』1954年が詳しい．SCLCの役割と性格については，大

能なところまで実態を解明してみたい．これが本章の第2の課題である．もっとも，これら部門のすべてをカバーすることはできず，本章では自動車販売業を中心に検討する．

すなわち，本章では小型車製造部門と自動車販売部門について戦時統制政策による影響を分析することを目的とする．分析に際しては戦時統制政策との関連で，民需品生産から軍需品生産に業種が替わる「民軍転換」過程に焦点をあてる．両部門共に，普通車部門と異なって戦時中に「不要不急」部門と分類され，業種の転換が強いられたからである．

しかし，戦時統制によって抑制されたといっても，戦時期を一貫して同一の影響・被害を被ったというわけではない．戦時期の統制政策と動員過程を分析した研究によると，その程度は戦時期の中でも時期別に変化しているからである[2]．その過程をより詳しく分析するためには，第6章でトヨタを中心に検討したように，具体的な企業を事例として見るのが有用である．従って，本章では小型車製造企業として日本内燃機を，販売業企業として日本自動車をそれぞれ取り上げて民軍転換の時期別変化を検討する[3]．以上の分析によって研究史の空白を埋めるのに一助とすることが期待される[4]．

本章の構成は以下の通りである．まず民軍転換の程度や内容を大まかに

蔵省財政史室編『昭和財政史　終戦から講和まで14　保険・証券』東洋経済新報社，1979年を参照．また，『工鉱業関係会社報告書』については同史料の「解題」（武田晴人氏執筆）を参照されたい．

2) 原明「太平洋戦争期の生産増強政策」近代日本研究会編『近代日本研究9　戦時経済』山川出版社，1987年；山崎志郎「戦時鉱工業動員体制の成立と展開」『土地制度史学』第151号，1996年．

3) 戦時期に入る前に日本内燃機は小型車業界で第3位，日本自動車は販売業界で第1, 2位を占める，それぞれの部門で代表的な企業であった．

4) 戦時期の小型車に関する先行研究は皆無であるが，販売業に関しては，製造業に比してその蓄積は少ないものの，先行研究が進展している．とくに，この分野に関しては，四宮正親氏によって研究が開拓されつつある（『日本の自動車産業』日本経済評論社，1998年，第1章；「戦時経済と自動車流通——日配・自配一元化案をめぐって」龍谷大学社会科学研究所編『戦時期日本の企業経営』文眞堂，2003年）．その他，塩地洋「戦時下の自動車ディーラー『系列』——愛知自配を中心に」下谷政弘・長島修編『戦時日本経済の研究』晃洋書房，1992年も貴重な業績である．

把握する．そこから，戦間期に生産・販売・修理など広義の自動車工業に含まれていた企業が戦時中に自動車工業との関係をどのように変化させていくのか，また，どの程度の企業が新たに自動車工業に参入してくるのかを捉える（第1節）．続いて，自動車工業のうち，小型車製造業と販売業をそれぞれ第2節と第3節に取り上げて民軍転換の中身をより詳しく検討する．これら企業は戦時期においてそれぞれの部門で通説とは異なる対応をしているが，その点を確認するために，同一部門のほかの企業の変化についても念頭におく．そして，最後にはこれら企業の事例を含めた場合の戦時期の自動車工業像について改めて考えてみたい．

1. 戦時統制政策と「民軍転換」

戦時中には工業の軍事化・重工業化によって業種別会社数に著しい増減が見られた．業種別に具体的なデータが分かる1942～45年の変化を示したのが表7-1である．予想通り，機械器具工業の増加が最も多く，金属工業や化学工業の増加がそれに次いだ．一方，民需の抑制を反映して鉱業と紡織などの企業数が急減した[5]．資料の制約上明らかにすることはできないが，1937～45年の変化を見ると，こうした現象はより著しくなると思われる．

では，自動車工業の企業数はどの程度だったのであろうか．1945年末現在，年間事業総額100万円以上の会社は2,838社であったが，その内機械器具工業のそれは1,354社と全体の47%を占めていた．この機械器具の中では航空機及びその部品が200社と最も多く，工作機械（168社），船舶（159社）がそれに次ぎ，自動車は全体の約5%の65社と第7番目であった[6]．

ところで，敗戦直後に存在していたこうした自動車企業には，戦間期か

---

[5] 商工省総務局調査課『戦後に於ける鉱工業会社構成の分析』1946年に基づいて，商工省のまとめたデータによる．

[6] 前掲『戦後に於ける鉱工業会社構成の分析』pp. 74-77.

表 7-1　業種別会社数の推移

単位：社

業種	1942年A	1945年B	B－A
鉱業	343	112	-231
金属	178	274	96
機械器具	552	1,027	475
化学	319	365	46
ガス電気水道	57	24	-33
窯業・土石	54	64	10
紡織	205	129	-76
製材・木製品	38	72	34
食料品	132	92	-40
印刷・製本	8	7	-1
その他	170	36	-134
合計	2,056	2,202	146

注：資本金100万円以上の会社を対象．
出所：商工省総務局調査課『戦後に於ける鉱工業会社構成の分析』（1942年の原資料は商工大臣官房統計課編『会社統計表』）．

ら自動車工業に関わっていた企業のほか，戦時中に新規参入したもの，他の工業から転換してきたものも含まれる．他方，戦時中に自動車工業から撤退した企業もあったと思われる．

　こうした参入と撤退の数を特定するために，企業別に戦間期・戦時・戦後（予定）の生産品目が掲載されている『工鉱業関係会社報告書』から，自動車工業の企業をリスト・アップした．対象は，三時期のいずれかで自動車工業（製造・販売・修理）に関わった企業とした．

　その結果，該当した自動車企業は95社に上ったが，それを創立時期別に分けてみると1937年以前，つまり戦間期からすでに存在していたのが65社，1938～41年に創立されたのが22社，そして42年以降設立されたのは8社にすぎなかった．この42年以降のものは，日野重工業など既存の自動車メーカー（ヂーゼル自動車）から分離されたものか，後述するように，販売部門の統制政策によって地域別に設立された配給会社であった．また，38年以降設立されたと分類したものの中には，それ以前から存在した企業がこの時期に名称換えしたのにすぎない場合もかなり含まれていると思われる．要するに，自動車工業に属する企業の場合，戦間期からなんらかの

形でそれに携わったものが多く，とくに42年以降新たに設立されたものはほとんどなかったのである．

　1941年まで創立されたこの87社について，戦時中・戦後の業種転換をまとめたのが表7-2である．ここからは，戦前に創立された自動車企業は，戦時中にも自動車の専属生産・販売を続けるか，軍需品との兼業生産・販売を行っていたことが分かる．すなわち，37年以前に設立されていた55社のうち，戦時中に自動車工業との関係がなくなるのは5社にすぎない．また，これらの企業は戦後になっても再び自動車専属生産・販売あるいは自動車とほかの民需品の兼業生産・販売を予定していた．一方，同時期に設立された軍需・機械企業が戦時中に新たに自動車工業に参入したケースは少なかった．ただし，戦後にはこれら企業も自動車工業への参入を予定していた[7]．こうした特徴は1938〜41年中に設立されたケースもほぼ同じであった．

　以上の結果は，自動車工業では業種転換がほとんど行われなかったことを示している．また，その結果は生産力拡充部門に自動車工業が含まれていたこととも整合的である．しかし，実はこの結果は表7-2の分類基準によるものである．すなわち，注記しているように，軍用車を自動車に，また軍需品と自動車を同時に生産していた場合でも，自動車の生産額が軍需品のそれを上回る場合には自動車専属と分類したからである．従って，実際の業種転換あるいは軍需生産との関わりを見るためには，表7-2における戦時中の業種が自動車あるいは軍需品・自動車となっている場合でも，その中身をより詳しく見る必要がある．実際，次節に取り上げる日本内燃機と日本自動車は共に戦時中の業種が自動車専業に分類されるが，軍需との関わりには質的な差が見られる．

　ついでに，以上の自動車工業に関連した企業を対象に，生産品目（業種）以外の戦時中の変化を簡単に見てみよう．まず，機械設備額の増加倍数[8]

---

7) 戦前・戦時中に軍需工業のみに関わり，戦後自動車製造に新たに参入を計画した企業の例としては，萱場産業，川西航空機，瑞穂産業（旧中島航空金属）など主に航空機製造関連企業が挙げられる．

表7-2 自動車工業における戦時・戦後の業種転換

単位：社

設立年	設立当時の業種		戦時中の業種						戦後の業種（予定）			
			自動車	自動車・その他	軍需品・自動車	軍需品	軍需品・その他	合計	自動車	自動車・その他	その他	未定（不明）
~1937年	自動車工業	完成車	8	1	5		1	15	8	5	1	1
		部品	6	3	12	3	1	25	5	17		3
		車体	4		1			5	4	1		
		修理	1					1	1			
		販売	7		2			9	7	1		1
	機械工業				1		1	2		1	1	
	軍需工業				1	3		4	1	3		
	その他		1		2	1		4	1	2	1	
	小計		27	4	24	7	3	65	27	30	3	5
1938~1941年	自動車工業	部品	6		5	1		12	6	2	2	2
		車体	4		1			5	3	2		
	軍需工業				1	4		5	2	2	1	
	小計		10		7	5		22	11	6	3	2
合計			37	4	31	12	3	87	38	36	6	7

注：1) 設立当時の業種は，1938年以降の企業は設立当初の目的によって，37年以前の企業は37年現在最大の生産品目によって分類した．ただし，37年までの企業の場合，自動車関連工業の比重が最大でない企業も一部含まれる．
2) 1938年以降の創立となっている企業の中には，組織・名称換えの場合も含まれていると思われるが，沿革に最初の設立年度が記載されていない場合はそのままにした．
3) 戦時中の業種は1943～45年中の最大生産額の年（半期）において，最大生産品目（製造品目が複数の場合は第2位までの品目）を基準とした．
4) 兵器・船舶・航空機用部品は軍需品，軍用車・部品は自動車と分類した．
5) 完成車には二輪車，三輪車，四輪車，エンジンを含む．車体には特殊車製造を含む．
6) 自動車と軍需品を同時に生産した場合でも，自動車関係製品が軍需品より多い場合は，自動車専属と分類した．
7) 軍需品の生産額が第1位，自動車関係製品が第3位以下の場合も，軍需品・自動車と分類した．
出所：『工鉱業関係会社報告書』より作成．

は，そのデータが判明する75社のうち，5倍未満が34社，5~10倍が18社，10~50倍が19社，50倍以上が4社であった．同じく資本金を同様の倍率で見ると，それぞれ39社，12社，21社，3社であった．また，データが判明する93社のうち66社には，1945年末現在5%以上の株式を所有す

---

8) 創立時の金額（ただし，1937年以前の創立のものは1935~37年中の金額）と1944~45年の金額との倍率．

る法人株主が存在していた．以上からは，戦時中のインフレーションを考慮しても膨大な設備投資がなされ，その資金調達のために増資が行われたことが分かる．もちろん，自己資金による設備資金調達には限界があり，「命令融資」などによる金融機関からの借入金によってそれが補われたことも想像に難くない．

　以上のような自動車工業における生産品目の変化は，第5章で述べた戦時統制政策の結果であるためということは言うまでもない．ただし，そこでは，販売統制についてはやや概観を示しただけであったので，ここでそれを補足しておこう．

　販売部門に対する統制は，販売ルートを「単純化」し，流通距離を短くすることが流通の合理化であるという当時の認識の下で，生産部門においてより徹底的に行われた．戦時期に入るまでに日本で組立を行っていたアメリカのGMとフォード，国内メーカーのトヨタと日産はいずれも自社モデルの専属販売店を通して販売を行っていた．一方，一企業当たりの販売台数の少ない輸入車や小型車は複数モデルを取り扱う販売店を通して販売されていた．また，いずれの販売店も部品販売を伴っており，修理施設も有していた．その他，主に修理用部品を取り扱っている小規模な部品商や修理業者が多数存在していた．

　戦時統制は販売先・販売価格の統制からはじまった．まず，1939年5月の商工省工務局・臨時物資調整第三局の通牒によって，それが商工大臣の承認事項となった．この措置は完成車に限られていたが，41年5月からは修理用部品も統制の対象となった．そして，42年6月には，すべての自動車とその部品の販売（配給）を統一的に担当する配給会社を設立させる「自動車及び同部分品配給機構整備に関する件」という通牒が商工省機械局によって発せられた．この措置によって，中央には日本自動車配給株式会社（日配）が，地方には県ごとに地方配給株式会社（地配）が設立されることになった．この販売（配給）会社は，おおむねトヨタ，日産，ヂーゼルの国内メーカー3社と買受機関（輸入商・部品販売業者）によって出資・運営されることになった[9]．地方での設立過程では，メーカーと買受

機関との間で，役員構成をめぐって利害対立が発生したため[10]，全国でその設立が完了し，業務を開始するのは43年4月頃であった．しかし，43年末になっても末端の小売業者の整備までには至らなかった[11]．

以上のような統制の仕組みや時期別の変化を念頭に置きながら，次節からは，その統制が各部門にいかなる影響を及ぼし，その部門の企業はどのように対応していくのかを見てみよう．

2. 小型車製造部門：日本内燃機の事例

(1) 日本内燃機の沿革と性格

第4章で述べたように，戦間期までは小型車が国産車のほとんどを占め，また小型車の中では三輪車が多数であった．小型車生産がピークだった1937年の場合，全小型車生産台数2.7万台のうち1.5万台が三輪車であった．当時最大の小型車メーカーは発動機製造（ダイハツ）であり，日本内燃機は東洋工業（マツダ）に次ぐ第3位のメーカーであった．

ところで，戦時期に入ってから小型車生産は急減し，1944年の生産台数は2,700台まで落ち込んだ[12]．戦時期には，まさに小型車部門が抑圧され

---

9) 日配の資本金は1,000万円であったが，その出資は国内メーカー3社が200万円ずつ，日本自動車部品工業組合と自動車部分品配給協力会が100万円ずつ，需要者（日本通運，日本自動車修理加工組合聯合会，乗合自動車事業組合聯合会，貨物自動車事業組合聯合会）100万円，地配100万円であった（「自動車配給会社の設立まで」『汎自動車　経営資料』1942年8月号）．地配は，国内メーカー3社と買受機関によって設立されることになったが，出資比率は地方によって異なっていた．東京と大阪の場合は，トヨタと日産が32.5%ずつ，ヂーゼルが5%，買受機関が30%であった（「地方自動車配給会社の動向」『汎自動車　経営資料』1942年8月号）．なお，日配の役員は，自動車統制会（社長），国内メーカー3社（常務取締役1名ずつ），日本自動車部品工業組合・協力会・全貨聯（取締役1名ずつ）からの代表によって構成された（「国産自動車配給陣へ巨人の放列」『流線型』1942年8月号）．地配の役員は，出資比率を問わず，国内メーカー3社（1名ずつ）と買受機関（2名）によって構成されることになっていた（「需給会議と自配の紛争」『流線型』1943年10月号）．

10) 「地方自配の設立動向を観る」『汎自動車　経営資料』1942年9月号．

11) 「修理用部分品配給機構の批判と構想」『汎自動車　経営資料』1943年12月号．

12) 『調査月報』（日本自動車会議所）第4号，1947年4月．

たのである.ただし,こうした生産減少の程度はメーカー別に異なっていた.発動機製造と東洋工業の生産減少が多く,日本内燃機の場合は相対的にそれが少なかった.その結果,40年から日本内燃機が両社を抜いて最大の小型車メーカーとなった.三輪車をはじめ二輪車,四輪車も生産していた同社の37年の生産台数は2,600台だったが,44年のそれは1,300台であった.

発動機製造や東洋工業が戦時期に「軍用に適しない」小型車から鉄道車輛部品や小銃にそれぞれ主力製品を換えざるを得なかったのに対して,日本内燃機が相対的に小型車を生産し続けられたのはなぜだろうか.その原因を分析する前に,まず沿革から同社の性格を検討してみよう.

同社は1932年9月に,次節で検討する,当時最大の輸入車販売会社だった日本自動車の大森工場から分離・独立したものである.同工場は輸入車のボディを製造していたが,1920年代末に最初の国産三輪車であるくろがねを開発した蒔田鉄司を工場長として迎え入れ,三輪車と二輪車の製造分野に参入した.蒔田の技術は早くから軍に認められ,とりわけ二輪車は連絡用として各種の軍事訓練・試験にも参加させられた.日本内燃機の設立は,こうした小型車製造をそれまでの副業から本格化させる意味を有していた.創立当時の資本金25万円は大倉財閥内の各社・役員から調達され,日本自動車の取締役である又木周夫が社長となった.

ところで,同社の誕生までは日本自動車あるいはその親会社である大倉財閥との関係が深かったものの,その後はそこからの影響が次第に弱くなった.それは,次節に紹介するように,大倉財閥の性格に由来するものであった.その結果,1930年代半ばからは軍からの注文が次第に多くなって増資の必要性が高まったにも拘わらず,日本自動車あるいは大倉財閥からその資金を調達することができなかった.そして,36年に200万円に増資する過程では経営内紛が発生し[13],寺田財閥が経営権を掌握するようにな

---

13) 「日本内燃機の新資本閥」『オートモビル』1936年8月号.なお,当時は大倉財閥に代わって森財閥が日本内燃機の主な資金調達先になるだろうと,資本市場では予想していたようである.

った[14].38年上半期現在,寺田財閥の持株比率は62％であり,社長も寺田甚吉であった[15].

寺田財閥はそもそも泉州の岸和田紡績を中心とする繊維工業資本であったが,1920年代末から「(当主の)寺田甚吉個人が資本家として投資行動を行う一方で,企業家活動も行」[16]っていた.そして,「日華事変勃発当時からその豊富な財力を以て軍需工業に投資したり,又これを経営して,漸次繊維工業資本家から軍事工業資本家に転換」[17]したりしたが,1937年の日本航空工業の設立とこの日本内燃機への進出とがその典型的な例であった.また,繊維工業以外への進出の際には,「関西二代目繊維財閥の伊藤忠,豊田,松岡等と共同投資」[18]するケースも多く見られた.従って,38年上半期現在,豊田喜一郎トヨタ自動車取締役が日本内燃機の株式を5％所有し,同社の取締役にもなっているのは,トヨタ自動車との関係よりは豊田自動織機との関係によるものと考えられる.

(2) 戦時期の企業拡張

以上のような日本内燃機の戦間期の特徴,すなわち,同社の技術力と製品が軍に認められていたこと[19]や重工業に強い進出意欲を有していた寺田財閥への経営権の交替が,戦時期に同社の企業活動の前提となっていたのである.では,実際に戦時期に入って同社にはどのような変化が見られるのであろうか.

---

14) 日本内燃機の『営業報告書』は1938年以降分しか利用できなかったため,増資や寺田の進出の時点を確定することは不可能であるが,39年上半期に「寺田社長以下すべての取締役が三年間の任期を満了した」ということと,前掲注13の資料によると36年半ば現在増資が実現されていないことから,実際の増資時期を36年下期と推定した.
15) 日本内燃機『営業報告書』第13回(1938年4月〜9月).
16) 藤田貞一郎「大正期における寺田財閥の成長と限界」『経営史学』第15巻第2号,1980年.
17) 樋口弘『日本財閥の研究(一)——日本財閥の現勢』味燈書屋,1948年,p.130.
18) 樋口弘『日本財閥論 上巻』味燈書屋,1940年.こうしたケースとしては,日本内燃機のほか,不二越鋼材,寿重工業,日曹人絹パルプなどがあった.
19) 増資と共に経営陣が代わったにも拘わらず,軍から最も信頼されていた蒔田鉄司は常務取締役として残った.

まず，貸借対照表によって変化を概観してみよう（表7-3）．当初200万円だった払込資本金は1943年には2,500万円まで増加したが，その過程で新増築や合併などによる工場・設備の拡大が見られた．38年の増資によって蒲田工場が，40年の増資によっては寒川・川崎工場がそれぞれ新設され，42年の増資によっては川崎工場の大規模拡充が行われた．また，41年中の250万円の増資は，寺田系列の日本スピンドル製造所の吸収合併によるものであった．

資本参加の項目からも企業拡張の様子が見て取れる．1940年中の変化は満州内燃機（資本金200万円）という子会社を設立したためであり，山合製作所（資本金50万円）の株式85%を取得したのもこの時期であった．その他43年にはジャワにも出張所を設けた[20]．

こうした大規模な拡充は日本内燃機の事業方針の転換と密接な関係があろうということは想像に難くない．民需用の三輪車を製造し続けるのに必要な「モノ」「カネ」「ヒト」の調達が円滑だったとは考えられないからである．実際に，同社では戦時統制が始まる1938年上半期には，「民需ノ犠牲ニ於テモ軍需第一主義ノ方針ヲ確立」[21]し，さらに海外進出を積極的に検討するようになった．ただし，この時期においてその軍需第一主義は，自動車から兵器という直接的な軍需品への生産品目のシフトを意味するものではなく，自動車のうち，三輪車の代わりに軍用により適合した小型四輪車の生産を本格化するものであった．

ところが，同社は1940年頃になると，定款を改正して営業品目に飛行機を追加する代わりに三輪車・二輪車を削除するなど，より軍需部門に特化する戦略を採るようになった[22]．とはいうものの，後述するように，三輪車・二輪車の製造がその後完全になくなったわけではない．少なくなるとはいえ，資材の配給を伴った軍からの要求によってその製造が続けられたからである．

---

20) 以上，「日本内燃機株式会社」『工鉱業関係会社報告書』による．
21) 日本内燃機『営業報告書』第13回（1938年4月～9月）．
22) 日本内燃機『営業報告書』第18期（1940年10月～41年3月）．

表 7-3 日本内燃機の貸借対照表の推移

単位：円

	項目	1938年3月	1939年3月	1940年3月	1941年3月	1942年3月	1943年3月	1944年3月	1945年3月
借方	未払込資本金	375,000	2,250,000	1,500,000	3,750,000	1,100,000	9,375,000	3,125,000	3,125,000
	土地	268,432	588,245	747,052	1,154,099	1,592,096	1,573,809	1,176,931	1,188,628
	建物・構築物	498,499	1,092,456	1,387,383	2,143,328	3,042,329	3,293,784	5,132,361	6,147,696
	機械及装置	540,350	1,088,419	1,389,707	2,253,152	4,228,565	4,454,682	5,170,395	5,460,304
	工具・器具・備品	342,148	863,770	1,139,095	1,874,074	2,144,137	1,042,925	1,831,239	2,412,616
	資本参加・長期投資		45,360	197,742	1,588,294	3,299,582	3,396,596	4,694,336	4,766,463
	材料・消耗品	357,739	558,813	1,076,566	2,044,146	3,365,035	5,615,376	12,732,142	13,942,632
	半製品・仕掛品	686,701	2,189,924	3,760,399	7,622,497	12,421,551	17,645,806	26,036,420	39,786,547
	製品	181,879	181,860	259,887	674,266	1,446,247	863,800	2,915,665	2,388,753
	有価証券		15,190	476,142	519,137	555,700	71,320	197,405	398,271
	短期・買上債権	639,170	607,809	1,687,106	2,203,215	9,281,424	15,355,183	22,678,168	27,180,686
	前払費用・仮払金	4,780	110,255	387,344	357,891	1,965,895	1,004,809	995,467	2,238,981
	現金・預金	189,472	679,105	1,103,878	1,214,011	964,068	2,538,543	3,326,365	3,364,495
	建設仮勘定	142,037			525,290	2,365,433	4,896,687	6,152,213	7,587,901
合計		4,241,971	10,262,868	15,127,319	27,959,805	47,852,268	71,196,241	96,337,762	120,062,179
貸方	資本金	2,000,000	5,000,000	5,000,000	10,000,000	12,500,000	25,000,000	25,000,000	25,000,000
	長期借入金	1,000,000	2,700,000	6,800,000	7,845,000	7,191,805	6,661,500	8,094,500	36,695,500
	短期借入金					12,501,380	20,810,412	33,563,858	16,687,000
	買入債務	555,955	984,011	816,198	1,312,187	2,632,514	2,403,777	4,107,763	2,978,383
	前受金・預かり金	6,370	5,230				12,017,200	20,837,969	33,302,616
	未払金	59,956	80,825	460,532	1,096,603	3,309,491	101,424	166,939	330,504
	仮受金	331,650	1,090,018	1,484,803	6,675,793	7,178,298	394,660	416,555	1,046,022
	前期繰越利益金	25,937	30,836	59,502	96,275	187,090	263,410	307,419	333,934
	当期利益金	159,751	196,360	259,282	511,946	984,688	1,391,931	1,184,863	877,733

注：合計はそのまま。一部勘定項目は省く。円未満は切り捨て。
出所：「工鉱業関係会社報告書」，「営業報告書」．

上述した工場・設備の拡大はこうした企業戦略の転換と共に行われた．すなわち，蒲田・寒川・川崎工場は軍用四輪車や航空機部品生産のために設けられ，実際に蒲田工場は陸海軍，寒川は海軍，川崎は陸軍の管理工場となった．また，それまで紡績機械用部品や三輪車を製造していた日本スピンドル製作所と山合製作所も合併・資本参加後には軍用車と航空機の部品製造に転換させられた．また，満州やジャワの子会社も軍用車部品製造や修理のために設けられた．

以上のように，日本内燃機は1938年頃から軍需部門へのシフトによって企業拡大を成し遂げていたが，その軍需品の内訳を見ると，時期によって重点部門が変わっていくことが分かる（表7-4）．すなわち，41年までは軍用の小型四輪車が中心であったが，42年から特殊車（除雪車）がそれに加わり，さらに43年からは航空機部品が最大の品目となるのである．こうした傾向は，戦時期における軍用車を含めた自動車部門の位置づけの変化と一致する．ただし，日本内燃機の場合，44年まで小型四輪車の生産が増加し続けたことが注目される．トヨタや日産といった軍用普通トラックを製造していたメーカーよりも同社の軍用小型車の生産がより優遇されていたことになるからである．

この期間中の経営も良好な水準を維持していたが，とりわけ，自動車以外の軍需品を生産し始める1942年以降には利益金が急増した（前掲表7-3参照）．配当率も43年度までは年8％を維持し，43年度以降は年6％に下落するが，それは軍の指示によるものであったという[23]．

このように経営が好調だったのはなぜであろうか．企業経営には調達—生産—販売部門が必要であるが，日本内燃機の場合，生産部門に関する能力はすでに戦間期から認められていた．また，戦時期にとりわけ軍への納品は「適正利潤」が保証されており[24]，販路に対する負担も少なくなった．従って，この時期の製造企業の経営にとって最も重要な要因は調達部門に

---

[23] 日本内燃機『営業報告書』第23期（1943年4月〜9月）．
[24] 戦時期における自動車工業における適正価格の設定の仕組みについては，第6章を参照．

第Ⅱ部　戦時期：日本自動車工業の再編成

表7-4　戦時期における日本内燃機の生産推移

単位：千円

年度	三輪車	二輪車	小型四輪車	除雪車	航空機部品	砲弾発火装置	合計
1935	480						480
1936	640	238					878
1937	1,080	912	480				2,472
1938	1,440	1,260	1,920				4,620
1939	1,680	1,500	2,430				5,610
1940	1,176	1,500	3,140				5,816
1941	1,008	900	3,780				5,688
1942	1,008	900	3,780	2,700	1,800	1,700	11,888
1943	1,080	348	3,480	3,240	3,800	1,700	13,648
1944	1,500	384	5,040	5,256	5,800	2,000	19,980
1945	400	96	640	952	2,000	500	4,588

注：車輌関係の部品の生産を除く．
出所：『工鉱業関係会社報告書』．

あったと考えられる．そのうち原材料・労働力は，戦況の悪化による限界はあったものの，軍からの優遇措置によってその調達が担保されていたことは容易に想像されうる[25]．

そこで，ここでは工場拡充＝企業拡大を可能にした資金調達の方法について，資本金と借入金に分けてやや掘り下げて検討してみよう．まず，資本金については，増資ごとに株式の引受先が判明する資料が見当たらないので，株式名簿から推定することにする[26]．

資本金が200万円だった1938年に寺田の持株比率は62％だったが，500万円への増資後もその比率は変化しなかった．ところが，1,000万円への増資後はその比率が47％，1,250万円の時は38％，そして2,500万円と増資した43年以降は28％となった．その代わりに山一證券，日本生命保険が大株主として新たに登場した．株主数は，1939年の52名から45年に

---

25) 「材料物資については，時に不足することもあるものの，軍部当局の支援によって大体円滑に獲得」（日本内燃機『営業報告書』第14期，1938年10月～39年3月）し，「軍需品の製造に繁忙を極めたものの，資材供給不足のため，40年3月末完成した青年学校以外には，蒲田の機械・調室工場等の完成が約一〇ヶ月あまりも遅延」（日本内燃機『営業報告書』第15期，1939年4月～9月）したという記述からもそれが窺われる．

26) 株主名簿については，1943年までは日本内燃機『営業報告書』を，その後は『聯金中料』を利用した．

は 2,019 名に増加した．すなわち，寺田甚吉個人に寺田合名を合わせた寺田財閥の持株比率が次第に下がる一方で，ほかの法人株主の登場と共に全般的には株式所有の分散化が進められたのである．なお，注目すべきことは，43 年 9 月の株主名簿に載っていなかった日本証券取引所と戦時金融金庫（以下，戦金と略す）が，戦後の 46 年 4 月時点ではそれぞれ 2.8％，4.8％の株を保有していることである．両機関共に，戦時期に株価の安定化や流通の円滑化のために機能したと言われているが[27]，実際に戦金は，株価が非常に下落したため公募することのできない場合に株式の購入を通じて株価を安定させ，増資・未払込金徴収を容易にさせる目的をも持っていた[28]．要するに，短期間のうちの，日本内燃機の膨大な増資の背景には，これらの特殊金融機関によるサポートがあったのである．

次に，前掲表 7-3 からは 1941 年以降長期借入金の増加が目立つことが分かる．この時期は，建物・建設仮勘定・機械装置など固定資産勘定も著しく増加している期間でもあった．要するに資本金の増加だけでなく，この借入金によって工場拡充が行われたのである．毎年の借入先については資料上明らかにすることができないが，戦後残された債務の内訳からそれを推定することはできる（表7-5）．

敗戦直後の状況とほぼ一致するものと思われるこの資料によると，敗戦当時日本内燃機の借入金の残高総額は 3,712 万円であった[29]．このうち最大の借入先は三井（帝国）銀行であり，この三井と興銀が主導して 1,423 万円のシンディケート融資を行ったようである．この融資が実施された時期は，固定資産の変動と照らし合わせてみると 1943 年末だったと推測される．要するに，「国を挙げて」航空機などの重点軍需部門に生産を集中していく時期に，日本内燃機も大規模な融資を受けたのである．また，次節で

---

27) 志村嘉一「証券」前掲『昭和財政史　終戦から講和まで14　保険・証券』．
28) 戦時金融金庫「戦時金融金庫の運営に就て」1942 年．なお，この金庫の主な目的は，日本自動車の事例で紹介する融資業務である．
29) この数値は，表 7-3 の 1945 年 3 月末現在の長期借入金残高とほぼ一致する．また，1942 年以降登場する短期借入金の一部が 45 年から長期借入金に切り替えられたことが窺われる．

表 7-5 日本内燃機の債務の内訳

債権者	種類	金額(円)	条件	
			返済期日	利率(銭/日)
帝国銀行	単独	17,472,181	1946年10月	1.20
	シンジケート	4,573,776	1946年12月	1.26
	求償債務	218,756	1947年2月	1.64
	小計	22,264,713		
興業銀行	単独	3,508,167		4.6%/年
	無担保	494,403		1.5
	シンジケート	3,578,853	1946年12月	1.26
	求償債務	868,837	1947年2月	1.64
	小計	8,450,260		
安田銀行	シンジケート	2,028,487	1946年12月	1.26
	求償債務	114,117	1947年2月	1.64
	小計	2,142,604		
三和銀行	シンジケート	2,028,487	1946年12月	1.26
	求償債務	114,117	1947年2月	1.64
	小計	2,142,604		
第一信託	シンジケート	2,028,487	1946年12月	1.26
	求償債務	114,117	1947年2月	1.64
	小計	2,142,604		
政府関係	商工省	1,109,823		
	第二復員局	729,225		
	小計	1,839,048		

注：1946年8月現在と推定．
出所：「企業再建整備計画書」（『戦金史料』）．

紹介する日本自動車と異なって，借入先には戦金が含まれていないが，それは日本内燃機が早い時期から興銀と深い関係にあったことを物語っている．ついでに，表7-5における政府関係のうち商工省と第二復員局とは軍需省・軍工廠からの前受金を指すものであり，短期借入金と合わせて運転資金として使われていたと思われる．

以上のように，戦間期に三輪車を主に生産していた日本内燃機は，戦時期には軍用車や軍需品に製造品目をシフトさせることによってそれまでよりも急速な企業拡大を成し遂げたのである．

この節の最後に同業種の他企業の場合はどうだったのかを簡単に見てみよう（表7-6）．表7-6からは，ライト自動車工業と陸王内燃機を除いた小型車製造企業が軍需品生産に転換し，またその転換の結果ほとんどが急激

第7章　戦時期における小型車工業と自動車販売業の「民軍転換」

表7-6　戦時期における小型車製造企業の変化

単位：倍，万円

企業名	生産品目	払込資本金	機械装置	借入金	売上高	最大売上高	戦後自動車工業との関係
日本内燃機	小型車，軍需品	10.9	10.1	36.7	23.0	1,998.0	再開→50年代まで製造
旭内燃機	普通車部品製造，修理	3.3	9.6	—	21.4	72.9	撤退
高速機関工業	航空機部品	8.0	1.1	0.8	28.4	195.9	再開→50年代まで製造
東洋工業	軍需品，工作機械	6.0	5.5	24.1	21.0	4,260.8	再開→急成長
発動機製造	軍需品，鉄道車輛機器	3.8	5.0	72.0	4.3	2,868.3	再開→急成長
ライト自動車工業	代用燃料装置，鋳物	1.9	2.9	8.5	4.9	311.0	撤退
陸王内燃機	二輪車	1.7	1.7	2.6	1.9	312.8	再開→50年代まで製造

注：1）最大売上高（万円）以外の各項目の単位は倍（＝1938〜44年の最大値／1935〜37年の最大値）．
　　2）資料上の制約によって，機械装置・借入金勘定の代わりに固定資産・負債勘定を利用した企業もある．
　　3）生産品目は，最大売上高を記録した時点（1943〜44年度）の上位2部門．
出所：『工鉱業関係会社報告書』．

な企業成長を成し遂げたことが見て取れる．ただし，こうした戦時中の拡大の程度いかんが直ちに戦後の展開過程を規定しているとは限らないことも窺われる．これら企業のうち，これまでの議論に関連させてみると，日本内燃機と比較されうる企業は陸王内燃機であろう．この企業も戦間期から軍用二輪車に特化し，戦時中にもその生産を続けたからである．しかし，日本内燃機と異なって陸王は戦時中にさほどの企業拡大を行っていない．その差の原因を特定するに足りる資料は手許にないが，少なくとも陸王には寺田のような拡大志向の経営者が存在していなかったことも一つの原因と考えられる[30]．

---

30) 陸王内燃機は三共製薬によって設立され，アメリカのハーレーを国産化した陸王号二輪車を生産した．戦時中にも同社の株式は三共と同系列の日本ベークライトがすべてを持っていた（『工鉱業関係会社報告書』）．

3. 販売業部門：日本自動車の事例

(1) 日本自動車の沿革と性格

　前節同様にここでもまず，日本自動車の沿革から見てみよう．日本自動車合資会社は1909年に大倉財閥の出資によって日本最初の本格的な自動車輸入販売会社として設立された[31]．販売会社だったので資本金は相対的に小さく，株式会社となった1914年の払込資本金は4.5万円にすぎなかった．そして，26年に15万円，38年に200万円となった．

　同社の主な営業種目は輸入完成車及び用品の販売であり，アメリカのハドソン，テラプレーンなどの複数モデルとダンロップ・タイヤの一手販売権を有していた．輸入車販売部門において同社の事業規模は梁瀬自動車と並んで最大であった．戦間期の輸入商はほとんどが販売だけでなく修理，さらにボディ製造も兼ねていたが，日本自動車も1918年から中野工場でそれを始めた．この工場は37年に独立して資本金100万円の日本自動車工業となった．また，設立当初から飛行機の輸入販売も計画していたが実現せず，実際にはその代わりに18年から航空機用塗料を製造しはじめた．

　日本自動車が属している大倉財閥はそもそも軍との関係が深く，植民地への投資が盛んであったが，自動車業にも少なからぬ会社を抱えていた．前節に紹介した日本内燃機が製造会社であり，販売会社は日本自動車のほか，フォードのディーラーである中央自動車を擁し，販売金融を行う日本アクセプタンスも持っていた．その他運輸会社としては富士箱根自動車（静岡），東海自動車（静岡），三共自動車（松山）があった[32]．

　ところで，戦間期の大倉財閥については，管理統制の成文的な組織がなく，投資分野が広汎で相互間の脈絡に乏しいと指摘された．また，財閥の性格が保守的で金融事業を抱えていないため，傘下に優秀な事業会社が少

---

31) 第1章で紹介したように，この日本自動車の前身は日本で最初に国産車を製造した東京自動車製作所である．同社の国産車製造の試みが挫折した後，その工場を引き受けた日本自動車は製造を断念し，輸入車の販売・修理を中心にすることになった．
32) 勝田貞次『大倉・根津コンツェルン読本』春秋社，1938年．

ないともいわれた[33]．そうした特徴は，戦時期に入ってからも続き，「今後各財閥の工業支配中に於ける大倉の地位は，……中心から逸れ，工業的重要性は低下し，……投資財閥化して行くのではなからうか．しかし大倉財閥は先代喜八郎が有名な株嫌ひであり，その伝統を受け継いでいる丈に，……証券市場で買付，買逃をやる様な芸当は踏まず，唯持っている小会社株を持続けるという方向を歩むのではなからうか」[34]と指摘された．

(2) 戦時期の企業経営

こうした性格を念頭に置きながら，戦時期における同社の変化を見てみよう．まず，経営陣を見ると，1941年9月現在，小川菊造社長が大倉組参与だったのをはじめ，ほとんどの役員が大倉系企業の役員を兼ねていたが[35]，こうした役員構成は敗戦時まで変わらなかった．

次に，貸借対照表の変化を見ると（表7-7），戦時期をかけて公称資本金の変化がなかったことが分かる．ところが，建物・機械などの固定資産の場合は，1943年までは資本金同様にさほど変化がなかったが，44年以降は急増している．すなわち，43年までとその後とは大きな転換が見られるのである．

では，こうした転換はなぜ生じたのであろうか．まず，1943年までの事業活動を，部門別に表した表7-8から見てみよう[36]．ここからは，この期間中の最大収益源が用品販売部門であり，それに自動車・タイヤ部門を含めた，戦間期の主な事業部門というべき販売部門が，同時期の副業部門である製造・工作部門より大きな比重を占めていることが分かる．前節に紹介した販売統制にも拘わらず，43年まで日本自動車は販売企業となりつづ

---

33) そもそも大倉財閥系だった宇治川電気，東京電灯，大日本麦酒は，増資の過程で財閥内での資金調達ができず，財閥から離脱したという（高橋亀吉『日本財閥の解剖』中央公論社，1930年）．
34) 前掲『日本財閥論　上巻』p.88．
35) 日本興業銀行「日本自動車株式会社」昭和17年2月23日（『戦金史料』）．
36) 以下，1943年までの事業部門別活動に関する説明は，別に断らない限り，前掲「日本自動車株式会社」；戦金融資部「中央兵器株式会社（机上調査）」昭和19年5月推定（『戦金史料』）による．

第Ⅱ部　戦時期：日本自動車工業の再編成

表7-7　日本自動車（中央兵器）の貸借対照表の推移

単位：円

	項目	1938年9月	1939年9月	1940年9月	1941年9月	1942年9月	1943年9月	1944年9月	1945年3月
借方	未払込資本金	1,000,000	500,000	500,000	500,000	500,000	500,000	500,000	500,000
	土地	374,145	382,395	237,143	251,075	258,067	260,950	291,700	272,700
	建物	302,000	237,089	142,749	104,301	116,910	198,591	536,273	740,935
	機械	39,948	82,943	80,396	164,963	309,998	451,726	862,151	1,009,254
	有価証券	940,760	979,302	1,095,292	1,142,167	981,235	898,666	1,312,001	1,299,562
	受取手形・未収入金	763,578	1,067,913	533,327	232,151	195,724	3,511,096	2,243,552	1,875,084
	仮払金	633,424	1,116,248	977,854	1,053,641	1,234,280	1,458,628	2,108,376	2,477,263
	建設仮勘定							3,183,435	4,226,249
	関係会社勘定						1,573,107	1,584,576	1,879,122
	諸営業勘定・在庫品	4,169,272	6,985,117	8,181,217	8,063,575	8,221,280	3,877,959	3,180,910	4,282,064
	現金・銀行諸預金高	701,081	975,903	989,531	970,637	2,122,198	1,345,524	1,316,582	946,508
合計		8,924,208	12,326,910	12,737,509	12,482,510	13,939,692	14,076,247	17,119,556	19,508,741
貸方	資本金	3,000,000	3,000,000	3,000,000	3,000,000	3,000,000	3,000,000	3,000,000	3,000,000
	預かり金・仮受金	971,749	1,444,092	2,081,740	1,301,430	1,757,110	2,413,047	2,814,548	5,822,737
	未払金・買掛代金	1,499,514	2,771,782	2,718,304	2,868,203	2,529,118	4,650,435	3,053,162	2,367,710
	支払手形・借入金	1,335,604	600,270	1,693,277	1,914,929	2,659,357	1,175,448	5,740,000	6,115,083
	前期繰越金	69,810	60,213	61,988	69,940	84,536	79,744	76,843	86,216
	当期利益金	135,327	185,178	168,743	169,607	203,831	216,055	230,373	176,347

注：一部の勘定項目は省く。円未満は切り捨て。
出所：『営業報告書』。

第7章　戦時期における小型車工業と自動車販売業の「民軍転換」

表7-8　日本自動車の部門別売上高・売上益の推移

単位：円，%

部門		1939年上	1940年上	1941年上	1942年上	1943年上	1943年下
自動車販売	売上高A	2,723,507	2,862,268	1,255,205	674,375	1,220,119	1,193,483
	売上益B	275,882	177,622	147,307	82,513	118,165	106,697
	B／A	10.1	6.2	11.7	12.2	9.7	8.9
タイヤ販売	売上高A	4,660,918	3,491,954	4,921,280	5,729,895	5,438,379	2,593,943
	売上益B	368,711	365,185	201,387	244,412	272,646	151,644
	B／A	7.9	10.5	4.1	4.3	5.0	5.8
用品販売	売上高A	3,472,098	5,571,488	5,313,653	4,986,820	4,295,031	4,247,273
	売上益B	585,937	713,538	669,363	741,529	645,126	520,086
	B／A	16.9	12.8	12.6	14.9	15.0	12.2
塗料製造	売上高A	855,529	853,647	1,109,110	1,122,677	885,778	1,126,337
	売上益B	155,994	110,144	163,297	203,275	161,142	95,293
	B／A	18.2	12.9	14.7	18.1	18.2	8.5
工作（修理，部品・兵器製造）	売上高A	423,836	492,407	985,289	819,028	772,808	1,441,805
	売上益B	37,302	118,913	245,113	231,463	250,096	307,117
	B／A	8.8	24.1	24.9	28.3	32.4	21.3
製造	売上高A				698,275	527,121	166,879
	売上益B				59,623	96,041	42,821
	B／A				8.5	18.2	25.7
合計	売上高A	12,135,888	13,271,764	13,584,537	14,031,070	13,139,236	10,769,720
	売上益B	1,423,826	1,485,402	1,426,467	1,562,815	1,543,216	1,223,658
	B／A	11.7	11.2	10.5	11.1	11.7	11.4

＜1938〜41年＞
　原注：［自動車］　1）日産・トヨタ共にその販売会社を通じての販売を原則とするも，販売会社の営業所がない地方では販売権を他社に与えている．
　　　　　　　　　2）1940年上期の利益率（B／A）が激減したのは，同期における在庫品の一部を切り捨てたためである．
　　　　［タイヤ］　利益率が手数料率と一致しないのは，他部門の利益と調整したためである．
　　　　［塗料］　1940年上期以降利益率が著減されるのは，原料が国産品に転換されたためである．
　　　　［工作］　1939年上期の利益率低下は当時天津の水害による損害を計上したためであるが，実際損失額はさほどでなく，利益隠匿のため多額を計上した．
　出所：日本興業銀行査業部「日本自動車株式会社」昭和17年2月23日（『戦金史料』）．

＜1942〜43年＞
　原注：1）車輛部（自動車販売）の利益率低下は軍への納入が多くなったためである．
　　　　2）塗料部の利益率低下は工場移転による経費増加による．
　出所：戦金融資部「中央兵器株式会社（机上調査）」昭和19年5月推定（『戦金史料』）．

販売部門のうち，完成車販売は輸入車の途絶と共になくなるはずであったが，この時期にも残ったのは植民地への国産車販売が可能だったからである．日本自動車配給株式会社（日配）は，内地需要のうち，民需用は地方の自動車配給株式会社（地配）に売り渡しし，軍・官庁用は地配を経ず直接に納入することになっていた．一方，外地需要には直接あるいは輸出調整機関を通じて販売することになっていたが[37]，日本自動車はこの時期にも軍あるいは植民地への販売活動を行っていた．例えば，1943年9月末現在の売掛代金勘定を見ると，海軍航空本部が最大であり，清津府庁（朝鮮）と樺太庁がそれに次いでいる[38]．国内での販売は仙台に限られていたが，それはこの地域で買受機関として地配に参加していることを示している．

　いずれにしても，完成車販売は時を追って減少していくのに対して，ダンロップ・タイヤの販売は戦間期からの水準が維持されていた．この品目も，1939年4月の「自動車タイヤ・チューブ配給統制規則」という商工省の通牒によって製造・販売には商工大臣の許可が必要となっていたが，販売者はそれまでの日本自動車が担当しつづけることになったからである．40年までは取換用のみを取り扱っていたが，41年からは新車用も販売するようになり，手数料はそれまでの10％から5％に引き下げられた．この理由は不明であるが，ダンロップ社の引き揚げの後に敵産と指定されていたものの，それまでにタイヤを製造していたダンロップ護謨（極東）が，この時期に大倉商事によって管理されるようになったことと関係があると推測される．さらに，43年上半期中に大倉商事によって設立された中央ゴムがダンロップ護謨の権限を正式に引き継げることになると，「生産と販売の一元化」という当時の販売統制の下で，日本自動車の販売権は中央ゴムに返還させられるようになった．

　販売部門のうち最大の比重を占めている用品部門の売上高がこの時期に

---

37)「日本自動車配給株式会社の設立」『汎自動車　経営資料』1942年8月号．
38)　日本自動車「貸借対照表内訳説明表」昭和一九年五，六月頃推定（『戦金史料』）．

それほど減少しなかったのも，販売統制が計画通りに機能しなかったためである．日本自動車は戦時期に入って取引用品を輸入品から国産品に切り替えたが，とくに日本特殊陶業のNGK点火栓と理研のピストンリングについては一手販売権を有していた．1941年7月の「自動車修理用部分品配給統制規則」によって部品・用品の販売統制が強化されてからは，用品のうち点火栓のみを取り扱うようになった．ところで，もともとこの規則によると，全国自動車部分品工業組合聯合会（部品工聯）に生産と配給を共に行わせ，従来の卸売業者を販売ルートから排除する方針であった．しかし，部品工聯の機能が整備されていなかったため，便宜上卸売業者のうち，大手40社に特定部品の配給を代行させることになり，日本自動車もその40社に入っていたのである．その代行品目の手数料は販売金額の10%であり，点火栓は取引量で最大の品目であったので，この時期にも同社の収益に大きく貢献したのである．

　次は，塗料・工作からなっている製造部門について簡単に見てみよう．塗料は1935年から完全に国産化し，製造工場の国立工場はこの時期に陸海軍の監督工場になって陸海軍工廠や三菱重工業・中島飛行機などに納入した．一時期の減少は見られるものの，この時期に全般的には生産が増加していった．工作部門は，福岡工場の軍需品製造，荏原工場の薪瓦斯発生炉製造，各地の自動車修理からなる．いずれもこの時期には小規模であったものの，収益率は最も高かった．製造とは，このうち，42年に分離した瓦斯発生炉製造部門を指すものと思われる．

　以上のように，1943年まで日本自動車は依然として販売企業であり続けていた．前掲表7-7においてこの時期まで資本金や借入金に変化がなかったのもそのためであったのである．実際に，この時期の資金繰りは，戦間期同様に，大倉商事や日本アクセプタンスといった大倉財閥の内部金融で賄われた．

　では，こうした結果は，戦時期に入ってからも日本自動車がそれまでの経営方針を維持しようとしたからであろうか．実際はそうではなかった．すでに1938年には「販売第一主義から製造工業へと漸次転向」する方針を

決定し，39年には営業規模の増大による資金不足を懸念していた[39]．また，日配・地配の設立と共に自動車関係の配給統制が強化される42年には販売部門を整理し，専ら生産部門の拡充を図るという方針も決定した[40]．しかし，実際には，43年になっても「（販売）企業整備の状態遅々として振はず」[41]という状況だったので，以上のような結果となったのである．

こうした状況認識を決定的に変化させ，製造への転換を実際に行うのは1943年下期であった．同時期にタイヤの販売ができなくなり，「（販売）業界の統制も益々強化され小売業の存在は一段と困難」[42]となったからである．そして，43年10月についに社名を中央兵器と変更したが，これは同社の「民軍転換」が決定的なものになったのを端的に表している．

この方針転換によって1944年から塗料製造も増加はしたが，それ以前に比べてそれほどの変化は見られなかった．この製造部門の強化方針が典型的に見られるのは兵器を製造する福岡工場であった．

そもそも福岡工場は，日中戦争の勃発によって増加した修理用自動車部品に対する注文が集中した福岡出張所に新築した工場であった．その後，同地域の陸軍小倉工廠からの注文によって砲弾の加工を，佐世保海軍工廠の要求によって魚雷・飛行機用部品の製造を行ったものの，その金額は1943年までにはそれほど多くなかった．ところが，上述したような方針転換とあいまって，43年末に海軍から魚雷部品製造のための大規模な工場拡充が求められるようになった（表7-9）．

その規模が，当時の日本自動車にとっていかに大規模なものだったかは，ほかの工場規模と比べると一目瞭然である（表7-10）．福岡工場は，工場の面積や設備機械，従業員数において諸工場の中で群を抜いて大きかった．当時40万円にすぎなかった同工場の年間生産額は，工場拡充後に720万円に増加することと予想された．この予想生産額も，それまでの全生産額

---

39) 日本自動車『営業報告書』第51期（1939年4月〜9月）．
40) 日本自動車『営業報告書』第57期（1942年4月〜9月）．
41) 日本自動車『営業報告書』第58期（1942年10月〜43年3月）．
42) 日本自動車『営業報告書』第59期（1943年4月〜9月）．

表7-9 日本自動車（中央兵器）の福岡工場拡充計画（1943年12月）

単位：円

区分	内訳	金額
土木・建築	土木費	1,772,000
工事費	機械工場	403,200
	仕上工場	201,600
	検査・組立工場	201,600
	事務所	432,000
	その他付属建物	121,500
	社員・工具社宅	900,000
	寄宿舎外	450,000
	小計	4,481,900
機械その他の設備	工作機械	3,441,500
	一般機械	137,500
	器具・工具	500,000
	電気機具	50,000
	小計	4,129,000
合計		8,610,900

出所：「臨時資金調整法ニ依ル事業設備拡充許可申請証明御願ノ件」昭和19年11月（『戦金史料』）．

を大きく上回る水準であった．

　工場拡充に必要な膨大な資金は戦金によって調達することになった．戦金は「戦時ニ際シ生産拡充及産業再編成等ノ為必要ナル資金ニシテ他ノ金融機関等ヨリ供給ヲ受クルコト困難ナルモノヲ供給ス」[43]るために，1942年4月に設立された．すなわち，財務状態のために一般金融機関から借り入れられない企業が軍需品生産に巨額の資金を必要とする場合に，戦金がその企業に融資することになっていた．実際の運営においては，それまで興銀から融資を受けている企業が追加的に資金を必要とする場合は，興銀の命令融資が担当し，新たな事業の場合には戦金が融資することになっていた．日本自動車の場合，すでに42年上半期に興銀から15万円の福岡工場拡充資金を借り入れたが[44]，この時期の拡充資金は戦金から借り入れる

---

43) 前掲「戦時金融金庫の運営に就て」．
44) 1942年3月に，日本自動車は興銀に返済期間5年で福岡工場の設備資金20万円，運転資金10万円の借入を申し込んだが，その結果は不明である．ただし，この件の審査資料によると，興銀は運転資金まで融資する必要はないとしており（前掲「日本自動車株式会社」），後掲表7-11によると，実際の借入金が15万円となったようである．

表7-10 中央兵器の事業概要（1944年1月末）

	東京第一工場	東京第二工場	向島工場	国立工場（拡充中）	福岡工場（拡充中）	博多工場	札幌工場
操業年月	1914年6月	1938年8月	1938年8月	1932年12月	1938年8月	1941年4月	1938年4月
敷地（坪）	670	161	146	4,971	15,950	369	150
建物（坪）	1,423	135	90	963	1,668	249	207
主要設備	工作機械22台他		ムトン3，エヤハンマー1，プレス5，ボール盤1他	ローラ6，空気圧搾機2他	工作機械152，鋳造機械2，ハンマー2他	シリンダー・ボーリング・マシン1他	
使用人数（人）	社98，工37	社5，工10	工15	工98	社64，工368	社5，工17	社6，工4
製品	特殊自動車車体	特殊自動車車体部品	自動車・航空機鍛造部品	航空機用塗料	航空機部品・魚雷部品	自動車修理	特殊自動車車体修理
最近1年間販売高（円）	588,913		43,681	2,012,115	429,599	100,444	18,764
軍関係	陸海軍利用工場			陸海軍共同管理（43年10月）	海軍監督工場（39年6月）		

注：1) 敷地・建物のうち，札幌工場は借地・借家，福岡工場は建設中のものが6,022坪．
2) 東京第一工場の販売高には東京第二工場分を含む．
出所：戦金融資部「中央兵器株式会社（机上調査）」昭和19年5月推定（『戦金史料』）．

ことになった．

　前掲表7-9のような計画の下で，日本自動車は戦金に800万円（設備650，運転150）の借入を申請した．1944年3月には計画が変更され，投資規模は650万円と縮小したが，そのうち600万円を戦金から借り入れることになった．この借入は，軍需省航空兵器総局が戦金に融資への協力を要求し，それを受けて戦金が日銀資金調整部と協議してから決定された．敗戦時まで日本自動車が戦金から実際に受けた借入金は532万円だったようである（表7-11）．また，表7-11からは，軍需省から巨額の前受金が支払われ，原材料への支払代金・前払金として使われたことが窺われる．

　この工場拡充は1944年6月までに終わる予定だったが，当時の資材難によるものか，同年9月になっても完工できなかった[45]．1943年上期に1,096万円だった売上高が，44年上期に715万円，44年下期には537万円

表7-11　日本自動車の債務の内訳

債権者	金額（円）	返済方法及び期限	利息	担保	形式
戦時金融金庫	5,320,000	1946年9月〜49年3月は毎年3・9月末に25万円支払，その後は毎年同時期に35万円以上支払，最終返済期限は54年8月25日	年5分	福岡工場	証書貸付
商工省官房会計課	3,406,669	旧軍需省よりの前受金・物品払下代金にして約定の支払期日なし			
三和銀行銀座支店	1,533,291	1946年8月5日	日歩1.3銭		
	567,000	1947年4月5日			
日本興業銀行	150,000	1943年9月15日以降毎年3月15日・9月15日に3万円ずつ分割返済．最終は48年3月15日	年5.2分	福岡工場	証書貸付

注：1946年8月現在と推定．
出所：「企業再建整備計画書」（『証券処理調整協議会史料』）．

と減少していったことを見ると，この状態は敗戦時まで続いて目標どおりの軍需品生産には至らなかったようである．その代わりに1944年になっても満州での自動車用品の販売実績は良好であった．

　以上のように，日本自動車は1943年まで販売企業として存続し，44年から軍需品製造への全面的な転換を図ったものの，実際にそれを成し遂げることはできなかった．ところが，こうした日本自動車の推移は，実は同時期に他の販売企業のそれに比べると相当例外的であった．梁瀬自動車をはじめとするほとんどの販売企業は40年頃からは特殊車のボディ製造や修理に専念することになり，安全自動車は軍需品エンジン製造を中心とした．その結果，日本内燃機ほどではないが，これら販売企業の固定資産・借入金・資本金も急増した．日本自動車は，戦時期に入る前にすでにボディ部門を独立させていたため，以上のような差が出たとも考えられる．実際に，戦時期に入ってからではあるが，ボディ製造・修理部門をそれぞれ別の企業として独立させた金剛自動車商会は，日本自動車同様に，敗戦時

45）　日本自動車『営業報告書』第61期（1944年4月〜9月）．

まで販売企業として存続した[46].

小　括

　戦時期に小型車の生産は抑圧されて衰退し，また自動車販売は自動車配給に取って代わられたと認識されてきた．こうした認識は，全般的には間違ってはいないものの，戦時統制政策と企業の対応という観点から見ると戦時期にはより多様な姿が見られた．

　小型車製造部門において軍用の四輪車・特殊車に特化した日本内燃機は生産を続け，販売統制の中でも日本自動車は完成車から用品へと品目の中心を移しつつも販売を続けたからである．戦時中に自動車工業の業種転換が少なかったのも，これら企業の存在のためだったのである．

　ただし，自動車から軍需品への「民軍転換」を政策的に強いられる中でも，これら企業が自動車工業に携わることが可能だったのは1943年度上期までであった．その後は，これら企業も漸く軍需品生産にシフトせざるを得なくなるからである．しかし，その時期は生産力拡充部門である普通トラックの生産も急激に落ちる時期であり，そうした状況変化は自動車工業に対する動員政策が機能したためというよりは，全般的な戦況悪化による影響のためであったと思われる．どの時期を戦時期の典型と見るかによって動員政策の影響に対する評価は分かれるであろうが，少なくとも1943年度上期までの自動車工業は戦間期の姿を色濃く残していたのである．

　また，戦時期に同じく自動車工業に関わっていたといっても，企業によってそれは様相を異にしていた．日本内燃機は自動車だけでなく軍需品の生産も含めて，この時期に経営規模を積極的に拡大させていった典型的なケースである．それに対して，日本自動車は経営拡大あるいは軍需品製造により消極的に対応したケースとも言える．

　この差をもたらした原因としてまず考えられるのは業種の違いである．販売統制は生産統制に比べて一層困難なので，販売企業として存立しつづ

---

46)　以上，他の販売企業に関する記述は『工鉱業関係会社報告書』による．

ける可能性がより高い，という解釈である．しかし，本文でも指摘したように，販売企業の中でも早くから製造業に転換したケースもあるし，小型車製造企業のほとんどは戦時期にそれほどの拡張を成し遂げなかった．

ほかの原因としては，企業に与えられる統制の程度が企業によって異なる，という点が考えられる．日本内燃機の場合，戦間期から軍に納入していたので，戦時初期から軍用車・軍需品の製造・納入が可能だったが，日本自動車は1943年末までは軍需品生産を求められることがなかったからである．この解釈も，可能な候補群からなぜ特定の企業が，特定の時点で軍需品生産を求められるようになるのかを説明できない難点がある．

従って，統制政策という外部要因のほか，企業の経営戦略という内部要因をより綿密に検討する必要がある．そのためには企業の意思決定過程に関する分析が欠かせないが，資料の制約のためそれが十分でなかったのが本章の限界である．

第Ⅲ部・戦　後

日本自動車工業の復興と成長基盤の構築

第8章 戦後における「小型車」工業の復興と再編

はじめに

　本章の課題は，戦間期に急成長したが戦時中に抑圧された小型車工業が戦後にどう復興され，いかに再編されていくのかを明らかにすることである．

　戦前の小型車とは一定限度内のエンジン排気量と大きさを持つ二，三，四輪車を総称するものであり，エンジン排気量の場合，その限度は 750 cc であった．ところが，戦後には戦前同様に小型車に二輪，三輪，四輪車が含まれているものの，車種別にその限度は異なるようになった．四輪車の場合，エンジン排気量は 1,500 cc まで拡大され，従来の普通車メーカーも新たに小型車を生産するようになった．そこで，市場・生産方式・自動車工業政策との関係などの面で普通車（大衆車）工業とは異なった戦前小型車工業の特性が戦後には弱くなった[1]．

　もっとも，戦前の小型車の範疇から見た場合でも，少なくとも 1950 年代までは注目すべき現象が現れていた．四輪車部門とある程度競合しつつ二輪車や三輪車部門が急成長を遂げたのである．このうち，本章では三輪車部門に限定して分析することにしたい[2]．

---

[1] この理由によるものか，戦後の小型車部門のみを取り上げた研究は，管見の限り見当たらない．ただし，戦後の自動車工業を小型車まで含めて分析したものとしては，やや概説的ではあるが，山本惣治『日本自動車工業の成長と変貌』三栄書房, 1961 年；天谷章吾『日本自動車工業の史的展開』亜紀書房, 1982 年；大島卓・山岡茂樹『自動車』日本経済評論社, 1987 年（第 4 章, 山岡執筆）が挙げられる．

[2] この時期における二輪車部門の急成長の過程では，まず，製品は原付自転車からモペットへ，生産方法は多数の小規模メーカーによる組立から専門メーカーの「大量生産」へという注目すべき変化が生じた．すなわち，これは戦前に三輪車に見られた発展経路に類似

戦前の三輪車は，小型四輪車との競合の端緒が見られたものの，両者の競争は本格化せず，むしろ両者が補完しつつ小型車市場を拡大させていった．ところが，戦後には小型車の規格拡大によって小型四輪車が増加し，三輪車と四輪車との競争，前者から後者への転換という小型車内部での変化をもたらした要因をより重視したい．

ところで，戦後の三輪車は四輪車と違って，エンジン排気量や大きさに関係なくすべてが小型車として取り扱われ，その生産車種はほとんどがトラックであった．その三輪車の生産台数は，当時自動車工業の中心であったトラック部門において普通車はもとより小型四輪車よりも多かった（図8-1）．また，1951年からエンジン排気量360cc以下の車は軽自動車として再分類されるが，その中でも軽三輪車が中心であった．50年代までは「三輪車段階」とでも呼ぶべき時代であったのである．三輪車の優位が四輪車に取って代わられるのは，小型車の場合には50年代後半であり，軽自動車では60年代初頭である．

以上のような問題意識の下で，本章では軽自動車を含めた小型車工業について三輪車を中心にすえて分析する．その際に課題とするのは，1950年代半ばまで小型三輪車の生産が増加しえたのはなぜか，50年代後半に小型三輪車が小型四輪車に代替されはじめたのはなぜか，またその時期に軽三輪車が急増するのはなぜか，という3点である．その課題を解明するため，市場状況，供給状況（技術能力），そしてその状況の下での三輪車メーカーの対応（メーカー間競争）に注目して分析したい．

対象時期は1945～60年であるが，この期間を大きく3つの時期に分けて検討する．まず，敗戦直後から生産・販売に対する統制が維持される

しているが，その発展が三輪車部門より一層短期間で行われたことに特徴があった．しかも，戦後の二輪車部門は，欧米のそれと同じく，自動車工業とは独立した工業となった．戦前の状況と比較しながら，需要構造と供給要因の変化という視点からこの時期の二輪車部門の成長過程をより立ち入って分析する必要があると思われるが，今後の課題としたい．なお，主にホンダを中心としたこの時期の二輪車部門の変化については，太田原準「日本二輪産業における構造変化と競争——1945～1965」『経営史学』第34巻第4号，2000年；出水力『オートバイ・乗用車産業経営史』日本経済評論社，2002年，第1章を参照．後者については，筆者の所見を述べたことがある（「書評」『経営史学』第37巻第3号，2002年）．

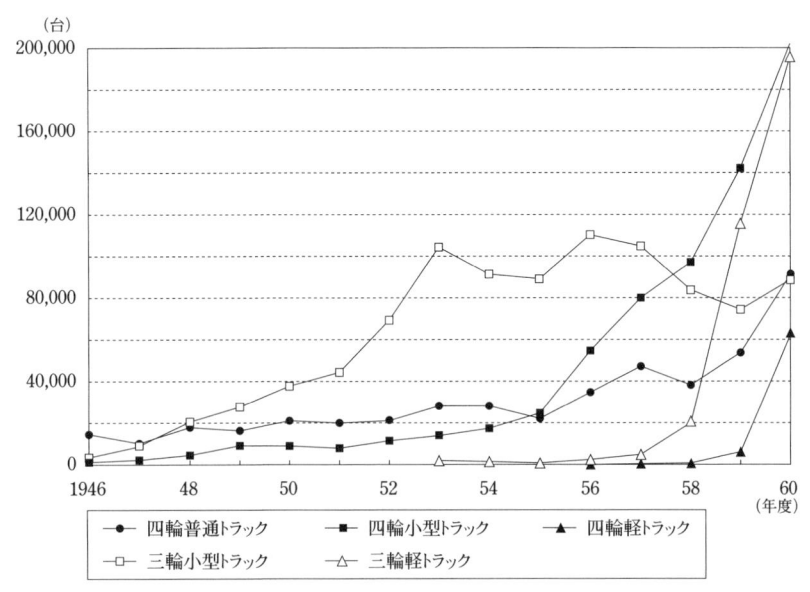

第8章 戦後における「小型車」工業の復興と再編　　　323

図 8-1　戦後日本における諸トラックの生産台数推移

凡例：四輪普通トラック、四輪小型トラック、四輪軽トラック、三輪小型トラック、三輪軽トラック

出所：日本自動車工業会『自動車生産台数』1967 年より作成.

1949 年までの復興期を第 1 期とし，朝鮮特需による自動車市場の拡大から小型三輪車の生産がピークとなる 1956 年までの小型三輪車の全盛期を第 2 期とし，小型三輪車が小型四輪車へ代替される一方で軽三輪車が急増する 1960 年までを第 3 期とする.

1. 復興期（敗戦～1949 年）

(1) 三輪車の市場状況と新規メーカーの登場

戦後に貨物輸送需要は爆発的に増加したが，1946 年 3 月現在トラックの保有台数は 37 年の 85％ 水準の 92,649 台であり，さらに稼動できるのはそのうち 2/3 にすぎなかった．トラックが不足したため，戦間期以降減少していった牛車・馬車などが再び広範に使われるようになった[3]．トラック保有台数を車種別に見ると，普通車が 6 万台，小型四輪車が 8,400 台と

少数ではあるが37年より増加したのに対して，三輪車は2.4万台と半減した[4]。言うまでもなく，これは戦時中に三輪車の生産が抑圧された結果であった。

こうしたトラックの供給不足を小型車の増産によって解決するために，小型車の規格変更が行われた。三輪車の場合，1947年3月にエンジン排気量が1,000 ccに，また同年12月には1,500 ccまで拡大された[5]。ところが，この規格改正の際に政策担当者が主に期待していたのは小型四輪トラックの開発・増産であり[6]，運輸省と商工省共に750 ccであった当時の三輪車より大きな1,000 ccの三輪車を開発することには反対し[7]，それだけでなく，三輪車メーカーも従来のものより大きなモデルの開発には消極的であった[8]。

従って，この規格改正と共に，主に三輪車を前提としていた運転試験の免除措置も撤廃され，戦前に小型車急増の要因の一つであった免許上の優遇措置がなくなった。もっとも，低価格という三輪車のメリットは維持されていた。すなわち，1947年8月に750 ccダイハツ三輪車の価格は67,500円だったのに対して，同排気量のダットサン四輪車は111,200円と

---

3) 例えば1947年6月において輸送手段別小運送実績の割合（1日平均）を見ると，トラック32％，牛車・馬車51％，荷車・リヤカー11％であった（自動車工業会『自動車工業資料』1948年，p.12）。

4) 『日本自動車年鑑』昭和22年度，日本自動車会議所，1947年，pp.97-100；日本自動車会議所『我国に於ける自動車の変遷と将来の在り方』1948年，pp.3-4。

5) 全国軽自動車協会連合会『小型・軽自動車界三十年の歩み』1979年，pp.27-28。1947年3月の内務省の「自動車取締令」の改正においては，小型車を四輪，三輪，二輪と区分し，それぞれにエンジン排気量と規格が定められていた。小型四輪の場合はエンジン排気量が1,500 ccまでであり，規格も三輪より大きかった。それが12月の運輸省の「車輌規則」では戦前同様に，車種の区別を撤廃して全車種を四輪車と同一にし，その規格も全幅は1.6 mと同様であったが，全長は3.8 mから4.3 mに，全高は1.8 mから2 mと拡大された（同，p.424）。

6) 当時の小型四輪トラックには戦前からのダットサン（日産）とオオタ（高速機関工業，1952年12月にオオタ自動車工業）の他，1947年4月から製造されはじめたトヨタのSB型があった。

7) 日本小型自動車工業会『小型情報』（1948年4月～49年3月），p.177。

8) 日本機械学会編『これからの自動車工業』科学社，1947年，pp.95-96。

戦前よりその価格差は拡大したのである[9]．また，狭小な道路という状況は戦前と変わらなかったため，回転半径の小さい三輪車に有利であった．

　従って，当分の間，小型車の中では三輪車の需要が四輪車のそれより多いことと予想された．1948年6月の小型自動車工業会が作成した「小型トラック5ヶ年計画」では，52年の小型車保有台数は三輪が16万台，四輪が7万台と，三輪車と四輪車の比率は戦前の7：3が維持されると想定したのである．用途別の三輪車需要は，自家用が2／3，事業用が1／3と見込まれた．自家用の場合，10人以上工場と卸売事業所数の70％，9人以下工場と小売事業所数の5％が三輪車を保有すること，また，事業用の場合は牛馬車の10％が三輪車に転換することが，その根拠として示された[10]．

　こうした市場展望があったため，戦前の三輪車メーカーが1930年代半ばから計画していた四輪車への転換を留保して三輪車生産を再開しただけでなく，戦時中の航空機・機械メーカーからも三輪車への新規参入が多数現れた．50年代まで生産を続ける主要8社の敗戦直後の状況は表8-1の通りであるが[11]，戦後の新規参入メーカーの設備規模は戦前メーカーのそれに劣らないことが注目される．

　戦前メーカーの中では東洋工業と発動機製造（以下，ダイハツ）の生産再開が早かった．東洋工業は広島では例外的に原爆の被害が軽微であった上，既述したような市場状況であったため，すでに戦前の主力製品であった三輪車を中心とする軍民転換の方針を1945年10月に決定した[12]．しかも三輪車の生産計画は月産1,000台と戦前のピークであった年産3,000台

---

9)　前掲『日本自動車年鑑』pp. 233-234．1935年のダイハツは1,355円，ダットサンは1,640円であった（『自動車年鑑』昭和11年版，日刊自動車新聞社，1935年，価格 pp. 4-5）．
10)　前掲『小型情報』p. 45．実際の結果は，後述するように，予想外に三輪車の増加が圧倒的に多かった．三輪車の需要先は工業より商業の増加率が高く，またほとんどは自家用であった．その理由は，戦前にはなかった小型車の営業許可基準台数が戦後には5台となったためであった．
11)　表8-1の資料である『工鉱業関係会社報告書』については，『工鉱業関係会社報告書総目録』雄松堂出版，2003年の「解題」（武田晴人氏執筆）を参照．
12)　東洋工業『五十年史　沿革編』1972年，p. 175．1937年に東洋工業の製品の中で三輪車の比重は7割であった．

表 8-1 戦後の三輪車メーカー現況

		東洋工業	発動機製造	日本内燃機	川西航空機	三菱重工業水島	愛知航空機	日新工業	東洋精機
設備台数	工作機械	2,090	778	610	3,125	1,041		257	
	産業機械	268		54	853	963		10	
	電気機械			82	446			133	
払込資本金	万円	3,000	1,500	2,188	3,750	75,000	3,000	500	10,000
従業員	人	786	1,025		2,500	1,900	1,200	250	1,800
所在地		広島	大阪	東京	兵庫	岡山	名古屋	神奈川	東京
履歴	戦前	三輪車、鑿岩機、工具	三輪車、鉄道車輌機器、ディーゼルエンジン	二輪、三輪車	航空機機体・部品			小型エンジン	精密機械
	戦時	小銃、兵器	軍需品	特殊四輪車、二輪車、航空部品	航空機機体・部品		航空機機体・エンジン	航空機用車輪、燃料タンク	精密機械
生産予定品目		三輪車、鑿岩機、工具、自転車	三輪車、鉄道車輌機器、ディーゼルエンジン	車輌、二・三輪車、スピンドル	車輌、二・三輪車、小型四輪車、漁業用エンジン		未定	未定	
三輪車事業	参入時期	1945年12月	1945年11月	1946年7月	1946年12月	1946年7月	1946年7月	1947年4月	1946年7月
	社名	東洋工業	ダイハツ工業 (51.12)	日本内燃機製造 (49.4)、日本自動車工業 (57.5)	明和自動車工業 (49.12)	中日本重工業 (50.1)、新三菱重工業 (52.5)	愛知起業 (46.3)、新愛知起業 (49.5)、愛知機械工業 (52.12)		三井精機 (52.5)
	モデル名	マツダ	ダイハツ	くろがね	アキツ	みずしま	ヂャイアント	サンカー	オリエント

注：1）日本内燃機の設備からはスピンドル生産予定の尼崎工場分を除く。
2）川西の設備は鳴尾（三輪車、二輪車）と宝塚（二輪車）工場分の合計。
3）三菱水島の資本金は三菱重工業全体分。
4）川西と三菱の従業員数は三輪車部門のみ。

出所：『工鉱業関係会社報告書』を中心に各社の社史・営業報告書より作成。

水準を大きく上回るものであった.それは,戦時中に兵器・小銃生産用の設備機械が急増したためであった[13].ダイハツも1945年末頃に三輪車の生産再開を決定したが,月産目標も東洋工業同様に1,000台であった.第7章で紹介した日本内燃機は戦時中に三輪車のみならず,小型特殊四輪車も生産していたが,戦後には三輪車中心の再建を図った.

一方,戦時中の航空機メーカーからの三輪車への参入は,当時広範に行われた「軍民転換」の一環であった.民需の対象として選ばれたのは既存設備が利用可能な輸送機械分野が多かった.ところが,四輪車とくに普通トラックの場合,トヨタと日産がすでに生産・販売の面で圧倒的な競争力を持っていたため,転換メーカーのほとんどが二輪車と三輪車,あるいは自動車の修理,ボディ製造分野への参入を試みた[14].三輪車の場合,戦前の最大のメーカーであったダイハツの最高年産台数も5,000台程度であり,それに東洋工業と日本内燃機を除いたメーカーは年間数百台の水準と生産規模は小さかった.また,全国的な販売網もまだ確立しておらず,メーカーの所在地を中心に販売が行われていた.

実際に三輪車に参入した旧航空機メーカーは3社であった.川西航空機(以下,明和自動車)は民需転換対象として,衣料品・自転車修理・運搬業などと共に三輪車を決定し,1946年9月に転換許可を受けて三輪車の生産を開始した[15].戦時中には主に航空機の機体を製造していたが,34年にはエンジンも生産していたため[16],三輪車の製造に必要なエンジンの生産技術は保有していた.三輪車以外の転換品目のなかで原付自転車用のエンジンと農業用小型エンジンが含まれていたことからも,これが窺われる[17].

三菱重工業(以下,三菱水島)は,1943年に名古屋航空機製作所から分

---

13) 東洋工業の1937年中の設備機械保有台数は454台であったが,45年8月現在のそれは2,373台と急増した(前掲『五十年史 沿革編』p.134).
14) 商工省「民需転換調書」『日高資料』55(通商産業調査会蔵).
15) 新明和工業『社史1』1979年.
16) 航空工業史編纂委員会編『民間航空機工業史』1948年,pp.65-66.
17) 原付自転車とオートバイは,明和自動車工業と共に川西航空機の第2会社の一つである新明和工業の宝塚・鳴尾工場において1963年まで生産された.

離して設立された水島航空機製作所（45年11月に水島機器製作所）が三輪車を生産することとなった[18]．三菱水島は戦時中に航空機の機体生産に集中していたため，三輪車の生産計画と共に名古屋製作所のエンジン技術者が水島に配置転換された[19]．

愛知航空機（以下，愛知機械）の三輪車への参入は，1946年に帝国精機からの三輪車製造権を譲り受けて行われたものであった[20]．帝国精機はそもそも大阪所在の鋲メーカーだったが，35年に名古屋で三輪車を生産していた帝国工業（ヂャイアント・ナカノ・モータース）を合併して三輪車部門に参入した[21]．しかし，戦後には大阪で鋲と電気機械生産に集中するため，三輪車部門を名古屋の愛知機械に譲渡したものと思われる．

戦時中の機械メーカーである日新工業と東洋精機（以下，三井精機）の三輪車への参入動機も航空機メーカー同様であったと思われるが，日新工業の場合，三輪車製造に必要な技術は既存の自動車メーカーから技術者を採用して可能になったようである[22]．

(2) 三輪車の生産と販売

この時期の三輪車の生産は，全般的な物資不足のために割り当てられた資材量によって制限された．割当量は生産計画によって決められたが，その生産計画は業界[23]の意見を反映して商工省[24]がまとめた案を，GHQの

---

18) 三菱重工業『新三菱重工業株式会社史』1967年.
19) 自動車技術史委員会編『1996年度　自動車技術の歴史に関する調査研究報告書』自動車技術会, 1997年, p. 394.
20) 自動車技術史委員会編『1995年度　自動車技術の歴史に関する調査研究報告書』1996年, p. 103.
21) 「帝国精機工業株式会社」『工鉱業関係会社報告書』.
22) 日新工業の吉崎良造社長は戦前にダットサンの販売に携わったものであり，中村賢一専務は東京瓦斯電気，日本内燃機で活躍した技術者である（『自動車産業』1949年3月号, p. 21).
23) 戦後小型車メーカーの業界団体としては早くも1945年10月に日本小型自動車統制組合が設立されたが，46年3月に日本小型自動車組合と変わり，また48年4月からは日本小型自動車工業会となった．
24) 1945年8月に軍需省が廃止されて商工省が復活し，自動車工業は工務局機械課の担当

民間輸送局 (CTS) の計画に基づく運輸省[25]の案と調整しながら，年間・四半期ごとに決定される仕組みであった．計画の策定過程においては，業界・商工省対運輸省・CTS間の対立が見られた．前者が将来輸出工業としての可能性を想定した上で潜在需要までを考慮した生産水準を主張したのに対して，後者はあくまでも当該期間中の有効需要のみを基準としていたからであった[26]．ただし，生産計画は固定的でなく，市場需給の変動を反映して頻繁に変更され，三輪車の生産計画はつねに拡大調整された．また，1948年中には「自動車工業5ヶ年計画」に基づき，資材割当が優先される重要自動車工場として三輪車メーカー8社も指定された[27]．

ところが，一般経済の回復と1948年末からの不況によって超過需要が解消されたため，50年初頭までは主要資材のほとんどが割当品目から除外され，また生産計画も49年度第3四半期からは事実上なくなった[28]．

生産実績は表8-2のとおりであるが，まず，1948年以降生産が急増したことが分かる．48年の生産は戦前のピークであった37年の1.5万台を超えた．メーカー別にはダイハツと東洋工業の増加が目立つが，三菱水島など新規メーカーの生産も順調に増加した．このように短期間に生産が増加し得たのは，需要に応じうるような設備を保有しており[29]，不足した資材は闇市場からの購入や独自の調達方法によって補われたからであった．例えば，東洋工業は隠退蔵物資や旧軍施設からの払い下げによって鉄板の不

となった．その後46年1月に自動車課が誕生し，48年8月には機械局―自動車部―自動車課の機構となった．さらに，49年5月に通産省が設置されてからは，機械局―車両部―自動車課となり，52年9月以降，重工業局自動車課の所管となった（自動車工業振興会『日本自動車工業史行政記録集』1979年，pp. 191-195）．

25) 運輸省内での自動車運輸担当部署の変遷過程は，前掲『小型・軽自動車界三十年の歩み』参照．戦後自動車工業に対する運輸省の関わりとしては，1950年代初頭にタクシー用の外国乗用車の輸入を主張したことがよく知られているが，小型車工業には生産計画の作成や免許・運送範囲に関わる「車輛規則」などの諸規則が重要であった．

26) 『小型情報』第2号（1949年6月～8月），pp. 6-14.

27) 『自動車産業』1948年10月号，pp. 12-13.

28) 『小型情報』特輯号（1949年5月～50年5月），p. 42.

29) 三輪車メーカーの生産能力合計は1948年中に月産3,000台に達していた（前掲『小型情報』p. 179）．

表8-2 小型三輪車の生産推移

単位：台

メーカー	ダイハツ	東洋工業	日本内燃機	愛知機械	三井精機	明和自動車	三菱水島	日新工業	合計
モデル	ダイハツ	マツダ	くろがね	ヂャイアント	オリエント	アキツ	みづしま	サンカー	
1945	132	172							304
1946	1,898	1,318	275	7	258	30	41		3,827
1947	2,215	2,720	980	480	728	575	952	267	8,951
1948	4,976	5,200	1,765	1,798	943	1,987	3,130	678	20,525
1949	6,856	6,558	2,437	2,520	1,136	2,676	4,525	848	27,559
1950	10,905	9,772	3,750	2,960	2,884	2,322	4,031	1,037	37,661
1951	12,654	11,499	4,385	2,581	2,033	2,471	5,005	1,337	41,965
1952	20,030	19,686	5,869	5,695	5,209	3,732	6,743	2,034	68,998
1953	30,508	28,451	8,284	8,037	6,244	5,095	14,059	3,294	103,972
1954	26,425	32,394	6,557	6,153	3,741	11,132	3,541	1,359	91,302
1955	28,025	34,261	7,169	6,174	4,432	1,114	7,396	285	88,856
1956	35,318	40,922	8,558	8,308	6,845	101	9,703	337	110,092
1957	34,677	38,760	5,635	7,662	5,936		11,876		104,546
1958	28,655	30,499	4,770	5,504	5,044		8,966		83,438
1959	28,154	27,247	5,174	3,153	4,809		5,397		73,934
1960	33,787	41,629	5,920	768	2,955		3,240		88,299

注：1) 消防車を含むトラックの生産台数。この期間中の三輪乗用車は50年1,336台, 51年893台, 52年257台, 53年32台, 54年4台である。
　　2) 合計には、陸王内燃機の陸王 (47年12台, 48年35台, 49年3台), 汽車製造のナニワ (47年22台, 48年8台), 不二越鋼材のふじ (48年5台) が含まれている。
出所：『小型情報』各号。

足を補ったが、47年中に実際消費した鉄板のうちこの方法による調達が2／3を占めていた[30]。

　一方、製品の技術・性能を見ると、航空機メーカーからの新規参入があったにも拘わらず、戦前に比べてエンジン性能の進歩はあまり見られなかった[31]。その代わりに、航空機の技術が三輪車に直接に影響を与えたのは

30) 前掲『五十年史　沿革編』p. 180.
31) 戦後、航空機メーカーから自動車工業へのエンジニアーの移動によって自動車エンジンの開発が進められたことはよく知られている。三輪車の場合、航空機メーカーが直接に

前輪のオレオ緩衝器であった．また，三菱水島が採用した風防・幌などデザインも従来の三輪車に大きな影響を与えた．

また，戦前にすでに気化器と電装品の一部を除いてほとんどの部品を国産化していたため，部品供給が生産隘路の要因とはならなかった．ただし，ダイナモ，コイルなど電装品の品質不良は需要者から頻繁に批判されたため，小型自動車工業会の技術委員会では，日立製作所・三菱電機・トヨタ（日本電装）に品質向上・規格統一などを要求した．その他，技術委員会では，鉄鋼の品質に関しても川崎重工業（製鉄）に改善を要求し，三輪車の普及に阻害要因となっていた規格不統一問題を集中的に検討した．その結果，1948年までに速度計，ライト，ハンドル握り，サドルなどの小物付属品の規格が統一された[32]．

生産と同じく販売に対してもこの時期には統制が行われた．1945年12月に制定され，46年5月に改正された「自動車（新車）配給要綱」によって自動車は月ごとに配給されることになった．地域別配給機関からの最終使用者及び受入売渡状況や製造業者からの生産納入状況の報告を受けた運輸省陸運監理局が，中央配給委員会の諮問を経て使途別・地域別に配給量を決定した[33]．戦時期の統制会——地域別配給会社による配給と基本的には同様の仕組みであったのである[34]．ただし，戦時期に自動車販売・整備を担当していた日本自動車配給会社及び各地域の自動車配給・整備会社が1946年6月〜7月に解散させられたため，戦時期と異なって許可された需要先にはメーカーが直接に販売した．

三輪車の価格は公定価格によって決められた．1945年11月〜48年11

転換してきたので，その影響はより広範で直接的なものである可能性があるが，実際にその影響についてはあまり指摘されていない．その理由は，復興期にはもとより，エンジンの大型化が進展する1950年代になっても，三輪車の主な競争力は低価格にあり，またエンジンそのものの性能よりエンジンと車体とのバランスを向上させることに技術開発の重点があったからと思われる．

32) 前掲『小型情報』；前掲『小型情報』特集号．技術委員会は設計問題を担当する第1部会（各社から2名）と生産技術を扱う第2部会（各社から1名）で構成されていた．
33) 前掲『日本自動車年鑑』pp. 223-224；前掲『五十年史 沿革編』p. 188.
34) 塩地洋・T. D. キーリー『自動車ディーラーの日米比較』九州大学出版会，1994年，p. 39.

月まで公定価格は8回改正され,ダイハツ750ccの価格は4,700円から130,338円と急騰した[35).ただし,この価格改正は材料などほかの品目の改正と連動して行われたため,価格の高騰がメーカーの利益増加を直ちに意味するわけではなかった.

ところが,1948年末からの不況と49年初めからのドッヂ・ラインの影響によって超過需要がなくなったため,こうした販売統制は49年10月に廃止され,公定価格も同年12月に撤廃された.戦時期から続いた生産と販売の両方の統制は49年末に完全に撤廃され,漸く自由競争の段階に入ることになったのである.

販売・生産統制が行われる時期においては,増産は制約されていたものの,販売に対する不安はなく,販売価格も公定価格によって少なくとも経営に必要な利益が保証される水準であった.ほとんどのメーカーが利益を計上し(後掲表8-6参照),運転資金の不足はディーラーからの前受金によってカバーすることが可能であった[36).しかし,こうした販路の保証はメーカーに販売網を拡充させる誘因を弱め,地域別に偏っていた戦前の販売構造を維持させる要因ともなった.

ところが,生産と販売に対する統制が撤廃され,しかも1949年頃には企業再建整備が一段落し,企業間競争が再開される条件が整った.こうした条件の変化に伴ってまず販売方法の変化が見られはじめた.東洋工業は49年4月から前受金を廃止し,三菱水島が49年9月から月賦販売を実施してほかのメーカーもそれに追随した.また,東洋工業は48～49年中に全国的な販売網の整備に乗り出し,全国1県1店の販売店を設けるようになった.もっとも,それはまだ専属販売店ではなかった[37).

35) 小型自動車新聞社『躍進する小型自動車業界の歩み』1958年,p.22.
36) 1948年11月末現在の東洋工業の短期借入金は5,700万円だったのに対して,三輪車販売店からの仮受金がほとんどであった前受金は3,650万円であった(東洋工業『有価証券報告書』(1948年12月～49年5月)).
37) 1県1店化の方法は従来のサブディーラーをディーラーと昇格させること,また自社の鏧岩機販売店を三輪車販売店に転換させることであった.この販売制度の採用には1948年1月の「道路運送法」の実施によって運輸省道路監理事務所が県ごとに設けられ,従来のような複数県に跨る販売が車輛登録上不便になったことも作用したという.また,49年

一方，生産面についても，設備の更新と拡張が求められるようになった．当時，とくに新規参入メーカーは外注への依存度が高く一貫生産の設備を有していなかった[38]．また，設備機械の数こそ多かったものの，ほとんどが戦前・戦時に設置されたものだったために老朽化が深刻な状態であった．例えば，1950年現在の3社（東洋工業，ダイハツ，三菱水島）の保有工作機械は3,369台であったが，そのうち5年未満のものは159台にすぎず，実際に稼動していたのは2,577台であり，さらに設備時の性能・精度を維持しているものはその稼働台数の3割程度であった[39]．また，自由競争に備えるためのコスト削減対策としては，精密鋳造・鍛造，プレスによって切削加工を節減する必要が認識されていたが，そのためにも工作機械以外の設備の拡張・更新が求められていた．しかし，当時は資金制約のため，それが可能な状況ではなく，戦災設備を復旧させる対策に留まらざるを得なかった．

2. 小型三輪車の全盛期（1950～56年）

(1) 三輪車市場の拡大と三輪車の大型化

不況に苦しんでいた日本の自動車工業は1950年半ばからの「朝鮮特需」によって基盤整備の好機を迎えた．三輪車の場合，その影響は直接の特需によるものでなく，普通トラックの国内供給不足からもたらされた間接的なものであった[40]．

当時の販売店のリストを見ると，北海道（群馬・埼玉）は「北海道（群馬・埼玉）トヨタ自動車」となっている（前掲『五十年史　沿革編』pp. 189-191）．
38) 愛知機械の場合，1952年3月中にも鋳造・鍛造の68％，塗装の全部を外注していた．また，その外注先はトヨタの下請メーカーとほぼ一致していた（新愛知起業『株式売出目論見書』1952年7月）．
39) 『小型情報』第13号（1951年10月～52年1月），pp. 112-113．
40) 1949年度下半期に2,700台だった三輪車の月平均生産は，朝鮮戦争の勃発後3,800台と増加した（「朝鮮動乱の自動車工業に及ぼした影響」『車両部報』第12号，1951年，pp. 3-22）．ちなみに，1950年7月～51年3月中の直接特需は普通トラックが9,956台だったのに対して，三輪車のそれは77台にすぎなかった．

当時のトラックを積載量別に見ると，普通四輪トラックが4トン，小型四輪トラックが500キロ～1トン，三輪車が500キロ積であった．このうち，小型四輪トラックの生産は非常に少なく，四輪トラックの中心はあくまでも普通車であった．この時期の普通車メーカーは普通トラックと小型乗用車の開発に限られた資源を集中したからである．その結果，戦前最大の需要を有していた1～2トン積の「大衆」トラック市場への供給はほぼ空白状態であった[41]．

　従って，当時は小型四輪トラック分野に進出する十分なチャンスが存在し，実際にプリンス（富士精密）は1951年からこの分野に新しく参入した．三輪車メーカーの中でも東洋工業は49年に1,157 ccの四輪トラックを開発し，50年6月から販売しはじめた．ところが，東洋工業はその後同年9月にこのエンジンを三輪車に搭載して1トン積三輪車に改造し，この三輪車を主力製品とすることになった[42]．こうした転換は折からの需要増加に早急に対応する方法でもあったが，その決定には三輪車の大型化によってさらに市場が拡大されうるという経営判断があったことがより重要であったと思われる．

　1951年7月の「道路運送車輌法」によって，三輪車には排気量・車体寸法の制限がなくなったので[43]，52年から2トン積三輪車も出現しはじめた．その後，各メーカー共に大型化に拍車をかけ，50年代半ばまでにはほとんどのメーカーが小型四輪車より大型の三輪車を生産するようになった（表8-3）．しかも，2トン積の三輪車には予めオーバーロードを想定して，普通トラック並みのリアスプリングなどを採用したため，実際には3トンま

---

41)　世界的に1940年頃まで公称1.5トン積トラックが担当した「大衆運送」は，その後の道路の改善と輸送体系の整備によって5～10トン積トレーラーに取って代わられ，1.5～2トン車は配達用となった．ところが，日本では道路条件の制約のためにトレーラー化が進展できず，1.5～2トン積が4～7トン積となったので配達用車がなくなった（『オートモビル』1954年5月号，p.62）．

42)　前掲『五十年史　沿革編』pp.228-229．

43)　小型車としての制限が三輪車にはなくなった理由は，1947年の変更後も実際の三輪車は750 cc，500キロ積に留まり，三輪車はそれ以上大型化できないという「一般通念」があったためといわれている（『モーターファン』1954年6月号，p.114）．

表8-3　三輪・小型四輪トラックの諸元推移

型	車名	全長(mm)	全幅(mm)	排気量(cc)	馬力(hp)	重量(kg)	積載量(kg)
1948年型	マツダ	2,800	1,200	660	14	610	500
	トヨペット	3,950	1,595	995	27	1,090	1,000
1950年型	マツダ	3,800	1,583	1,157	32	890	1,000
	ダイハツ	3,550	1,450	736	15	720	500
	トヨペット	3,950	1,595	995	27	1,050	1,000
	ダットサン	3,117	1,394	722	15	730	500
1952年型	マツダ	4,800	1,645	1,157	32	1,080	1,000
	ダイハツ	3,680	1,440	1,005	22	720	750
	トヨペット	4,195	1,590	995	27	1,125	1,000
	ダットサン	3,398	1,389	860	21	750	600
1953年型	マツダ	5,920	1,685	1,157	32	1,380	2,000
	ダイハツ	3,740	1,480	1,005	24	920	1,000
	トヨペット	4,265	1,675	995	28	1,210	1,000
	ダットサン	3,815	1,458	860	24	930	750
1955年型	マツダ	5,940	1,685	1,400	39	1,486	2,000
	ダイハツ	5,140	1,660	1,478	45	1,445	2,000
	トヨペット	4,265	1,675	1,453	48	1,300	1,000
	トヨエース	4,287	1,675	995	30	1,200	1,000
	ダットサン	3,742	1,466	860	24	865	750

注：三輪車はマツダとダイハツ，小型四輪トラックはトヨペット，トヨエース，ダットサン．
出所：『モーターファン』1956年10月号, p.84.

での積載も可能であった．この大型化は1,500 ccエンジンを限度としてボディの長大化を中心に際限なく進められたが[44]，55年7月に「現在製作されている最大の小型三輪トラックの大きさを超してはならない」という運輸省の通達によって漸くその拡大競争に歯止めがかけられた[45]．

この大型化によって，1950年代半ばにおける三輪車は750キロ〜2トン積までのトラック市場をほぼ席巻することになった．全三輪車生産台数のなかで1,000 cc以上の大型車の占める比重も年を追って高くなっていった

---

44) 小型三輪車にはエンジン排気量の制限も設けられていなかったので，より大きなエンジンの製造も可能であった．しかし，実際にその拡大が試みられなかったのは，1,500 cc以上になると4気筒とならざるをえず，コストの面で不利であったからと思われる．また，既存三輪車の構造的な安定性から見て積載量の限度を2トンまでと想定し，その積載が可能となる最小エンジンを追究した結果であったとも考えられる．
45) 『自動車年鑑』昭和31年版，日刊自動車新聞社, p. 67.

表 8-4　排気量別・積載量別三輪車の生産推移

単位：%，台

年(度)	排気量(cc)						生産台数(台)	積載量(kg)			
	650	750	900	1,000	1,200	1,500		750	1,000	1,500	2,000
1952		71			29		68,903	58	40	1	2
1953	7	37	25	16	14	1	103,896	38	50	2	10
1954	2	26	33	8	13	18	91,222	27	50	5	18
1955		25	33	2	19	21	88,832	19	55	5	21
1956	1	18	19	27	12	23	110,068	13	48	10	29
1957	2	9	14	28	13	34	104,458	9	38	15	38

注：1953年は西暦年，その他は会計基準年度．
出所：『小型情報』各号．

(表8-4)．750キロ積の生産比重が52年に58%であったが，57年には9%まで下落した．その代わりに，53年からはすでに1トン積が50%と主力となり，57年には1トンと2トン積の割合が同じくなった[46]．

このような三輪車の大型化には，三輪の構造でも2トンまでの積載が可能でかつ安全であることを証明して運輸省の運行許可を受ける必要があった[47]．この問題に全面的に携わったのが小型自動車工業会の技術委員会であった．従来運輸省における最大積載量の決定方式はアメリカに倣ってタイヤの圧力に比例させるものであった．しかし，1950年から技術委員会では実検結果に基づき，エンジン出力なども考慮して最大積載量を決定することを主張した．その結果，52年に「道路運送法」及び「道路運送車輛法」保安基準の改正によって750cc級の最大積載量が従来の500キロから750キロに拡大され，53年までは1,000cc級が1トン，1,200cc級が1.5トン，1,500cc級が2トン積として認められるようになった．

次の問題は前輪荷重の制限であった．全体的に最大積載量が拡大されても，前輪荷重を20%以上とする制限が残されていたからである．この制限下ではエンジンの位置などを変更せざるを得ないために，三輪車の大型化は無理であった．そして，委員会では1952年中に前輪荷重と安定性と

---

46)　『小型情報』各号．
47)　以下，技術に関する記述は別に断らない限り，「技術関係報告」『小型情報』各号，自動車技術会『日本の自動車技術20年史』1969年，pp.154-159による．

の関係を研究し，安全運行のためには前輪荷重14%で十分であるとの結論を得た．この結果をもとに，運輸省自動車局にこの限度への引き下げを要求し，52年9月から前輪荷重の限界は18%に引き下げられた．

また，三輪車の大型化に伴って危惧された操縦安定性問題については，1953年末から運輸省の補助金などによって東京工業大学の近藤政市を中心に研究が進められて55年中に試験を完了した．その結果，三輪車は大型化しても四輪に比べて安定性を損なわないことが実証された[48]．

一方，性能とデザインの技術も向上した．まず，従来四輪車に比べて三輪車の根本的な弱点と言われていた操縦・居住性の改善が行われた．従来オートバイ同様のキックペダル式であった始動装置は，1951年からマツダとダイハツにセルモーターによる方式が採用されはじめ，50年代半ばにはすべてのモデルに導入された．また，復興期から取り付けられはじめた幌は，この時期には鋼板のキャビンに進展した．もっとも，騒音と振動の問題があったため，四輪車同様に完全密閉式ではなかった[49]．

三輪車は2気筒エンジンを装着し，またエンジンの取り付け位置も座席の下あるいは足元であったので，騒音と振動の問題が深刻であった．そのため，オレオフォークを採用し前輪からのショックを緩和させたり，クッションシートを取り付けるなど改善を試みた．それだけでなく，四輪車には見られなかったゴム懸架，油圧タペットなども採用した．

ところで，技術的に最も注目されたのは丸型ハンドルの採用であった．従来のバー型ハンドルは操縦しやすくて回転半径も小さい利点はあったものの車の振動を全面的に受けるため，とくに傾斜面を下るときの安全性に問題があった．そのため，戦前にも丸型ハンドルの三輪車は存在していた

---

48) 当時，一般の需要者には，前輪が1輪である三輪車は旋回の時に転覆可能性の高い弱点があると言われた．しかし，実験の結果，転覆の可能性は高速で急旋回する時に生じ易いが，三輪車と四輪車との差はないことが判明したのである（『モーターファン』1956年3月号，p.99）．実際に大型の三輪車が広範に使用されてからも，この問題が発生したことはなかった．それは，以上の理論的な安定性のためだけでなく，後述するように，三輪車は主に重量を低速で運搬するのに使われたためでもあったと思われる．

49) 1949年から完全密閉式であったヂャイアントも53年以降再び半ドア式に戻った（『モーターファン』1956年3月号，p.93）．

が，ハンドルへの圧力がそれほど問題にならなかった750cc級の三輪車にはそのメリットを発揮しうる余地は少なく，むしろコスト面での不利が大きかったためにあまり普及しなかった[50]．しかし，三輪車の大型化に伴って，ハンドルへの圧力を40%程度軽減しうる丸型ハンドルの優位は決定的となった．しかも，丸型ハンドルはキャビン化した室内を広く設計できる利点もあった．こうして，1950年代後半には1.5トン積以上のすべてのモデルに採用されるようになった．ただし，これは他の装置・機能と異なって，急激に普及したわけではなかった．なによりコストの増加が制約要因となり，需要者の中ではバー型ハンドルに執着する傾向も強く残されていたからである．

　伝達系統の面においては，重量運搬の必要から変速の数が4段と増し，歯車列も従来の選択摺動式から1952年頃より常時嚙合式が主流となった．その他，オレオフォーク，2個ヘッドライト，1.5トン積以上では油圧ブレーキなども広範に採用されるようになった．ボディについては，東洋工業が1950年に工業デザイナーによる設計を導入して以来，52～53年頃には各社ともその方法を採用した．こうして従来平面構成であったボディが曲面構成に変わり，軽快で豪華な外観を備えるようになった．

　以上の性能向上には部品メーカーの技術向上によるものも多かった．復興期に品質が問題となっていた気化器と電装品のそれが著しく向上したからである．

　要するに，この時期に三輪車は750キロ～2トン積トラックの市場を目標に，性能の面で四輪車並みに，大きさでは小型四輪車より大型化したのである．その結果，三輪車のモデル数は急増し，1956年現在で東洋工業とダイハツは12，三菱水島9，日本内燃機7，愛知機械が6モデルを保有するようになった[51]．生産台数も四輪車を圧倒し，トラック市場を三輪車が主

---

50) 戦前にはイワサキと陸王が，戦後には1947年にナニワ（汽車製造）が，51年にヂャイアントが採用した（小関和夫『国産三輪自動車の記録』三樹書房，1999年，p.19）．

51) 各メーカーに共通するのは，エンジンには750ccと1,000～1,500ccものを，ボディにはロング，広幅，3方開きのものを保有していることであった（『モーターファン』1956年10月号，p.82）．

第8章　戦後における「小型車」工業の復興と再編　　　　339

導した（前掲図8-1参照）．

　一方，販売面においても変化が見られた．一部メーカーが復興期からすでに全国的な販売網を整備しはじめたことは先述したが，1950年代にこの傾向はより強化された．東洋工業とダイハツはすでに50年代初め頃までに1県1店を完了し，その販売店も専属販売店となった[52]．他のメーカーも急速に販売店を拡張したが，東洋工業とダイハツのような体制までには至らなかった．例えば，日本内燃機の1953年9月の販売店数は26店に留まり，54年頃の経営危機も販売網の弱点が原因と指摘された[53]．また，愛知機械は50年代中に41～46の販売店を設けていたものの，東京・名古屋・福岡・札幌など主要地域の代理店は輸入車の販売商である日本自動車の支店であった[54]．販売網の整備過程で現れたこうしたメーカー間の差は，戦前の経験からもたらされた結果であった．というのは，東洋工業とダイハツは戦前すでに全国的な販売機構を整備していたため，この時期の再建が比較的に容易であったと思われるからである．

　この時期の三輪車需要は傾向的には増加の勢いを維持したものの，その間に1954～55年間の停滞期を挟んでいた．従って，復興期のような完全な売り手市場ではなくなり，メーカーが販売店に設備・販売資金を提供する関係に変わり，割賦販売も広範に普及した．割賦は一般的には頭金1/3，5～6ヶ月の月賦であったが，不況期には12～15ヶ月まで延長された．

　三輪車の販売先は商業が約半分，製造業が約2割を占めていた（表8-5）．

---

52)　東洋工業の販売店数は1949年5月以降，50年代の全期間にかけて46～47社と安定している．また，主要販売店のリストから判断すると，復興期に見られた他の自動車メーカーの販売店を利用した販売も50年代初め頃からはなくなったようである（東洋工業『有価証券報告書』各号）．ダイハツの販売店数は49年に53社であったが，55年10月には68社と増加し，事実上1県複数店になったようである．さらに後述する軽三輪車を独自に販売する方針であったため，59年10月には91社まで増加した（ダイハツ工業『有価証券報告書』各号）．

53)　日本内燃機製造『有価証券報告書』，『営業報告書』各号．

54)　愛知機械『有価証券報告書』各号．また，1953年3月までの主要販売店のリストにはいすゞ自動車の販売店が含まれていた．当時まで四輪車メーカーの販売店では，二輪車・三輪車からスクーター・バイクモーターまでが販売されていた（『モーターファン』1953年5月号，p.271）．

表 8-5　販売先別三輪車の販売比率推移

単位：％

年	農業	林業	水産業	建設	製造業	商業	運輸通信	サービス	公務	その他
1950	6.9	0.4	1.7	2.1	24.2	44.9	13.7	2.6	1.9	1.6
1951	6.0	0.4	1.1	2.7	24.5	46.2	12.6	2.5	1.4	2.5
1952	6.5	0.6	1.2	3.7	21.0	52.9	8.8	2.1	1.1	2.1
1953	6.5	0.8	0.9	4.4	21.4	50.7	9.5	2.0	1.1	2.6
1954	8.2			5.6	21.5	44.2	8.3			12.2
1955	5.5			6.0	24.0	48.6	9.6			6.3
1956	5.8			6.1	20.8	50.8	10.6			5.9
1957	6.1			7.2	18.1	50.2	10.8	1.5	0.7	5.4
1958	5.7			8.1	17.3	50.8	10.8	1.5		5.8
1959	5.3			9.1	15.9	51.4	12.4	1.7	0.8	3.4
1960	5.7			12.4	15.3	49.4	12.4	1.5	0.1	3.2

出所：自動車工業会・日本小型自動車工業会『自動車統計年表』各年版．

　商業の中では一般卸売りが5割，飲食料品小売が3割であり，工業の中でも食料品製造が3割であった．メーカー別に多様なモデルを生産していたことは先述したが，それは需要に応じるためであり，750キロ積は小売商・小工場，1トン積は問屋・中工場，ロングボディは木材業者の運搬に主に使われた．普通四輪車の場合には運輸通信が最も多く，製造業，建設業がそれに次ぎ，商業は1割程度であった．小型四輪車は商業が最も多いものの，製造業との差はそれほど大きくない[55]．まさに，三輪車は商人の車であったのである．1954年9月現在に商業事業所が保有している諸車の割合を見ても，三輪車が34.7％と圧倒的に多く，二輪車が24.0％と続き，小型四輪車は10.0％にすぎなかった[56]．

　こうした商業中心の需要構造は戦前と同じであったが，この時期の新たな特徴は農村まで三輪車の普及が広がったことである．言うまでもなく，それは農地改革によって戦後日本農民の購買力が向上したからであるが，それによる自動車の普及は四輪車より三輪車から始まったのである．例えば，1950～56年の農業向けトラックの販売実績を見ると，三輪車が8割を占めていた[57]．ただし，表8-5に示したように，全三輪車販売に占める農

---

[55]　自動車工業会・日本小型自動車工業会『自動車統計年表』各年版．
[56]　『小型情報』第34号（1955年5月～56年4月），p.118．

第 8 章　戦後における「小型車」工業の復興と再編　　　　　　　　341

業向けの三輪車の割合は 6% 台でそれほど高くなかった．しかし，三輪中古車に占める農業用の割合は 20% 台であり[58]，農村における三輪車の保有台数は表 8-5 の水準よりは多かった．

　ところで，三輪車の急激な普及の中で，需要の構成も急変した．1950 年に 65% であった新規需要は 56 年には 23% に下落した一方，同期間中の買替需要は 16% から 62% まで上がったのである[59]．この買替比率の高さは市場の成熟を反映するものであり，中古車（下取車）の流通が新車の販売に決定的な要因となったことを意味した．

　買替比率が 50% を超えるのは不況期の 1954 年中であるが，その時には新車を売り捌くために中古車を高価で下取る競争が生じた．その競争は買替比率が高くなるに従ってより激しくなったため，55 年末に三輪車 6 社は連名で下取価格の適正化や 5 年以上の老朽車の廃車を促進することを販売店に要望した[60]．しかし，これは末端までのモニターが困難であり，罰則規定も定まっていなかったために結局実現には至らなかった．もっとも，この中古車問題は新車市場が拡大する限り，深刻な問題として顕在化することはなかった．それが全面化するのは，後述するように，小型四輪車の増加によって中古三輪車の流通が困難となる 57 年以降のことである．

　下取車との交換による新車販売が主に行われたために，全国的に統一価格を公表することはできなかった．ただし，一般的には生産性向上による原価節減分を価格の引き下げに反映させるというよりは，価格を据置にして性能向上に注力する販売方針が採られていた（後掲表 8-8 参照）．

　一方，国内三輪車市場の成熟に対して輸出を試みたが成果を上げることはできなかった[61]．三輪車は日本的な車だったからである．すなわち，三

---

57)　木村敏男「戦後日本農業における小型トラックの個人需要の発展」『経済学雑誌』（大阪市立大学）第 37 巻，1957 年，p. 35.
58)　『小型情報』各号．ついでに，当時三輪車が農家経営にどのように使われていたのかについては，農耕と園芸・馬越修徳会編『三輪自動車と農業経営』誠文堂新光社，1956 年；田島茂・原田俊夫・関栄『農家のための自動三輪車の知識と取扱』西東社，1959 年を参照．
59)　前掲『自動車統計年表』各年版．
60)　『小型情報』第 34 号（1955 年 5 月～56 年 4 月），pp. 175-176.
61)　1948～58 年までの三輪車の輸出累計は 4,346 台にすぎず，同期間中の普通車のそれよ

342　第III部　戦　後：日本自動車工業の復興と成長基盤の構築

輪車は大型化してもスピード向上よりは重量運搬を重視したため，エンジンの性能も出力より低速度でのトルクの向上に力点が置かれていた[62]．そして，1949〜50年に東南アジアに輸出されたが，悪路では使用できず，また良好な道路では軽量運搬用として求められた高速性を備えていなかったため，結局期待に反してその後の輸出はあまり増加しなかったのである[63]．一方，日本の道路状況に似ており，戦前からの使用経験もあって潜在的に輸出可能性が高かった中国や韓国には政治的な理由によって輸出が制限された．

(2) メーカー間の競争と格差

以上のように，この時期に三輪車の生産と販売は急増して三輪車メーカーの経営成績は大きく向上したが，その成績は全メーカーで同一ではなかった．メーカー間競争の展開とその結果としてメーカー間格差が拡大したのである（表8-6）[64]．

実際にこの時期に下位2社が退出し，中位4社の業績は停滞したが，こうしたメーカー間格差の拡大は企業再建整備過程での状況がメーカー間で異なっており[65]，また三輪車市場の展望についてもメーカー間に認識の差が存在したことによる結果であった．

まず，先述したように三輪車の市場はこの時期に停滞期を含みながらも

　　　り少なかった．しかし，59年から軽三輪車によって急増し，60年には10,734台となった（『小型情報』第57号（1960年5月〜61年4月），p.207）．
62)　1951年に1リットル当り25であった三輪車の馬力は，強制空冷・水冷式が発達したにも拘わらず，57年のそれは25〜30馬力に留まった．また，51年と排気量がほぼ変わらず出力も10%しか向上していないのに，55年以降は従来の750キロが1トン，1トンが1.5トン積となった（『モーターファン』1957年11月号，pp.94-95）．
63)　『モーターファン』1953年7月号，p.285．
64)　もちろん，メーカー別に三輪車以外の製品も生産していたため，表8-6のデータは三輪車のみのものではない．もっとも，三輪車メーカーはこの期間中にほとんどが三輪車専業あるいは三輪車を主力製品としていた．
65)　自動車メーカーの企業再建整備過程については，呂寅満「企業再建——再建整備の実施とその意義：自動車産業の事例」武田晴人編『日本経済の戦後復興』有斐閣，2007年を参照．

第8章 戦後における「小型車」工業の復興と再編

表8-6 三輪車メーカーの経営成績推移

期間	東洋工業 売上高(千円)	東洋工業 純利益(千円)	ダイハツ 売上高(%)	ダイハツ 純利益(%)	愛知機械 売上高(%)	愛知機械 純利益(%)	日本内燃機 売上高(%)	日本内燃機 純利益(%)	三井精機 売上高(%)	三井精機 純利益(%)
1949年上	552,217	31,567	103	73	25	12	30	10		
49年下	565,951	32,429	107	86	33	14	35	19		
50年上	786,956	38,952	101	82	35	19	33	7	22	-32
50年下	1,253,981	83,575	115	82	25	16	31	14	23	-12
51年上	1,794,932	126,283	112	136	20	23	29	18	22	0
51年下	2,000,195	181,063	123	176	28	25	39	18	32	-4
52年上	3,357,746	387,285	94	99	25	20	26	14	20	7
52年下	4,266,808	479,741	85	93	25	22	24	17	20	7
53年上	5,524,948	552,891	93	107	24	26	23	19	18	8
53年下	5,782,142	565,635	94	91	26	29	25	13		
54年上	6,475,464	481,795	71	66	21	19	18	0	12	-26
54年下	6,198,029	429,254	79	76	23	24	19	2	9	-71
55年上	6,412,654	397,556	81	83	22	26	20	3	9	-2
55年下	7,182,055	418,078	81	79	24	29	19	8	13	-1
56年上	7,691,523	422,682	93	79	27	37	19	10	15	-1
56年下	9,594,183	451,439	86	92	24	38	19	9	12	0
57年上	9,053,692	423,465	93	99	23	29	19	1	14	2
57年下	8,479,063	473,581	95	91	25	22	17	-26	15	3
58年上	8,266,762	531,162	91	97	19	8	19	-12	13	1
58年下	9,162,625	714,206	112	114	20	6	18	-4	14	8
59年上	12,876,102	1,031,775	86	89	15	4	14	0	13	4
59年下	17,993,069	1,523,815	81	80	13	2	11	0	11	5
60年上	27,075,979	2,356,369	67	65	14	7	11	1	8	0
60年下	30,162,754	3,083,993	73	63	16	7	12	1	7	0

注:東洋工業以外のメーカーの売上高と純利益は東洋工業を100とした場合の比率.
出所:各社の営業報告書.

全般的に拡大を続けていたが,その市場展望に対する見解は一致していなかった.例えば,朝鮮特需が終わった1952年に通産省の三輪車市場に対する展望は,新規需要が50%以下になったことや輸出可能性が低いなどの理由から控えめなものであった[66].また,当時三輪車は「本建築を見るまでのバラック建」てなものという認識が一般的であった[67].それに対し

---

66) 『小型情報』第15号(1951年5月~52年5月),生産 pp.29-30.
67) 『オートモビル』1953年5月号, p.8.

て小型自動車工業会の展望は中小商業工業向けの需要の増加可能性を理由に楽観的なものであった[68]．実はこの展望の差は，中小商工業の潜在的な需要の存在では一致していたものの，それが三輪車によるか小型あるいは普通四輪車によってまかなわれると想定するかによるものであった．結果的には，三輪車が大型化・高性能化してその市場を掌握することになったが，三輪車メーカーにとってその拡大は保証されていたわけではなかったのである．

また，この時期には設備の拡張・更新が以前の時期に増して求められた．朝鮮特需の影響で，当時の機械工業において設備の老朽化が広範に認識されはじめた．そして，1952年3月には「企業合理化促進法」が制定されて設備改善を促進するために特別償却が認められ，自動車工業も32対象産業の中に入り，自動車工業のうちには三輪車も含まれた[69]．また，54年からは「機械工業設備近代化5ヶ年計画」が策定され，品質改善のための設備改善が求められたが，ここでも三輪車が対象に含まれた[70]．

以上のような条件の下で，楽観的な市場展望に基づいて積極的に設備改善に努めたのが東洋工業とダイハツであった（表8-7）．例えば，ダイハツの場合，1950〜52年は賠償指定工作機械の解除による増設，組立・塗装工場の復旧など需要増加に応じるための最小の設備投資に留まっていたが，53〜54年には専用工作機械の導入，鋳造鍛造設備の近代化など設備の不均衡を是正する投資に重点を移し，55年以降には設備拡張と共にコスト節減，性能向上のための投資が主流をなした[71]．その結果，50年3月に982台であった設備機械は56年4月には1,912台と増加した．量的増加だけでなく，質的高度化も見られた．同期間中に工作機械は微増したにも拘わらず，その中の旋盤の比重が41%から29%と下落し，研磨盤・ボール盤の比重

---

68) 『小型情報』第16号（1952年6月〜9月），pp. 3-19.
69) 『小型情報』第15号（1951年5月〜52年5月），財務pp. 3-25.
70) 『小型情報』第25号（1953年4月〜54年5月），pp. 131-133.
71) ダイハツ『増資目論見書』，『社債発行目論見書』，『株式発行目論見書』各号．こうした投資傾向は当時の普通車メーカーのそれと一致しているものであった（「自動車工業の設備資金投入状況——昭和二十八年度」『自動車時報』第23号，1954年，pp. 55-60）．

第8章 戦後における「小型車」工業の復興と再編　　　345

表8-7　三輪車メーカーの設備投資推移

単位：百万円

年度	東洋工業	ダイハツ	三菱水島	日本内燃機	愛知機械	三井精機	明和自動車	日新工業	合計
1952	19	11	16	7		41		23	117
1953	471	266	100	210	79	100	26	22	1,274
1954	746	243	92	67	28	18	8		1,202
1955	382	166	58	75	67	30			778
1956	827	503	128	163	116	89			1,826
合計	2,445	1,189	394	522	290	278	34	45	5,197

出所：『自動車時報』第28号（1957年11月），同29号（1959年4月）．

が上昇したのである．また，この設備改善による生産性上昇は原価構成にも反映され，同期間中に原価に占める労務費の割合は26%から10%に下落した．

　しかし，中位以下のメーカーの場合には積極的な投資の能力あるいは意欲に欠けていた[72]．まず，日新工業はそもそも資金・技術能力の面でほかのメーカーより劣っており，どちらかといえば戦前流のメーカーに近かった（前掲表8-1参照）．そこで，1955年の不況期に新モデルの不振がそのまま会社の倒産につながった．三井精機は企業再建整備が順調に行かず，50年代に入ってからも経営基盤は不安定であった．そして54年の不況期に経営危機に直面し，その再編過程で日野系列に編入された．

　また，戦前からの老舗である日本内燃機は，1938年に軍需工業への拡張の際に寺田合名の系列に入り，戦時期にも少数の軍用とはいえ二輪，三輪，四輪車の生産を続けていたために技術的には有利な立場にあるはずであった．しかし，戦後に「寺田財閥」が解体されて経営基盤が脆弱化して設備投資がうまく行かず，55年には経営権が東京急行電鉄に渡された[73]．

　以上のメーカーの場合，投資の能力が主に問題になったのであるが，旧航空機から転換したメーカーの場合は三輪車市場の展望についてそれほど

---

72)　以下，日新工業と三井精機に関する説明は，前掲『躍進する小型自動車業界の歩み』p. 24による．

73)　その後，オオタ自動車工業がその工場を買収した（『オートモビル』1954年2月号，p. 54）が，1957年には日本内燃機とオオタ自動車が合併して日本自動車工業となった．また，59年には東急くろがね工業と社名が変更された．

楽観的でなく，航空機事業の再開との関係で投資を控えたか，その時期を逸した側面が強かった．

明和自動車[74]は1949年11月に明和興業（旧川西飛行機）の第2会社として新明和興業（工業）と共に設立されたが，主力は新明和であった．さらに，新明和は原付自転車とオートバイも生産したが，その工場は三輪車を生産する鳴尾工場であった．要するに明和自動車は形式的には独立会社であったが，事実上では新明和の一つの事業部であったのである．その新明和は航空機生産再開を最優先としたため，三輪車への集中投資ができなかった．従って，55年の不況の際に経営危機に直面すると，翌年にダイハツに工場設備を売却して三輪車事業から撤退した．この決定には新明和が55年から航空機事業を再開したことが影響したと思われる．

三菱水島[75]にも同様の現象が見られた．5つの新三菱事業所の中で最も重点が置かれたのは神戸造船所であったからである．さらに1955年からは航空機事業も投資の中心に加わった．三輪車部門は既存の設備を利用して利益をあげ，重点事業部門を下支える役割を果たした．例えば，新三菱全事業所の売上高に占める水島の比率は51年の9%から56年には20%に上昇したが，56年現在の投資額比重は10%にすぎなかった．この傾向は人的資源の配分からも窺える．50年10月には水島製作所内の技術部を廃止し，従来の設計担当者は名古屋製作所に異動したのである．また，当時から新三菱重工業の役員の中で三輪車専門家が皆無であったこともよく指摘されていた[76]．ただし，新三菱は自動車部門を軽視したわけではなく，主に三輪車市場の可能性に懐疑的であったことがこのような対応の理由であった．京都製作所の普通トラック部門は一貫して優遇され，59年からはそこが自動車生産の主力となって大規模な投資が行われるようになったからである．

愛知機械も，他の旧航空機メーカー同様に航空機生産の再開を期待して

74）明和自動車に対する記述は，前掲『社史1』による．
75）三菱水島に対する記述は別に断らない限り，前掲『新三菱重工業株式会社史』による．
76）『オートモビル』1953年12月号，p.48．

おり，朝鮮戦争によって航空機生産の再開が期待された1952年には定款を変更して，事業目的に航空機生産を追加した[77]．そして53年には航空機生産用の設備導入を計画し，55年には旧愛知航空機の機体工場の敷地一部を名古屋市から譲り受けた．しかし，前2社と違って，愛知機械は結局航空機生産が許可されず[78]，55年末頃から三輪車への集中を余儀なくされた．そして，上位2社が50年代前半に行った全般的な設備更新を56年から計画することになった[79]．

　三輪車メーカー間の格差は広がったものの，三輪車部門の規模はこの時期に自動車全体の中で最大であった．1956年末現在の保有台数は三輪車が53.1万台だったのに対して，小型四輪トラック18.8万台，普通トラック18.5万台，四輪乗用車21.8万台であった．57年度の売上高は三輪車（軽三輪を含む）が395億円だったのに対して，普通車と小型車を合わせた四輪車は590億円であった．同年度の資本金は三輪車メーカーが57億円と四輪メーカーのそれより2割程度少なかったが，従業員数は三輪が2.3万人，四輪が1.3万人であり，設備機械数も三輪が1.6万台であったのに対して四輪1.4万台であった[80]．

3．小型三輪車の小型四輪車への代替と軽三輪車の登場（1957〜60年）

(1) 小型三輪車から小型四輪車への代替

　小型三輪車の生産台数は1956年度の年間11万台（月産では57年4月の10,466台，保有台数は60年の55.6万台）をピークに減少しはじめた．

---

[77] 愛知機械工業『営業報告書』第8期（1952年10月〜53年3月）．
[78] 1954年6月の「航空機製造事業法」による戦後航空機工業の再編過程については，「航空機・武器工業の振興」（橋本寿朗執筆）『通商産業政策史』第6巻，1990年を参照．
[79] 愛知機械工業『新株式発行目論見書』1956年7月．
[80] 『モーターファン』1957年11月号，p.92．三輪車と四輪車を並行生産していた新三菱と富士重工業の場合には，売上高の比率によって資本金，従業員数，機械台数を計算したものである．

その一方で56年からは小型四輪トラックが急増しはじめた（前掲図8-1参照）.

このような変化はいかなる要因によるものだったのであろうか. まず,技術的な要因としては, 三輪車は性能を向上させても三輪車の根本的な弱点を克服することはできなかったことが挙げられる. 最大の限界は居住性であり, エンジンの位置からもたらされる騒音と振動を四輪車なみに緩和することはできなかったのである. そのため, キャビンを完全密閉式とすることができず, 助手席の安全問題が付きまとっていた. また, 四輪車より出力に対する総重量が重かったため, 速度の向上にも限界があった[81].

しかし, このような弱点は三輪車の強みでもあった. 簡易キャビンは小口配達に便利であったし, 総重量が重かったため同一エンジンでも相対的に重量運搬が可能であった. また, 丸型ハンドル化によって半減されたものの, 四輪車より回転半径が小さいというメリットは維持されていた. 騒音問題の代わりに修理が簡単である利点もあった. 一方, 燃費, 税金[82],免許[83], 安定性などの面では差がなく, 道路状況も1950年代中にはそれほど変化がなかった[84].

要するに, 小型四輪車に比べた場合の三輪車の技術的な不利はほかのメリットによって, 依然としてカバーできるものだったのである. 従って,この時期に三輪車から四輪車への代替にとってより重要なのは経済的な要因であった.

1950年代半ばまで四輪車メーカーの投資の中心は小型乗用車の開発・国

---

81) 1958年に1,500 ccの小型四輪車の最大時速が90 kmだったのに対して同級の三輪車は70 kmであった（『モーターファン』1959年1月号, p.120）.
82) 年間自動車税の場合, 三輪車は1954年から自家用4,300円, 営業用3,300円であった. 四輪トラックは小型と普通の区別がなく積載量によって課税されたが, 56年の場合, 1トンまでは自家用5,000円, 営業用4,000円, 2トンまでは自家用7,500円, 営業用6,500円であった（『自動車年鑑』各年版）.
83) 小型四輪免許と小型三輪免許との間には, 対象年齢と試験内容の面で差はなかった.
84) 1950年3月に24%であった道路改良率は58年3月になっても25%とほぼ変わらなかった. また, 未改良道路の中で, 三輪車は運行可能であるが四輪車は不可能な3.6～4.5 m道路の比率も, 同期間中に18%弱と変化はなかった（建設省道路局『道路統計年鑑』各年版）.

産化であり，トラックでは普通車に集中せざるを得なかった．小型四輪トラックにおいては三輪車と直接に競争するよりは差別化を図る戦略を採った．日産のダットサンはその代表的な例であり，エンジン排気量と積載量にはそれほどの大型化が見られず（前掲表 8-3 参照），「乗用車的な乗心地」を重視した．その結果，同積載量の三輪車との価格差は大きかった．

　トヨタも 1947 年から 995 cc・1 トン積のトヨペットを生産していたが，他の四輪車同様に高価格であった．しかし，53 年に 1,500 cc 級の国産小型乗用車を開発して，トヨペットにもそのエンジンを装着することになったため，従来のエンジンを利用して三輪車との競争を図る戦略に転換した．そのため，積載量の増大や価格の引き下げを目標として開発されたのがトヨエースである．従って，このモデルは居住性こそ従来の四輪車より劣るもののセミ・キャブオーバー型にして荷台を拡大し，内張の廃止やシートの簡易化によってコスト節減を図った．もっとも，発売当時の価格は 58 万円で当時の三輪車価格との差は依然として大きかった．ところが，56 年から大幅な価格引き下げが実施され，三輪車との価格差は急激に縮小した（表 8-8）．トヨタのこの価格引き下げは三輪車との競争を意識した戦略的な側面が強かったが，50 年代半ばの大規模な設備投資による生産性向上がそれを可能にした側面もあった[85]．

　トヨエースの予想外の成功に刺激され，日産も 750 キロ積の四輪トラックの価格を大幅に引き下げ，また，ほとんどの小型四輪車メーカーが 1.5～2 トン積のキャブオーバー型小型四輪トラックを製造しはじめ，三輪車との競争は全セグメントに広がった．もっとも，この部門では三輪車との価格差が依然として大きかった．

　以上のような供給の変化に対して需要側はどう反応したのであろうか．

---

85)　1955 年初頭にトヨタについては，小型車設備の合理化がほとんど完了して本格的な販売競争が開始される場合に最も有利な立場になるであろうという指摘があった（金融財政事情研究会「自動車工業主要四社の経営分析」『日本自動車工業の分析と価格に関する調査』1955 年，pp. 52-53）．なお，設備更新による 50 年代半ば以降の全小型四輪トラックの生産性向上に関する調査によると，1 台当たり所要労働時間は 54 年の 293 時間から 60 年には 89 時間と急速に低下した（労働大臣官房労働統計調査部『労働生産性統計調査資料

表 8-8 三輪・小型四輪トラックの価格推移

年度	車名	三輪車 モデル	排気量(cc)	積載量(kg)	価格(円)	備考	車名	小型四輪車 モデル	排気量(cc)	積載量(kg)	価格(円)	備考
1950年 9月	マツダ	スタンダード	700	500	157,000	標準小売						
	ダイハツ	スタンダード	750	500	160,000	同						
	くろがね		1,000		212,700	同						
1951年 8月	マツダ	HBスタンダード	701	500	274,000	同	ダットサン	SB	860	500	335,000	工場渡
		CT	1,157	1,000	450,000	同	トヨペット		995	1,000	417,000	同
	ダイハツ	SKスタンダード	736	500	278,000	同	オオタ	OS			360,000	同
		SM	1,005	750	380,000	同						
1953年 10月	マツダ	HBスタンダード	701	500	325,000	同	ダットサン	SB	860	500	570,000	東京渡
		CTAスタンダード	1,157	1,000	380,000	同	トヨペット		995	1,000	750,000	同
	ダイハツ	SRスタンダード			325,000	同	オオタ	OS			520,000	工場渡
		SLスタンダード			380,000	同	同	KA			680,000	同
1954年 2月	ダイハツ	SR		750	320,000	東京店頭渡	ダットサン	SG	860	600	525,000	最終販売
		SV		1,000	440,000	同	トヨペット	KC	995	1,000	780,000	同
	マツダ	GCZ67	700	750	320,000	販売店販売	オオタ			1,000	715,000	同
		CLY71	900	1,000	400,000	同	プリンス	AFTF3			850,000	同
		CHTA82	1,400	2,000	530,000	同						
1955年 1月	マツダ	GD267	700	750	340,000	東京渡小売	ダットサン	6147			570,000	東京店頭渡
		CLY67	905	1,000	420,000	同	トヨペット	SK			715,000	同
		CHTA82	1,400	2,000	530,000	同	同	RK			785,000	同
	ダイハツ	ST	750	750	320,000	同	オオタ	KC			715,000	工具一式付
		SYB	1,000	1,000	440,000	同	プリンス	AFVB			850,000	東京店頭渡
		SX	1,400	2,000	520,000	同	ダットサン	120	860	750	585,000	最終販売
							トヨペット	SKB	995	1,000	625,000	同
							同	SK	995	1,000	715,000	同
							同	RK	995	1,250	785,000	同
							オオタ	KC		1,000	670,000	同
							同	KD			750,000	同
							プリンス	AFTF4			805,000	同

						店頭渡現金						工場渡小売
1956年4月	マツダ	GLTB77	700	750	330,000	店頭渡現金	ダットサン	120	SKB	860	750	580,000	工場渡小売
		CMTB81	1,000	1,000	420,000	同	トヨペット		RK	995	1,000	510,000	同
		HATBS102	1,400	2,000	520,000	同	同		KD	1,453	1,250	720,000	同
							オオタ		AFTF			780,000	同
							プリンス					800,000	同
1957年初め	マツダ	GLTB77	700	750	330,000	店頭渡現金	ダットサン		SKB	860	750	530,000	東京店頭渡
		CMTB81	1,000	1,000	420,000	同	トヨエース			995	1,000	495,000	同
		HATBS102	1,400	2,000	520,000	同	トヨペット					680,000	同
							オオタ		KE			778,000	同
1958年2月	マツダ	GLTB77	700	750	330,000	店頭渡現金	ダットサン		SKB	860	750	505,000	同
		MAR71	1,000	1,000	470,000	同	同			988	850	540,000	同
		HBR82	1,400	2,000	590,000	同	トヨエース		KE	995	1,000	465,000	同
							オオタ					778,000	同
1959年初め	マツダ	GLTB67	700	750	317,000	店頭渡現金	ダットサン	124	SKB	860	750	505,000	同
		MBR71	1,005	1,000	452,000	同	同	220		988	850	640,000	同
		MBR85	1,135	1,500	480,000	同	ニッサン・ジュニア		R40	1,489	1,750	755,000	同
		HBR82	1,400	2,000	548,000	同			C40	1,489	2,000	805,000	同
	ダイハツ	SKC7	751	750	356,000	同	トヨエース		SKB	995	1,000	465,000	同
		PF7	1,005	1,250	461,000	同	トヨペット		RK30	1,453	1,500	696,000	同
		PM8	1,135	1,500	500,000	同			RK35	1,453	1,750	716,000	同
		RPO8	1,478	2,000	572,000	同			RK70	1,453	2,000	740,000	同
							オオタ		KE	1,263	1,500	670,000	同
							くろがね		NA	995	1,000	450,000	同

注：1) 価格は同一エンジン排気量の中で最低価格モデル基準。
2) 小型四輪の場合、工場渡と東京店頭渡の価格差は3～3.5万円程度。

出所：『自動車年鑑』各年版；『モーターファン』1954年4月号, p.255；その他各社の社史・有価証券報告書より作成。

1956年11月の需要調査[86]では，三輪車から四輪車への需要のシフトははっきりとした形で現れなかったが，58年1月の調査[87]ではその傾向が明らかになった．そこでは店員等使用者が四輪車を好むことが示されていたが，その理由は冬の作業に便利，安定感，振動が小さいなどであった．また，四輪車の保有者は三輪に対してある種の優越感を持っていることも確認された．ただし，三輪車の保有者は貨物運搬に適合，経費が安い，小回りが効く，無理が効くという理由で三輪車に執着する傾向も依然として示されていた．

以上のような需要と供給状況の変化によって1956年から小型三輪車の小型四輪車への代替が1トン積分野を中心に進みながらも，全体的に見ると三輪車の減少傾向はそれほど急激ではなかったのである．

(2) 三輪車メーカーの小型四輪車への進出と軽三輪車の開発

以上のような状況の変化に対して三輪車メーカーはどう対応したのであろうか．1トン積を中心に四輪車との競争力が弱化していったものの，1.5トン積以上の分野では価格競争力を維持し，しかも三輪車に執着する需要層も根強く存在していたため，三輪車メーカーはまず，この部門に三輪車の生産を集中させることになった[88]．

そのためには四輪車同様の全国統一価格を設定して，四輪車より低価格という点を積極的にアピールする必要があった．三菱水島が1956年に先鞭をつけたこの方式は，その後ほとんどのメーカーが追随した．また，中古車の流通促進，下取車価格の適正化のために1957年10月に小型業者の3団体は中古車対策協議会を設けてその対策を模索した．もっとも，依然

昭和27年～40年』1966年，pp.128-159）．
86) 日本機械工業連合会『自動車市場調査——主として事業所の自動車保有状況について』1957年．
87) 日本機械工業連合会『自動車市場調査——トラック関係』1958年．
88) 1959年モデルを積載量別に見ると，全体56モデルの中で1.5トン以上が35であったのに対して1トンは15に過ぎなかった．また，58年の販売台数も1.5トン以上が全体の60％を占めるようになった（『モーターファン』1959年1月号，pp.116-120）．

第8章 戦後における「小型車」工業の復興と再編　353

として，違反者に対するペナルティの賦課問題，監視方法，独占禁止法との関係などが残されていたため，大きな効果を上げることはできなかった．

その一方で，四輪車の攻勢に逆襲する方法も採られた．三輪車メーカーの小型四輪トラック分野への進出である．例えば，東洋工業は1956年から着手した計画に従い，58年4月に1トン積，同7月に1.75トン，59年3月に2トン積四輪車を続々と発表した．そして，東洋工業全体の売上高に占める四輪車の割合は59年に20％にも達するようになった．ほかのメーカーも58年頃には三輪と四輪の並行生産体制となった．

これは三輪から四輪への転換が技術的にはそれほど困難ではなかったことを物語っている．実際に東洋工業とダイハツは戦前から四輪車を試作していたし，日本内燃機は戦時中に四輪車を生産した．また，四輪車の製造と三輪車の製造との間で決定的な差は前輪のステアリングの製造技術にあるが，丸型ハンドル化によってその製造技術を習得したために三輪から四輪への転換がスムーズになったと考えられる．また，四輪車とはいえトラックであったために，乗用車のようにボディ技術が大きな制約要因にならなかった側面もあった．

しかし，小型四輪車の小型三輪車市場への食い込みに対して，三輪車メーカーが最も力点を置き，しかも大きな効果を上げたのは軽三輪車の開発であった．ただし，戦後の軽三輪車は小型三輪車市場が縮小する以前から登場してはいた．そのきっかけは，軽自動車に対する規格が1950～51年中に拡大されたことであった[89]．また，年間自動車税が1,500円と小型の1/3であり，免許試験も運転機能と道路交通法令のみで自動車構造・取扱方法に関しては免除された．そして，軽三輪車の生産は二輪車メーカーに

---

89) 1947年に初めて制定された軽自動車の規格は，排気量150 cc，全長2.8 m，全幅1 m，全高2 mであり，主に二輪車を対象として想定したものであった．50年には軽自動車の中で三輪・四輪と二輪を区別し，三輪・四輪の場合，排気量350 cc，全長3 m，全幅1.3 m，全高2 mとなり，さらに51年には排気量が360 ccと拡大された．また，排気量にはサイクル別の差があったが（以上の排気量は4サイクル基準），54年10月からその区別がなくなった（前掲『小型・軽自動車界三十年の歩み』pp. 424-425）．

表 8-9 軽三輪車の生産推移

単位：台

メーカー	モデル	1953	1954	1955	1956	1957	1958	1959	1960
大宮富士工業	ダイナスター	1,579	1,012	240	1,152	1,206	506	3	
光栄工業	ライトポニー	78	51						
ホープ自動車	ホープスター		97	280	847	1,959	3,594	8,501	4,559
三鷹富士産業	ムサシ					424	584	236	6
富士自動車	フジキャビン					58	1		
ヘルス自動車工業	ヘルス					12			
ダイハツ	ミゼット					1,044	15,729	53,932	88,715
愛知機械	コニー						46	5,689	1,450
三井精機	ハンビー							3,967	6,870
東洋工業	マツダ							40,946	77,811
新三菱重工業	レオ							3,140	16,283
合計		1,657	1,160	520	1,999	4,703	20,460	116,414	195,694

注：1）フジキャビン以外はすべてトラック．
　　2）1956年以降の大宮富士工業の生産は富士重工業（三輪ラビット）によるものである．
出所：『小型情報』各号．

よって53年から開始されたが，生産はそれほど多くなかった（表8-9）．

　この原因は市場と技術の両面にあったと思われる．まず，市場に関しては，潜在的な可能性はあったものの，当時軽三輪車の有効需要はそれほど大きくなかったことである．1954年2月に，積載量200〜500キロのダイナスターとホープスターの価格は19〜21.5万円であったが，同時期の1年使用した750キロ積の小型三輪中古車の価格は18〜19万円であった[90]．また，小型三輪中古車との価格競争のため，当時軽三輪車の価格は20万円以下に設定するしかなかったが，その価格では相当の大量生産でない限り，採算が合わないと言われた[91]．市場規模と価格との間に悪循環が存在していたのである．

　ダイハツの場合，1953年半ばから軽三輪車用のエンジン開発に着手して54年末に試作品を完成し，二輪車と既存軽三輪車ユーザーを対象に市場調査を行った．その結果，二輪車の主な用途が荷物運搬用であることが確認されたが，結局製品の生産を見合わせることになった[92]．これも，調査から有効需要の規模がそれほど楽観的なレベルでなかったことを確認したた

90）『モーターファン』1954年4月号，pp. 255-257．
91）『モーターファン』1954年1月号，p. 105．
92）ダイハツ工業『六十年史』1967年，pp. 83-84．

第8章 戦後における「小型車」工業の復興と再編

めと考えられる．

　当時の軽三輪車は技術的にもまだ戦前の三輪車の域を脱していなかった．例えば，1953年型ホープスターは出力の向上は著しかったものの，始動方法や車体の外観などは戦前の三輪車と変わらなかった．ダイナスターも250ccスクーターに荷台を取り付けた形であったし，54年に新しく登場したモデルもオートバイを改良したものか，二輪と三輪を併用するものであった[93]．要するに，この時期の軽三輪車は1920年代後半の360cc三輪車に似たようなものであったのである．

　ところが，1950年代半ば以降の神武景気によって中小商工業の全般的な購買力が上昇し，さらに小型三輪車メーカーによって高性能・低価格の軽三輪車が供給されたため，軽三輪車市場は短期間に急激に拡大した．そのきっかけとなったのがダイハツのミゼットであった（写真8-1）．これは，先述したように54年末頃にすでに完成したエンジンをベースに製品化し，小型四輪トラックの増加によって小型三輪車が減少しはじめる57年秋頃に発表したものであった．その生産は明和自動車の工場で開始され[94]，発売初期の58年1月には月産100台であったが，同年10月には1,000台と増加し，59年6月には月産4,000台を突破した．

　ミゼットの成功の理由は，それまで小型三輪車で得られた技術を軽三輪車に適用したことにあった．まず，デザインが従来のものと比べられないほど優れ，幌を付け，また荷物の積み下しも便利となった．さらに1959年モデルからは，セルモーター，キャビン，丸型ハンドルなど小型三輪車に遜色ないものを発表した．価格も19〜23万円と同エンジン排気量の二輪車と同額であり，販売はミゼット専門の販売店を通じて行われた[95]．

---

93) 『自動車図鑑』(1954年版，モーターファン臨時増刊) p.84.
94) 1955年6月に倒産した明和自動車の工場と設備は56年8月にダイハツと三和銀行が半分ずつ出資して設立した旭工業に受け継がれた（前掲『六十年史』p.82）.
95) ミゼットの成功には，日本能率協会の畠山芳雄によって提案されたマーケッティング方法も大きく影響したという．それは，ミゼットの使用方法を教え，潜在的な需要を顕在化させることであったが，その「ソフトつき販売」方法は日本能率協会としても初めて試みたものであった（日本能率協会『経営と共に』1982年，pp.386-388）.

第 III 部 戦　後：日本自動車工業の復興と成長基盤の構築

写真 8-1　代表的な軽三輪車である「ミゼット」
出所：小関和夫『国産三輪自動車の記録』三樹書房，1999年，p.52.

　ほかの三輪車メーカーも 1959 年からは次々と軽三輪車を開発した．そのモデルはミゼット同様に，丸型ハンドルとキャビン形式であった．それを戦前のモデルと比較すると，出力，操縦性，居住性の面で格段の差があった（表 8-10）．

　そして早くも 1959 年には軽三輪車の生産台数が小型三輪車のそれを凌駕するようになった（前掲図 8-1）．その需要は当然ながら，新規・増車需要が中心で全体の 6 割を占めた．買替需要はオートバイから 15％，スクーターからが 20％ であった．用途も小型三輪車同様に配達用が 81％ と圧倒的に多かった[96]．

　軽三輪車の急増によって，三輪車の市場展望も再び楽観的となり，1960 年代には軽三輪車を中心に三輪車市場はより拡大していくものと予想され

---

96)　『モーターファン』1959 年 10 月号，pp.76-77．ただし，このデータは東京地域のミゼットに関するものである．

表 8-10　戦前の三輪車と戦後の軽三輪車との仕様比較

年式		1960年型				1928年型	1932年型	1937年型
	モデル	ミゼットMP	コニー	ハンビー	マツダ	ニューエラ	マツダ	ダイハツ
車体	全長(mm)	2,685	2,940	2,680	2,975	2,424		2,795
	全幅(mm)	1,296	1,235	1,220	1,280	909		1,200
	全高(mm)	1,510	1,515	1,500	1,430			1,860
	ヘッドランプ(個)	2	1	1	2	1	1	1
車室	定員(人)	2	2	1	2	1	1	1
	ハンドル	丸	丸	バー	丸	バー	バー	バー
	キャビン	密閉	密閉	開放	密閉	なし	なし	なし
荷箱	長(mm)	960	1,200	1,200	1,180	909	1,090	1,190
	幅(mm)	1,100	1,040	970	1,120	667	939	1,120
	深さ(mm)	425	350	330	345	545	515	460
エンジン	気筒×サイクル	1×2	2×4	1×2	2×4	1	1	1×4
	排気量(cc)	249	359	285	356	350	482	736
	出力(hp)	10	15.6	11.5	11	3	5	5.6
変速	前×後	3×1	3×1	3×1	3×1	2	3×1	3×1
最高速度	(km/h)	65	68	70	65			
始動装置		セルモーター	セルモーター	セルモーター	セルモーター	キックペダル	キックペダル	キックペダル
積載量	(kg)	350	300	300	300	188	375	400
車輛重量	(kg)	385	465	335	485	161		560
燃費	(km/ℓ)	28	29	32	24	32		
価格	三輪車／二輪車	114	100	100	100	60～80	80	

注：1)　各モデルのメーカーは表8-9参照．ニューエラは日本内燃機製
　　2)　三輪車と比較の対象となる二輪車の価格は，当該三輪車と同一排気量，あるいは出力を有するモデルのそれである．ただし，1932年は当時一般に言われた比率．

出所：「モーターファン」1960年7月号，pp.104-106，『自動車年鑑』1959年版，p.98；「モーター」1928年11月号，pp.98-99；同32年1月号，p.130；同37年6月号，p.81．

た．すでに55年から軽四輪も市場に現れてはいたが，小型三輪と小型四輪との関係のように，軽三輪から軽四輪への移行には10年程度の時間がかかるものと予想されたからである[97]．例えば60年の「国民所得倍増計画」の中の自動車生産予想（案）において三輪車（小型・軽）は60年の28万台から65年には36.5万台，70年には47万台まで増加するものと予想された[98]．

しかし，こうした予想に反して軽三輪の生産は早くも1960年にピークに達し，61年から急減することとなり，それに代わって軽四輪が急増した．65年の実際の三輪車の生産は小型2.1万，軽2万台となったのである．60年11月の需要調査でも，早くも軽三輪から軽四輪への移行が見られたが[99]，短期間のうちに軽三輪車市場が衰退したことには供給者側の「見通しの転換」があったことがより重要であろう．小型三輪から小型四輪への代替を経験しつつあった三輪車メーカーは，軽自動車ではより主体的にかつ早く四輪への転換を図ったため[100]，こうした軽自動車市場の急激な変化が生じたと考えられるからである．

ただし，短期間だったとはいえ軽三輪車の予想外の成功は，1958年以降三輪車メーカーの経営成績を回復させるのに大きく寄与した．この軽三輪での資金蓄積によって，軽四輪への能動的な転換や小型四輪の拡大も可能になった．もっとも，それが可能になったのは上位の2社のみであった[101]．50年代前半の設備投資の差からもたらされた三輪車メーカー間の

---

97) 「軽四輪が軽三輪に対して1/3を占めるには多少時間がかかるであろう．300cc以下のクラスは技術が進歩して，cc当りの馬力がもう20%増しにならなければ，軽四輪の進出はまづ起り得ない．小さくなればなる程，車輪一輪の違いが大きく響いてくることになる」（『モーターファン』1960年7月号，p.107）．当時軽四輪車の価格は軽三輪車より1/3程度高かった．
98) 『小型情報』第57号（1960年5月〜61年4月），p.187．
99) 日本小型自動車工業会『小型自動車市場調査報告書』1962年．
100) この転換は，東洋工業がダイハツより明確・迅速であった（向坂正男編『現代日本産業講座Ⅴ 各論Ⅳ 機械工業1』岩波書店，1960年，p.358）．
101) 日本内燃機（東急くろがね）の生産は1961年までで，63年からは日産のエンジンを生産することとなり，70年には日産に完全に吸収されて日産工機となった．三井精機も60年代には日野の部品を製造することになった．愛知機械と三菱水島は60年代にも生産を

格差は，軽三輪車市場が急拡大するこの時期になってより拡大したからである．

　以上のような需給要因によって三輪車から四輪車への代替が，小型車の場合には1950年代後半に，また軽自動車の場合には60年代初頭以降に急速に進展するようになった．その中で三輪車の生産は上位2社に限られるようになるが，それは三輪車市場の全般的な縮小のために四輪車との競争力が維持できるモデルしか残らなくなったことを意味した．とはいっても，先述したように三輪車に執着する需要が根強く存在したため，少数ではあるが，三輪車の生産は1.5トン積以上と軽三輪車を中心に1970年代前半まで続けられた[102]．

小　括

　以上の分析から明らかになったことを，冒頭に掲げた課題と関連させながらまとめておきたい．

　戦後日本における2トン積以下のトラック需要は広範に存在したが，その市場に対応しうる小型四輪トラックが存在しなかったため，小型三輪車がその供給を担当して1950年代半ばまでその生産が急増した．ところが，その過程で三輪車の大型化・高性能化が進んだために高価格となり，四輪車との価格差は縮まった．そこで，50年代半ば以降四輪車メーカーが三輪車化した小型四輪トラックを開発すると，小型トラック市場は三輪車から四輪車への代替が行われるようになった．

　これに対して，三輪車メーカーは小型四輪車との競争力が維持される1.5トン積以上の三輪車に生産を集中する一方で，小型四輪車と軽三輪車の開発という打開策を模索した．とくに，軽三輪車の爆発的な増加は三輪車メーカーの経営パフォーマンスを好転させ，その後の四輪車メーカーへ

　　続けるが，愛知機械は62年から日産との提携によって，三菱水島の場合には三菱自動車の一部としてそれが可能となった．

　102)　軽三輪車が1971年，小型三輪車は74年まで生産されたが，61年に22.5万台であった三輪車の生産台数は65年に4.3万台，70年に1.4万台にすぎなかった（日本自動車工業会『日本自動車産業史』1988年，p.389）．

の転換を可能にした要因となった．もっとも，この転換をスムーズに成し遂げたのは東洋工業とダイハツといった上位2社のみであった．三輪車メーカー間の経営成績の差は1950年代初頭の三輪車市場に対する展望の差に基づく投資戦略の相違によるものであったが，軽三輪車の急増と共にその差はさらに拡大したのである．

　以上のような戦後小型車工業の復興と再編は三輪車から四輪車への転換の過程であったが，その過程では小型車市場の上方・下方という両方向への拡大が見られた．戦前の三輪車市場は500キロ積部門に限られていたが，戦後には350キロ〜2トンまで広がり，トラック市場全体が拡大したのである．また，その過程で三輪車メーカーの一部は乗用車及び四輪車メーカーに転換し，1960年代以降本格化する，多数の完成車メーカーによる自動車工業の競争構造が生まれる原因となったと考えられる．

第9章 戦後におけるトラック部門を中心とした自動車工業の確立

はじめに

　戦後日本において自動車の生産はトラックから始められたが,そのトラックは1950年代まで自動車工業の中心でありつづけた.トラックの生産台数は50年代前半にすでに戦時期のピークを越え,50年代後半にはさらにその増加の勢いが加速化し,60年代にはアメリカに次ぐ世界第2位の生産規模になった(表9-1)[1].量的増加だけでなく,質的にもこの時期のトラックの国際競争力は高まり,57年以降は輸出台数も増加した.そして60年代初頭の貿易自由化問題に対して,乗用車部門と異なってトラック部門については早期に自由化を断行するという方針を通産省が持つようになった.

　ところが,この時期を対象とした数多くの先行研究では[2],分析の焦点が主に乗用車部門に当てられ,その脆弱性,独占強化などを主張するのに留まっており,こうしたトラック部門の進歩が正当に評価されていないと思われる.確かに,1960年代以降の日本における自動車の普及や生産の中心は乗用車であり,この時期にその基礎がいかに形成されていくのかに対

---

1) 自動車工業会・日本小型自動車工業会『自動車統計年表』1962年版, p.22. ここでのトラックには三輪車が含まれている.
2) 代表的なものとしては,中村静治『日本の自動車工業』日本評論新社, 1957年；小平勝美『自動車　日本産業経営史大系第5巻』亜紀書房, 1968年；奥村宏・星川順一・松井和夫『現代の産業　自動車工業』東洋経済新報社, 1965年；木村敏男『日本自動車工業論』日本評論新社, 1959年が挙げられる.その他,公正取引委員会事務局『国産自動車工業をめぐる諸問題』1955年；同『自動車工業の経済力集中の実態』1959年も参考になる.

表 9-1 戦後における自動車の生産推移

単位:台

年度	乗用車 普通	乗用車 小型	乗用車 軽	乗用車 小計	トラック 普通	トラック 小型	トラック 軽	トラック 小計	バス	合計	三輪車
1946					14,302	998		15,300	22	15,322	3,827
1947	53	133		186	10,123	1,954		12,077	156	12,419	8,951
1948		511		511	18,072	4,413		22,485	1,133	24,129	20,525
1949		1,145		1,145	15,944	9,013		24,957	2,429	28,531	27,557
1950		1,994		1,994	20,850	8,825		29,675	3,890	35,559	39,102
1951		4,245		4,245	20,224	7,817		28,041	4,018	36,304	44,858
1952		4,825	126	4,951	20,725	11,081		31,806	4,193	40,950	69,255
1953		11,348	101	11,449	28,059	13,737		41,796	5,419	58,664	105,661
1954		14,410	119	14,529	28,139	17,331		45,470	5,566	65,565	92,470
1955		22,377	22	22,399	21,737	24,382		46,119	4,808	73,326	89,376
1956		35,786	125	35,911	34,552	54,370	183	89,105	6,741	131,757	112,193
1957		50,046	39	50,085	46,801	80,246	399	127,446	7,821	185,352	109,249
1958		52,818	1,661	54,479	37,964	97,103	600	135,667	7,555	197,701	103,898
1959		82,305	5,687	87,992	53,825	142,221	5,752	201,798	6,988	296,778	190,348
1960		146,818	49,787	196,605	90,751	201,849	62,409	355,009	9,201	560,815	283,993

出所:日本自動車工業会『自動車生産台数』1967年, pp.2-3, 24-25.

する分析は重要であるが,本章では1950年代におけるトラックの競争力向上がどのような過程を経て可能になったのかを分析課題としたい.

トラックを車種別に見ると,1950年代前半までは普通トラックが中心であり,後半になって小型トラックの急増が目立つ.この小型トラックは,第8章で述べたように三輪車との競争のために開発されたものであり,外国に同一モデルが存在しないため国際競争力を検討することは困難である.従って,本章ではトラックの中でも普通トラックを中心に分析する.

自動車の国際競争力とは品質・価格競争力を意味し,それは性能向上・原価節減によって達成されるものである.この時期のトラック技術は,乗用車と異なって,世界的に戦前の水準とほとんど変わらず,日本の普通トラックも1950年代半ばまで戦時期のモデルと基本的には同一であった[3].従って,その性能向上や原価節減は効率的な生産方法によって可能になっ

---

3) トヨタは1938年に開発したB型エンジンを搭載したモデルが55年まで,日産も戦前のエンジンを用いたモデルが56年まで生産されていた(トヨタ自動車『トヨタ自動車20年史』1958年;日産自動車『日産自動車三十年史』1965年,資料篇).

第9章　戦後におけるトラック部門を中心とした自動車工業の確立

たと考えられる．

　その効率的な生産システムとして戦前・戦時中に大衆車メーカーが追究したのが「大量生産方式」＝「流れ生産」であった．従って，この時期の競争力向上はこのシステムが何らかの方法によって実現したことを意味する．ところが，戦前においてこのシステムの実現が制約されたのは，主に素材・素材加工部門の脆弱性のためであった．戦後にはこの素材部門の問題が依然として深刻な状態であり，さらに機械加工設備の老朽化問題も新たに加わったことはすでに先行研究によって明らかにされている[4]．こうした素材や機械加工設備の問題は，実は大量生産方式が形成されていく1910年代のアメリカでも生じていた．第1章で述べたように，そのアメリカでは国内の鉄鋼業や工作機械工業からのバックアップによって，この問題が解決された．

　こうしたアメリカの経験を念頭に置きながら，1950年代の日本ではこれらの問題点がいかに解決され，またその過程で性能や原価がどのように改善・節減されていくのかを分析していきたい[5]．

　具体的には，まず，復興期の状況に対する検討を通じて性能・原価問題にとって素材と設備が最も重要な課題として認識される過程を確認する（第1節）．そして，1950年代前半に素材問題が解決され，また品質に関わる設備投資が進められて品質競争力を有するようになり（第2節），50年代後半には素材加工や原価節減に関わる設備投資が進捗して価格競争力も備えるようになったことを明らかにする（第3節）．こうした素材・設備問題の他，50年代を通じて労働力の構成・配置など生産性に影響する要因についても留意する．

4）　奥村正二『現代機械技術論　技術復興の方向と現状』白揚社，1949年，第3部．
5）　こうした本章の問題意識と一致している先行研究としては，武田晴人「自動車産業——1950年代後半の合理化を中心に」武田晴人編『日本産業発展のダイナミズム』第5章，東京大学出版会，1995年が存在する．ただし，この研究は，乗用車の競争力水準とトラックのそれを区別しないことや，50年代前半の変化の重要性を相対的に軽視しているという点において本章の考え方とは異なる．

1. 復興期

(1) トラック部門の自立可能性

　戦時中に戦略爆撃の直接的な対象にはなっていなかったため，敗戦直後の自動車工場は戦前の設備をほとんど保有していた．しかも，乗用車と異なってトラックについては早くも1945年9月にGHQから製造が許可された[6]．また，鉄道の復旧が遅れたため，膨大な貨物輸送需要も存在していた．

　こうした状況の中，戦前の自動車メーカーはすばやく生産を再開し，政府も1947年から自動車メーカーに復興金融金庫（復金）の資金を供給してそれを援助した．それは当面の輸送問題を解決するためにトラックの生産を支援する意味だけでなく，航空機工業なき戦後の日本重工業において自動車工業の重要性を視野においてのことであった．その立場を最も明確にしていたのが商工省（49年5月から通産省）であり，そのためにGHQに自動車メーカーの賠償指定機械の解除を求め，また自動車生産用原材料の割当量の確保に努めた．

　ただし，復興期には資金や資材の制約が厳しかったため，資源配分に工業間の競合が生じた．従って，自動車工業への資源配分を増やすためには自動車工業を育成する必要があること，すなわち自動車工業が自立でき，さらに輸出部門としての可能性があることについて政策担当者，とくに経済安定本部の了解が前提となっていた．

　この問題をめぐる政策担当者間の認識の不一致は「経済復興五ヶ年計画」の樹立の過程で現れた[7]．この計画は48年に発足した経済復興計画委員会が復興の方向と方法を定めるために作成に取り組んだもので，各部門別計画はそれぞれの小委員会の検討に委ねられており，自動車工業は機械

---

　6) 製造許可の経緯については，自動車工業振興会「戦後自動車工業の再開」『日本自動車工業史行政記録集』1979年を参照．

　7) 以下，この計画及び「自動車工業5ヶ年計画」の経緯については「自動車五ヶ年計画に就て」『日産技術』4号，1948年12月による．

小委員会によって担当された．同委員会での議論の焦点は軍需がなくなった時点でも戦時期のような年間4.3万台の需要があるかどうか，アメリカ車との競争ができるかどうかに絞られたが，当初は自動車工業の自立の可能性は小さく，自動車よりは造船に重点を置くべきとの見解が支配的となっていた．

これに対して商工省は，「自動車工業5ヶ年計画」を作成して自動車工業の自立可能性を主張した．ここで商工省は，1953年には普通トラックのみで国内需要3万台と輸出1万台の合計4万台の需要があると主張した．その需要の確保のために，国内輸送需要は原則的に国産車によって賄う方針のもとで，普通トラックには性能・価格競争力を向上させ，小型トラックには新モデルの開発によって積極的に新市場を開拓させる必要があることも指摘した．

結局，この商工省の案が1948年11月に機械小委員会で認められて総合委員会に提出されたが，折からの不況とドッジ・ラインによって結局発表するまでには至らなかった．しかし，50年代にはじまる通産省の積極的な自動車工業合理化政策の基調が48年にすでに決定されていたことが注目される．

ところで，こうした商工省の主張の背景には，少なくともトラック部門は自立の可能性があるという認識があった．実際，少数ではあるが，「日本の自動車工業がトラックの生産によって当面を食いつないでいる間に，小型乗用車へと生産車種の重点変更を行えば，将来に於ても強大なるアメリカ自動車工業に叩かれることなく，存続することは可能である」[8]という指摘も出されていた．その根拠は，日本のトラックはまず燃費効率が良好であることであった．当時，払い下げられたアメリカ軍用トラックの燃費は国産車の約半分だったので，払い下げと共に供給されたガソリンで国産車を運行する場合すらあったのである[9]．また，国産トラックは悪路にも耐えられるように設計されたために堅牢性の面でもアメリカ車より優れて

---

8) 前掲『現代機械技術論』p.87．
9) 奥村正二『自動車』岩波書店，1954年，p.14．

いた．さらに，世界的にも戦時中にトラックの技術はそれほど進展しておらず，日本のトラックも戦前からの車種を変更する必要がなかった．こうした事実がトラック部門の自立可能性を高める条件となっていたのである[10]．

(2) 自立の隘路要因

こうした可能性を有していたものの，それが実現されるためには国際レベルの価格と性能を備える必要があった．そのためには戦前以来の問題点を克服し，さらに新たな問題点も解決しなければならなかった．戦前の問題点とは，冒頭に述べたように，素材及び素材加工の問題であり，それに復興期に顕在化した問題点とは工作機械の老朽化による機械加工の問題であった．

まず，素材及び素材加工の問題が生産に及ぼす影響を見ると表9-2の通りである．ここからはもともと素材の問題によって素材加工の改善が制約されており，またこれらの問題点は自動車の性能に影響するだけでなく，後工程である機械加工などを複雑にすることによって生産性・価格にも影響を及ぼしていたことが分かる．

とりわけ素材部門は戦前よりも状況が悪化したが，その原因は銑鉄やコークスなど原料の不足によって鉄鋼業の復興がかなり遅れていたからであった．戦前においてフレーム・車輪用の中板は八幡や日本鋼管で，また高級仕上鋼板は八幡や川崎製鉄葺合で生産していたが，いずれも戦後の生産再開が遅れた．従って，トヨタが川崎，日産が日本鋼管に炭鉱地域から石炭を運び，圧延設備の稼動を支援する有様であった[11]．さらに，その自動車用鋼板の生産設備は鉄鋼メーカーの圧延設備の中で最も老朽化していた．例えば1950年10月現在の全圧延設備の中に占める1939年以降の設備の割合を見ると，主に造船用の厚板が48％だったのに対して，中板と薄板は

---

10) 奥村正二「自動車工業の発展段階と構造」向坂正男編『現代日本産業講座Ⅴ 各論Ⅳ機械工業1』岩波書店，1960年，p.292.
11) 「自動車工業と鉄鋼需要」『鉄鋼界』1958年2月号，p.31.

第9章　戦後におけるトラック部門を中心とした自動車工業の確立　　367

表9-2　素材・素材加工部門の問題点が品質・生産性に及ぼす影響

		原因	影響
素材	鋼	スクラップ不足，精錬過程で異元素混入	熱処理不能→鍛造時に割れ発生
		寸法不良，疵，組織不良	後の工程が複雑，鍛造・プレス時に割れ発生
	鋼板	高級仕上鋼板入手不能→黒皮鋼板使用	厚さ不同→後の工程が複雑，プレス時に割れ発生
素材加工	鋳物	良質の銑鉄，鋳物砂，鋳型油の入手困難	歩留まり低下，工具破損
	鍛造	鍛造機，型材，型彫機の製造不能	精密鍛造不能→機械加工複雑

出所：奥村正二『現代機械技術論』白揚社，1949年，pp.257-272より作成．

それぞれ0.4%，1.3%にすぎなかった[12]．

こうした状況だったので，当時は戦前からの貯蔵材料を多量に使わざるを得なかったが[13]，その材料はそもそも自動車用でなかったので寸法が適当でなかっただけでなく，成分・強度も均一ではなかった．その結果，表9-2のような生産への影響が現れ，自動車の性能・品質維持に最大の隘路となったのである．例えば，1946年度に販売された約5,000台のトラックの内，故障が発生したのは約500台であったが，その原因は，加工の不十分が21%，組立の不注意が11%だったのに対し，材質・熱処理・鍛造・鋳造の不良など素材部門によるものが50%であった[14]．

また，この素材部門の脆弱性はその後の加工部門の生産性に影響を及ぼし，全体的に戦前よりも劣る生産性しか上げられなくなる要因となった．例えばマレアブル鋳物の歩留まりは戦前の40%からこの時期には20%と低下し，シリンダーブロックの機械加工中には50〜60%の材料不良が続出した[15]．

以上は主に鉄鋼メーカーの解決に任せられざるを得なかったものである

---

12) 通産省企業局編『企業合理化の諸問題』1952年，p.29.
13) 例えば，1946年中の鋼材使用量を購入経路から見ると，戦後のものが一部含まれている配給割当は29%にすぎず，戦前のものである闇購入と貯蔵材料がそれぞれ25%，46%を占めていた（国民経済研究協会・金属工業調査会編『企業実態調査報告書　大型自動車工業篇』1947年，p.15）．
14) 前掲『現代機械技術論』p.252.
15) 同上，pp.267, 282.

が，自動車メーカーが解決すべき問題も多く残されていた．そのうち，生産性については戦前からネックだった精密鍛造の遅れが最大の問題であった．この鍛造のためには鉄鋼メーカーからの型材の調達が前提条件となるが，自動車メーカーにも鍛造機や型彫機の製造あるいは導入が求められた．しかし，当時は鉄鋼メーカーと同じく自動車メーカーも新規設備あるいは輸入素材・機械を調達・導入する余裕はなかった．

設備の不足・老朽化による影響が最も深刻だったのは機械加工部門であった．これも素材部門同様に性能と生産性の両方に影響していた．そもそも自動車メーカーにとって工作機械の重要性は戦前の参入当時から注目され，戦時中にその導入台数は急増したものの，汎用工作機械が中心であり，高性能・大量生産用の専用工作機械の製造・導入が遅れていた．しかも復興期にはその汎用機械さえ老朽化が深刻になっていたのである．

例えば，1950年末におけるトヨタ・日産・いすゞの設備状況を見ると[16]，工作機械の全保有台数6,831台のうち，経過年数が5年未満のものは372台に過ぎず，10〜20年が4,130台，20年以上が1,449台であった．視点を変えてみると，設備導入時の性能・精度を維持しているのは118台，精度維持・性能低下3,464台，精度・能率の大幅な低下2,842台，使用不可能が407台であった．

設備の老朽化は，例えば精密中繰盤や歯車機械の精度低下によってエンジンの出力低下や歯車の騒音をもたらし，旋盤の精度不良によって水ポンプに水漏れを発生させるなど直接には性能に影響した[17]．また，設備導入時に比べて約3割の工数の増加や歩留まりの低下が起こり，生産性にも影響を及ぼした（表9-3）．

設備老朽化は組立ラインにも影響したが，前工程と比べた場合，深刻な状態ではなかった．資材供給の不安定によって操業度が低下している当時，この部門は戦前から追求してきた流れ生産方式よりも，むしろ町工場式のロット生産の方が有利であるという認識さえ現れたのである[18]．

---

16) 金融財政事情研究会『日本自動車工業の成立と発展』1955年, p.57.
17) 同上, p.58.

第9章　戦後におけるトラック部門を中心とした自動車工業の確立　　369

表9-3　設備老朽化が生産性に及ぼす影響（1950年末）

切削部品	工数			歩留まり(%)		
	標準A	現状B	B／A	標準C	現状D	D／C
シリンダーブロック	5.17	6.87	1.33	85.0	61.5	72.4
シリンダーヘッド	2.75	3.37	1.23	90.0	67.7	75.2
ピストンピン	2.63	3.46	1.32	95.0	63.6	66.9
バルブリフター	0.23	0.26	1.13	95.0	78.5	82.6
トランスミッションケース	0.75	0.85	1.13	95.0	81.0	85.3
カムシャフト	1.60	2.40	1.50	95.0	73.3	77.2
クランクシャフト	7.30	9.00	1.23	95.0	82.0	86.3

出所：金融財政事情研究会『日本自動車工業の成立と発展』1955年, p.60.

　以上のように，復興期には戦前からの素材・素材加工部門の問題と，設備の老朽化による機械加工の問題が最も深刻であった．そのために国際水準に比較して性能と生産性の劣位が明らかな状況であった．しかし，当時はこの問題を直ちに解決できる状況ではなかった．外貨が不足しているために設備輸入が制約されていたこともさることながら，自動車メーカーは戦時補償の打切りなどによって財務状態が極端に悪化していたからである．トヨタの場合，新勘定のみでも1948年3月期までは赤字が続き，48年度上半期には小幅の黒字を計上したものの，ドッヂ・ラインの影響で49年度下半期には再び大幅の赤字を記録した[19]．

　従って，この時期に自動車メーカーは，素材については問題点をまとめて改善方向を模索する一方で，既存の設備の下で生産の復旧に集中することになった．その過程で，1950年代にこれらの問題が解決され，さらにより効率的なシステムになっていく上で，重要な条件が整えられるようになった．

　まず，素材問題については1948年11月に自動車技術会に鋼板技術委員会を設けて鋼板の問題点を各メーカーから収集した．ただし，メーカーごとに検査方法が統一されておらず，問題点の指摘も一貫性に欠けていたので，同委員会は統一した基準を定めて当時の鋼板の水準を確定し，解決すべき課題を設定しようとした[20]．

---

18)　国民経済研究協会『第二回企業実態調査報告書　貨物自動車工業篇』1948年, p.6.
19)　トヨタ自動車『増資目論見書』1949年；同『社債目論見書』1951年.

自動車メーカー内部では激しい労働争議の末，経営側が現場を掌握することによって配置転換の自由が得られたことが重要であった[21]．トヨタの場合，戦前には「職人」気質の技術者が多く残されており，その反映として賃金制も請負制が採用されていた．こうした状況は復興期にも温存されており，「旋盤工とかフライス工とか云う，○○工と云って機械から離れて」いなかった[22]．こうした状況の中で，のちにトヨタ生産システムの生みの親と言われるようになる大野耐一が1946年に駆動工場長になってから，少量生産の下で1人当りの生産量を上げるために1人で2, 3台の機械を操作する必要性を主張し，工具の集中研磨や機械・労働者の配置転換を行った．この措置は，当然のことながら，従来の熟練工の大きな抵抗を招き，50年4月に発生した労働争議ではこれへの反対も大きかった．しかし，その争議が結局組合の全面敗北に終わったため，その後は多台持ちや配置転換が全面的に実施されうるようになったのである．

いずれにしても，トヨタの場合，以上のような機械の多台持ちを追求していく過程で作業の標準化も進み，1950年までには敗戦直後より労働生産性が5〜6倍も上昇したという[23]．もちろん，これには生産の増加や解雇による人員減少の要因も作用したと思われるが，このような生産性向上は業界全体を通じて見られ，戦前の400時間から一時期に700時間まで上がっていた自動車1台当りの直接加工時間も，49年頃になって漸く500時間までに回復した[24]．

当時はトラックの貿易が全く見られなかったために，生産性水準を国際

---

20) 「鋼板技術委員会報告」『自動車技術会会報』1949年4月号，p. 114.
21) 復興期において労働争議の結果として，経営側が正規労働者の雇用を保証する代わりにその配置転換の自由を獲得したことの意義を強調したのは，前掲，武田晴人「自動車産業」である．また，こうした認識は，Eisuke Daito, "Automation and the Organization of Production in the Japanese Automobile Industry: Nissan and Toyota in the 1950s", *Enterprise & Society*, Conference1, No. 1, March 2000 にも示されている．
22) 「機械工場の今昔を語る」『技術の友』（トヨタ技術会）Vol. 5, No. 11, 1954年, p. 21.
23) 下川浩一・藤本隆宏編『トヨタシステムの原点』文眞堂，2001年, p. 10 の大野耐一の口述．
24) 前掲『現代機械技術論』p. 282.

第 9 章　戦後におけるトラック部門を中心とした自動車工業の確立　　371

比較することは不可能であるが，トヨタの場合，敗戦直後にアメリカ・メーカーとの生産性の差を 10 倍程度と推定していたから，戦後 5 年間に 5〜6 倍の生産性増加が達成されたことによって，その差は 2 倍程度に縮まることになったのである[25]．

2. 1950 年代前半

(1) トラックの高価格の原因

1950 年 6 月に勃発した朝鮮戦争による「特需」は日本自動車工業に再起のチャンスを与えた．その効果はまず，生産増加や経営状況の改善に現れ，復興期からの問題解決に向けられる資金的な条件が整えられるようになった．50 年 8 月〜51 年 6 月に納入した特需用普通トラックは 9,956 台であったが，それは 49 年度全生産台数の 6 割にも達する水準であった．その受注金額も 83 億円であり，49 年度下半期に 1.4 億の赤字であった普通トラック 3 社（トヨタ，日産，いすゞ）の経営が 50 年下半期に 4.7 億円の黒字に転換するのに大きく寄与した[26]．

もう一つの効果は国産トラックの性能・価格などについて国際比較が可能になり，キャッチアップの目標が政府や業界に改めて認識されるようになったことである．1949 年から自動車工業のみならず，重要産業の国際競争力強化のために「産業合理化」という目標が掲げられていた．それはドッヂ・ラインによる不況を打開するためのものであり，49 年 12 月の産業合理化審議会の設置によって具体化した．この審議会は同年 6 月の「産業合理化に関する件」という閣議決定に基づいて設けられたが，そこでは合理化の目標を「国際価格への速やかな鞘寄せ」に置き，そのために民間企

---

[25]　もちろん，これはこの期間中にアメリカ・メーカーの生産性に変化がなかったことを前提としているが，大野耐一が 1956 年に GM とフォード工場を視察してみると，これらのメーカーの生産性は昭和初期以来向上していなかったという（前掲『トヨタシステムの原点』p.14）．

[26]　「朝鮮動乱終結の場合の特需に及ぼす影響」『車両部報』第 11 号，1951 年 7 月，p.8；「朝鮮動乱の自動車工業に及ぼした影響」『車両部報』第 12 号，1951 年 10 月，p.7．

業に合理化努力を要請する一方で，政府もそのための指導を行うべきとしていた[27]．ただし，その際に用いられる手段はそもそも限定されており，もっぱら解雇など人件費の削減に力点がおかれていた[28]．ところが，朝鮮特需によって「企業内部の蓄積も漸次増加しつつあ」ったため，それ以前には「到底不可能であったような合理化方策も努力すれば達成可能となりつつある段階である」と認識されるようになったのである[29]．

この認識を背景に，1951年2月に審議会は「我が国産業の合理化方策について」を答申した．その中で自動車工業については「米国製品の生産価格，品質等を基礎とし，且つ我国の実情等を考慮の上，国際的な自立化のための基礎条件を確立することを目途として，差当り生産原価11.9％の引下げと品質の向上（7％）をはかる」[30]ことを合理化の目標とした．その目標を達成するため，企業内部では設備の改善，労働力の効果的利用（職場訓練，賃金制度改善），経営方式の改善（工場の集約化，下請関係）などの方策が挙げられたが，とくに老朽機械の改善の中心は熱処理・プレス・精密鍛造・検査機械など機械加工以前のものであった．

審議会答申と同じ1951年2月にGHQ経済科学局は通産省に，米軍が調達している日本トラックの高価格を指摘した．それによると，日本トラックは同級のアメリカ・トラックよりアメリカ価格に比べて90％，日本までの輸送費を考慮した場合でも30％高となっていた[31]．これに対して自動車業界では，その原因が鉄鋼・タイヤなど購入品の高価格にあると指摘した[32]．こうした業界の主張は，その後審議会の機械部会自動車分科会でも

[27] 通商産業省編『商工政策史 第十九巻 機械工業 下』1985年，p.33.
[28] 日本興業銀行調査課「産業合理化について（未定稿）」1950年，pp.38-44.
[29] 通商産業省企業局『我が国産業の合理化について』1951年，p.1.
[30] 同上，p.65.
[31] シボレー・トラックは米国内で1,812ドル，日本までの船賃600ドルや手数料300ドルを含めても2,712ドルであるが，日本トラックは3,500ドル程度であるとした（前掲『自動車』p.66）．ただし，奥村が正しく指摘しているように比較の対象が全く同一仕様であるかどうかという疑問は残る．
[32] 田中富士雄（自動車工業会専務）「自動車における特需の単価問題」『日産協月報』1951年5月号，pp.9-10．ここでは1951年4月現在日本の薄板はアメリカの2.6倍，特殊鋼は3.5倍，タイヤは2倍であるとしている．

認められ，51年12月に機械部会に提出された「自動車工業合理化に関する答申」においても，原価節減にとって材料費・購入費の減少による効果が最も大きいと明確に指摘された．

この結論に至る過程で，審議会は代表的な普通トラック・シャシーの原価を検討した（表9-4）[33]．まず，対象となっているトラック・シャシーの販売価格は71万円（1,970ドル）で，同級の国際水準である約1,100ドルより8割高であった．すなわち，国産トラックは44.2%の価格低下を実現しなければ国際水準には到達できなかったのである．

項目別にその高価格の原因を見ると，まず原価の74%を占める材料・購入品の価格が国際水準より約23万円高であった．材料・購入品を国際水準で調達することだけでも販売価格の32.6%（総原価の35.2%）が節減されることになっていたのである．

材料価格の引き下げのみならずその品質向上も原価節減を可能とする．材料の合格率が上昇すると直接材料費が減少し，さらに労務費や経費の減少も可能になるからである．実際に審議会では，材料不良率減少の半分が材料の品質改善によって解決される場合には以上の関連効果によって総原価の3%が節減されると想定した．

一方，設備改善によっては1951年2月の答申と同じく11.9%の原価節減が可能になると見なしたが，この効果は材料部門のそれとも重複する部分がある．従って，材料部門の価格・品質と設備改善による効果を合わせた総合的な原価節減は44.6%になると見た．その場合の販売価格は39.4万円（約1,090ドル）で国際水準を下回ることになった．

要するに，審議会答申では，高価格の原因が復興期から問題とされた素材部門の脆弱性と設備の老朽化にあると改めて確認され，その部門のみの解決によってもすでに国際競争力を備える可能性を持っていると判断したのである．

以上のような，主に関連工業のバックアップや設備投資によって解決で

---

[33] 以下，これについては「自動車工業合理化方策に関する答申」『車両部報』第13号，1952年2月による．

374

表9-4 普通トラック・シャシー1台当りの原価構成（1951年6月）

		製品重量(kg)	合格率(%)	歩留まり 粗材加工(%)	歩留まり 機械加工(%)	総合(%)	原単位(kg)	単価(円)	金額(円)	構成比(%)
材料費 / 直接材料費	鋳物材 新銑						280	31	8,540	1.3
	マリアブル銑						130	38	4,875	0.7
	故銑						230	28	6,440	1.0
	屑鉄						100	26	2,600	0.4
	合金鉄						3	92	276	0.0
	小計	455		75	82	61.5	743		22,731	3.5
普通鋼	棒鋼	120	85	70	75	45.0	270	73	19,710	3.0
	薄中板	250	90	65		58.5	430	83	35,690	5.4
	厚板	230	90	80		72.0	320	78	24,960	3.8
	高級仕上鋼板	130	90	55		49.5	260	109	28,210	4.3
	鋼管	60	95	90		85.5	70	200	14,000	2.1
	帯鋼・珪素鋼板	30	95	80		76.0	40	120	4,800	0.7
	リムリングバー	55	95	75		71.0	78	80	6,209	0.9
	二次生産	5	98	90		88.0	6	80	480	0.1
	小計	880				59.7	1,474		134,059	20.4
特殊鋼	肌焼・強靭・耐熱鋼	110	87	70	78	47.5	230	120	27,600	4.2
	ばね鋼	170	90	85		76.5	220	85	18,700	2.8
	小計	280				62.2	450		46,300	7.0
非鉄金属	銅・銅合金	30	95	70	70	46.5	45	480	21,600	3.3
	錫・錫合金	5	95	70	70	46.5	10	1,200	12,000	1.8
	アルミ・合金	5	95	70	70	46.5	10	250	2,500	0.4
	亜鉛	3	95	70		66.5	5	350	1,750	0.3
	その他	2	95	70		66.5	3	600	1,800	0.3
	小計	45				61.6	73		39,650	6.0
合計		1,660				60.5	2,740		242,740	36.9

材料費	間接材料費			10		60,000	9.1
	購入品費	タイヤ		170		144,000	21.9
		バッテリ		30		9,100	1.4
		ベアリング		15		16,900	2.6
		電線・ゴム・石綿製品その他		15		12,000	1.8
		小計		230		182,000	27.7
	合計			1,900	24,000	484,740	73.7
				h/台	円/h		
				賃金ベース+1人1ヶ月実働時間/直接工比率			
労務費	社内			350	200	70,000	10.6
	社外			250	120	30,000	4.6
	合計			600		100,000	15.2
				17,500+175h/50%			
				16,000+200h/67%			
経費	社内				70	24,500	3.7
	社外				50	12,500	1.9
	合計					37,000	5.6
減価償却費						8,000	1.2
製造原価						629,740	95.7
一般管理及び営業費						10,900	1.7
支払利息						9,460	1.4
総原価						658,100	100.0
利益						52,600	
製造業者販売価格						710,700	

出所：『車両部報』第13号，1952年2月，p.40を若干修正．

きる部門以外に，それほど追加的な資金投下を伴わずに自動車メーカーの内部で改善ができる部門も存在していた．審議会では，そのうち間接工の比率が外国に比べて2倍であることを指摘し，生産管理の必要性を唱えた．

一方，米軍への納入の際にトラックの性能についてはあまり問題視されなかった．審議会では当時の国産トラックの性能は一流の外国車に比べて75％の水準であると見ていたが，日本より道路条件が劣悪な韓国（朝鮮）での使用には問題にならなかったからである．従って，国際比較ができなかった復興期において主に性能の側面から解決が求められた素材・設備問題が，この時期には価格競争力を備えるための条件という側面が強くなったのである．

(2) 設備改善

では，このような問題についていかなる対応策が模索され，どう解決されていったのであろうか．まず，設備投資について見てみよう[34]．

1950年11月～52年3月には，老朽工作機械の更新に重点が置かれ，普通車メーカー4社（前記の3社に日野を含む）における資金所要計画額の半分である7.4億円が歯切り盤を中心とする輸入機械・賠償機械の購入に当てられた．政府も51年4月に見返り資金からトヨタ・日産・いすゞに対して輸入工作機械の前払金として7,000万円を融資した．その他，検査試験・熱処理設備に3億円，プレス・塗装・ボディ工場設備に3億円が計画された．52年度にも工作機械の購入は9.1億円と最大の比重を占めたが，素材加工分野の鋳造・鍛造・熱処理の工場設備にも6.5億円が計画された．このような素材加工部門に対する投資増大は，後述する材料問題への対応と関連して注目すべきである．

1950年11月～53年3月の投資資金計画に対して実際の調達額は75％の27.4億円であった．それを調達先からみると，財政資金（見返り資金，開銀）13.7％，市中銀行借入14.7％，増資・社債39.9％，内部留保31.7％で

---

34) 以下，1952年度までの設備投資については，「自動車工業の戦後における設備資金投入状況——普通自動車工業について」『自動車時報』第20号，1953年8月による．

第9章　戦後におけるトラック部門を中心とした自動車工業の確立　　377

表9-5　自動車メーカーの投資実績推移

単位：百万円

年	日産	トヨタ	いすゞ	日野	三菱日本(川崎)	民生	新三菱(名古屋・京都)	オオタ	富士精密	合計
1951	317	277	163	178	18	60		14		1,027
								14		14
1952	672	585	227	325	38	75		24		1,946
	100			100				24		224
1953	904	1,073	705	387	217	156	211	104	188	3,945
	224	292	181	10				104	188	999
1954	1,676	1,738	334	505	386	136	255	71	299	5,400
	911	582	27	130				71	299	2,020
1955	1,386	781	694	537	125	186	55		207	3,971
	754	247	323	278					207	1,809
1956	2,374	1,991	1,822	984	46	142	72		594	8,025
	1,190	351	427	883					594	3,517
1957	3,320	5,157	3,542	927	116	71	693	43	916	14,785
	489	933	432	222				43	916	3,035
1958	2,945	5,492	2,391	364	118	54	499	51	787	12,701
	503	1,622	208	62				51	787	3,233
1959	4,715	6,000	2,376	976	180	110	603	112	729	15,801
	1,480	1,724	460	521				112	729	5,026
合計	18,309	23,094	12,254	5,183	1,244	990	2,388	405	3,720	67,601
	5,551	5,851	2,058	2,206	0	0	72	419	3,720	19,877

注：1）上段は全投資額，下段は内小型車向け．
　　2）1959年は計画値，合計は調整．
出所：『自動車時報』第23号，p.57；同26号，p.8；同28号，p.9；同29号，p.4．

あった．

　以上の1952年度までの設備投資は，主に老朽機械の更新に向けられたので全体として設備機械の数は増加しなかった．例えば，トヨタの場合，50年10月現在の工作機械や産業機械（プレス・炉など）の保有台数はそれぞれ2,565台と2,113台であったが，52年11月現在のそれは2,605台，2,089台であった．従って，設備投資の主な効果も生産性（量産）よりは性能の向上にあったと思われる．

　ところが，1953年からは小型車に対する投資が本格化し，全投資額も急増する（表9-5）．小型車には小型トラックだけでなく，それとシャシーを共有する乗用車も含んでおり，新規設備が多くなった[35]．また，新設備に

は生産性向上も重視されることになるが，アメリカとの比較を通じてその目標を具体化した．すなわち，54年中には52年3月現在の日本と53年中のアメリカの自動車工業の保有工作機械を比較し，設備導入の方向を模索した．その比較から日米間には工作機械の経過年数だけでなく，その構成にも著しい格差が存在することが確認された．例えば，10年未満の機械の比率は日本28%，アメリカ43%であった．また，日本の場合，旋盤（42%）・フライス盤（13.6%）の比重が高いが，アメリカでは旋盤（19%）・フライス盤（8.8%）より，研磨盤（27.2%）・ボール盤（29.3%）のそれが高かった．そして，最新機械の導入拡大と共に，機械構成の高度化も設備更新の目標として強く認識されるようになったのである[36]．

(3) 素材改善

次は素材問題への対応を，鉄鋼を中心に見てみよう．自動車用として使われる鉄は鋳物材，普通鋼，特殊鋼に大きく分けられ，そのうち鋳物材はシリンダーブロックやミッションケースに使われる．普通鋼では中板がフレーム，高級仕上鋼板がボディ，ブレーキドラム，棒鋼がボディ・足回りなどの各種部品と荷台に使われる．また，特殊鋼はエンジンやデフのギヤなどの部品や，工具鋼・型鋼など部品加工用機械に用いられる[37]．

トラック1台に必要な鉄と鋼の量は前掲表9-4の通りであるが，鋼板の量が多く，しかもその総合歩留まりの低さが目立つ．従って，自動車業界としてはまず，この鋼板の品質改善を鉄鋼メーカーに要求するようになった[38]．

まず，1951年9月に自動車工業会の資材委員会内に鋼材品質向上対策委

---

35) 日本において乗用車生産は1952年末から外国メーカーとの技術提携によって本格化する．設備投資を媒介とする乗用車部門とトラック部門の関連に対する検討は重要であると思われるが，本格的な分析は今後の課題としたい．
36)「自動車工業生産設備の日米比較と設備更新能力についての若干の考察」『自動車時報』第22号，1954年5月．
37)「日産自動車横浜工場をみる」『特殊鋼』1953年12月号，p.40.
38) 以下，これに対する説明は「最近の自動車用鋼板品質向上対策に就て」『日産技術』第15〜16号，1952年10月；「自動車用特殊鋼品質向上の跡」『特殊鋼』1955年11月号による．

員会が結成され，過去1年間の鋼板と棒鋼に関する資料を収集した．そのうち鋼板に関しては，先述したように48年から自動車技術会で検討が行われていたため，問題点に関する詳細な資料が52年1月までにまとめられ，鋼板メーカー（八幡，富士，川崎，日本鋼管）に渡された．これに対して，最大の供給者である八幡製鉄は同年3月中に3回にかけて各自動車メーカーの具体的な要求を聴取し，それに対する対策を報告・協議した．その場には通産省技官も参加した．

その過程で自動車メーカーは品質・寸法の均一化，奇麗な表面という要求を最も強調した．具体的には，厚さの許容値を日本工業規格（JIS）より厳格化し，組織・成分が均一であるべきだと主張した．また，高級仕上鋼板の場合には絞り性をより良好にすること，供給量を増加することも要求した．

これに対して八幡はまず，焼き鈍しなどの熱処理の欠陥を率直に認め，均一性を向上させるために研究すること，高級仕上鋼板用の冷間圧延製品の生産を2倍とすること，表面疵に十分注意することなどを約束した．この合意に基づく新しい製品の供給は1952年4月から行われるようになった．

また，1954年にはとりわけ深絞り性の向上を目的に，アメリカのアームコ社の鋼板を輸入して鋼板メーカーと共同で試験した．その結果，機械的性質・化学成分が判明し，それを基準に鋼板メーカーに品質向上を要求した[39]．

これによる効果は直ちに表れた．トヨタの場合，ボディ加工における材料不良によって破れる鋼板の比率は1951年上半期に比べて52年後半には半減し，53年4月には1/8となったという．これは，後述するように設備改善など鋼板メーカーの努力によるものが大きかったが，それだけでなく自動車工業会を介せず自動車メーカーと鋼板メーカー間の直接協力による側面もあった．例えば，トヨタでは，社内にクレーム委員会，鋼板規格

---

[39]「自動車用材料について」『鉄鋼界』1956年9月号，p.18.

委員会を設けて不良鋼板に関する詳しい統計をまとめ，調達先の鋼板メーカーと定期的に技術会議を行った[40]．さらに八幡，富士とは鋼板連絡会を組織し[41]，鋼板メーカーの技術者がトヨタに常住するようになったからである．

次は製鋼メーカーを対象とした棒鋼が取り上げられることになった[42]．そもそも棒鋼を用いた部品の加工工程は複雑であり，自動車メーカー間の設計・設備・加工方式も異なっていたため，従来はJISを基準としてメーカーごとに規格を定めていた．それを，鋼板の経験を活かし，先述の鋼材品質向上対策委員会を通じて各社の要望をまとめて製鋼メーカーにその改善を要求することになったのである．

まず，1952年10月に自動車メーカーの要望事項がまとめられ，委員会がそれを代表的な製鋼メーカー（特殊製鋼，三菱鋼材，愛知製鋼，新大同製鋼，日本特殊鋼，日本冶金工業，日産東京製鋼所，神戸製鋼所，日立製作所，日曹製鋼，日本冶金）に伝えた．その項目は，化学成分，寸法・外観，鍛造性，焼入れ性，硬度，内部キズ，非金属介在物，結晶粒度，マクロ・ミクロ組織など各細部にわたって既存の規格より厳格にすべきということであった．

その後，製鋼メーカーとの協議が行われたが，最大の争点となったのは成分問題であった．自動車メーカーは特定炭素鋼における炭素量の範囲を当時の0.10％未満から0.05％未満へとより厳格にし，またその成分も完成品としての保証を求めたのに対して，製鋼メーカーは設備・技術上の問題を理由に難色を示した．すなわち，製鋼メーカーはコストの問題があるために平炉で許容範囲を定めて特定炭素鋼を生産していたので，成分の範囲が炉内の平均値に規定されていた．JISでもその方法が認められており，自動車用製品のみに対して成分を厳密にすることは困難であったのである．

---

40) 「鋼板とプレスの最近の事情」『トヨタ技術』第6巻第4号，1953年4月．
41) 「来た道行く道——自動車工業とともに」『鉄と鋼』第59年第8号，1973年，p.125．
42) 以下，この問題の経過については「自動車用鋼材品質向上対策委員会棒鋼部会における交渉経過に就て」，『日産技術』第19号，1953年9月による．

第9章 戦後におけるトラック部門を中心とした自動車工業の確立 381

この問題はつまるところ，自動車用製品専用の設備・検査を設けるかどうかということであった．従って，最終的にはこうした要求に対して製鋼メーカーが最大の努力を払うという水準で合意し，1953年4月から実施することになった．

　1953年末になると，特殊鋼の品質は著しく向上し，材質上の問題は極めて少なくなったと自動車メーカーが評価するようになるなど，この交渉の効果が現れた．ただし，工具鋼や型鋼などは依然として輸入に頼らざるを得ない状況であった[43]．

　以上のように，1950年代半ばまでに鉄鋼の品質問題は一応解決されたと思われる．では，このような短期間の内にそれが可能になったのはなぜであろうか．具体的な過程については不明であるが，少なくとも自動車メーカーからの要求のほとんどは鉄鋼メーカーにとって技術的に解決不可能なものでなく，経済的な問題だった可能性が高い．最も大きな争点となっていた均一性や成分・規格の厳格化は鉄鋼メーカーにとって対応できないものではないというものの，その要求を満たすためには新設備・検査方法の導入などコスト高が免れなかったからである．

　しかも，当時鉄鋼メーカーにとって自動車用製品の比重はそれほど高くなかった．例えば，1954年1月〜9月に全鉄鋼製品に占める自動車用製品の比重を品種別に見ると，普通鋼は厚板2.6％，中板10.2％，薄板2.9％，高級仕上鋼板30.5％であり，特殊鋼は特殊炭素鋼が39.5％，全体で30.5％であった[44]．

　ただし，鉄鋼メーカーはこの比重が固定的でなく，将来上昇する可能性を十分有していると判断したに違いない．実際に1952年頃から鉄鋼業界では市場拡大策が取り上げられたが，その際に有望な市場として耐久消費財部門が注目され，これに対応するためには圧延設備近代化によって深絞り性，溶接性，寸法・公差の精密性を重視すべきとした[45]．とりわけ，特

---

43) 前掲「日産自動車横浜工場をみる」p. 40.
44) 公正取引委員会事務局『国産自動車工業をめぐる諸問題』1955年，p. 35.
45) 「戦後における本邦鉄鋼業の推移」『鉄と鋼』第41年第7号，1955年，p. 13.

殊鋼の場合，戦前最大の供給先である軍需部門がなくなり，早くも当時から自動車部門が最大比重を占めていたので，それへの対応も迅速になったのであろう。

このような製鋼メーカーの市場予測の背景には1950年代初頭の鉄鋼合理化による大規模の設備拡張があった。すなわち，自動車工業での合理化方策が出される以前の50年4月に産業合理化審議会は「わが国鉄鋼業の合理化案について」という答申を作成したが，それに基づいて1951年～54年に第一次鉄鋼合理化計画が推進された。その投資の重点は普通鋼の圧延におかれ（普通鋼全投資額の54％），とくにストリップミルの新設などによって薄板部門において生産増加が可能になっただけでなく技術進歩も著しかった[46]。

例えば，富士製鉄広畑製鉄所では，従来造船用の厚板生産が中心であったが，市況の変動に対処するための中薄板の増産に方針を転換し，アメリカのアームコ社との技術提携によってその設備を導入し，1954年1月から稼動した。その前に52年には薄板用アルミキルド鋼の製造技術も同社から導入していた[47]。ストリップミルはその他，八幡製鉄（戸畑），川崎製鉄にも導入され，55年までに3基が可動するようになった[48]。この設備は従来のプルオーバー方式と比べて，一段と均一で優秀な薄板の製造が可能となったため，この頃までには自動車用に適合する薄板・高級仕上鋼板の国内調達がほぼ可能になった。ただし，その薄板の絞り性は外国品に比べて依然として劣っていると評価され[49]，それについては50年代後半に改善が行われるようになる。もっとも，その深絞り性が鋼板の品質にとって決定的な重要性を持つようになるのは乗用車のボディであり，その性質がそれほど決定的な要因とならないトラックのボディについてはこの時期までに薄板の問題が解決されたと言える。

---

46) 産業科学協会『産業の近代化と科学技術』1957年，p.565.
47) 広畑製鉄所『広畑製鉄所50年史 部門史』1990年，p.262.
48) 1955年現在，ストリップミルはアメリカに35基，西欧諸国に11基が可動されていた（河合諄太郎『鉄鋼読本』春秋社，1959年，p.110）.
49) 「最近のプレス加工」『自動車技術』1955年2月，p.69.

第9章　戦後におけるトラック部門を中心とした自動車工業の確立　　383

　一方，鉄鋼の価格はどうなっていたのであろうか．それは屑鉄など原料価格によって決められるものであり，自動車用製品の需要増加によって短期間に急激に改善されるものではない．自動車業界がもともと自動車用鋼材品質向上対策を取り上げたのも，当時の経済事情や原料輸入状況を考慮した場合に鋼材単価の引き下げは限界に達したと判断し，品質向上→歩留まり向上を通じて製造コストを引き下げるという狙いがあったからであった[50]．

　この期間中の自動車用鉄鋼価格の推移をみると，高級仕上鋼板（1.2 mm×3インチ×6インチもののトン当り価格）は1951年4月に8.25万円から同年7月には10.48万円にまで跳ね上がったが，51年末～52年末には9.51万円，53年末には9.2万円，54年末には8.5万円，そして55年3月には7.3万円まで下がり続けた．棒鋼（19 mmもののトン当り価格）は51年4月に4.3万円，同年7月に4.9万円と上がってから同様の水準が53年末まで続き，54年中は4万円，55年3月には3.5万円まで下落した[51]．要するに，自動車業界の要求に応じて新しい製品が供給されはじめた時期から55年3月まで，高級仕上鋼板には24％，棒鋼には29％の価格下落が見られたのである．

　この時点での鉄鋼価格はヨーロッパ諸国とは十分競争しうるものであったが，米国・英国には劣っていた．その原因は鉄鋼業第一次合理化期間中の圧延部門の労働生産性向上が不十分であることであった[52]．そのため，自動車業界としてもこの時期以降は鉄鋼業界に対して主に価格の引き下げを要望することになる．

　以上のように，1950年代前半には合理化審議会の問題意識やそこから導き出された解決方法に基づき，設備や素材部門の改善に重点が置かれた．ところで，審議会を通じて出されたこれらの方針の背景には，先述したような原価分析だけでなく，1950年～51年初め頃までに行われたアメリカ

---

50)　前掲「自動車用鋼材品質向上対策委員会棒鋼部会に於ける交渉過程に就て」p. 1.
51)　金融財政事情研究会『自動車工業に関する統計資料』1955年，pp. 69-71.
52)　前掲『産業の近代化と科学技術』p. 567.

視察の経験もあったと思われる．この視察はGHQの支援によって50年から始まった．まず，経営者の視察団が7月に出発し，その後10月には技術者が商工省の技官と共に渡米した．特に後者の視察団は約3ヶ月間に完成車メーカーのビッグ3をはじめ72ヶ所の部品・工作機械工場を見学したが，この視察に対するGHQの期待も大きかったようである[53]．

前者の一員として参加したトヨタの豊田英二は「日本の自動車工業の設備と技術者は良いが，工作機械と材料とが劣っている．この問題さえ解決できればアメリカに負けない良くて安い車をつくることができる．今度の視察旅行で得た結論はこれだ」[54]と当時の日本自動車工業の合理化方向を明らかにした[55]．技術者視察団に参加した同社の斎藤尚一も，アメリカの工場で最も感心したのは材料の優秀性であったが，その他にも鍛造技術・切削速度にも強い印象を受けたという．この経験が，先述したように1951年末から本格化する工作機械を中心とする設備投資や技術委員会を通じた鉄鋼メーカーへの要求につながっていたのである．

この他，この経験から視察者たちはそれほどの資金を必要とせず，しかも生産性向上・原価節減に意外に大きな成果が期待される分野があることにも気づいた．その一つが運搬工程＝材料取扱方法の重要性であった．フォードの場合，材料取扱労務費は直接生産労務費と同額であり，この部門での効率化のために荷造り方法・輸送設備などに相当の注意が払われ，一括積荷（unit-load），コンテナー（標準型鉄鋼容器），フォーク・トラックを広範に採用するようになっていた．また，フォードとGM共に，現場の作

---

53) 荒牧寅雄『たび路はるかに　続・くるまと共に半世紀（上）』いすゞ自動車，1981年，p.59．視察団の構成は，経営者層ではトヨタの豊田英二常務，いすゞの楠木直道専務を含む3人，技術者ではトヨタの斎藤尚一，いすゞの荒牧寅雄，三菱の久保富夫，商工省の水野崇治からなっていた．

54) 「Ford自動車工場視察帰朝談」『自動車技術』1951年3・4月号．

55) アメリカ視察に対するトヨタの認識については豊田英二の次のような回顧がよく引用されているが，これは当時渡米のもう一つの目的であったフォードとの提携交渉が失敗したことの影響が色濃く反映したためと思われる．「フォードはトヨタが知らなかったことはやっていなかった．……企業規模は月とスッポンほど違ったが，技術面ではそう大きな差はなかった」（日本経済新聞社編『私の履歴書　昭和の経営者群像8』日本経済新聞社，1992年，p.209）．

第9章　戦後におけるトラック部門を中心とした自動車工業の確立　　385

業方法・材料・加工不良防止策・安全装置などに関して従業員の提案制度を採用していた[56]．ここからヒントを得て，トヨタでは1951年から運搬作業の合理化が積極的に実施され，また提案制度は「創意くふう運動」につながったのである[57]．

(4) 改善の効果

　では，以上のようなメーカー内外の諸合理化による影響・成果はどのようなものだったのであろうか．まず，生産性向上が想定できるが，残念ながら詳細は不明である．ただし，普通トラックより一回り大きい大型トラックの場合，1955年の1台当り労働時間は50年に比べて31％減少したという[58]．また，トヨタの場合は，55年の生産性は45年に比べて10倍向上したともいう[59]．これを，先述した45～50年間の5～6倍向上と合わせると50～55年には生産性が2倍向上したことになる．

　同期間中の成果は原価構成の推移を通じてより具体的に確認することができる．1951～55年の原価及びその構成の推移は表9-6の通りである．まず，52年までは総原価の減少はそれほど大きくないものの，材料費の下落や経費・労務費の上昇といった原価構成上の変化が大きいことが分かる．これは，材料の歩留まりの向上にも拘わらず，当時の物価高騰による材料・部品価格の値上がりによって原価への減少効果が相殺されたこと，また，モデル変更による経費の増加によるものであった[60]．

　ところで，1955年になると，52年と構成比は変わらないものの，各経費の金額が減少して52年に比べて23％の原価低下を記録した．これは先述

---

56)　斎藤尚一『自動車の国アメリカ』誠文堂新光社，1952年．
57)　前掲『私の履歴書　昭和の経営者群像8』p. 211.
58)　「躍進する自動車工業」『日機連会報』1956年1月号，p. 19. ここではあるメーカーの工数が1950年の660時間から55年には457時間と減少したとされているが，この労働時間の長さや，その車の原単位が4トンということから大型トラックと推定した．
59)　前掲『トヨタシステムの原点』p. 14.
60)　前掲「自動車工業の戦後における設備資金投入状況——普通自動車工業について」pp. 23-25. ちなみに，1952年中の直接材料の総合歩留まりは64.3％と51年より4％ポイント向上したという．

表 9-6 普通トラック・シャシー 1 台当りの原価構成推移

単位：円，％

		1951年 A	比率 (％)	1952年 B	比率 (％)	(B/A)-1 (％)	1955年 C	比率 (％)	(C/B)-1 (％)
購入材料費	銑鉄・古鉄	22,731	3.5	19,735	3.2	-13.2			
	普通鋼材	134,059	20.4	96,835	15.6	-27.8			
	特殊鋼	46,300	7.0	38,350	6.2	-17.2			
	非鉄金属	39,650	6.0	33,005	5.3	-16.8			
	間接材料	60,000	9.1	45,000	7.2	-25.0			
	購入完成部品	182,000	27.7	136,000	21.9	-25.3	102,000	21.4	-25.0
	小計	484,740	73.7	368,925	59.4	-23.9	281,352	59.0	-23.7
労務費	社内	70,000	10.6	87,500	14.1	25.0	70,000	14.7	-20.0
	社外	30,000	4.6	32,500	5.2	8.3	29,250	6.1	-10.0
	小計	100,000	15.2	120,000	19.3	20.0	99,250	20.8	-17.3
経費	社内	24,500	3.7	24,500	3.9	0.0			
	社外	12,500	1.9	62,500	10.1	400.0			
	小計	37,000	5.6	87,000	14.0	135.1	46,000	9.6	-47.1
減価償却費		8,000	1.2	10,000	1.6	25.0	15,000	3.1	50.0
製造原価		629,740	95.7	585,925	94.3	-7.0	441,602	92.6	-24.6
一般管理費		28,360	4.3	35,100	5.7	23.8	35,100	7.4	0.0
総原価		658,100	100.0	621,025	100.0	-5.6	476,702	100.0	-23.2
利益		52,600		87,800		66.9	70,000		-20.3
製造業者価格		710,700		708,825		-0.3	546,702		-22.9

注：1) 1951年の社内賃金は月額 17,500円，社外は 16,000円，52年の社内は 24,000円，社外は 17,000円．
　　2) 直接間接工の比率は 1951年の社内が 50:50，社外が 67:33，52年の社内が 55:45，社外が 65:35．
出所：金融財政事情研究会『原価構成に関する分析』1955年，pp.3-4.

したように，54年頃から鉄鋼の価格が下がるようになったこと，メーカー内部の合理化によって労務費や経費も減少したことによるものであった．もちろん，労務費の変化には設備や材料部門の改善による効果も反映されていると思われる．

　この価格が国際水準に比べてどの程度だったのかについては不明であるが，1951年の価格が 8 割高であったことを考えると，依然として相当の価格差があったと思われる．

　他方，性能・品質の面においても進歩が見られた．例えば，普通トラックを対象とした 1952 年 9 月の 1 万キロ走行試験では参加トラック全部が予想外の優秀な成績を収めたという[61]．通産省の調査でも，国産トラックの品質は外国車に比べて 51 年に 76％ 水準だったが，53 年には 84％ まで

表9-7 国産普通トラック・シャシーの品質・性能推移

大分類	ウェイトA	中分類	ウェイトB	通算比率 C=(A×B)/100	国産車評価(=外国車100)					
					1951年 D	C×D	1953年 E	C×E	1956年 F	C×F
性能	21	積載量	23	4.83	116	560	116	560	127	613
		機能(能力)	25	5.25	88	462	92	483	95	499
		燃費	52	10.92	94	1,026	96	1,048	96	1,048
		小計(平均)	100	21.00	97.6	2,049	99.6	2,092	102.9	2,160
信頼性	24	構造型式	21	5.04	78	393	82	413	91	459
		材質・仕上	30	7.20	73	526	76	547	81	583
		信頼性	49	11.76	74	870	77	906	79	929
		小計(平均)	100	24.00	74.5	1,789	77.8	1,866	82.1	1,971
外観	19	車型	30	5.70	59	336	84	479	84	479
		材質・仕上	51	9.69	45	436	51	494	72	698
		その他	19	3.61	59	213	64	231	67	242
		小計(平均)	100	19.00	51.9	985	63.4	1,204	74.7	1,418
保守稼動	36	取扱	20	7.20	79	569	89	641	89	641
		稼働率	24	8.64	77	665	92	795	109	942
		寿命	21	7.56	75	567	82	620	89	673
		維持費	35	12.60	81	1,021	96	1,210	102	1,285
		小計(平均)	100	36.00	78.4	2,822	90.7	3,265	98.4	3,541
合計(平均)				100.00	76.4	7,645	84.3	8,427	90.9	9,090

注:小計,合計は修正した.
出所:『自動車時報』第20号,p.24;通商産業省編『産業合理化白書』日刊工業新聞社,1957年,p.369.

向上した.項目別には性能がすでに51年に外国車並みの水準であったし,稼動性も外国車の90%程度だったのに対して,外観・信頼性の面では相当の格差が残されていた.もっとも,外観・信頼性はデザインなどの主観的な判断によるものも大きい.要するに,この時期までに日本トラックの基本性能は国際水準に到達し,品質の面でも輸入代替レベルまでに向上したと思われる(表9-7).

以上の結果,1950年代半ばまでには復興期あるいは戦時期の水準を回復・凌駕するようになり,国際水準との差は著しく縮まった.とりわけ,世界的にも乗用車に比べてそれほど技術進歩が大きくなかったトラック部

---

61)「国産貨物自動車試験参加記」『自動車技術』1953年1月号,pp.2-7.

門における品質問題は緊急対策の対象にはならなくなった．従って，50年代半ば以降には価格競争力の向上が主な目標になる．

3. 1950年代後半

(1) 素材・設備改善

まず，素材部門について見よう．1952～53年に結ばれた鉄鋼メーカーとの緊密な関係はこの時期にも続けられ，さらに自動車業界の要求規格が厳密化した．例えば，鋼板の場合，56年の改正の際にはJIS規格より一層厳密化された．それが可能になったのは，その要求に応じられるような鉄鋼メーカーの技術向上があったからであり，当時国産上級鋼材の品質はアメリカの製品の下限まで上がっていた[62]．また，従来鋼材の品質問題として指摘されていた深絞り性についても産学協同研究（深絞り性研究会）によって改善し[63]，58年から広畑製鉄所において超深絞り鋼板が開発された．これによってアメリカ製に匹敵するような鋼板の製造が可能となり，この時期からアメリカからの鋼板輸入はなくなった[64]．

ところが，以前の時期に比べてこの時期の素材・素材加工部門の技術進歩は大量生産と関わるものが中心となった[65]．まず，鋼材の品質・性能については，1950年代前半までは硬さ・引張り試験値・衝撃値など機械的性質が重視されたが，この時期からは均一性が最も強調されるようになり，そのための焼入性を規格化したHバンドが59年から規定された．自動車メーカー内部では，型鋼の国産化を受けて精密鍛造が広範に採用されるようになった．鋼板の品質向上によってプレス作業も拡大し，50年代後半に

---

62) 「自動車材料について」『鉄鋼界』1956年9月号，p.20.

63) 中岡哲郎・佐藤進「新しい自動車用冷延鋼板の開発」『産業技術歴史継承調査』新エネルギー・産業技術総合開発機構，1996年，p.29．ここで深絞り加工とは，「金属板をプレス機により変形加工すると，継ぎ目の無いくぼみを持つ製品が得られる．このくぼみを得る加工」を指す．

64) 前掲『広畑製鉄所50年史　部門史』p.263.

65) 以下，これについては，自動車技術会『日本の自動車技術20年史』1969年の第19章「生産技術」による．

第9章　戦後におけるトラック部門を中心とした自動車工業の確立　　389

はプレス用型の専門製造工場を有するようになった．

　この時期のプレス作業の拡大は 1953 年からはじまる乗用車生産の本格化による影響も大きかった．これは工程別設備投資額の推移を示した表 9-8 からも確認される．ここで小型四輪はトラックと乗用車の両方を含んでいるが，そこでは全投資額のうちプレス・板金や型・治具の比重が普通トラックより高かったのである．一方，これはトラックでの技術進歩によって乗用車の生産が可能になった側面をも有していた．当時，乗用車の国産化にはボディ製造が最も困難とされており，そのためにはプレス技術の確立が求められたが，50 年代前半にトラック部門を中心に鋼板の品質が向上したため，乗用車用のプレス技術の基盤が整えられるようになったからである．

　次は設備投資について見よう．この時期には 1956 年以降の急激な生産増加（前掲表 9-1 参照）のため，工場拡大が相次ぎ行われた（表 9-8）．工程別投資額を見ると，工作機械を中心とする機械加工部門が以前の時期同様に最も多かった．ただし，この時期の工作機械に対する投資の中心は以前の精密加工機械から進んで，高速度加工などより直接に生産性向上につながる機械の導入に向けられた．

　その結果，1958 年現在工作機械の構成は 53 年のアメリカ自動車工業のそれに近接するようになった．すなわち，52 年に 42% であった旋盤の比重が 58 年には 24%（アメリカは 19%）と急落した反面，歯切り盤が 3% から 8%（同 8%）に，研削盤は 18% から 20%（同 27%）にそれぞれ上昇したのである[66]．また，汎用機から専用機への転換も進められた．大手メーカーでは専用機化が 55〜56 年に終了し，その後は専用機によるラインの形成，さらにトランスファーマシンによる自動化まで進んだ[67]．

　トランスファーマシンは戦時中に開発が進められていたものの[68]，本格

---

66) 通産省産業構造研究会編『貿易自由化と産業構造』東洋経済新報社，1960 年，p. 219.
67) 「自動車工業における企業規模拡張と市場構造の変化」『調査月報』（日本長期信用銀行）第 52 号，1961 年 10 月，pp. 26-27.
68) 三菱重工業京都製作所で 1943 年に航空機エンジンのシリンダーヘッド加工用 60 ステーションのトランスファーマシンが製造されたが，実際に使用されるまでには至らなかっ

表 9-8 部門別設備投資額の比重推移

単位：％、千円

年度	車種	鋳造	鍛造	プレス・板金	機械加工	熱処理	塗装・組立	検査・試験	治工具製作	動力	型・治具	建物・その他	合計	金額（千円）
1954	小型四輪	0.2	0.0	6.5	53.5	1.1	7.7	0.5	1.4	1.1	20.4	7.4	100.0	2,014,189
	普通・共通	9.6	5.9	4.3	39.9	2.1	4.5	8.3	4.5	9.0	5.4	6.8	100.0	2,876,475
	合計	5.7	3.5	5.2	45.5	1.7	5.8	5.1	3.2	5.8	11.6	7.0	100.0	4,890,664
1955	小型四輪	1.4		6.9	54.8	2.4	9.0	1.4	0.2		13.5	10.4	100.0	1,808,533
	普通・共通	2.3	9.5	1.5	33.0	3.4	2.0	7.2	11.2	2.2	8.4	19.8	100.5	2,161,966
	合計	2.6	5.2	4.7	40.8	3.5	5.9	4.8	6.0	1.9	10.9	13.8	100.0	3,970,499
1956	小型四輪	2.1		9.4	42.2	2.2	5.7	1.6	1.3	1.9	23.5	10.1	100.0	3,520,726
	普通・共通	1.6	3.0	5.6	29.3	4.4	3.5	2.9	7.2	2.4	1.9	38.2	100.0	4,508,274
	合計	1.8	1.7	7.3	34.8	3.5	4.5	2.4	4.6	2.1	11.4	25.9	100.0	8,029,000
1957	小型四輪	2.4	0.6	6.7	51.5	1.0	5.2	1.1	1.8	1.5	16.0	12.1	100.0	3,035,000
	普通・共通	4.6	3.4	7.3	33.6	6.2	4.7	2.1	6.7	2.7	3.7	25.0	100.0	11,750,000
	合計	4.1	2.8	7.2	37.3	5.1	4.8	1.9	5.7	2.4	6.2	22.3	100.0	14,785,000
1958	小型四輪	1.5		13.1	43.8	1.0	8.5	1.5	2.7	2.6	9.9	15.3	100.0	3,233,000
	普通・共通	5.2	3.4	7.1	20.4	6.1	5.4	4.4	14.4	2.2	6.5	24.9	100.0	9,468,000
	合計	4.3	2.6	8.7	26.3	4.8	6.2	3.7	11.4	2.3	7.4	22.5	100.0	12,701,000

注：合計はそのまま。
出所：『自動車時報』第26号、p.6；同第28号、p.7；同第29号、p.4。

的に採用したのは戦後の自動車工業が最初であった．すなわち，日産は1952年末にオースチンとの乗用車の技術提携を契機にシリンダーブロック・ヘッドの機械加工にこの設備の採用を企画し，54年頃から国内メーカー（日立精機，芝浦機械）と共同で本格的に開発に取り組んだ．そして，56年8月に4台を導入するようになった．それによる効果は，均一な加工，人員減少，機械配置面積の縮小であり，価格も従来の独立専用機より2割しか高くなかった[69]．トヨタにも56年から数台のトランスファーマシンが導入された．もっとも，当時の外国に比べると，日本のトランスファーマシンの導入台数はかなり少数であった[70]．

　この設備は機械加工において革新的な生産性向上をもたらしたものの，そもそも生産台数によって導入の規模は制約される．従って，導入そのものよりは，その導入までのプロセスあるいはその導入の効果を極大化させる条件を整えられたことがより重要であると思われる．機械加工において効率的な作業のためにはトランスファーマシン化が求められるが，かといってその稼動が効率的な作業そのものを意味するわけではないからである．従って，この時期にトランスファーマシンをはじめとする高性能設備の導入に伴い，工程にどのような変化が起こったかを重視すべきである．

　これをトヨタのシリンダーブロック加工工程を中心に見てみよう[71]．トヨタではすでに1949年頃からこの作業を連続化（＝流れ作業化）することに注目していた．その一環として，先述したように受け持ち台数の増加，工程の一本化が進められた．52年からはMTP（Management Training Program），TWI（Training Within Industry for Supervisor）を通じて作業

　　た．戦後同製作所では，53年に農業用エンジンに用いられる14ステーション・加工軸71本の試作品が完成されたという（産業技術資料委員会編『新しい資料・設備と工業技術』産業科学協会，1959年，p.429）．

69) 「日産のトランスファーマシンについて」『自動車技術』1957年1月号，p.29．

70) 1954年末現在，イギリスのオースチンでは103台，フランスのルノーでは600台のトランスファーマシンが稼動していたという（前掲「自動車工業における企業規模拡張と市場構造の変化」p.27）．

71) 以下，これについては日本人文科学会『技術革新の社会的影響』東京大学出版会，1963年，pp.46-52による．

分析を行った．その一方でローラーの速度や高さを調整する運搬作業の改善を行い，また，56年には中央工具室を完成させて機械による加工時間の差をなくした．これによって従来のロット作業は流れ作業にとって代わられる条件が整った．その後54年からは生産台数の増加に伴って専用機を導入し，56年にはトランスファーマシンを設置した．以上のように，工程改善の連続線上にトランスファーマシンが導入されたのである．

組立におけるコンベア・ライン化も同様のことが言える．1960年当時，コンベア化の条件は年産2～3万台と言われ，普通トラックメーカー3社は徹底的なコンベア・ラインを設けるようになった[72]．しかし，より重要なのはその設備導入の以前に作業の標準化・単純化が進められたことであった．さらに，その過程では期間中の生産目標の達成だけでなく，工程間の同期生産の重要性に気づくことになった．

例えば，トヨタの場合[73]，1953～54年まで組立作業の工程管理が進み，標準作業も設定できるようになったが，最大の問題は生産の「団子状態」であった．当時，機械加工された部品は運搬班が一品一葉の伝票によって組立工場に運搬していた．組立工場は，作業場の面積よりも部品置場の面積が遥かに大きかった．それは，組立の場合，必要部品が揃うまで作業ができなかったからである．そして，実際の組立作業時間は非常に少なく，とりわけ部品が揃わない月初めは予定の半分しか組み立てられない状態であった．一方，月末には追い込み生産を行って予定の目標を達成していた．

このような状態では，月末に残業が日常化するなど労務費の増加だけでなく，販売状況によって在庫が累積する可能性もあった．他方で，当時はまた，1949～50年前半の販売不振による経営悪化や労働争議の経験が強く意識されており，在庫を圧縮するための工夫が求められていた．そして，

---

72) 前掲「自動車工業における企業規模拡張と市場構造の変化」pp. 28-29.
73) 以下，「スーパーマーケット方式」については，有馬幸男「トヨタ式スーパーマーケット方式による生産管理」『技術の友』Vol. 11, No. 28, 1960年による．「スーパーマーケット方式」という用語は，アメリカのロッキード航空社が採用して大きな成果を挙げたという，1954年春の新聞記事からヒントを得たという．もっとも，具体的な方法をそこから学習したわけではない．

55年から必要な車を必要な台数だけ，日々の計画通り生産する方針を定め，「定時制運搬」を骨子とする「スーパーマーケット方式」を試行しはじめたのである．具体的には各部品ごとに5台分をセットにして，一部の部品が不足した場合はそのセットを運搬しないことにした．その場合，組立ラインはストップするものの，問題の所在や改善の方向が明確になった．この方式は最初機械工場と総組立工場に導入され，60年までに鍛造・鋳造，車体，塗装工場へ拡大していった．このシステムが考案されたのは，その前提となる機械設備，材料の品質，標準作業時間などの問題が解決されていたことを意味した．

(2) 改善の効果

では，以上のような素材・設備・生産方法などの改善による効果はどのようなものだったのであろうか．この時期の原価の推移が不明であるため，1950年代前半との直接比較は不可能であるが，それに影響する要因を検討することによってその推移を推測するのは可能である．

まず，考えられるのは労働生産性の推移である．1954〜60年に普通トラック1台当りの所要労働時間は1／3に減少した（表9-9）[74]．すなわち，物的労働生産性は同期間中に3倍以上上昇したのである．この労働生産性向上は直接には原価の中の社内労務費の減少をもたらす．前掲表9-6によると，その比重は55年に14.7％であるので，60年の原価構成を55年と同一と仮定すると，原価の減少率は10％弱となる．

ただし，この推定はこの期間中の労働力の構成が一定であることを前提としているが，実際にはそれに大きな変化が生じた．すなわち，この期間中に全労働者数はほとんど変化がなかったが，臨時工が急増したのである（表9-10）．これは先述したように，労働争議の経験から本工の増加を極力抑制し，臨時工の増加によって増産に対応した結果であった．ところが，

---

[74] 同期間中に小型トラックの所要時間は293.4時間から88.7時間，小型乗用車は272.5時間から102.1時間とそれぞれ70％，63％減少した（労働大臣官房労働統計調査部『労働生産性統計調査資料　昭和27年〜40年』1966年，pp.142-143）．

表9-9 普通トラック1台当り所要労働時間の推移

単位：時間

			1954	1955	1956	1957	1958	1959	1960	1960/1954
直接工程	粗型材	鋳造	50.89	50.47	41.67	27.55	26.07	26.20	23.61	0.46
		鍛造	12.19	10.37	8.40	5.61	4.56	4.89	4.49	0.37
		プレス・板金	33.49	27.05	17.62	11.59	10.30	13.12	11.43	0.34
		小計	96.57	87.89	67.69	44.75	40.93	44.21	39.53	0.41
	機械加工		82.82	79.22	63.41	39.17	32.79	32.75	24.55	0.30
	熱処理		13.33	13.51	10.35	8.05	6.58	5.19	4.26	0.32
	塗装		7.30	9.53	8.31	6.54	4.22	3.16	2.76	0.38
	組立		35.51	31.68	28.50	23.90	14.58	16.32	13.12	0.37
	調整		8.51	9.23	5.39	5.61	3.38	2.91	3.21	0.38
	計		244.04	231.06	183.65	128.02	102.48	104.54	87.43	0.36
間接工程	輸送		17.72	22.81	14.38	9.59	8.17	13.19	7.63	0.43
	倉庫		25.29	25.85	16.43	12.36	10.10	11.19	7.07	0.28
	治工具		54.24	43.99	32.87	19.31	21.90	25.00	16.15	0.30
	修理工作		31.13	25.74	18.16	12.51	13.78	11.21	7.58	0.24
	動作		10.94	10.43	9.91	6.29	6.07	6.56	4.92	0.45
	検査		35.78	31.04	21.71	12.51	14.71	16.45	12.92	0.36
	計		175.10	159.86	113.46	72.57	74.73	83.60	56.27	0.32
合計			419.14	390.92	297.11	200.59	177.21	188.14	143.70	0.34

出所：労働大臣官房労働統計調査部『労働生産性統計調査資料　昭和27年～40年』1966年, pp.158-159.

臨時工の賃金水準は本工の1/3程度であるため，同期間の原価節減はより大きかったと思われる[75]．

このような労働者数の推移の背後に広範な配置転換が実施されたということは，表9-9の工程別生産性増加率からも確認される．ここでは，1957年までには粗型材部門のそれが高く，58～60年には塗装や組立のそれが平均より高い．もっとも，54～60年には工程別労働生産性向上率が均等している．この現状を表9-10の全労働者数の推移と照らし合わせてみると，短期間に生産性向上の差によって相対的に人員の過不足が生じた場合に，新規採用よりは既存労働者の配置転換によって対応したことが分かる．この推定は特定メーカーの事例からも確認される．例えば，あるメーカーの

---

[75] 1958年中，1時間当り賃金は本工の182円に対して臨時工のそれが64円であった（労働大臣官房労働統計調査部『労働生産性統計調査報告　昭和33年』1960年, p.172）．もちろん，両者の間に生産性の差があったとも思われるが，その差は賃金格差より小さかったのであろう．

表9-10　自動車工業における労働者数の推移

単位：人

	生産労働者			非生産労働者			合計
	本工	臨時工	小計	管理監督	その他	小計	
1954	14,015	214	14,229	423	2,509	2,932	17,161
1955	13,629	118	13,747	555	1,137	1,692	15,439
1956	12,801	1,391	14,192	532	1,116	1,648	15,840
1957	14,010	2,203	16,213	533	1,356	1,889	18,102
1958	13,496	1,374	14,870	633	1,052	1,685	16,555
1959	13,055	2,563	15,618	668	1,195	1,863	17,481
1960	14,042	6,797	20,839	788	1,622	2,410	23,249

出所：労働大臣官房労働統計調査部『労働生産性統計調査報告　自動車製造業』各年版．

　55年初めと年末との間に全労働者数には変化がなかったが，工程別には鋳造（44人）・機械加工（46人）の減少と，プレス（66人）・塗装（35人）増加が起ったのである[76]．

　労働生産性向上から得られる原価の減少はそれに留まらなかった．第1節に述べたように，素材不良は歩留まりの低下だけでなく，素材加工・機械加工時間の延長にもつながるものであったので，粗型材での労働時間の減少は材料歩留まりの向上＝材料費の減少をも伴っていたと思われるからである．同様のことは設備の更新による機械加工での不良率の減少にもつながっていたと見られるが，これは新規設備の投入による減価償却費の増加と相殺されるので，原価節減にとって効果いかんを判断することは難しい．

　以上のような原価引き下げの結果，外国車との価格差はそれ以前よりさらに縮まった．具体的なデータは不明であるが，1957年現在，日本の普通トラックのFOB輸出価格は1,900ドルだったのに対して，同種の欧米車は1,600ドルだったという[77]．先述の生産性向上＝原価節減の推移を考えると，60年頃には十分な国際価格競争力を有するようになったと思われる．

---

76)　労働大臣官房労働統計調査部『労働生産性統計調査報告　自動車製造業　昭和30年』1957年，p.24．

77)　飯田日高四郎（通産省自動車課）「自動車工業の合理化のあり方」『特殊鋼』1957年8月号，p.13．ついでに当時小型四輪トラックは同級の外国車より25%，乗用車は40%の割高であった．

一方，品質競争力も向上させられた．すでに56年には外国車の91％水準まで達するようになっていたが（前掲表9-7），60年頃には外国車並みのレベルまで向上したと思われる．

以上の競争力向上を背景に，1954年に679台にすぎなかったトラックの輸出台数は，57年以降急増して同年に5,526台，60年には14,135台を記録したが，この60年の輸出台数は世界第5位の水準であった．とくに日本の輸出仕向地はアジアに集中し，この地域ではアメリカ，イギリスに次ぎ第3位の輸出国であった[78]．

要するに1960年頃にトラック部門は，十分とは言えないものの，ある程度の輸出競争力をも有するようになったのである．これが貿易自由化を控えた60年に乗用車と異なってトラック（バス）部門の自信につながったと思われる．当時通産省は自動車工業の貿易自由化を，トラックについては1～2年以内の早めに断行するが，乗用車は3年以降と考えたのである[79]．

こうしたトラック部門の競争力向上は国内の自動車市場構造にも大きな影響を与えた．生産性向上は原価節減によって販売価格を引き下げられるようになり，自動車市場を拡大させた．ただし，販売価格は市場での競争状態によるものだけに，車種別にその推移は異なっていた．普通トラックの場合，戦前からの上位4社に生産がほぼ集中しており[80]，原価節減分がそのまま価格引き下げに反映されてはいなかった[81]．これに対して1,500cc以下の小型トラックは乗用車との共通部門が多かったために原価節減の効果が大きく，三輪車との競争もあったため，急激にその価格が引き下げられた．とりわけ1,000cc級で価格引下げは急激に進められ，前章で述べたように1950年代半ばまでトラック部門において最大部門であった三

78）　前掲『自動車統計年表』1962年版．
79）　『小型情報』第51号（特集），1961年，p. 236．
80）　1950年代におけるトヨタ，日産，いすゞ，日野といった上位4社への普通トラックの生産集中度は51年に92％，54年に84％，57年に85％であった（前掲『自動車工業の経済力集中の実態』pp. 52-54）．
81）　例えば，トヨタの場合，1954年7月にFA5型の価格が93.9万円であったが，56年3月のFA60型は95万円，58年4月のFA63型は111.5万円と上昇していった（前掲『自動車工業の経済力集中の実態』p. 36）．

表9-11 小型トラックの販売価格推移

単位：千円

トヨタ				日産			
年月	モデル	排気量(cc)	価格	年月	モデル	排気量(cc)	価格
1954年2月	RK20	1,453	785	1956年10月	B40	1,489	798
1956年4月	RK21	同	785	1957年2月	同	同	755
1957年2月	RK23	同	680	1958年5月	B42	同	755
1958年7月	RK35A	同	692	1959年10月	同	同	685
1959年10月	RK35	同	664				
1954年3月	SKB	995	715	1954年1月	6147型	988	570
1954年9月	同	同	625	1955年1月	120型	同	585
1956年2月	同	同	560	1957年2月	123型	同	530
1957年2月	同	同	495	1957年11月	124型	同	500
1958年2月	同	同	465	1958年10月	125型	同	485
1959年10月	SK20	997	465				

注：東京店頭渡現金価格．
出所：自動車工業会「自動車販売価格推移」；富士精密「各社車輛価格表」．

輪車を市場から駆逐するようになったのである（表9-11）．

小 括

　以上の分析から明らかになったことを簡単にまとめておこう．復興期において日本の自動車工業には戦時期からの素材問題に工作機械の老朽化問題も新たに加わり，工業としての確立の可能性には懐疑的な意見が支配的であった．しかし，この時期は国際競争力の確保のために改善すべき目標が明らかに定められた時期でもあった．

　そして，朝鮮特需によって再生の契機が与えられると，まず品質に関わる投資を集中的に行う一方で，鉄鋼メーカーとの協力によって鋼板・棒鋼の品質向上に努めた．その結果，1950年代半ばまでには品質の問題がほぼ解決され，価格競争力も輸入代替ができる水準まで向上した．

　続いて，1950年代後半には大量生産用の設備が導入されるなど原価節減に関わる投資や改善が集中的に行われ，60年までには普通トラックの輸出競争力を確保した．また，小型トラックはそれまでトラックの主流であった三輪車を代替するようになった．

　その過程で戦前には確立することができなかった大量生産システムが，

素材部門についてはアメリカ同様鉄鋼業のバックアップによって，機械加工部門については工作機械の輸入によって1950年代後半には日本でも確立するようになった．しかも，その確立過程では，大量生産による「物的生産性向上」だけでなく，労働力の構成・配置の変化や在庫問題への工夫による「原価節減」も重視されたという特徴が見られた．

第10章 「国民車構想」と軽乗用車工業の形成

はじめに

　これまで本書ではトラックを中心として分析してきたが，本章では「昭和30年代」の乗用車部門を取り上げる．とはいうものの，この時期の乗用車の中心であった小型・普通乗用車でなく，エンジン排気量360cc以下の軽乗用車部門を中心に検討する．その理由は，研究史的にこの部門に関する研究が空白状態に近いということだけでなく，その部門の担い手が小型車あるいは三輪車メーカーと直接・間接的に関係するからである．第8章では三輪車メーカーが1950年代後半から四輪トラック及び軽トラックを開発した過程を紹介したが，一方でその時期には軽乗用車の開発も進められていた．そして，それらのメーカーは60年代以降本格的に四輪車メーカーとして位置づけられるようになる．従って，「昭和30年代」の軽乗用車部門は，それまでトラック分野において形成・展開されてきた需要・供給構造が乗用車部門においてどのように関係するのかを見るのに格好の素材となり，本書の最終章として適することと思われる．

　ところで，この軽乗用車は個人用乗用車としての需要が期待され開発されることになるが，実際にこの時期は日本におけるモータリゼーションの胎動期でもあった．保有台数の面で乗用車の数がトラックのそれを上回り，また乗用車市場における個人需要の比率が過半数に達することを本格的なモータリゼーションの確立の指標とするならば，日本でそれが確立するのは1960年代半ば以降のことである（図10-1）．この点を念頭に置きながら，本章ではモータリゼーションの特徴の原型が形成されていく過程を分析する．

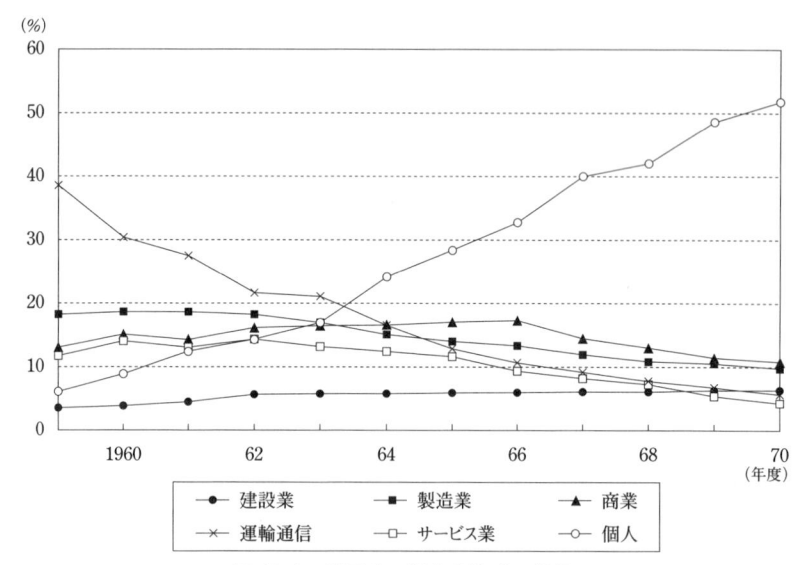

400　第III部　戦　後：日本自動車工業の復興と成長基盤の構築

図 10-1　乗用車の販売先比重の推移

凡例：●建設業　■製造業　▲商業　×運輸通信　□サービス業　○個人

出所：日本自動車会議所・日刊自動車新聞社編『自動車年鑑』各年版.

表 10-1　車種別乗用車生産台数の推移

単位：台

	普通	小型	軽	合計
1955		20,220	48	20,268
1956		31,968	88	32,056
1957		47,045	76	47,121
1958		50,039	604	50,643
1959		73,487	5,111	78,598
1960		128,984	36,110	165,094
1961		195,930	53,578	249,508
1962		210,849	57,935	268,784
1963	3,027	327,031	77,772	407,830
1964	5,963	491,343	82,354	579,660
1965	3,139	599,030	94,007	696,176
1966	5,301	752,494	119,861	877,656
1967	12,652	1,080,567	282,536	1,375,755
1968	23,606	1,550,459	481,756	2,055,821
1969	24,967	2,026,899	559,633	2,611,499
1970	51,619	2,377,639	749,450	3,178,708

出所：日本自動車工業会『日本自動車産業史』1988年, 附表.

第10章 「国民車構想」と軽乗用車工業の形成

　この期間における乗用車生産台数の推移を見ると（表10-1），1955年に年間2万台にすぎなかったのが，60年頃から急増し始め65年には70万台，70年には318万台に達したことが分かる．販売先の変化と同じく60年代後半の増勢が急激だったが，その基盤は50年代後半から60年代前半の時期に形成されたことが読み取れる．車種別に見ると，エンジン排気量360cc以下の軽自動車がこの時期に新しく登場して徐々に増加しているが，量的に圧倒的な比重を占めているのは小型車である．モータリゼーションの主役はこの軽乗用車と小型乗用車であったのである．

　ところで，エンジン排気量360cc以下のこの軽乗用車と，小型車の一部，具体的にはエンジン排気量361〜700ccまでの「超小型」乗用車の開発は，1955年の「国民車構想」（以下，構想と略す）と密接に関わっていると言われている．同構想はエンジン排気量350〜500ccの低価格車を個人に普及させることによって乗用車工業の確立を図ったからである．そして，同構想が有力な刺激剤となってこのような新しいカテゴリーの乗用車が開発され，また一般国民の乗用車に対する意識を改めさせ，結果的に「（昭和）40年代初めに離陸した本格的なモータリゼーションを促す呼び水の役を果たした」[1]と評価されている．

　しかし，構想がその後具体的な政策として陽の目を見ることができなかったこともあってか，それに対する具体的な分析はなされていない．数少ない先行研究[2]は，その後の結果からこの構想が乗用車工業の展開過程にいかなる影響を与えたかを分析するに留まっており，メーカーがこの構想をどのように受け止め，実際にどう対応したかについての分析までには至っていない．

　以上のような問題関心及び先行研究の状況を踏まえて，本章では構想が各メーカーにどのような影響を与え，軽・超小型乗用車の開発にどのよう

---

1) 日本自動車工業会『日本自動車産業史』1988年，p.124.
2) 山崎修嗣「日本の乗用車工業育成政策」『経済論叢』（京都大学），第144巻第5・6号，1989年；武藤博道「自動車産業」小宮隆太郎ほか編『日本の産業政策』東京大学出版会，1984年；櫻井清『日本自動車産業の発展』白桃書房，2005年.

な特質を付与したのかを分析する．具体的には新三菱重工業（以下，新三菱と略す）によって，最初の国民車と言われる「三菱500」が製品コンセプトとして決定される過程を中心に検討する．構想との関係を検討するにはこの過程が最も重要であり，また，そこから市場展望さらにはモータリゼーションの実現過程に関する通産省とメーカーの判断の差が具体的に現れると思われるからである．また，新三菱以外の他のメーカーたちはどのように判断し，どのようなモデルを開発するのか，そしてその結果としてモータリゼーション胎動期の特徴はどこにあるのかについても分析してみたい．

　本章の構成は以下の通りである．まず，どのような背景から構想がまとめられたかを見るために，1950年代前半の乗用車工業の状況や，構想を立案した担当者の問題意識を検討する（第1節）．つづいて新三菱はこの構想をどのように捉え，具体的にいかなる過程を経て開発車種を決定するようになるのかを分析する．ここでは，構想において具体性に欠けていた需要・市場について新三菱がどのように認識・判断していたのかを中心に検討する（第2節）．そして，その判断はどのような結果をもたらしたのかを他の競争メーカーの判断と比較して検討し，また，その過程で現れるモータリゼーションの特徴について国際比較を含めて分析を加えてみる（第3節）．

1. 1950年代前半の乗用車工業の状況と「国民車構想」

(1) 1950年代前半の乗用車工業の状況

　まず，戦後復興期の乗用車工業の状況を概観して構想がどのような背景から現れてくるのかを確認してみよう．

　相対的に戦災の被害が小さかった自動車工業は敗戦直後からGHQの生産許可を得て復興に乗り出し，政策的にも資金・資材面での優遇措置が採られ，早くも1948年頃には生産体制が整備された．その後ドッジ・ラインによる影響は受けたものの，朝鮮特需を経た52年頃には戦前のピーク水

準を越えるようになった．もっとも，これは当時日本経済の復興に不可欠だった貨物輸送の隘路を打開するためにトラックが増産された結果であり，戦前にもほとんど生産されていなかった乗用車は二の次に回されていた．メーカーとしてもトラックの生産を通じた企業再建が当面課題となっており，乗用車の生産体制を整える余裕はなかった．その結果，乗用車の生産はダットサンとトヨペットといった，トラックとシャシーを同じくしたモデルで急場を凌ぐにすぎない状況が 50 年代初めまで続いた．

一方，こうした乗用車生産の遅れによる供給不足は，輸入車や進駐軍の払下げ車によって補われていた．その数は 1953 年に 2.6 万台，54 年に 2.1 万台に達し，国内生産台数の 8,800 台，1.4 万台を大きく上回った．こうした状況の中，当時乗用車の最大需要先であるタクシー業者は，52 年に輸入枠の拡大などを求めて陳情運動を起こし，議会でも議論されるようになった[3]．消費者の利益を優先すべきだというタクシー業者のこうした主張に運輸省も同調していたため，将来乗用車の生産を計画していた国産メーカーや通産省は急遽対応に迫られるようになった．

その結果 1952 年 10 月に出された，折衷策とも言える政策が外国メーカーとの技術提携による国産化政策であった．この政策によって，52 年年末に日産とオースチン，53 年 2 月にいすゞとルノー，53 年 10 月には日野とヒルマンとの間でそれぞれ契約が締結されて国産組立車が生産されるようになった[4]．これによって国産化が進められるようになったのは，エンジン排気量から見るとルノーの 750 cc からヒルマンの 1,250 cc までの小型車であり，当然のことながら主な需要層はタクシー業であった．その他，

---

[3] 「第 13 回国会参議院運輸委員会会議録第 36 号」（1952 年 7 月）．ついでにこの委員会に参考人として出席した梁瀬長太郎 OAS（自動車輸入業者）委員は，「今外国車の輸入をやめて国産車で間に合わせるということは甚だつまらん考えであって，例えば……オリンピックに三つ，四つの子供の手を引いて出そうという考えように我々には見えます」(p.5) と乗用車の国産化に批判的な発言をした．彼は戦前自動車製造事業法についても同様の批判を行ったことがある．

[4] この政策の意義と効果については，前掲『日本自動車産業の発展』第 21，第 22 章を参照．なお，この時期の自動車輸入をめぐった論争については，板垣暁「復興期自動車輸入をめぐる意見対立とその帰結」『経営史学』第 38 巻第 3 号，2003 年を参照．

表10-2　各国の車種別保有台数（1955年末）

単位：台

	乗用車		トラック		バス	
	国名	保有台数	国名	保有台数	国名	保有台数
1位	アメリカ	51,631,000	アメリカ	10,104,000	アメリカ	148,744
2位	イギリス	3,502,000	ソ連	2,500,000	イギリス	74,524
3位	フランス	2,980,000	フランス	1,200,000	インド	38,000
4位	カナダ	2,900,000	イギリス	1,056,000	日本	34,600
5位	ドイツ	1,530,000	カナダ	918,000	フランス	30,500
6位			日本	710,000	ドイツ	25,000
22位	日本	135,000				

出所：『乗用車関係資料』No.7, p.53.

　トヨタは独自に乗用車の開発を進行させ，55年に1,450 cc クラウンを発表したが，主な需要層が運輸業者であることには変わらなかった．
　こうして1954年頃からは一応乗用車の生産が軌道に乗りはじめたが，世界水準から見るとかなり遅れていた．54年末現在，世界的には乗用車の比重が76%だったが，日本は18%にすぎなかった．その結果，日本の生産台数は世界第9位の水準だったが，トラック第6位・バス第4位に対して，乗用車は10位内にも入らなかった．また，同年の乗用車販売台数の中で国産車の比重は34%にすぎなかった．従って，自動車業界は輸入車の増加という脅威から抜け出しきれず，長期的に国産乗用車工業の自立可能性については確信を持てない状況であった．55年末現在の各国の車種別保有現況は表10-2のとおりである．
　このような状況だったので，1954年頃からは，それまでの輸入自由化の動きに代わって国産乗用車工業の育成を求める声が大きくなった．まず，54年12月には「国産乗用車振興普及協議会」（乗振協）が発足したが，会員は小型乗用車メーカー5社（トヨタ，日産，いすゞ，日野，富士精密）に販売会社，部品メーカーから構成されていた[5]．この協議会の会長は，元通産省局長で「自動車製造事業法」の立役者だった小金義照であり，副会長は部品メーカーの曙ブレーキの佐川直躬会長であった．この協議会では，

---

[5]　佐川直躬『危機に立つ乗用車工業』国産乗用車振興普及協議会，1956年, p.18.

官庁用の外車を国産車に替える，15％の物品税を撤廃するなどの需要拡大策を政府に求めた．

これに対して政府は，すでに1954年2月に通産大臣が衆議院で国産自動車工業を奨励する意向があると言明し，同4月には「国有車交換法案」を提出して8月に成立した．また，タクシー業者の猛反対にも拘らず54年10月に排気量4,500 cc 以上の大型車の輸入を禁止し，55年3月には，技術提携外車の国産化すべき範囲の拡大，外貨割当基準の厳格化などを定めた「外国乗用車国産化の新方針」を発表した[6]．

一方，議会では1955年3月の第22回特別国会で自動車工業問題が積極的に取り上げられはじめ，同年6月の衆議院商工委員会で「国産自動車工業振興に関する決議案」が可決された．また同年11月には参議院でもこの問題が議論され，国産車振興小委員会が設置された．この間，メーカーが参考人として議会に呼ばれ，意見を求められた[7]．このような議会での議論が具体的な法律として現れることはなかったものの，通産省が積極的な政策手段を模索するにあたって，こうした雰囲気が強力なバックアップになったことは間違いない．

ところで，議会において具体的な法律，支援策が定められなかったのは，後述するように，この時期に国民車構想が出され，メーカーたちがその案に反対し，政策的な支援を強く求めなくなったからでもあった．

(2)「国民車構想」の背景と内容

乗用車の国産化をめぐった議論が活発になる最中の1955年5月18日の『日本経済新聞』に「国民車育成要綱案」がスクープされた．ここで，「国民車」とは，4人乗り，時速100 km 以上，燃費30 km/ℓ，エンジン排気量350〜500 cc，車重400 kg 以下の車であり，生産価格は月産2,000台の時に15万円以下（後に販売価格25万円と訂正）を目標としていた．また，生産

---

6) 自動車工業振興会「昭和29-31年の自動車行政」『日本自動車工業史行政記録集』，1979年，pp. 185-186.
7) 以上，議会の動きについては，前掲『日本自動車産業史』pp. 124-125 による．

は規模の経済を考慮して1社に限定し，そのメーカーについては租税・金融面での支援措置を講じ，58年から本格的に生産するということであった[8]．

　この案は，省内でさえ確定していないものであるという通産省の弁明にも拘らず，たちまち自動車業界だけでなく社会的にも重大なイシューとなった．従って，自動車工業会としては業界全体としての対応に迫られ，まず，1955年7月7日には通産省の担当者を招聘してその趣旨を聴取し，既存乗用車メーカー5社の最高技術者会議でこの案の実現可能性を検討することになった．この会議での結果を受けて，9月8日の工業会理事会では「同案の性能と価格の条件では製作は不可能である．将来の課題として研究する」という見解をまとめた．先述した11月の参議院商工委員会では各社の首脳がこの案について意見を求められたが，同様の陳述を行った．同12月には通産大臣に以上の工業会の見解を伝え，大臣から「政府は助成措置を講じるなどは考慮していない」と言明があり，この構想をめぐった論争にようやく終止符が打たれた[9]．

　業界の反対によって「失敗」に終わった理由については，従来国民車の概念及びその必要性については認められたものの，設計と生産の主体が異なりうること，1社に集中生産させることへの反対が大きかったためと認識されてきた．そして，構想は失敗したものの，「自動車メーカーにとっては一つの技術的な挑戦目標が提示され」[10]，とくに乗用車市場に新規に参入を目論む後発メーカーに対して，それは製品企画の具体的なヒントを与え」[11]たと評価された．実際にこの構想に近いモデルが続々と登場し，1960年代から本格的に普及されるようになったことが，その根拠として挙げられた．

　このような認識は，大まかに見て結果的に間違ってはいないものの，肝

---

8) 同上，p.122.
9) 同上，p.123.
10) 同上，p.123.
11) 小磯勝直『軽自動車誕生の記録』交文社，1980年，p.37.

心なところを見逃していると言わざるを得ない．それは，構想には需要の規模及び構造に対する展望がまったくと言ってよいほど提示されていないことである．すなわち，構想は，安くて実用的な車の供給→新しい市場需要の創出＝国民車工業の形成という図式を考えており，その影響を評価する論者たちも無意識的にその図式を受け入れていたのである．しかし，次節で具体的に分析するように，メーカーが国民車に近いモデルを開発する過程では，技術的な可能性と共に需要の問題を絶えず検討しており，またそれ故にこそ，多様なモデルが登場することになるのである．

　こうした観点から構想の成立過程や既存メーカーたちの反対理由について，もう少し検討を加えてみよう．

　この構想をまとめたのは通産省の川原晃技官である．彼は1947年に旧商工省に入省し，57年に退職するまで自動車行政に携わっていた[12]．55年3月に柿坪精吾自動車課長にこの国民車育成要綱案の作成を命じられた彼は，専門家の意見を聴取しながらも約2週間で草稿を作成した．その案を，自動車技術会の吉城肇，東大生研の平尾収一・亘理厚に検討を依頼し，妥当という結論を得たという．また，価格については，当時ダットサンの原価計算表や材料原単位表に基づき，月産2,000台とする場合，製造原価が15万円で可能という結論を得たという[13]．

　ところで，川原がこの要綱の作成を命じられ，また短期間のうちまとめ上げることができたのは，実は彼がそれ以前からこの問題について調査・研究していたからであった．彼の最初の構想は1952年初め頃に現れていた[14]．彼は，「終戦後紹介されたアメリカ物質文明の豪華さは敗戦日本国民の驚異であった．その中でもわれわれの目を惹き且つ羨望を感じた事の一つは，彼等が夥しい数の乗用車を持ち，それを楽しそうに乗回していることである．……その光景に羨望を感じた瞬間には『われわれも乗用車を

---

[12] ついでに，川原は退職後トヨタ販売に転ずることになった．
[13] 前掲「昭和29-31年の自動車行政」p. 189．
[14] 「国民大衆も自動車を持てるだろうか？」『流線型』1956年3月号．以下，紹介する川原の考え方にはこれによるが，そこで紹介されている彼のもともとの主張は「自動車，ラジオ・電話」というタイトルとして『流線型』1952年1・2月号に掲載された．

持ちたい．しかし生涯の中に車を持てる時がくるだろうか』という疑問を誰しも抱いたことであろう」という憧憬と懐疑の情熱からはじまって，「然らば乗用車を持つにはどうしたらよいか」を分析するようになった15)．そこから，まず，どの程度の国民所得水準で乗用車の普及が増加するのかを，ラジオ・電話と比較しながら欧米諸国の推移を検討した．その結果，予想通り所得増加に伴い，ラジオ—電話—乗用車の順に普及するが，当時の日本の国民所得は乗用車が普及するにはあまりにも低かった．従って，所得が短期間に急増しないならば，乗用車の価格を急速に低下させることによって普及が促進されると思うようになった．

　そして海外で類似の政策が取られているのかを検討し16)，ついに「国民乗用車」の構想に辿り着くようになった17)．その契機は当時ヨーロッパ諸国とくにドイツやフランスにおいて，それまでなかった「超小型乗用車」の導入によって乗用車が急速に普及したことを知ったことであった．例えば，ドイツのフォルクスワーゲン，フランスのルノー 4CV，シトロエン 2CV などがその主役であったが，とりわけシトロエン 2CV（空冷 500 cc），ドイツの PKW（250 cc, 400 cc）などは最小限の機能を充足する低価格車であった．両国の急速な自動車生産増加に注目した *Economist* 誌（1953 年 1 月号）が，イギリスの戦後自動車工業の停滞はこのような車種を開発しなかったためであり，早急に 22 万円程度の「大衆乗用車」を生産すべきだという主張を展開したのもこの頃であった．

　一方，当時日本の所得分布を見ると年収 60 万円以下に集中しており，それ以上の所得を得ている人口は約 20 万人にすぎなかった．当時のアメリカ市場の例を見ると，60 万円の所得者が保有できる車の価格は 20 万円程度のものであった．そこから国民乗用車の価格目標を 20 万円と設定するようになった．ところが，当時タクシーとして使われている乗用車の価格は 80 万円以上であり，既存の乗用車とはまったく異なった思想から生ま

---

15)　前掲「国民大衆も自動車を持てるだろうか？」p. 2.
16)　「世界各国の自動車工業育成政策」『流線型』1952 年 10 月号．
17)　「新しい国民乗用車の構想」『流線型』1953 年 2 月号．

表 10-3　国民車の生産コスト（月産 2,000 台基準）

		原単位(kg)	単価(円)	金額(円)
鉄鋼材料費	銑鉄	100	29.5	2,950
	普通鋼	360	85.0	31,000
	特殊鋼	40	142.0	5,700
	小計	500		39,650
非鉄材料・部品費				67,000
労務費		70 人時		21,000
経費・償却費・利子等				20,000
総原価				147,650

注：原単位×単価が金額と一致していないところがあるが，そのままにした．
出所：『流線型』1953 年 2 月号，p.6.

れた設計による車でなければならないという結論に至ったのである．そこから具体化された仕様が，前述したようなものである．そして，ダットサンの原価を参考として，その価格での製造が可能だと判断した．その根拠は表 10-3 のとおりであるが，そこではとくに労務費と材料費の低減が強調された．前者は大量生産方式の徹底化によって，そして後者は車輛重量を 400 キロ以下に軽減することによって実現可能と見ていた．

　以上のような展望に基づき，川原は「国民車が生産されるとすれば，直ちに耐久消費財の代表的な商品として，その生産・消費に積極的な措置を政策的にも取りうる対象となり得るのではなかろうか．このような方針に基づく重工業政策がまだ確立されていないにしても，このような論拠に基づいて国民，政府に呼びかけ，その実現に協力を求めることは可能であろう」[18] と考え，具体的な政策措置としては生産設備・販売資金の支援，所有者に対する税の軽減などを構想するようになったのである．

　要するに，公開される 2 年前から構想の中身は固められており，その発想はドイツにおける戦前・戦後のフォルクスワーゲンの経験[19] から出たも

---

18)　前掲「新しい国民乗用車の構想」p.7.
19)　低廉な自動車の供給によって短期間で普及を促進し，自動車工業を確立しようとした政策のうち，歴史上最も成功し，戦前から日本でも広く知られていたのがドイツのフォルクスワーゲン政策であった．この政策の展開と具体的な内容については，参考文献の古川澄明氏の一連の研究が詳しい．ついでに，櫻井清氏も前掲書のなかで，国民車構想と関連した章では，フォルクスワーゲンに関してかなり長い注釈をつけている．

のであった．しかし，当時業界にこの構想は，戦前の「自動車製造事業法」に似たものとして受け取られたようである．1社集中生産という参入許可制もさることながら，性能試験による選抜育成という仕組みについても業界は「資本主義経済に対する修正的な手法をもチョッピリながら盛り込んである」[20]と危惧していたのである．

ところが，こうした批判・危惧のうち，1社集中生産という発想は，既存メーカーを含めて共同出資による新会社の設立を意味していたようであり[21]，やや誤解された側面もあった．また，国民車構想の中には当時一般的に認められていた発想も相当含まれていた．最も代表的な例が，最小生産規模を年間2,000台水準とするということであった．例えば，飯田通産省技官は，自動車の重要機能部品については，「機械加工時間，直接間接工の比率，償却等の見地から，最小限として月産五〇〇台，一応の規模として千台，望ましいものとして二千台といわれている」[22]とし，実際外国の一流会社の生産台数がその規模であると指摘した．また，当時のオートバイは月産1万台の水準だったが，そのうち15～20万円の高級クラスは全体の20％とされ，同じ価格帯の乗用車が実現すると企業として成立する可能性があるという主張もあった[23]．要するに，技術的にも需要規模からも，月産2,000台という水準が工業として成り立ちうる規模として見なされていたのである．

しかし，実際に肝心な月産2,000台程度の需要が可能なのか，可能ならばその需要層はどこか，またその需要層が求めるモデルは何かなどに対する議論は，構想をめぐった一連の論争ではあまり見られなかった．しかし，

---

20)「軽四輪車の課題」『流線型』1955年6月号，p.13.

21)　構想が出てから3年後に通産省は，1社集中生産について「現実的に一本化の考えられる形としては，各企業が既存の一社を立ててこれに資本参加し，自らは同種の乗用車を生産販売しないという不作為の協力を行うとともに，必要な技術協力を惜しまぬという形であろう」（通商産業省重工業局自動車課編『日本の自動車工業』通商産業研究社，1958年，p.155）と判断していた．

22)　飯田日高四郎「国産車か輸入車か」『流線型』1953年7月号，p.8．ついでに飯田技官は，メーカー関係者と共に1950年代初めにアメリカの自動車工場を視察した経験があった．

23)　前掲「軽四輪車の課題」p.12.

メーカーたちがこの構想に反対した理由はこの点にあったと見るべきであろう．戦前の自動車製造事業法においては，乗用車はタクシー，トラックは運輸業という確かな需要先が存在しており，適切な価格と性能を備えた車輛を供給することだけが問題であった．しかし，この構想では，使用者に税金などの優遇措置を取るということだけであり，需要確保に対する保証はどこにも存在していなかったからである[24]．

当時主にタクシー用の小型車を生産していた乗用車メーカーが，構想に消極的であった一方で，その代わりにより現実的な方法として中古小型車の普及による国産乗用車工業の確立を主張したことは，こうした需要に対する展望の差による要因もあったと思われる．例えば，この構想が知られた直後には，先述したように高級オートバイの代替としての超小型車需要の存在可能性を認めつつも，当時のトヨペットとダットサンの中古車が同じ20万円程度で出される場合にどうなるかという指摘もあった．それによると，実際にアメリカではメーカーのこの戦略によって長期間にかけて小型車の存立が阻止されてきたと見ていた[25]．また，前述した国産乗用車振興普及協議会も，当時100万円だった乗用車を50万円で供給すると，その中古車は10万円となってかなりの販売が可能であろうと主張した．また，その50万円の乗用車を生産するためには当時の5社だったメーカーを1社に統合し，生産車種も1モデルに特化すべきだという，構想に近い方法を考えていた[26]．

要するに，構想に対する業界の反対理由は，求められるモデルの仕様を定められた価格で製造することが不可能であった，また事業法のように政府統制の可能性があった，という要因だけではなかったのである．業界全体としての反対理由はそれで十分説明できるかもしれない．しかし，個別

---

24) 需要先に対する展望を欠いたまま，供給者と需要者に補助金を与えて国産車の振興を図ろうとしたが，失敗した事例としては，第1，2章に紹介した1918年の軍用自動車補助法のケースがある．その意味で国民車構想は自動車製造事業法というよりは，この軍用自動車補助法により近かったとも言える．
25) 前掲「軽四輪車の課題」p.12.
26) 前掲『危機に立つ乗用車工業』pp.60-61.

メーカーにとって重要だったのは，提示されたモデルの需要・販売可能性に関するものであった．タクシー用のような既存市場でなく，まったく新しい市場をターゲットとする場合，外国の経験から得られる一般的な原理，すなわち，低廉な乗用車を供給すれば自ずと需要が増加するといった図式では十分でなかったのである．

　ところが，業界全体として構想に反対をしていたものの，個別メーカーは，構想が想定していた需要層の存在を全く無視したわけではもちろんなかった．その規模と内容について確定していなかっただけであり，この展望の差によって，実際にこの分野への参入時期と開発モデルに差が現れることになる．その具体的な内容については節を変えて検討することとし，その前にこの節の最後には，構想の作成に影響を与えたもう一つの要因，すなわち，当時実際に存在していた軽乗用車について簡単に検討してみることにしたい．

(3) 1950年代前半の軽乗用車

　構想に対する反対の要因となった，市場需要に対するメーカーたちの不安は，当時実際に存在していた，この構想に近接していた軽乗用車があまり振るわなかったためでもあった．では，当時の軽乗用車はどういうものだったのであろうか．

　1949年の車輛規則の改正によってはじめて軽自動車の規格が定められたものの，それは主に二輪車を対象としたものであり，この規格内では実用的な三輪・四輪車の製造は不可能であった．1951年の規格改正によってその可能性は高くなったが，需要・供給の両面においてその実現可能性は依然として制約されていた．まず，供給側の要因としては，規格内で実用的な車輛の製造が可能な技術的能力を備えたメーカーが存在していなかったことである．さらに，当時開発可能性の高かった三輪車メーカーは，小型三輪車の売れ行きの好調によってこの分野に参入する余裕がなかった．また，当時の自動車需要はほとんどが復興のためのトラックであり，少数の乗用車需要も営業用車に限られ，低価格の個人用乗用車を求める需要は

表 10-4　軽四輪自動車の初期モデル

メーカー	モデル	仕様			生産台数(台)			
		排気量(cc)	馬力(hp)	最大時速(km)	1954年	1955年	1956年	1957年
住江製作所	フライングフェザー	350	12.5	60		48		
日本自動車	NJ	358	12	70	100			
オートサンダル	オートサンダル	238	10	45	(22)			
鈴木自動車工業	スズライト	360	15.1	85			24(101)	19(385)
日本軽自動車工業	ニッケイタロー						(169)	(17)

注：（　）はトラック．
出所：『富士重工業三十年史』p.286；『乗用車関係資料』No.1, p.8.

非常に少なかった．

　そして，実際にこの時期に現れた軽自動車は小規模メーカーによる，性能的には1920〜30年代の水準と大差がないものにすぎないことが多かった．表10-4は当時の軽自動車を示したものである．ここからは具体的な生産台数やモデルの仕様については不明な点も残るが，全般的な状況は窺い知れる．すなわち，生産台数が非常に少量だった上に，乗用車よりはトラックの方が多く，短期間のうちに立ち消えとなり，本格的な生産には至らなかったことが分かる．

　このうち，オートサンダルは，日本最初の軽自動車として名古屋で1952年末に登場した．238 ccの乗用車・ピックアップ・ジープの3種類があり，54年まで約200台を製造したが，性能の問題を克服できず，54年に生産を打ち切った．55年に登場したフライングフェザーは，戦前日産のデザイナーとして活躍したエンジニアーが設計し，内装用布地メーカーとして有名な住江織物が出資してボディを製造していた住江製作所が製造したものである．このモデルも当初は業界の注目の的になったものの，資金問題のため長くは続かなかった．その他，構想を前後して，日本軽自動車工業（ニッケイタロー），三光製作所（テリヤン），オオタスピードショップ（オートミック），石川島芝浦機械（芝浦）などが試作されたものの，いずれも本格的な生産には至らなかった[27]．また，57年には家具メーカーとして戦前の航空機関係の技術を保有していた岡村製作所が587 ccの超小型乗用車

を開発して注目を集めたが,これも馬力不足など技術的な問題点を解決できず,失敗に終わった[28]。

結局,この時期に登場したメーカーのうち,本格的な生産まで至るようになったのは鈴木自動車しかなかった。それも,資金・技術的な能力を備えた新しいメーカーの登場によって,軽乗用車の市場が新たに形成される1960年代に,それに合わせたモデルを開発してからであった。

2. 新三菱の開発モデルの決定過程

自動車メーカーたちは,軽乗用車市場の潜在性については認めていたものの,実際いつ,どのようなモデルを開発するかについては,その市場展望の差によってそれぞれ異なっていた。既存の四輪車メーカーの場合,中古小型車を利用する立場であったため新規参入にはやや消極的であり,それまでの二輪車・三輪車メーカーが積極的であった。とはいうものの,1950年代半ばには三輪車・二輪車業界の内部で共に急変への対応に追われ,簡単に軽乗用車への参入を決定する状況でもなかった[29]。

従って,基本的には企業内資源をどう分配するかという戦略的な決定を迫られることになった。また,軽乗用車を開発するという方針を決めたとしても,どのようなモデルにするかも企業にとって重要な判断事項であった。こうした企業別の判断の差によって,1950年代後半から60年代初頭にかけて企業別生産車種には大きな差異が見られるようになった(表10-5)。

この節ではまず新三菱を取り上げてその具体的な過程を検討し,ほかのメーカーについては,新三菱との比較を中心に節を変えて見てみることにしたい。

---

27) 前掲『軽自動車誕生の記録』pp. 9-11.
28) 「ミカサ号について」『自動車技術』1957年10月号,p. 404.
29) 三輪車の場合,大型化・高級化による小型四輪トラックとの競争深化,二輪車の場合,原付第2種(モペット)の登場などがある。従って,軽トラック,小型トラック,軽オートバイ開発も,軽乗用車の開発と共に重要な課題となっていた。

表 10-5　車種別乗用車メーカーの生産現況

1955年		1965年		
小型	軽	普通	小型	軽
トヨタ	住江(55)	トヨタ(64)	日産	富士重(58)
日産		日産(63)	プリンス	東洋工業(60)
プリンス(51)		プリンス(64)	いすゞ	三菱(62)
いすゞ(53)			日野	鈴木(62)
日野(53)			トヨタ	
			三菱(60)	
			富士重(60)	
			東洋工業(62)	
			ダイハツ(63)	
			本田(63)	
			鈴木(65)	

注：1）（　）の数字は生産開始年，数字がないのは戦後直後から生産メーカー．
　　2）1965年の小型メーカーのうち，**太字**となっているのは，700cc以下の超小型車も生産しているメーカー．
出所：日本自動車工業会『自動車生産台数　昭和21年～41年』pp.12-15から作成．

　戦前の三菱重工業が戦後に3分割され設立されたうちの1社である新三菱重工業は5つの事業所から構成され，多様な機械製品を生産していた．最大の製品は神戸造船所の船舶であり，1952年中に全製品に占めるその比重は37.1％であった．その次が自動車の23.5％であるが，原動機と車輌修理分を合わせるとその比重は40％強となり，最大の品目であった[30]．

　新三菱のなかで自動車に関っていた事業所は，自動車車体・スクーター・ジープの名古屋，三輪車の水島，エンジンの京都事業所であった．1955年末現在における車種別自動車生産額を見ると，スクーターが37.9億円と最大を占め，三輪車19.2億円，ジープ13.6億円，車体9.3億円の順となっていた[31]．すなわち，スクーターと三輪車といった，当時からすでに「過渡期」的な製品として取り扱われていた車種が主流となっていたので，四輪トラック及び乗用車といった成長潜在力の大きい車種への進出が求められていた．

　その結果，1950年代後半に新車種の開発のためのさまざまな試みが模索

30）　三菱自動車工業『三菱自動車工業株式会社史』1993年，p. 128.
31）　同上，pp. 418-419.

され，60年代前半には以下のような車種を新たに製造するようになった．すなわち，水島製作所では軽三輪トラック（59年10月発売），軽四輪トラック（61年3月），軽四輪乗用車（62年10月）を，京都製作所では中型四輪トラック（58年）を，そして名古屋製作所では超小型乗用車（60年4月）である．この名古屋の超小型乗用車の規格は軽自動車に近いものであった．

ところで，それまで三輪車を製造し，その経験を生かして軽乗用車を開発するようになる水島製作所と，スクーターの販売が頭打ちになっている状況を打開するために新たに乗用車を開発しようとした名古屋製作所が，なぜはじめから共同で開発を進めなかったかは不明である．考えられるのは，名古屋製作所は当初から，それまでの三輪車の延長ではない，本格的な乗用車を開発しようとしたためということである．水島製作所ではモデルの投入順からも分かるように，もともとはトラックに重点が置かれており，後述するように1960年代前半に軽乗用車市場が形成される時期になって，トラックを改良した乗用車を開発した．それに比べて，名古屋製作所の開発すべき車種は最初から超小型乗用車に決まっていたわけでなく，大型乗用車も候補の一つとして検討していた．どちらを選ぶかについては，50年代半ばに激しい論争が行われたという[32]．それは，スモールカーによる早期参入と，ベンツに匹敵しうる大型乗用車による「本格的な」参入という方法の間の対立であった．これについては，両者の市場性・販売効率・設計生産などの各項目について詳しく検討し，経営効率の観点から超小型車（スモールカー）が望ましいという結論に至った（表10-6）[33]．

こうした決定の後，さらにスモールカーの中で具体的にどのようなモデルにすべきかについて名古屋製作所は検討を進めていくことになった．以下では，社内資料[34]を参考にしながら，その過程を立ち入って検討してみ

---

32) 同上，p. 168.
33) 表10-6の資料である『乗用車関係資料』については後述する．また，No. 9の発刊時点は，1957年9月であるが，全体的な議論の流れを見ると，55年頃に行われた内容のものとして推定した．
34) 東京大学社会科学研究所図書館に所蔵されている『乗用車関係資料』というもので，第1号から第11号が納められている．同資料は，乗用車の開発に関する社内討議のために作

第 10 章 「国民車構想」と軽乗用車工業の形成

表 10-6 スモールカーと大型乗用車との製品企画上の優劣比較

		スモールカー	大型乗用車
市場性	需要層	中小企業の業務用，大企業の従業員用	大企業の重役用，ハイヤー，一部官公署
	需要量	月間 2,500〜3,000 台	国内市場を独占したとしても 500 台中高級車は 80 台程度
	輸出可能性	独・伊との競争のため，米・東南アジアに可能	封鎖市場内だけ（アメリカ車との競争不可能）
	競争条件	日産，トヨタが進出しても競争できる	日産・トヨタ進出の場合に不利，米車の中古車に競争不利
	価格	35〜38 万円クラスが目標	高級車 400〜700 万円
	将来発展性	今後普及発展期，4〜5 年先は個人所有も可能	需給のアンバランスから，現在は良いが将来は疑問
販売効率	販売効率	大量生産・大量販売で総合的に効率が良い	メーカーとしては高額のため良いが，販売店は悪い
	サービス網	現有能力を主とし，外車ディーラー等を利用すれば十分	外車ディーラー等の開拓を要し，現有能力の利用効率悪い
	サービス・部品の採算性	自動車らしい近代的な採算性	自動車というより機械に近い（採算は不可能）
設計・生産	特許		新規は国策として不許可，従来の技術援助契約も打ち切り
	設計・研究水準	スクーター・ジープボディの研究を活かして徐々に向上し得る	当社の研究水準及び関連工業の水準に断層がある
	設備・投資効率	既存設備の利用効率が高い	既存設備の利用効率悪く，新たに膨大な設備投資を要する
	設計・生産準備期間	現在の進行状態では 3〜4 年中に完了し得る	航空機の立上りと同様のエネルギーを投入しても長期を要する
経営効率	総合的経営効率	当社の自動車工業における地位及び上記要因からして経営効率の良い品目と言える	当社及び日本自動車工業の水準からして思い切った飛躍をすることとなり危険が多い

出所：『乗用車関係資料』No.9, p.18.

よう．

　新三菱名古屋製作所では，構想が報道された直後の 1955 年 5 月にすでに，軽四輪乗用車の市場性と政策の動きについてかなり詳しい検討を加え

　　成されたものと見られる．第 1 号の発行は 1955 年 5 月 20 日であるが，第 2 号から第 11
　　号は 1957 年 3 月〜10 月に出ており，57 年中に集中的な検討が行われたことが分かる．社
　　史によると，1957 年初めに名古屋製作所で乗用車の研究開発に着手することを決定し，同
　　年末に試作設計案を決定したとされており（前掲『三菱自動車工業株式会社史』p.168），時
　　期的にこの資料と一致している．

ていた[35]．まず，軽乗用車[36]の需要は，中古乗用車使用者，二輪車2台以上保有者を中心に年間1.5万〜2万台と予想し，主な需要者は一部の個人と商業・製造業・金融業・建設業にあることと見た．また，中古小型乗用車との競合可能性については，維持費・燃費などの面で軽乗用車が有利であり，実際に欧州でもそうであると見ていた．ただし，現状では，当時存在していた軽乗用車の場合，主に価格面の制約に押され性能の面で十分ではないと判断した．従って，国民車として成功するためには，エンジン・足回り・ボディ関係を本格的に検討する必要があり，また，技術的な要因のほか，需要層の使用条件・要望・経済的な効率等をも調査してそれにマッチしたものを設計する必要があると指摘した．製造規模については，月産400〜500台の規模が成功のための不可欠な条件と見ていた．

以上のような認識を，構想の立案者のそれと比較すると，まず，潜在的な市場規模についてはほぼ一致している．ただし，新三菱は具体的なモデルの設計では技術的なものだけでなく，需要者のニーズを捉えるべきだと見ていた．構想のもつ問題点として，「主要諸元・仕様に関する案が独善的であり，需要層にアピールするか如何が疑問」[37]だと指摘しているのもそのためであった．新三菱は，そうした需要調査を「質的市場調査」という用語を使っており，実際にそれに関するかなり詳しい調査に取り組んでいたようである[38]．また，それを重要と見ていたので，価格設定については，構想のように厳格ではなかった．また，その価格設定の原則によるものか，製造規模についても，月産2,000台よりは遥かに小さい規模によって企業

---

35) 「軽四輪車の市場性並に現在の問題点」『乗用車関係資料』No. 1，1955年5月20日．

36) 原文では「軽四輪車は360 cc以下であるが，通産省の意向では国民車としての必要性を確保するために，この限度を500 cc以上に引き上げる改正の意向も表明されており，欧州におけるmini car（超小型車）には600 cc前後のものもあるので，日本における国民車と軽四輪車を区別せずに使用した」（前掲「軽四輪車の市場性並に現在の問題点」p. 1）という断わりがある．

37) 同上，p. 16.

38) 『乗用車関係資料』No. 1に添付された資料目録には，「小型車に関する資料——特に超小型車について」（名古屋製作所技術部）のほか，「ユーザーは何を求めているのか——スクーターのスタイル並使用等の嗜好に関する調査」（本社，大阪，名古屋製作所共同調査）が付されており，すでに具体的な需要調査を行っていたようである．

としての存立可能性を認めていた．

　一方，新三菱は構想の狙いをどのように捉えていたのであろうか．まず，この構想は大体において通産省自動車課の構想にマッチしていると見た．ただし，政治的な含みもあって，時期・数量・仕様に関する条件等については，通産省はもちろん重工業局の内部でも意見の一致を見ていないと判断した．従って，この構想は，「国産化されたヒルマン，オースチン，ルノー等はいずれも価格的に国民乗用車となる見通しなく，従って数年先，国産の進展に伴って発生する整備資金，販売資金の援助方針決定に際しては当然重点を何れに置くか選択が問題となるので，その事態を予想し，事前に軽四輪の育成策を打出して置くというのが関係者の意図」[39]であると見なした．また，この構想の見通しについては，「省内は勿論，大蔵省，金融業方面，一部メーカー等より反対乃至批判があり，要綱案がそのまま省議として決定する見通しは非常に低い」[40]と判断していた．

　その後の構想の推移に照らしてみると，この時点ですでに新三菱は構想の本質をかなり的確に捉えていたと見ることができる．また，技術提携車への助成措置と関連した布石として捉えたことが興味深い．いずれにしても，新三菱はこの構想が通産省の政策として実行される可能性を低く見ており，直ちにこの構想に沿って動き出すメーカーも存在していないと見ていた（表10-7）．

　ところで，軽乗用車に対する新三菱の内部資料第2号が出るのは1957年3月である．すなわち，第1号から約2年間の空白が生じている．その理由については不明であるが，潜在的な需要は認められるもののその需要が顕在化するところまでは至っていないと判断したためと推測される．ただし，その間，この分野に関する国内・海外の市場調査は続けられていたようであり，本格的に開発モデルの検討を開始した57年からは続々とその報告書が出るようになった．そのタイトルを示すと次の通りである．

---

39) 前掲「軽四輪車の市場性並に現在の問題点」p. 10.
40) 同上, pp. 15-16.

表10-7　国民車構想に対する各社の立場

トヨタ	関心を持ち，研究・設計能力に底力を持ち，注目されている．
日産	自発的な積極さを示していない．
日野	ルノー国産化に追われて，且つ競合するため反対．
いすゞ	ヒルマン国産化もあり，現在のところ無関心．
三菱日本	東京製作所の救済策として調査を進めている．新三菱の出様をみている模様．

出所：『乗用車関係資料』No.1, p.17.

No. 2 「乗用車に関する基礎統計　A 国内篇」（1957年3月18日）

No. 3 「乗用車の個人保有の傾向」（1957年3月19日）

No. 4 「西ドイツにおける超小型車の進出」（1957年3月15日）

No. 5 「日本に於ける乗用車の普及状況と大・中・小企業別の需要層としての比較（業種別・従業員規模別）」（1957年4月30日）

No. 6 「乗用車の生産並輸出市場の概況と個人所有の所得階層別分析」（1957年7月8日）

No. 7 「大衆乗用車はどの位売れるか」（1957年5月22日）

No. 8 「M_1製品企画上考慮すべき各種の要因と仕様の最適化——M_1資料『総合要約編』Ⅰ」（1957年7月31日）

No. 9 「免許並に価格の差は大衆車の選択にどんな影響を及ぼすか？——免許に対する軽スクーターユーザーの評価」（1957年9月17日）

No. 10 「スモールカーと大型乗用車との製品企画上の優劣について(1)」（1957年10月24日）

No. 11 「アメリカにおけるスモールカーの進出」（1957年10月28日）

以上のタイトルからは，新三菱はまず大衆車（超小型車）の国内市場規模（No. 2, 3, 5, 7）を個人需要・企業需要に分けて詳しく分析し，それを海外とくに西ドイツの市場規模・動向と比べながら（No. 4, 6, 11），最終的に具体的に開発すべきモデルの選定及びその可能性について検討を進め

ていったことが分かる．では，この過程でどのような結論に至ったのかを，構想で想定していた認識との差を中心に検討してみよう．

まず，国民車あるいは超小型車の主な需要層として，構想のような個人需要層でなく，事業所需要を想定するようになった．先述したように，構想では低廉な乗用車の供給→個人保有の増加を外国の例から単純に想定していた．しかし，新三菱は「乗用車の個人需要については，従来所得階層の購買可能率並び保有状況に関する資料が貧弱であった為，勇敢な議論が為される傾向が強かった」[41]と批判し，次のような理由で，少なくとも当分の間には個人需要の増加が現実的でないと認識するようになった．すなわち，ヨーロッパ諸国での歴史的な経験によると，「乗用車の個人需要は車輛価格の3倍以上に相当する所得階層が発達しなければ，個人需要の広範な普及は期待できない」[42]が，それを日本に適用すると，その需要層はごく限定される状況だったのである．例えば，大衆乗用車の予想価格を35万円とすると，その購入可能層は年収100万円以上の所得層となるが，その規模は1956年現在12.1万人に過ぎない．しかも，日本では所得税が非常に重く，高所得者の場合40歳以上がほとんどであるため，実際の購入可能者は非常に少なくなると見ていたのである．

需要の中心と想定される事業所需要についても，工業センサス，商業センサス，日本機械工業会の調査資料などを利用し，事業所全体でなく，業種別・規模別の需要の特徴を分析した．これによると，同一業種の中でも事業所の規模により自動車の普及程度は相当異なり，小規模事業所の場合普及率が低いことが新たに確認された．

海外の動向についても，新三菱は構想とは異なった評価をしていた．例えば，ドイツでの小型車（small car）の生産推移を見ると，1955年までは構想が見ていたように500cc未満のものが500～1,000ccのものより多かったが，56年に逆転されたことを重視した．この事実をもとに，それまでの二輪車を改良した200～300cc級の軽乗用車の発展を過大評価すべきで

---

41) 『乗用車関係資料』No. 3.
42) 『乗用車関係資料』No. 6, p. 5.

はないというドイツでの議論に賛同するようになったのである．しかも，ドイツの経験がただちに日本に適用されがたい側面にも注目した．すなわち，ドイツでのスモールカーは二輪車なみの費用で走行ができ，しかも乗り心地も勝っているという点でスポーツ・レクリエーション用として発展してきたので当然個人保有を中心に増加したが，その性能は，事業所の業務用として主に使われる日本では積載量・耐久力の点で利用が制約される水準と見ていたのである．

　以上の検討を経て，新三菱は大衆乗用車の需要がどの程度になるかを分析した．まず，二輪車以上の乗用車系統の保有者を対象とした購入希望調査による潜在需要は年間17万台と見積もられた．その需要を保有者別に分けると事業所が95％を占め，個人需要は5％にすぎないと見た．それは当時日本の所得・年齢構成から見て，個人需要は軽乗用車の中古車需要に留まり，事実上個人利用の場合でも事業所購入の形式をとるものが多いからであった．こうした状況は当分の間には変化しないことと予想した．

　こうした潜在需要に対して，販売可能量＝顕在需要は年間5.5万台と推定した．これは表10-8のような3つの車種の合計であった．すなわち，新三菱は国民車＝大衆乗用車というものが，まず小型乗用車の中古車と競合するだろうと想定していた．中古車による乗用車市場拡大→新車市場拡大という道は，先述したように，構想が公表される前後にも日本における乗用車工業の発展のための有力で現実的な一つの案として主張されていた．しかも，実際に当時には日産がダットサン級の乗用車を対象に，最終価格25万円，品質保証1年，1年以上の長期割賦などを主な内容とした積極的な中古車販売促進戦略を展開していた[43]．そして，その需要規模は全大衆乗用車規模の約半分である月間2,400台程度であった．

　次にこの中古車需要を除いた新車需要を，軽乗用車規格のもの（M_1）と排気量450〜600cc程度のもの（M_2, 超小型乗用車）と分けてみると，前者が月間900台，後者が1,300台であった．ただし，この需要は積極的な

---

[43] 『乗用車関係資料』No. 7, p. 7.

表 10-8　新三菱の市場調査で購入希望の例として提示された車種

	軽四輪乗用車(M₁)	中古再生車	超小型乗用車(M₂)
乗車定員	大人2人，子供2人	大人4人	大人4人
気筒容積	360cc	860cc	560cc
馬力	15hp	24hp	20hp
最高速度	75km／h	85km／h	85km／h 以上
燃費	30km／ℓ	13km／ℓ	25km／ℓ
免許	軽自動車	小型四輪車	軽自動車
車検	無	有	無
自動車税	1,500円／年	16,000円／年	1,500円／年
エンジンの音	若干うるさい	普通	普通

原注：中古再生車はルノー・ダットサンのクラス．
注：M₂は軽自動車の規格を超えているが，調査では軽自動車として提示されたようである．
出所：『乗用車関係資料』No.7, p.22.

販売促進策によって，それぞれ月間1,200台，1,700台まで可能と見た．ところで，このM₁とM₂の区別は，新三菱が具体的に開発すべきモデルの決定に直接に関る問題であった．この問題はつまるところ，どちらが「経営効率」の良いモデルなのかを検討・選択することであった．

そのためには，単なる需要規模ではなく，市場・競争条件に関する要因と，生産・技術能力に関る要因，そして法規的な要因をも検討する必要があった．それぞれの要因について，M₁とM₂のメリット・デメリットを比較したのが表10-9である．

ここでM₁優位論の内容は，既存の軽乗用車のメリットをまとめたものであり，M₂優位論は主にそれに反駁するものとなっている．M₂優位論の内容は，主にそれまでの国内・海外の需要調査から得られた情報に基づいていた．まず，需要要因の場合，主な需要層は個人ではなく事業所なので，3～5万円程度である両者の価格差はモデル選択に大きな要因とならないと主張した．ただし，軽自動車か否かによる影響は相当大きいと見ていた．しかし，これについては，新規モデルが開発される時点では軽自動車の規格が改正されると予想した．その根拠としては，すでに構想の公表時に自動車技術会，通産省機械試験所等が600ccまで構想を広げて解釈したこと，トヨタが改正運動を強力に展開する可能性があること，西ドイツにおいてもこの規格のモデルが最近は非常に少なくなったこと，通産省もすでに改

表 10-9　M_1 優位論と M_2 優位論の比較

要因	項目	M_1(360 cc 以下) 優位論	M_2(450 cc 以上) 優位論
需要・競争条件	需要規模・需要層	1,200 台／月, 小規模事業所	1,700 台／月, 中・大規模事業所 (「客筋」が良い), M_1 需要は短期間に上のクラスに移行
	競争条件	トヨタ大衆車との競争が避けられ, 同クラスの競争メーカーに対しては有利	競争はトヨタ大衆車のみではない, 中古小型四輪との競争には有利
	価格	安価な狙い	事業所の場合は初期購入費用に捉われない
	輸出可能性	相当困難	相当困難
技術・設備能力	技術水準	スクーターの製造経験を活かす	現在の技術水準では M_1 クラスで顧客 (事業所) の満足する性能を出すことは難しい
	設計・生産準備	短期間に可能	高性能の M_1 なら, 長期間の準備必要
	サービス網	スクーター・サービス網の利用可能	ディーラーを募集しやすい
法規	軽自動車の規格	現行法規に適応	改正の公算大, 改正されなくともその差は事業所に対しては影響が小さい
	免許・税金	軽免許, 自動車税；年間 1,500 円, 車検不要	小型免許, 年間 1.6 万円. ただし, 車種選択に大きな要因ではない

出所：『乗用車関係資料』No.8, pp.16-39 から作成.

正の動きを示していること[44]，などを挙げていた．

　ところが，M_2 優位論の最も重要な根拠は，これらの要因よりは参入時期とそれと関連する技術能力に関する自己認識にあった．既存の小型乗用車メーカーと二輪車メーカーが共に大衆車市場を狙っている当時，新三菱は他社との競争のためには遅くとも 3 年後 (1960 年) までにはモデルを開発すべきと判断していた．個人需要層を主なターゲットとするならば，6〜7 年後も遅くないが，事業所層を目標とするためにはその時期までが必要と見ていたのである．その場合，一見するところ，既存のスクーターを

---

[44]　当時，通産省は国民車の輸出可能性も考えており，そのためには「要綱案に例示したエンジンの容量は，さらに弾力的に考慮しなければならぬ」とし，「600 cc くらいのところに一つの基準を置くことは検討されてよい」と判断していた (前掲『日本の自動車工業』pp. 157-158).

第10章 「国民車構想」と軽乗用車工業の形成　425

改良した M_1 が早い参入に有利なように見えるが，M_2 優位論はむしろその逆だと主張した．すなわち，当時の技術水準では，中古小型乗用車，トヨタが計画している新しい大衆車などとも競争できるような M_1 クラスのモデルを3年内に開発することができないと判断したのである．「一挙に360 cc 以下で高性能を狙う困難な道を歩むか，或はフィアット式に450 cc クラスで大事をとるか」[45] という選択肢の中で，「もし3年先を前提とするなら，360 cc 以下の車を設計しようとすることは相当問題があるのではなかろうか」[46] と思うようになったのである．

　要するに，新三菱は国内・海外の市場規模及び動向に関する調査から，日本の大衆車の需要は主に事業所であること，360 cc 以下の軽乗用車クラスは短期間・過渡的なモデルにすぎないこと，二輪車・三輪車を改良した程度の性能の車では広範な普及は不可能であること，軽自動車の規格が拡大されることなどを認識・予測しており，なお企業内部の力量から M_2 クラスのモデルの方が適切であろうと判断したのである．ただし，こうした状況認識及び内部力量は，不変ではなく変わりうるものと見ていた．既存スクーター需要者を中心とした乗用車の個人需要は5～6年後には増加し，その時点では M_1 クラスのモデル開発も必要と見ていた．また，その時点でのモデル開発のためには「当社としても自動車部門全体の能力を結集する必要があろう」[47] と判断していた．

　以上の過程を経て1957年12月に次のような試作設計案が正式に決定されることになった[48]．4人乗り，2気筒・500 cc・17.5馬力のエンジン，全長3.16 m，最高時速90 km，RR方式．軽自動車の規格を越える超小型車であったが，それまで内部で使われていた M_2 という用語を使わず，試作車名は M_1 とした．この M_1 試作車は58年9月まで4台を製作し，テストを経て59年8月に最終モデルが完成した．そして，59年10月の第6回モ

---

45)　『乗用車関係資料』No. 8, p. 25.
46)　同上, p. 27.
47)　同上, p. 26.
48)　前掲『三菱自動車工業株式会社史』p. 168.

ーターショーに出品し，60年4月からモデル名「三菱500」を39万円で販売することになった．

　こうして登場した三菱500は最初の国民車として宣伝されたが，その販売価格は構想の想定した価格の約2倍にも達していた[49]．しかし，その価格は設計の際に想定していた38万円に近い価格であり，予想より遥かに高くなったわけではない．従って，構想との価格差が大きくなった理由は，そもそも製品設計段階での考え方の差によるものと見るべきである．すなわち，構想の場合，個人が購入可能な価格帯のモデルを供給すれば，西欧での経験のように日本でも個人需要を中心に需要が増加することと想定していた．しかし，新三菱の場合，まずその価格帯のモデルを供給しても購入可能な個人需要はそれほど多くなく，また主な需要層の事業所が求める車の性能を備えることが低廉な価格より需要増加に重要だと判断していたのである．

3. 軽・超小型乗用車工業の形成とモータリゼーションの胎動

(1) 1960年代前半の軽・超小型乗用車工業の形成

　以上の新三菱の認識・戦略はほかのメーカーにも共通したものであろうか．この点について，ここでは二輪車メーカーとして参入する富士重工業，三輪車メーカーの東洋工業，小型車メーカーのトヨタについて，その点を確認してみることにしたい．

　まず，1960年代前半において構想に近い乗用車はどのようなモデルが登場していたのかを示すと表10-10の通りである．ここからはまず，構想の以前から存在していたルノーを除いても，軽乗用車及び361〜700 ccクラスに多様なモデルが開発されていることが分かる．すなわち，構想が想定していたように，主要モデルへの収斂でなく，多様なモデルへの分散の傾

[49) もちろん，構想の20万円は月産2,000台を基準としたもので単純な比較は無理である．実際の生産台数は発売から1961年7月までの16ヶ月間に7,800台に留まり，月間500台水準にすぎなかった．

表 10-10　軽・超小型乗用車の主要諸元（1964年）

モデル	メーカー	乗車定員(人)	最高速度(km/h)	排気量(cc)	最高出力(hp)	価格(万円)
パブリカ	トヨタ	4	110	697	28.0	37.9
ルノー	日野	4	100	748	21.0	57.0
コルト 600	新三菱	5	100	594	25.0	41.9
三菱 500	新三菱	4	90	500	17.5	39.0
ミニカ	新三菱	4	86	359	17.0	
キャロル 600	東洋工業	4	105	586	28.0	
キャロル 360	東洋工業	4	94	358	20.0	39.5
R360 クーペ	東洋工業	2	90	356	16.0	30.0
スバル 450	富士重工	4	105	423	23.0	
スバル 360	富士重工	4	90	356	18.0	39.5
スポーツ 500	本田技研	2	130	531	44.0	
フロンテ	鈴木	4	85	360	21.0	38.0

注：三菱 500 は 1961 年のもの．
出所：日本自動車会議所・日刊自動車新聞社編『自動車年鑑』1964, 1965年版．

向が見られたのである．

　では，以上の多様なモデルはどのような判断・戦略によって可能であったのであろうか．

　まず，最も早く軽乗用車を開発した富士重工業について見てみよう[50]．同社は，戦前の中島飛行機系列の 5 社の出資によって 1955 年 4 月に誕生した．航空機の生産が禁じられていた状況の下で，合併の前から各社は自動車関係の事業にも携わっていた．富士工業はスクーター，富士自動車工業はバスボディ，大宮富士工業は軽三輪車・二輪車などを製造していた．そのうち，最も成功を収めたのはスクーターであった．また，富士自動車工業では 54 年 2 月に 1,500cc 級の乗用車を試作したものの本格的な生産には至らなかった．

　ところで，富士重工業は設立と共にそれまでのスクーターやバスボディに代わる新たな主力製品として，当時の主流だった三輪車でなく軽乗用車を決定していた．丁度その時に構想が出たわけであるが，それをきっかけに富士重工業は「軽四輪車の開発目標をあえて国民車構想の技術水準の達

---

[50] この部分については，富士重工業『富士重工業三十年史』1984 年による．

成におき，小型車並みの実用性能を持つ理想的な軽四輪車を開発しようと決意を新たにした」[51]という．そして，1955年12月に，スクーター用エンジンを製造していた三鷹製作所がエンジンを，バスボディを製造していた伊勢崎製作所が車体をそれぞれ担当することを決定した．続いて，56年3月に具体的な試作車の仕様が決まり，1年後の57年4月に試作車が完成し，スバル360と命名された．その後，多様なテストを経て実際発売されるのは58年3月からであるが，販売開始時の価格は42.5万円であった．

　以上のように，富士重工業の場合，スクーターの需要がそのうち乗用車に代わられる認識のもとで新たに軽乗用車の開発を決定していた．それは，それまで主力製品だったスクーターの技術を改良することによってできると判断したためと思われる．実際に設計・開発過程で最も力点が置かれたのは，エンジンではなく車体のデザインと懸架装置に関するものであった．もちろん，構想が出て潜在需要者に期待性能の標準が与えられたので，それを技術的な目標として掲げざるを得なかったと思われる．ただし，その結果，構想が想定していたものより販売価格は2倍以上になったといえる[52]．

　次は三輪車の最大手であった東洋工業について見てみよう[53]．同社は復興期から三輪トラックを主力製品として急速に成長したが，1950年代後半になって四輪トラックとの競争が激しくなり，四輪車の開発，さらには総合自動車メーカーへの転換を計画するようになった．具体的には59年3月に業務会議制度の専門会議の一つとして新製品会議が設けられ，新車開発のための検討が行われた．長期的な構想としては，軽自動車，小型車（600～800 cc），中型車，大型車（2,000～2,500 cc）の一貫生産ラインを整えることだったが，その開発の優先順位を決めるのが主な課題だった．ここでの結論が次のような「ピラミッド・ビジョン」というものであった．「開

---

51) 同上，p. 96.
52) 生産増加と共に販売価格も下落し，1959年10月39.8万円，60年10月37.5万円，65年4月35.7万円となった．しかし，いずれにしても構想の価格よりは高値となったことには変わりがない．
53) この部分については，別に断らない限り，東洋工業『五十年史　沿革編』1972年による．

第 10 章 「国民車構想」と軽乗用車工業の形成　　　429

発はまず，この膨大な大衆需要層の開拓からはじめ，国民所得水準の向上とともに，しだいに，いちだんうえの車格の大衆車を開発していくというものである．こうして，つねにその時点の最大需要層を対象に開発計画をすすめ，最終的には 2,000～2,500 cc 級の頂点部の乗用車にまで到達し，総合的な乗用車メーカーへの成長をはたそうというもの」[54] であった．

　ところで，潜在需要を喚起して顕在化させていくためには，低価格を実現することが最重要であると判断し，軽乗用車が最優先の開発対象として定められることになった．その軽乗用車の開発目標も，「需要性能をあくまで確保しながら，新技術の採用と量産化によって製造原価の徹底的な低減をはかり，最終販売価格をぎりぎりの線まで引き下げ」ることにおいた[55]．その結果，開発モデルは 2 人乗りのクーペとなった．なお，これと並行して「600 cc クラスの小型乗用車も検討されていたが，当面は時期尚早として見送られた」[56] という．こうした方針のもとで早速 1959 年 4 月から開発に着手し，60 年 4 月には 2 気筒・356 cc・16 馬力エンジンの R360 が完成した．翌月から発売されたこの車の販売価格は 30 万円だった．

　以上のように東洋工業のモデル選択は，先述した新三菱の事例から見ると，「M_1 優位論」に立った判断だったと言える．もちろん，東洋工業の場合も，主な需要者は個人よりは事業所と認めていたものの，その事業所も価格に敏感に反応するだろうと判断したのである．

　次は小型車の最大手であり，新三菱が潜在的な競争メーカーとして強く意識していたトヨタについて簡単に見てみよう[57]．構想の直後にトヨタでは豊田英二専務を中心に大衆乗用車の開発に着手した．それはもともとの

---

54) 同上，p. 332.
55) 実際には，品質よりは低価格が最大の目標だったようで，開発担当者は，「ともかく軽く，安い車を造れ」と言われたという．そして，当時 0.8～1 mm が普通だった鉄板の厚さを 0.6 mm としたという（渡辺守之「三輪車から乗用車に至る開発とボディー及びレシプロエンジンの改良」自動車技術史委員会編『1997 年度　自動車技術の歴史に関する調査研究報告書』1998 年，p. 214）．
56) 前掲『五十年史　沿革編』p. 333.
57) この部分については，トヨタ自動車『トヨタ自動車 30 年史』，トヨタ自動車販売『抄本モータリゼーションとともに』1970 年による．

計画によるものであり，構想の仕様よりはやや大きいものであった．1955年9月に決められた仕様は，700 cc エンジン・全長 3.65 m などであった．そして 56 年 8 月に試作第 1 号車が完成した．一方で，トヨタ販売を通じて需要調査を実施したが，当分の間，国民車クラスの需要はそれほど期待できないということだったので，本格的な生産は延期された．

ところが，1958 年に先述した富士重工業の軽乗用車が発売されると，このクラスとは区別できる大衆車の開発の必要性も高まり，59 年 2 月から開発が再開された．そして 61 年 4 月に 700 cc，28 馬力エンジンのパブリカが完成し，6 月から 38.9 万円で販売されるようになった．

以上のように，同じく構想を前後して個人用乗用車の開発に乗り出した各メーカーはそれぞれの市場展望の差によって，開発車種が異なり，それぞれ戦略的なポイントを異にしていた．ただし，それは最初の参入モデルに関する判断・戦略であり，一度最初のモデルを市場に投入すると，そのパフォーマンスやメーカー間の競争過程で新モデルの開発の必要にも迫られた．

それは軽乗用車から出発したメーカーが超小型車へ，超小型車から出発したメーカーはその反対に軽乗用車に進出する形を取っていた．例えば，新三菱は 1962 年 10 月に軽自動車のミニカを投入するようになった．ただし，これは三菱 500 を開発した名古屋製作所ではなく，三輪車を製造していた水島製作所が生産したものである．先述したように，なぜ当初から水島製作所が超小型乗用車の開発過程に参加しなかったのかについては不明であるが，この時期になって三菱 500 の販売が予想外に芳しくなく，東洋工業の軽自動車の販売が著しく増加したためそれに対応するためのものだったと思われる．

一方で，富士重工業は 1960 年 10 月にスバル 450 を開発し，東洋工業は 62 年 11 月にキャロル 600 を，64 年 10 月にはファミリア（782 cc）を投入した．また，新三菱は 62 年 6 月にコルト 600，63 年 7 月にコルト 1000 をそれぞれ開発した．いずれも軽自動車の上級需要を確保し，あるいはトヨタのパブリカと競争するためだった．また，ダイハツ・本田・鈴木といっ

表 10-11　メーカー別乗用車生産台数推移

単位：台

年	トヨタ 超小型	東洋工業 超小型	東洋工業 軽	新三菱 超小型	新三菱 軽	富士重工 超小型	富士重工 軽
1958							604
1959							5,111
1960			23,417	5,203		344	12,693
1961	11,525		31,758	7,552		499	21,820
1962	16,855	1,206	40,616	5,974	2,422	110	12,332
1963	34,228	6,331	47,649	6,833	9,044	311	18,719
1964	45,888	14,686	45,531	20,441	9,056	168	25,948
1965	43,319	43,539	37,750	28,246	17,659	100	37,204

年	鈴木 超小型	鈴木 軽	ダイハツ 超小型	本田 超小型	超小型 合計	軽 合計
1958					0	604
1959					0	5,111
1960					5,547	36,110
1961					19,576	53,578
1962		2,565			24,145	57,935
1963		2,360	516	136	48,355	77,772
1964		1,819	5,548	5,210	91,941	82,354
1965	434	1,394	11,333	8,779	135,750	94,007

注：元のデータから新三菱のデボネア（1,991 cc）の台数を除く．
出所：日本自動車工業会『自動車生産台数　昭和21年〜41年』pp.12-15. 三樹書房編集部編『トヨタ　パブリカ＆スポーツ800』p.49.

たそれまでの二輪車・三輪車メーカーからの超小型車分野への新規参入も行われた．

　以上の結果，前掲表10-10のような多様なモデルが市場で競争を繰り広げるようになったのである．では，この市場での成果はどのようなものであろうか．構想の後に新たに乗用車分野に新規参入したメーカーの1960年代前半の生産台数の推移を示すと表10-11のとおりである．

　まず，メーカー別の実績を見ると，発売当時から順調な販売を実現させた東洋工業の成果が群を抜いて優れているのが分かる．最も早く軽乗用車を発売した富士重工の場合は，東洋工業の発売後から徐々に販売台数が増加した．それに対して新三菱は超小型車の販売が予想外に振るわず，軽乗用車の販売台数も先発2社に比べて少なかった．

このメーカー間の販売実績の差の原因は，まず，製品の性能や販売網の整備程度などが考えられる．本章ではここまで，製品の製造技術に関してはあまり考慮しなかったが，三輪車の製造経験を持った東洋工業の場合，新三菱より有利である可能性があった．しかし，先述したように東洋工業の開発期間が短期間であったことや，製品開発担当者の自己評価もそれほど高くなかったこと[58]などを考えると，製品性能の差が東洋工業と新三菱の実績の差の最大の原因だったとは思われない．一方，販売力の差は実績にある程度影響したと思われる．

ところで，新三菱の開発担当者は三菱500の販売不振の原因として，軽自動車に競争上の不利，脆弱な製品イメージ，販売力の弱さを挙げていた[59]．ここで，軽乗用車との競争問題とは価格要因，より正確には性能対比価格の問題であろう．先述したように，製品戦略に関して東洋工業と新三菱は対照的な展望を有していたが，それが製品の価格差として現れ，結果的には新三菱の失敗になったのである．

ところが，新三菱の戦略はもともと軽乗用車との価格競争上の不利を予想したものであった．従って，三菱500の販売不振は超小型車分野での競争劣位によるものでもあった．この分野で最大のシェアを誇っていたのは，新三菱が最大の潜在的な競争メーカーとして認識していたトヨタのパブリカであった．このモデルは700 cc級でありながら，価格は三菱500よりも低廉だったので，発売後から販売実績は順調で，1961年8,187台，62年1.9万台，63年2.8万台として三菱500の販売台数よりかなり多かった[60]．しかも63年下期からの新モデルは月産1万台以上の生産実績を誇るようになり，これに刺激され，他のメーカーもより上級の車種を開発するように

---

58) 東洋工業の場合，「軽く，安い車」を作ることが最大の目標であったことは先述したが，その結果，「『今度の車には，そばで笑ったらへこんだのがあるよ』と言われたり，それにボンネットがアルミですから，宣伝に女の子を座らせたらお尻の格好がついたりとかの話を覚えています」と開発担当者は証言している（前掲「三輪車から乗用車に至る開発とボディー及びレシプロエンジンの改良」p. 214）．

59) 持田勇吉「小型乗用車の開発」自動車技術史委員会編『1996年度　自動車技術の歴史に関する調査研究報告書』1997年，p. 398．

60) 前掲『日本自動車産業史』p. 164．

なった.

　要するに新三菱は価格と性能の面で，東洋工業とトヨタに挟まれて販売実績が不振になったのである．その結果，1960年代初頭の乗用車市場は360 cc以下の軽乗用車と700 cc級の超小型車という二つの分野が共に新しく形成されるようになった．この市場形成の契機となった，もとの構想と比較すると，モデルが単一化されなかったばかりか，市場そのものも複数になる結果となったのである．

(2) 日本のモータリゼーション胎動期の特徴

　では，このように形成された新たな乗用車市場とモータリゼーションの関係はどうなっていたのであろうか．前掲表10-11には1960年代初頭に新たに登場したメーカーに限定した場合，軽乗用車の生産規模が超小型車のそれより多かったことを示したが，そこにはルノーなど構想以前から存在していたモデルは除かれている．それらを含めた361〜1,000 ccと軽乗用車の生産台数の推移を示したのが図10-2である．

　この図からは1960年代半ばに一時的に超小型乗用車の生産比重が軽乗用車のそれより高いとはいえ，モータリゼーションの全時期にわたって軽乗用車の生産＝市場規模が超小型乗用車のそれより大きいのが分かる．一般的に60年代後半は800〜1,000 cc級の「大衆車」という用語が使われ始め[61]，このクラスの車が急速に普及する時期と言われているが，その時期においても軽乗用車の比重が高い状態だったのである．しかも，新三菱が予想したような軽自動車の規格拡大はこの期間中には行われなかった．一般的に日本自動車市場の特徴としては軽自動車の比重の高さが言われているが，その特徴はモータリゼーション期から形成されたものと言えるのである．

　このように軽乗用車がモータリゼーションの全時期にかけて相当の比重を占めていたことは，新三菱がドイツの経験から予測したこととは違って，

---

61) ここでの大衆車という用語は，これまで本書で使ってきた，戦間期からのフォード・シボレー級の車とは，もちろん異なっている．

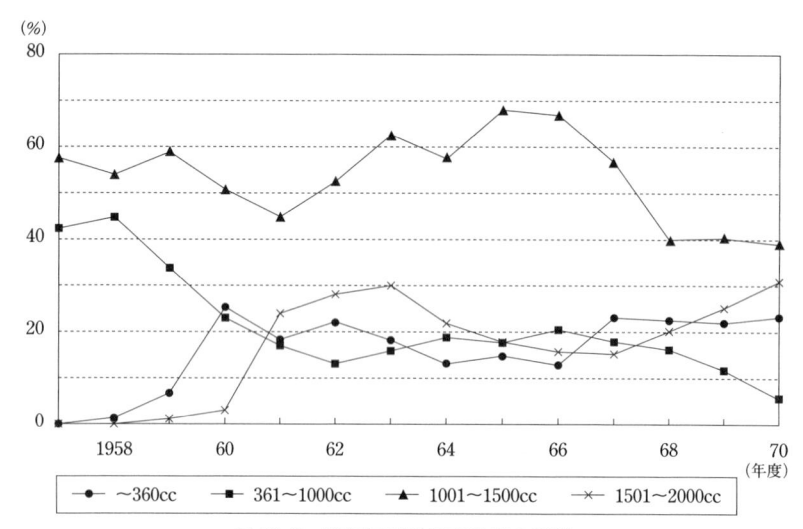

434　第III部　戦　後：日本自動車工業の復興と成長基盤の構築

図10-2　排気量別乗用車生産の推移

出所：日本自動車会議所・日刊自動車新聞社編『自動車年鑑』各年版.

軽自動車のメリット（免許，車検，税金，維持費など）が日本では一時的でなくかなり長期間に渡って維持されたことを物語っている[62]．

　実はこの軽自動車の高い比重はトラックの方がより明瞭であり，乗用車の場合1970年代以降には見られなくなる（図10-3）．トラックの場合，この特徴の原因は，これまで見てきたように，三輪車の使用経験という歴史的な伝統や，その三輪車の需要基盤となった中小商工業者の存在などが挙げられる．

　乗用車の場合，主な需要層は，前掲図10-1に見られるように，個人であったことには間違いないものの，新三菱の予想した事業所あるいは中小商工業者の需要もかなりあったと思われる．実際に東洋工業のR360は発売

---

[62]　1960年10月の改正によって免許取得がそれまでよりは難しくなったものの，軽免許は1972年まで続けられた．また，東京の自動車税の場合，小型乗用車の税金が年1.6万円だったのに対して軽乗用車のそれは1,500円であった．維持費に関連する燃費（km/ℓ）は三菱500が22，スバル360が26，マツダクーペが32であった（「軽自動車の進出と将来」『自動車技術』1961年1月号）．軽自動車の規格改正が行われ，エンジン排気量が550ccと拡大するのは1975年である．

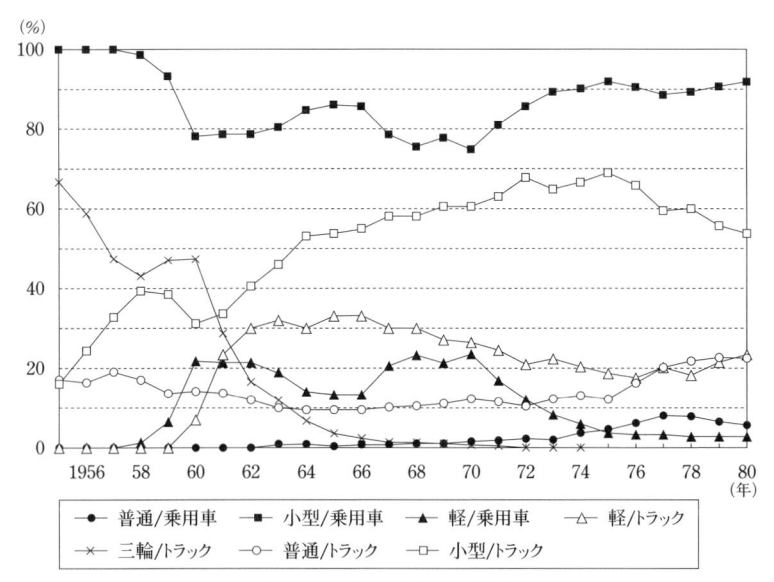

第 10 章 「国民車構想」と軽乗用車工業の形成　　　　435

図 10-3　車種別生産の推移

凡例：● 普通/乗用車　■ 小型/乗用車　▲ 軽/乗用車　△ 軽/トラック
× 三輪/トラック　○ 普通/トラック　□ 小型/トラック

出所：自動車工業会『日本自動車産業史』1988 年，附表．

当初から金融機関をはじめとする多数の企業から業務用として注文を受けていたし，東京の一般世帯を対象とした 1960 年末の調査でも，軽乗用車の主な用途は業務用が 70% であり，ほかの乗用車よりも業務用としての使用比率が圧倒的に多かった[63]．また，63 年中の調べにおいても，軽乗用車ユーザーの職業構成は自営業者が 60% を占め，超小型乗用車ユーザーより自営業者の割合が多かった．サラリーマンの比重は 30% 程度だった[64]．

このように，一般世帯においても業務用としての使用比率が高い原因は，世帯を区分して見ることによって説明できる．図 10-4 は，軽乗用車だけでなく全乗用車の個人普及率の推移を示したものではあるものの，ここからは，個人需要の中でも産業世帯の普及率が勤労世帯のそれよりかなり高いことが分かる．ここで，勤労世帯とは自由業・管理職・事務職・労務職

---

63)　日本小型自動車工業会『小型自動車市場調査報告書』1962 年，p. 20.
64)　日本小型自動車工業会・日本機械工業連合会『第二次小型自動車購入動機調査報告書』1964 年，p. 33.

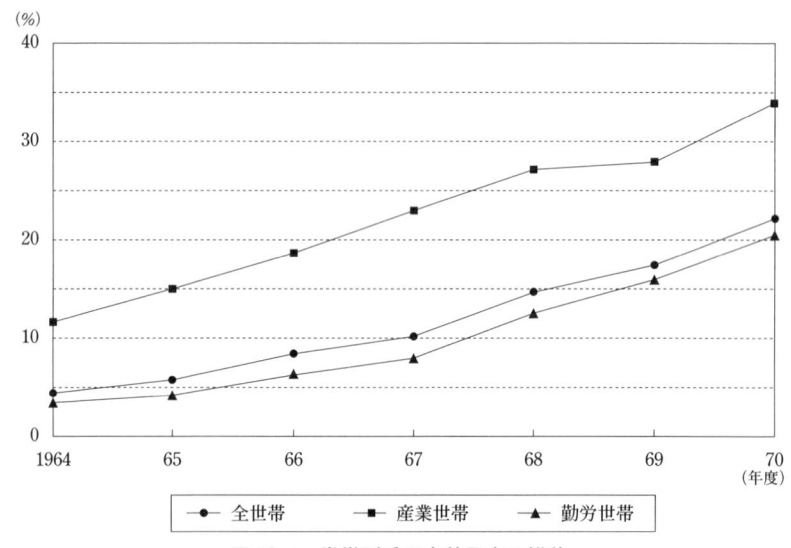

図10-4　世帯別乗用車普及率の推移

出所：日本自動車工業会『乗用車需要動向調査　第8次』1971年，p.3.

など純粋な意味での個人需要を意味し，産業世帯とは商工自営業者を意味する．要するに，個人需要の中でも小規模事業者＝自営業者の需要が全体的に乗用車の個人普及を促進したことになる．また，その小規模事業者は，新三菱の予想と違って，価格に敏感に反応したことにもなる．

ところで，以上のような軽乗用車の高い比重という日本のモータリゼーションの特徴は他の国においても見られるものであろうか．新三菱は，主にドイツの経験から軽乗用車から小型乗用車への転換が行われることと見ていた[65]．しかし，1970年時点でのヨーロッパ各国の排気量別乗用車の生産・保有台数を比較してみると（表10-12），確かにドイツは1,000 cc以上のクラスがほとんどを占めているが，イタリアは日本と相当類似した構造

[65] 実は，これは新三菱だけでなく，1960年代初頭における業界の一般的な予想だったとも言える．例えば，1960年末に業界雑誌では軽乗用車の展望について，ドイツでは復興過程でこの車種が量産されたが現在は小型車に取って代わられたとし，日本でもそのような進化の経路が予想されると指摘した（前掲「軽自動車の進出と将来」p.8）．

第 10 章　「国民車構想」と軽乗用車工業の形成　　437

表 10-12　主要国のエンジン排気量別乗用車の生産・保有台数（1970 年）

単位：%

エンジン排気量	西ドイツ		イタリア		フランス		イギリス		日本	
	生産	保有	生産	保有	生産	保有	生産	保有	生産	保有
〜500cc		2.3	26.0	43.1	37.5	41.5	14.9	24.9	23.6	25.6
501〜1,000cc	3.1	12.9	23.3	19.2					5.2	
1,001〜1,500cc	87.1	56.4	37.7	31.7	42.6	49.2	60.5	44.2	39.6	73.5
1,501〜2,000cc		22.6	12.7	5.2	19.9	9.3	19.8	22.9	30.0	
2,001cc〜	9.8	5.7	0.3	0.8			4.8	7.9	1.6	0.9
合計（千台）	3,528	12,905	1,720	10,191	2,458	12,280	1,641	11,515	3,179	8,779

注：1）日本の 1,000cc 以下の生産・保有台数の区間は，〜360cc，361〜1,000cc である．
　　2）フランスの保有台数の区間は，1,000cc 以下，1,001〜1,800cc，1,801cc〜である．
　　3）イギリスの生産台数の区間は，1,000cc 以下，1,001〜1,600cc，1,600〜2,800cc，2,801cc〜である．
出所：日本自動車工業会『主要国自動車統計』1972 年．

を見せている．区間の問題はあるが，もともと小型車の比重が高かったイギリスはドイツに，そして復興期にドイツと類似の経験をしているフランスはよりイタリアに近い形態と言える．こうした国別の差をもたらした原因を特定するのは困難であるが，所得水準・産業構造などが影響していると思われる．一般的にイタリアは自営業の比重が他の国より高いことが指摘されているからである．

小　括

　国民車構想は乗用車の個人普及拡大を通じた日本乗用車工業の確立という目標を掲げたものの，実際のメーカーの製品開発に与えた影響は小さかった．構想の最大の問題点は低価格車の供給によって普及が増加するという回路のみを考え，その低価格車がどこにどの程度普及されるのかについての展望がなかったことである．まさにこの点をめぐった判断の差が存在したため，単一メーカー・モデルへの統一がもともと不可能であったのである．それだけでなく，国民車構想が各メーカーに国民乗用車の開発への直接的な契機となったわけでもなかった．各メーカーは構想の前からすでに国民車クラスの潜在的な市場性を捉えており，その参入方法・モデルについて検討していたからである．こうした意味で，「国民車構想は，一部は大衆車，一部は軽四輪乗用車に反映されたともみられるが，製品差別化を

図りやすい自動車には元来無理な試みであった」[66]という評価が適切であろうと思われる[67]．

　新三菱の場合，乗用車分野への参入に当たって，海外の市場動向や国内の市場特性について綿密な調査を行った．その過程でドイツの経験から，軽乗用車よりは一回り大きい車が有望であること，日本では当分の間，個人より事業所需要が中心であることなどの展望に基づき，価格よりは性能に重点を置いた 500 cc の超小型車を開発するようになった．しかし，実際に開発された新三菱のモデルは市場で，東洋工業とトヨタのモデルに価格と性能競争で挟まれ，販売実績はそれほど振るわなかった．

　新三菱をはじめとするメーカーたちの多様な判断と戦略によって 1960 年代初頭には多様なモデルが登場し，本格的なモータリゼーションの基盤を整えていった．その過程上の特徴としては，軽乗用車市場が長期間にわたって維持されたことである．それは，個人普及が予想より早く展開されたためでなく，むしろ小規模事業所＝自営業者が軽乗用車の需要を支えたためであった．こうした市場特性は，トラック市場のそれと一致していると言える．

---

66)　前掲，武藤博道「自動車産業」p. 285.
67)　もちろん，1960 年代前半におけるメーカー間のモデル開発競争及び新規参入には，当時の「乗用車 3 グループ化構想」に対抗する意味合いもあった．

終　章

1.　総　括：日本自動車工業史の普遍性と特殊性

　以上，主に1910～50年代における日本自動車工業の形成と展開過程を，需要（市場構造），供給（技術），政策（意図と結果）を中心に小型車部門と大衆車部門を比較しながら検討した．以下では，本文の内容を総括して日本自動車工業の形成・展開過程上の特徴を確認し，序章に掲げた先行研究と比較しながら本書の意義をまとめてみたい．そして，日本自動車工業史が世界自動車工業史に有する普遍性と特殊性を考えてみたい．

　1910～50年代日本における自動車工業の形成・展開過程には小型車部門と大衆車部門といった二つの経路が見られた．こうした二つの経路の存在と動向は，日本の市場状況と競争相手としての外国メーカーの存在いかんによって規定された．

　まず，第一経路としての大衆車部門では，すでに1910年代にアメリカで確立した大量生産方式に基づいて，フォードやシボレーが日本市場においても圧倒的な競争力を有しており，国産大衆車はこれらの外国車と競争しなければならなかった．実際には，主に国際競争力の劣位のため，30年代前半まではそれとの直接の競争を回避して一回り大きな中型車の生産を政策的な保護の下で行わざるを得なかった．しかし，その中型車も，外国大衆車の使用範囲が拡大することによって間接的にそれの影響を受けるようになり，そのために結局停滞し続けていた．

　一方，この期間は「日本独特」の三輪車が国産自動車工業の展開を主導していた時期でもあった．これが本論で強調した第二の経路である．価格・性能の両面で大衆車とは直接的に競争しない自家用貨物運送向け小型

トラックが大いに求められていたが，その需要を満たしたのが三輪車であった．三輪車の製造技術は，自転車・原動機など当時日本にも存在していた技術からの流用，あるいはその漸進的な改良によって確保することができた．

こうした国産大衆車（中型車）の停滞と小型車の成長を背景に，1930年代半ばには小型車を中心とした国産自動車工業の確立を求める主張が台頭し，主な需要層である運輸業者からも支持を得ていた．しかし，主に軍からの要求によって急速な大衆車国産化政策が採られ，36年に自動車製造事業法が成立した．もっとも，同法は大衆車以外の国産小型車・中型車を抑制する意図を有していたわけではなかった．しかも，同法は上限枠を設けて生産台数を制限していたとはいえ，外国メーカーを直ちに日本から締め出すものではなく，外国大衆車との競争を前提しつつ，大量生産による国産車の競争力向上を通じて大衆車の国産化が可能になると判断していた．従って，事業法の制定が二つの経路のうち一つを直ちに不可能にしたわけでもなかった．

大衆車による第一の経路を決定的なものにしたのは戦時経済統制政策の本格化であった．事業法が実施されてから1年後に起こった日中戦争を契機とする統制政策は，国産大衆トラック以外のすべての車種の衰退を余儀なくさせたのである．しかも，集中的な資源投入によって推進されたこの時期の大衆トラックの生産は量的には急増したものの，質的な側面，すなわち生産方法としての大量生産に至ることはなかった．その主な原因は自動車工業の外部にある，大量生産をバックアップすべき材料・素材工業の発展に欠けていたためであった．

こうした状況を引き継ぐ形で自動車工業の戦後は始まった．復興期には，乗用車よりはトラックが中心となる市場状況が戦前と変わらなかったために，小規模な貨物運搬用として戦時期に生産が抑圧されていた小型車部門が大衆車部門より先んじて再建され，車種も戦前からの三輪車が中心であった．ただし，1950年代には小型車の規格が戦前の750 cc以下から1,500 ccまで拡大したこともあって，三輪車は高価格・高性能となり小型四輪車

と競争するようになった．戦前の小型車市場が孕んでいた三輪車と四輪車との競合の可能性がこの時期に現実化したのである．

そして，1950年代半ばには小型四輪トラックの大幅な価格引下げによって「大型」三輪トラックの競争力が弱化した．それに対して三輪車メーカーは 360 cc 級の軽三輪トラックを開発して新たな三輪車市場を開拓するようになった．

一方，戦後の大衆車部門は潜在的な国際競争に備え，大量生産方式によるコスト節減・品質向上に全面的に取り組んだ．戦前に制約要因となっていた素材・材料の問題は鉄鋼業界の協力によって1950年代前半までに解決し，戦時期に老朽化した工作機械など設備機械は輸入による更新が進められた．そして，50年代末までには，トラック部門に関する限り，価格・性能の面で国際競争力を有するようになった．

なお，1950年代後半からは三輪車メーカーの軽乗用車の開発が進められたが，それは「国民車構想」と深く関っていた．しかし，構想の意図とは違って，メーカーたちが異なった市場展望に基づいて多様なモデルを開発したために競争的な市場構造が確立した．その結果，戦前から1950年代まで三輪車市場において現れた現象が軽乗用車市場でも見られるようになった．

要するに，1910～50年代の日本自動車工業の歴史は，アメリカ製の大衆車に代表される，標準化された製品部門における大量生産方式の確立による外国車から国産車への代替・国産化過程であったのと同時に，非標準化製品部門における「適正技術」に基づいた市場維持・拡大過程でもあったのである．この両部門のうち，三輪車という非標準車製品部門が解体し，四輪車という標準製品に市場が統合されるのが1950年代末であった．

以上の分析によって明らかになった日本自動車工業史像は，以下に示すように，大衆車部門のみを対象とし，供給・政策要因を強調してきた従来のそれを大いに修正するものと言える．

第一に，方法論的に需要要因を強調し，小型車を含めて分析することによって，日本の自動車工業史は欧米のそれを単線的にキャッチアップする

過程のみではなかったことが明らかになった。とりわけ小型車部門の発展は「創造的適応」ともいうべき過程であったのである.

　第二に，大衆車部門についても，従来実証研究の足りなかった戦時・戦後期を分析に含めることによって，欧米自動車メーカーに対するキャッチアップの目標や内容，そしてその限界や克服過程がより具体的に明らかになった．ただし，この点に関連しては，とくに戦後における小型車の生産方式に立ち入って検討することができなかったという限界がある．小型車メーカーにとって，そのキャッチアップの対象は外国メーカーではなく，日本の大衆車メーカーに代わったと推定されるが，小型車メーカーがそれをどのように認識し，いかに解決していったかが解明されねばならないからである．史料面で厳しい制約があるが，今後可能な方法を模索してみたい．

　第三に，先行研究で議論の焦点となっていた自動車製造事業法と国民車構想など自動車工業政策の効果は，それほど大きくなかったことが明らかになった．それよりはそれを契機としたメーカーの戦略的な対応の内容がより重視されるべきであることが確認された．

　では，こうした日本自動車工業史は世界自動車工業史の中でいかなる特徴を持っているのであろうか．これを大衆車と小型車の発展過程に分けて考えてみよう．

　まず，大衆車部門の発展はヨーロッパでのそれと共通性を持っていた．アメリカの大衆車がヨーロッパで本格的に組み立てられるようになった1920年代に，ヨーロッパ各国ではそれと拮抗しながら自国の自動車工業を発展させていた．この過程では関税引上げなど政策的な保護措置も採られた．日本自動車工業の特徴とされてきた軍事的性格・国家の保護政策は，程度の差こそあれ，ヨーロッパでも見られたのである．ただし，日本では乗用車よりはトラックの発展が先行したことと，大衆車メーカーは初期から原価問題を強く意識したことを，欧米のそれとの差として指摘することができよう．

　一方，日本における小型車の発展過程では，アメリカはもとよりヨーロ

ッパ諸国のそれとも大きな差が見られた．アメリカ車の影響の下で，ヨーロッパでも小型車の開発が進められたが，それは小型乗用車が中心だったのに対して，日本の小型車は三輪トラックが中心だったのである．三輪車そのものはヨーロッパにおいても戦間期や戦後復興期にある程度生産されたが，軽三輪乗用車を中心にほとんどが短期間の少量生産に終わった[1]．それに対して，日本の三輪車はトラックを中心とし，小型から「大型」三輪車までの広い範囲で，長期間にわたって生産されていたのである．こうした差をもたらした原因は購買力と技術基盤の差にあった．

端的にいうなら，「大衆車を小型化」したヨーロッパの小型車に対して，三輪車を中心とした日本のそれは「自転車を大型化」したものであった．欧米での三輪車は技術的にはフォードのＴ型が「ドミナント・デザイン」として確立するまでの，様々な試みの一形態として現れた過渡期的な車であった．日本でも三輪車は結果的には過渡期的な存在であったが，市場・技術能力の差によってその存続期間は欧米に比べて遥かに長く，市場におけるその比重もきわめて高かったのである．

ただし，小型車部門に見られたこうした日本と欧米との差は，戦後途上国の発展過程をも視野に入れると，日本の特殊性という側面が弱まり，むしろ世界自動車工業史の普遍的な現象と呼ぶ方が妥当と言えるようになる．日本における三輪車は1920年代から70年代初頭まで生産されたが，その後70年代には一時的であったとはいえ韓国で大量に生産・使用され，また，アジアの一部では現在にも使用されつづけているからである[2]．その意味

---

[1] 1930年代にイギリスでは三輪車が生産されていたが，オートバイに比べると極めて少数であった（Steve Koerner, "The British motor-cycle industry during the 1930s", *The Journal of Transport History*, 3rd series vol. 16, 1995, p. 61）．戦後復興期にはヨーロッパ各国で三輪車の生産が急増するが，ほとんどは1950年代半ばまでしか続かなかった．例外的にイタリアではその頃にも150cc未満の乗用車を中心に年間2万台程度が生産された（『モーターファン』1957年1月号, pp. 129-130；『自動車年鑑』昭和32年版 p. 202）．また，草創期から戦後まで世界での三輪車の製造現況については，Ken Hill, *Three-Wheelers*, Shire Publications Ltd., 1995を参照．

[2] 例えば，東南アジアでの三輪車の利用状況については，前川健一『東南アジアの三輪車』旅行人，1999年を参照．

では市場と技術基盤を中心とした本書の分析視角は途上国における自動車工業の形成・展開過程を分析する際にもある程度のインプリケーションを与えるものと考えられる．

2. 展望と今後の課題

本書の対象時期は，1960年代半ば以降飛躍的に成長する日本自動車工業を考えると，「前史」とも言うべき時期であるが，この期間にはその後の展開過程を規定しうる要素が形成されつつあった．この点を，その後の動向も踏まえて展望として以下に示しておきたい．

まず，大衆車部門の発達過程からは，当然のことながら，1960年代以降の国産乗用車の高い国際競争力はそれ以前のトラック・軽乗用車の生産経験に基づいていたことが改めて確認されよう．とりわけ重要なのは，戦前から外国大衆車との競争にさらされたトラックの生産が大量生産方式にとっての問題点を追究してきた歴史である．50年代はその延長線上に戦前の限界を克服していく過程であり，「物的生産性」の向上だけでなく原価節減の方法が同時に追究されていた．そして，物的生産性向上のための対応が一通り完了した後は，原価節減のために生産の同期化（JIT）や労働力の構成にも注目し，その後の「日本的生産方式」あるいは「トヨタシステム」に進化していくことになったと考えられる[3]．

次に，小型車部門の発達過程からは1960年代以降の日本自動車工業の市場・競争構造の根源が見出される．まず，市場構造に関連しては欧米のそれと比べてトラック・軽自動車の比重の高さが指摘できる．自動車生産台数が世界第1位となった1980年の日本の場合，全保有台数のうち，トラ

---

[3] 従って，本書は「トヨタシステム」の起源を1950年代後半に求めるべきであると考えており，戦前起源説（下川浩一「フォード・システムからジャスト・イン・タイム生産システムへ」中川敬一郎編『企業経営の歴史的研究』岩波書店，1990年）には賛同し難い．なお，50年代起源説の中で，このシステムを「戦前・戦中の『流れ作業』の技術学の系譜とは区別されねばならない」（佐武弘章『トヨタ生産方式の生成・発展・変容』東洋経済新報社，1998年，p.58）という主張とも，本書は意見を異にする．

ックの比重は 38% とアメリカの 22%, 欧米諸国の 10% 前後よりかなり高かった. また, 同年の日本における車種別全生産台数に占める軽自動車の割合は, 乗用車では 3% にすぎなかったのに対してトラックでは 23% にも達していた[4]. 両者を考え合わせると, 日本では軽トラックの生産によってトラックの比重が高いという特徴が見出せるのである. そして, その軽四輪トラック市場はそもそも戦前の小型三輪車, 1950 年代末の軽三輪車によって開拓されたものであった. すなわち, 日本のトラック市場の比重の高さは, 積載量 360 キロ程度の貨物運搬までをこの三輪車という自動車が担当してきたという歴史的な経緯によって形成されてきたものなのである.

また, 1960 年代以降日本における大量生産の完成車メーカーは 11 社と欧米のそれより多いという特徴が見られたが, それも小型車の歴史の影響によるものであった. 11 社のうち, 三輪車からは 3 社 (東洋工業, ダイハツ, 三菱), 二輪車からも 3 社 (本田, 鈴木, 富士重工業) が小型車部門での資金・技術的な蓄積を基に四輪トラック・乗用車メーカーに転換していったからである.

最後に自動車工業を対象として得られた分析結果を踏まえ, また, 序章に掲げた 1980 年代以降機械工業史あるいは日本経済史の研究状況との関連を念頭に置きながら, 今後の課題を述べておこう.

まず, 機械工業史研究との関連では, 需要分析をより進展させる必要があるであろう. 本書では, 小型車の発展について, 「後進性」あるいは「二重構造」によるものだという視点よりも自動車市場の拡大あるいは製品の多様化という側面を強調した. こうした認識は 1980 年代以降の機械工業史分析にとっては既に通説になっているとも言えるが, こうした視角をより進展させるためには, 製品の需要構造だけでなく需要者 (利用先) そのものの構造・あり方を分析する必要があるように思われる. 例えば, 小型車部門を考える際には, 日本の商業のあり方あるいは流通構造との関係を

---

[4] 日産自動車調査部編『自動車産業ハンドブック』1989 年版, pp. 232-233, 292-293.

分析することも求められよう．また，交通運輸手段の間の代替についても，貨物用の場合は「小運送」のあり方，乗用の場合は都市交通政策（「交通調整」）との関係をより立ち入って分析する必要があろう．これらについては，流通史・交通史の研究が蓄積されてきたが，本書の視点からすると，それらがその製品・手段の供給構造に与える影響をも含めた総合的な検討が必要と考えられる．

　自動車工業史に関しては，本書の主に1950年代までの分析結果を踏まえ，60年代以降の変化過程を検討する必要がある．そのためには，まず，日本自動車工業史のなかで重要な出来事だったにも拘らず分析できなかった50年代の小型乗用車の開発過程を改めて検討する必要があろう．その場合は，市場・供給・政策といった側面で，トラック，軽乗用車との共通点と相違点を確認することが求められよう．

　それを踏まえて1960年代以降の日本自動車工業の展開過程を本格的に分析し，欧米のそれと比較する作業が必要である．もし，その時期に欧米型に近くなるなら，それはいつから，どのような条件の下でそうなるのだろうか，また，そのときにそれまでの歴史的経験はどう関係するのかを分析すべきであろう．とくに，70年代以降に自動車工業は日本の代表的な輸出工業となるが，国内市場を際限なく掘り起こしてきたそれまでの需要対応型供給のあり方は海外市場にも適応されたはずである．その点を中心にその時期を分析してみたい．また，この時期は，トヨタ生産システムに代表される日本自動車工業の生産方式が国際的にも評判となることもあるので，50年代までの原価節減の努力とそれがいかに関連・進化するのかに対する分析も並行して行いたい．

　一方で，この時期は，自動車工業と元を一緒にする二輪車工業が，自動車工業と共に成長するという，欧米とくにアメリカとは異なるパターンが見られた．三輪車に見られた市場・需要構造に対する分析をこの二輪車工業にまで拡張してみる必要もあると思われる．

　次に，日本経済史研究と関連しては，復興期・高度成長期に対する実証研究がより進められるべきであろう．本書の対象時期は戦間期―戦時期―

復興期—高度成長期の一部にまで及んでいるものの，分析の中心は戦間期であり，その時期に形成された構造が戦時期の統制政策によっていかに再編成・抑圧され，またそれが戦後にどのように復興され，高度成長期の条件を整えていったのかという視角から検討した．これを戦前と戦後との連続と断絶という視点から見ると，技術形成を中心とした大衆車部門は戦時期との連続が，市場・需要構造を中心とした小型車部門は戦間期からの連続がそれぞれ認められる．

ただし，この議論を進展させるためには復興期あるいは1950年代前半，すなわち高度成長期の条件がいつ頃，どのような過程を経て形成されていったのかをより実証的に分析する必要があるように思われる．戦間期と高度成長期とを直接に比較して，両者の差を戦時期の変化に求める前に，敗戦から50年代前半の復興過程での変化を丹念に検討すべきであろう．

本書も，需要構造によって供給・技術が規定されるということを前提にし，戦後復興の方向が自明であるかのような立論となっている．しかし，戦後小型車部門に見られたように，自動車工業からの参入・撤退を含めてどのような車種・改善目標を設定するかは，だれにも明確なことではなかったはずである．戦間期の状況と戦時期の変化を考慮しつつも，1950年代前半までは特定の工業あるいは日本経済にとって，多様な可能性と同時に困難が存在し，その中で様々な試行錯誤を経た後に「高度成長のメカニズム」が働くようになったと思われる[5]．

こうした視点に基づき，自動車工業を含めた機械工業における復興期あるいは1950年代の変化の内容とその意義を分析するのも今後の課題である．

---

[5] こうした視点に基づいた最近の研究としては，武田晴人編『日本経済の戦後復興』有斐閣，2007年；同『戦後復興期の企業行動』有斐閣，2008年がある．

参考文献

単行本・論文（日本語）

愛知製鋼『愛知製鋼 30 年史』1970 年.
芦田尚道「日本自動車販売業の展開とメーカー系列販売網形成」東京大学大学院経済学研究科修士論文, 1999 年.
天谷章吾『日本自動車工業の史的展開』亜紀書房, 1982 年.
荒牧寅雄『たび路はるかに　続・くるまと共に半世紀（上）』いすゞ自動車, 1981 年.
安全自動車『交通報国　安全自動車 70 年のあゆみ』1989 年.
石井寛治『日本蚕糸業史分析』東京大学出版会, 1972 年.
石井寛治・原朗・武田晴人編『日本経済史 1　幕末維新期』東京大学出版会, 2000 年.
いすゞ自動車『いすゞ自動車史』1957 年.
板垣暁「復興期自動車輸入をめぐる意見対立とその帰結」『経営史学』第 38 巻第 3 号, 2003 年.
伊藤久雄「自動車工業確立ニ関スル経過」.
井上忠勝「海外戦略におけるフォードと GM（1）」『国民経済雑誌』神戸大学, 第 124 巻第 1 号, 1981 年.
岩越忠恕『日本自動車工業論』東京大学出版会, 1968 年.
岩崎松義『自動車工業の確立』伊藤書店, 1941 年.
岩崎松義「我国自動車工業に就て」帝国自動車協会, 1941 年.
岩崎松義『自動車と部品』自研社, 1942 年.
岩武照彦『国産自動車』商工財務研究会, 1957 年.
ウィリアム・アール・ゴーハム氏記念事業委員会編『ウィリアム・アール・ゴーハム伝』1951 年.
ウィルキンズ, マリラ／フランク・E・ヒル, 岩崎玄訳『フォードの海外戦略』小川出版, 1969 年.
植田浩史『戦時期日本の下請工業――中小企業と「下請＝協力工業政策」』ミネルヴァ書房, 2004 年.
宇田川勝「日産財閥の満州進出」『経営史学』第 11 巻第 1 号, 1976 年.
宇田川勝「日産財閥の自動車産業進出について（上）（下）」『経営志林』法政大学, 第 13 巻第 4 号, 第 14 巻第 1 号, 1976, 77 年.
宇田川勝「自動車製造事業法の制定と外資系会社の対応」土屋守章・森川英正編『企業者活動の史的研究』日本経済新聞社, 1981 年.
宇田川勝「戦前期の日本自動車産業」『神奈川県史　各論編 2　産業経済』1983 年.
内山直『瓦斯電を語る』1938 年.
NHK 編『アメリカ車上陸を阻止せよ　技術小国日本の決断』角川書店, 1986 年.

エンパイヤ自動車株式会社『エンパイヤ自動車七十年史』1983年.
老川慶喜「日本の自動車国産化政策とアメリカの対日認識」上山和雄・阪田安雄編『対立と妥協』第一法規, 1994年.
老川慶喜「『満州』の自動車市場と同和自動車工業の成立」『経済学研究』立教大学, 第51巻第2号, 1997年.
大蔵省財政史室編『昭和財政史　終戦から講和まで14　保険・証券』東洋経済新報社, 1979年.
大蔵省税関部編『日本関税税関史　資料Ⅱ　関税率沿革』1960年.
大阪市社会部調査課『タクシー経営と其の経営状態』1926年.
大阪市役所産業部『大阪市工場一覧』(昭和3年度), 1930年.
大阪市役所産業部調査課『大阪の自転車工業』1933年.
大沢商会『大沢商会　50年史』1969年.
大須賀和美「各府県初期発令『自動車取締規則』の歴史的考察(明治36～大正7)」『内燃機関』1992年6月号.
大須賀和美編『自動車日本発達史　法規資料編』1992年.
大島隆雄『ドイツ自動車工業成立史』創土社, 2000年.
大島卓・山岡茂樹『自動車』日本経済評論社, 1987年.
太田原準「日本二輪産業における構造変化と競争——1945～1965」『経営史学』第34巻第4号, 2000年.
大場四千男『日本自動車産業の成立と自動車製造事業法の研究』信山社, 2001年.
大場四千男『太平洋戦争期日本自動車産業史研究』北樹出版, 2002年.
岡崎哲二『日本の工業化と鉄鋼産業』東京大学出版会, 1993年.
奥泉欽次郎『自動自転車』モーター雑誌社, 1916年.
奥田健二・佐々木聡編『日本経済聯盟会・日本学術振興会資料』日本科学的管理史資料集第10巻, 五山堂書店, 1997年.
奥村正二『現代機械技術論　技術復興の方向と現状』白揚社, 1949年.
奥村正二『自動車』岩波書店, 1954年.
奥村正二「自動車工業の発展段階と構造」向坂正男編『現代日本産業講座Ⅴ　各論Ⅳ　機械工業1』岩波書店, 1960年.
奥村正二『技術史をみる眼』技術と人間, 1977年.
奥村宏・星川順一・松井和夫『現代の産業　自動車工業』東洋経済新報社, 1965年.
尾崎正久『日本自動車発達史　明治篇』オートモビル社, 1937年.
尾崎正久『日本自動車工業論』自研社, 1941年.
尾崎正久『日本自動車史』自研社, 1942年.
尾崎正久『日本自動車車体工業史』自研社, 1952年.
尾崎正久『豊田喜一郎氏』自研社, 1955年.
尾崎正久『国産自動車史』自研社, 1966年.
尾崎正久『国産車と共に四十五年』自研社, 1971年.
小関和夫『国産三輪車物語』三樹書房, 1993年.

小関和夫『国産三輪自動車の記録』三樹書房，1999年．
小関和夫『日本の軽自動車』三樹書房，2000年．
小平勝美『自動車　日本産業経営史大系第5巻』亜紀書房，1968年．
尾高煌之助「日本フォードの躍進と退出――背伸びする戦間期日本の機械工業」猪木武徳・高木保興編『アジアの経済発展――ASEAN・NIEs・日本』同文舘出版，1993年．
小田元吉『自動車運送及経営』関西書院，1933年．
笠松慎太郎編『自動車工業論』日本交通協会，1932年．
笠松慎太郎編『自動車事業の経営』日本交通協会，1934年．
笠松慎太郎編『自動車に関する統計』日本交通協会，1935年．
笠松慎太郎編『自動車工業漫談』日本工業協会，1936年．
加藤博雄『日本自動車産業論』法律文化社，1985年．
神谷正太郎『自動車』ダイヤモンド社，1951年．
神谷正太郎「大衆乗用車育成の三十年」『経営問題』（別冊　中央公論）1965年冬季号．
亀田忠男『自動車王国前史――綿と木と自動車』中部経済新聞社，1982年．
河合諄太郎『鉄鋼読本』春秋社，1959年．
関権「戦前期における自転車工業の発展と技術吸収」『社会経済史学』第62巻第5号，1997年．
管健次郎『自動車を語る　第一，二，三輯』1948〜49年．
企画院内政部「自動車ニ要スル労務者調」1938年．
橘川武郎『日本電力業の発展と松永安左エ門』名古屋大学出版会，1995年．
協豊会『協豊会二十五年のあゆみ』1967年．
木村敏男『日本自動車工業論』日本評論新社，1959年．
木村敏男「戦後日本農業における小型トラックの個人需要の発展」『経済学雑誌』大阪市立大学，第37巻，1957年．
木村敏男「戦後日本自動車工業における機械設備投資の歴史的諸前提」大阪市立大学経済研究所編『戦後景気循環と設備投資』日本評論新社，1958年．
木村敏男「自動車工業の独占と現段階」『経済評論』1959年8月号．
金融財政事情研究会『日本自動車工業の分析と価格に関する調査』1955年．
金融財政事情研究会『日本自動車工業の成立と発展』1955年．
金融財政事情研究会『原価構成に関する分析』1955年．
金融財政事情研究会『自動車工業に関する統計資料』1955年．
隈部一雄「技術上より見たる最近の自動車工業」『日本工業大観』工政会出版部，1930年．
栗山定幸・花澤宏行『小型自動車とともに――石塚秀男の足跡』交文社，2004年．
小磯勝直『軽自動車誕生の記録――軽自動車昭和史物語』交文社，1980年．
工学会編『日本工業大観　上巻』1925年．
工業知識普及会『躍進日本の自動車を語る』1936年．
航空工業史編纂委員会編『民間航空機工業史』1948年．
公正取引委員会事務局『国産自動車工業をめぐる諸問題』1955年．
公正取引委員会事務局『自動車工業の経済力集中の実態』1959年．

神戸大学経営研究所『本邦主要企業系譜図集』第2・3集，1981年．
小型自動車新聞社『躍進する小型自動車業界の歩み』1958年．
小型自動車発達史編纂委員会編『小型自動車発達史（1）』日本自動車工業会，1968年．
国鉄自動車二十年史刊行会『国鉄自動車二十年史』自動車交通弘報社，1951年．
国民経済研究協会・金属工業調査会編『企業実態調査報告書　大型自動車工業篇』1947年．
国民経済研究協会『第二回　企業実態調査報告書　貨物自動車工業篇』1948年．
小林末吉『自動自転車全書』日本オートバイ研究会，1926年．
斉藤尚一『自動車の国アメリカ』誠文堂新光社，1952年．
斎藤俊彦『轍の文化史——人力車から自動車への道』ダイヤモンド社，1992年．
斎藤俊彦『くるまたちの社会史——人力車から自動車まで』中央公論社，1997年．
佐川直躬『危機に立つ乗用車工業』国産乗用車振興普及協議会，1956年．
向坂正男編『現代日本産業講座Ⅴ　各論Ⅳ　機械工業1』岩波書店，1960年．
櫻井清『戦前の日米自動車摩擦』白桃書房，1987年．
櫻井清『日本自動車産業の発展　上・下』白桃書房，2005年．
佐武弘章『トヨタ生産方式の生成・発展・変容』東洋経済新報社，1998年．
佐藤信之「『自動車交通事業法』の時代的背景」『経済学研究論集』亜細亜大学，第11号，1987年．
サトウマコト『横浜製フォード，大阪製アメリカ車』230クラブ，2000年．
佐藤義信『トヨタ経営の源流』日本経済新聞社，1994年．
沢井実『日本鉄道車輛工業史』日本経済評論社，1998年．
沢井実「第一次世界大戦前後における日本工作機械工業の本格的展開」『社会経済史学』第47巻第2号，1981年．
沢井実「工作機械工業の重層的展開：一九二〇年代をめぐって」南亮進・清川雪彦編『日本の工業化と技術発展』東洋経済新報社，1987年．
沢井実「機械工業」西川俊作・阿部武司編『産業化の時代　上　日本経済史4』岩波書店，1990年．
産業科学協会『産業の近代化と科学技術』1957年．
産業技術資料委員会編『新しい資料・設備と工業技術』産業科学協会，1959年．
塩地洋・T.D.キーリー『自動車ディーラーの日米比較——『系列』を視座として』九州大学出版会，1994年．
塩地洋『自動車流通の国際比較』有斐閣，2002年．
塩地洋「戦時下の自動車ディーラー『系列』——愛知自配を中心に」下谷政弘・長島修編『戦時日本経済の研究』晃洋書房，1992年．
塩地洋「トヨタ・システム形成過程の諸特質」『経済論叢』京都大学，第154巻第6号，1994年．
塩見治人『現代大量生産体制論』森山書店，1978年．
輜重兵史刊行委員会編『輜重兵史　上巻　沿革編・自動車編』1979年．
輜重兵会編『座談会　陸軍自動車学校　陸軍輜重兵学校』1985年．

自転車産業振興協会編『自転車の一世紀』ラテイス，1973年．
自動車技術会『日本の自動車技術20年史』1969年．
自動車技術史委員会編『自動車技術の歴史に関する調査研究報告書』自動車技術会，1995～2001年．
自動車工業会『自動車工業資料』1948年．
(日本) 自動車工業会『日本自動車工業史稿 (1) (2) (3)』1965, 1967, 1969年．
自動車工業振興会『日本自動車工業史座談会記録集』1973年．
自動車工業振興会『日本自動車工業史口述記録集』1975年．
自動車工業振興会『日本自動車工業史行政記録集』1979年．
自動車変遷史編纂委員会編『日本小型自動車変遷史 1, 2』交通タイム社，1960, 63年．
四宮正親『日本の自動車産業 企業者活動と競争力 1918-70』日本経済評論社，1998年．
四宮正親「戦時経済と自動車流通——日配・自配一元化案をめぐって」龍谷大学社会科学研究所編『戦時期日本の企業経営』文眞堂，2003年．
柴孝夫「昭和戦前期三菱重工の自動車製造事業——再進出とその挫折」『大阪大学経済学』Vol. 35, No. 1, 1985年．
GP企画センター編『懐旧のオート三輪車史』2000年，グランプリ出版．
志村嘉一「証券」大蔵省財政室編『昭和財政史 終戦から講和まで14 保険・証券』東洋経済新報社，1979年．
下川浩一「米国自動車産業におけるマーケティングの成立と展開 (1) (2)」『経営志林』法政大学，第11巻第3, 4号，1974年．
下川浩一「フォード・システムからジャスト・イン・タイム生産システムへ」中川敬一郎編『企業経営の歴史的研究』岩波書店，1990年．
下川浩一・藤本隆宏編『トヨタシステムの原点』文眞堂，2001年．
商工省工務局『新興工業概況調査』1933年．
商工省総務局調査課『戦後に於ける鉱工業会社構成の分析』1946年．
商工省貿易局編『内外市場に於ける本邦輸出自転車及同部分品の取引状況』日本自転車輸出組合，1932年．
シルバーストン・マクシー，今野源八郎・吉永芳史訳『自動車工業論』東洋経済新報社，1965年．
新明和工業『社史』1979年．
鈴木一義『20世紀の国産車』三樹書房，2000年．
鈴木淳『明治の機械工業』ミネルヴァ書房，1996年．
鈴木久蔵『流れ作業』日東社，1930年．
隅谷三喜男『日本石炭産業分析』岩波書店，1968年．
全国軽自動車協会連合会『小型・軽自動車界 三十年の歩み』1979年．
大東英祐「アメリカにおける大量生産システムの形成基盤——自動車産業の生成を中心として」東京大学社会科学研究所編『20世紀システム2 経済成長I 基軸』東京大学出版会，1998年．
大東英祐「戦間期のマーケティングと流通機構」由井常彦・大東英祐編『日本経営史3

大企業時代の到来』岩波書店，1995年．
ダイハツ工業『五十年史』1957年．
ダイハツ工業『六十年史』1967年．
高橋亀吉『日本財閥の解剖』中央公論社，1930年．
高村直助『日本紡績業史序説』塙書房，1971年．
タクシー問題研究会編『タクシー発達変遷史』1935年．
タクシー問題研究会編『小型タクシー論』1936年．
タクシー問題研究会編『タクシー統制論』1936年．
タクシー問題研究会編『タクシーと国産自動車』1936年．
タクシー問題研究会編『タクシー統制の諸問題』1937年．
武田晴人『日本産銅業史』東京大学出版会，1986年．
武田晴人「自動車産業──1950年代後半の合理化を中心に」武田晴人編『日本産業発展のダイナミズム』東京大学出版会，1995年．
武田晴人「日本経済史研究の動向と方法論的課題」『経済史学』第44号，(韓国) 経済史学会，2008年 (韓国語).
武田晴人編『日本経済の戦後復興』有斐閣，2007年．
武田晴人編『戦後復興期の企業行動』有斐閣，2008年．
田島茂・原田俊夫・関栄『農家のための自動三輪車の知識と取扱』西東社，1959年．
巽信晴「日本自動車工業における独占資本と部品工業」『研究と資料』大阪市立大学経済研究所，1957年2月号．
田中貢『鉄鋼及機械工業』栗田書店，1931年．
谷本雅之『日本における在来的経済発展と織物業』名古屋大学出版会，1998年．
通産省企業局編『我が国産業の合理化について』1951年．
通産省企業局編『企業合理化の諸問題』1952年．
通産省産業構造研究会編『貿易自由化と産業構造』東洋経済新報社，1960年．
通商産業省編『産業合理化白書』日刊工業新聞社，1957年．
通商産業省編『商工政策史　第十一巻　産業統制』1964年．
通商産業省編『商工政策史　第十三巻　工業技術』1979年．
通商産業省編『商工政策史　第十八巻　機械工業 (上)』1976年．
通商産業省編『商工政策史　第十九巻　機械工業 (下)』1985年．
通商産業政策史編纂委員会編『通商産業政策史　第6巻』1990年．
鉄道省編『全国乗合自動車総覧』鉄道公論社出版，1934年．
鉄道省運輸局『自動車に関する調査報告 (第二輯)』1928年．
鉄道省運輸局『貨物自動車影響調査』1932年．
出水力『オートバイ・乗用車産業経営史』日本経済評論社，2002年．
出水力『オートバイの王国』第一法規，1991年．
出水力『町工場から世界のホンダへの技術形成の25年』1999年，ユニオンプレス．
出水力「国産ガソリン機関開発の先駆者・島津楢蔵」『科学史研究』第Ⅱ期第21巻，1982年．

東京自動車学校編『国産奨励自動車航空機博覧会記念誌』1930 年.
東京市役所『タクシー業態調査報告』1935 年.
東京市役所産業部勧業課『東京市工場要覧』1933 年.
東京市役所商工課『重要工業調査（第一輯）——主として自転車工業に就いて』1932 年.
東京商工会議所編『機械工業講話』丸善, 1939 年.
東洋経済新報社編『昭和産業史　第一巻』1950 年.
東洋工業『東洋工業株式会社三十年史』1950 年.
東洋工業『五十年史　沿革編』1972 年.
冨塚清『日本のオートバイの歴史』三樹書房, 1996 年.
豊崎稔『日本機械工業の基礎講造』日本評論社, 1941 年.
トヨタ技術会『明日に向かって』1977 年.
トヨタ自動車『トヨタ自動車 20 年史』1958 年.
トヨタ自動車『トヨタ自動車 30 年史』1967 年.
トヨタ自動車『トヨタをつくった技術者たち』2001 年.
トヨタ自動車販売『抄本　モーターリゼーションとともに』1970 年.
豊田自動織機製作所『40 年史』1967 年.
長尾克子『日本機械工業史』社会評論社, 1995 年.
中岡哲郎編『技術形成の国際比較』筑摩書房, 1990 年.
中岡哲郎『自動車が走った　技術と日本人』朝日新聞社, 1995 年.
中岡哲郎・佐藤進「新しい自動車用冷延鋼板の開発」『産業技術歴史継承調査』新エネルギー・産業技術総合開発機構, 1996 年.
中沖満『懐かしの軽自動車』1998 年, グランプリ出版.
中口博・井口雅一『航空機・自動車　日本の技術 100 年　第 4 巻』筑摩書房, 1987 年.
長島修「重化学工業化の進展」『横浜市史Ⅱ　第一巻上』1993 年.
長島修「戦時統制と工業の軍事化」『横浜市史Ⅱ　第一巻下』1996 年.
長島修「戦時日本自動車工業の諸側面——日本フォード・日産自動車の提携交渉を中心として」『市史研究　よこはま』第 9 号, 1996 年.
長島修「戦後工業の復興と発展」『横浜市史Ⅱ　第二巻上』1999 年.
永田栓『日本自動車業界史』交通問題研究会, 1935 年.
中村静治『日本自動車工業発達史論』勁草書房, 1953 年.
中村静治『日本の自動車工業』日本評論新社, 1957 年.
中村隆英『日本の経済統制』日本経済新聞社, 1974 年.
中村尚史『日本鉄道業の形成』日本経済評論社, 1998 年.
中村豊『自動車編　土木行政叢書』好文館書店, 1941 年.
成瀬政男『日本技術の母体』機械製作資料社, 1945 年.
日産自動車『日産自動車三十年史』1965 年.
西川稔「「中京デトロイト計画」について」『トヨタ博物館紀要』No. 3, 1996 年.
日本開発銀行営業第三部『特定機械融資とその合理化効果』機械工業振興協会, 1963 年.
日本機械学会編『これからの自動車工業』科学社, 1947 年.

日本機械工業連合会『自動車市場調査——主として事業所の自動車保有状況について』1957年.
日本機械工業連合会『自動車市場調査——トラック関係』1958年.
日本機械製造工業組合聯合会編『機械工業史』銀座書店, 1944年.
日本経済新聞社編『私の履歴書 昭和の経営者群像8』日本経済新聞社, 1992年.
日本経済聯盟会編『多量生産方式実現の具体策』山海堂, 1943年.
日本経済連盟会『現下輸送問題観たる自動車工業の現況』1944年.
日本工学会『明治工業史 機械・地学篇』啓明会, 1930年.
日本興業銀行調査課『我国乗合自動車運輸業現況』1932年.
日本興業銀行調査課「本邦自動車工業ニ就テ」1930年.
日本興業銀行調査課「産業合理化について（未定稿）」1950年.
日本交通協会『交通事業の諸問題』1936年.
日本小型自動車工業会『小型自動車市場調査報告書』1962年.
日本小型自動車工業会・日本機械工業連合会『第二次小型自動車購入動機調査報告書』1964年.
日本産業経済新聞社政経部編『全国模範工場視察記』霞ヶ関書房, 1943年.
日本自動車『創立満二十五周年記念帖』1939年.
日本自動車会議所『我国に於ける自動車の変遷と将来の在り方』1948年.
日本自動車工業会編『モーターサイクルの日本史』山海堂, 1995年.
日本自動車工業会『自動車生産台数 昭和21年〜41年』1967年.
日本自動車工業会『乗用車需要動向調査 第8次』1971年.
日本自動車工業会『主要国自動車統計』1972年.
日本自動車工業会『日本自動車産業史』1988年.
日本人文科学会『技術革新の社会的影響』東京大学出版会, 1963年.
日本新聞聯合社編『産業の合理化』日本新聞聯合社, 1927年.
日本ゼネラル・モータース株式会社『工場参観の栞』1927年（推定）.
日本ゼネラル・モータース株式会社「日本ゼネラル・モータース株式会社事業概要」1935年（推定）.
日本ゼネラル・モータース株式会社「ゼネラル・モータースは奉仕する 各国工業界の一員なり」1927年.
日本能率協会『経営と共に』1982年.
農耕と園芸・馬越修徳会編『三輪自動車と農業経営』誠文堂新光社, 1956年.
ノーリツ自転車編『茫々百年——ノーリツの足跡』1983年.
橋井眞『工作機械と自動車統制』商工行政社, 1940年.
橋本寿朗『大恐慌期の日本資本主義』東京大学出版会, 1984年.
橋本寿朗・武田晴人編『両大戦間期日本のカルテル』御茶の水書房, 1985年.
橋本寿朗・大杉由香『近代日本経済史』岩波書店, 2000年.
浜松商工会議所編『遠州機械金属工業発展史』1971年.
原朗『日本経済史』放送大学教育振興会, 1994年.

原朗「太平洋戦争期の生産増強政策」近代日本研究会編『近代日本研究9　戦時経済』山川出版社，1987年.

原朗・山崎志郎編『生産力拡充計画資料』第1～第9巻，現代史料出版，1996年.

樋口弘『日本財閥論　上巻』味燈書屋，1940年.

樋口弘『日本財閥の研究（一）――日本財閥の現勢』味燈書屋，1948年.

久芳道雄「自動車の多量生産」『多量生産研究』下巻，軍需工業新聞出版局，1944年.

平岡長太郎『昔の飛行機と自動車』エスセル出版会，1989年.

広畑製鉄所『広畑製鉄所50年史　部門史』1990年.

富士重工業『富士重工業三十年史』1984年.

藤田貞一郎「大正期における寺田財閥の成長と限界」『経営史学』第15巻第2号，1980年.

藤田貞次『大倉・根津コンツェルン読本』春秋社，1938年.

フォード自動車会社『フォードの産業』1927年.

閉鎖機関整理委員会『閉鎖機関とその特殊清算』1954年.

星野芳郎『日本の技術革新』勁草書房，1966年.

星野芳郎『星野芳郎著作集第5巻　技術史Ⅲ』勁草書房，1978年.

毎日新聞社編『生きる豊田佐吉』毎日新聞社，1971年.

マイヤー，オットー／ロバート・C.ポスト，小林達也訳『大量生産の社会史』東洋経済新報社，1984年.

前川健一『東南アジアの三輪車』旅行人，1999年.

三樹書房編集部編『トヨタ　パブリカ＆スポーツ800』三樹書房，2003年.

三菱重工業『新三菱重工業株式会社史』1967年.

三菱重工業（株）自動車事業本部「三菱A型乗用車（座談会資料）」1969年.

三菱自動車工業『三菱自動車工業株式会社史』1993年.

宮田製作所『宮田製作所七十年史』1959年.

武藤博道「自動車産業」小宮隆太郎ほか編『日本の産業政策』東京大学出版会，1984年.

メイドリー，クリストファー「日本自動車産業の発展と英国」杉山伸也／ジャネット・ハンター編『日英交流史4　経済』東京大学出版会，2001年.

森川英正『財閥の経営史的研究』東洋経済新報社，1980年.

森喜一『日本工業構成論』民族科学社，1943年.

森野勝好『現代技術革新と工作機械工業』ミネルヴァ書房，1995年.

安川電機『安川電機40年史』1956年.

柳田諒三『自動車三十年史』山水社，1944年.

梁瀬次郎『轍1』ティー・シー・ジェー，1981年.

山崎晃延編『日本の自動車史と梁瀬長太郎』1950年.

山崎志郎「太平洋戦争後半期における航空機増産政策」『土地制度史学』第130号，1991年.

山崎志郎「戦時鉱工業動員体制の成立と展開」『土地制度史学』第151号，1996年.

山崎修嗣「日本の乗用車工業育成政策」『経済論叢』京都大学，第144巻第5・6号，1989

年
山崎広明『日本化繊産業発達史』東京大学出版会, 1975 年.
山本潔『日本における職場の技術・労働史』東京大学出版会, 1994 年.
山本惣治『自動車』ダイヤモンド社, 1938 年.
山本惣治『日本自動車工業の成長と変貌』三栄書房, 1961 年.
山本豊村『梁瀬自動車株式会社二十年史』極東書院, 1935 年.
山本直一『日本の自動車　トヨペット成長史』創元社, 1959 年.
呂寅満「戦時期日本におけるタクシー業の整備・統合過程――『国民更生金庫』との関わりを中心に」『経済学論集』東京大学, 第 68 巻第 2 号, 2002 年.
呂寅満「企業再建――再建整備の実施とその意義」武田晴人編『日本経済の戦後復興』有斐閣, 2007 年.
吉川澄明「ドイツ自動車業界の「国民車プロジェクト」の展開Ⅰ～Ⅳ」『鹿児島経大論集』第 26 巻第 1 号～第 27 巻第 1 号, 1985～86 年.
吉川澄明「ドイツ自動車業界の「国民車プロジェクト」の挫折Ⅰ～Ⅱ」『鹿児島経大論集』第 27 巻第 2 号～第 3 号, 1986 年.
吉崎良造「小型自動車の研究」1931 年.
吉野信次『我国産業の合理化』日本評論社, 1930 年.
理化学工業調査課「自動車部分品工業の現状」1939 年.
陸軍省整備局動員課「保護自動車の説明」1927 年.
臨時産業合理局・社会局『国産品愛用運動概況』1931 年.
レイ, ジョン・B, 岩崎玄・奥村雄二郎訳『アメリカの自動車　その歴史的展望』小川出版, 1969 年.
労働大臣官房労働統計調査部『労働生産性統計調査資料　昭和 27 年～40 年』1966 年.
和田一夫「日本における『流れ作業』方式の展開 (1) (2)」『経済学論集』東京大学, 第 61 巻第 3～4 号, 1995～96 年.
和田一夫編『豊田喜一郎文書集成』名古屋大学出版会, 1999 年.
和田一夫・由井常彦『豊田喜一郎伝』名古屋大学出版会, 2002 年.
和田一夫『ものづくりの寓話――フォードからトヨタへ』名古屋大学出版会, 2009 年.

単行本・論文（英語）

Cusumano, Michael A., *The Japanese Automobile Industry: Technology and Management at Nissan and Toyota*, Harvard Univ. Press, 1985.
Daito, Eisuke, "Automation and the Organization of Production in the Japanese Automobile Industry: Nissan and Toyota in the 1950s", *Enterprise & Society*, Conference1, No. 1, March 2000.
Epstein, Ralph C., *The Automobile Industry: Its Economic and Commercial Development*, A. W. Shaw Company, 1928.
Flink, James J., *America Adopts the Automobile, 1895-1910*, MIT Press, 1970.
Genther, Phyllis A., *A History of Japan's Government-Business Relationship: The*

Passenger Car Industry, Center for Japanese Studies（Univ. of Michigan), 1990.
Hill, Ken, *Three-Wheelers*, Shire Publications Ltd., 1995.
Hounshell, David A., *From the American Systems to Mass Production, 1800-1932*, Johns Hopkins Univ. Press, 1984.
Koerner, Steve, "The British motor-cycle industry during the 1930s", *The Journal of Transport History*, 3rd Series Vol. 16, No. 1, 1995.
Laux, James M., "Trucks in the west during the first world war", *The Journal of Transport History*, 3rd Series Vol. 6, No. 2, Sep., 1985.
Laux, James M., *The European Automobile Industry*, Twayne Publishers, 1992.
Lewchuk, Wayne, *American Technology and the British Vehicle Industry*, Cambridge Univ. Press, 1987.
Rodengen, Jeffrey L., *The Legend of Briggs & Stratton*, Write Stuff Syndicate, 1995.
Seltzer, Lawrence H., *A Financial History of the American Automobile Industry*, Houghton Mifflin Company, 1928.
Shiomi, Haruhito and Kazuo Wada ed., *Fordism Transformed: The Development of Production Methods in the Automobile Industry*, Oxford Univ. Press, 1995.
Woodforce, John, *The Story of the Bycicle*, Routledge & Kegan Paul, 1970.
Woollard, Frank G., *Principles of Mass and Flow Production*, Iliffe, 1954.

雑誌（戦前，戦前～戦後）
『オート』（関西日日新聞社）．
『オートモビル』（→『自動車工業』）（オートモビル社）．
『科学技術』（春陽堂書店）．
『科学主義工業』（理研コンツェルン出版→科学主義工業社）．
『(日本) 機械学会誌』（日本機械学会）．
『業務研究資料』（鉄道院官房研究所）．
『極東モーター』（極東モーター社）．
『月間フォード』（月間フォード社）．
『原価計算』（日本原価計算協会）．
『工業調査彙報』（農商務省工務局）．
『工業と経済』（日本工業協会）．
『工場通覧』（農商務省工務局工務課）．
『工政』（工政会）．
『交通研究』（早稲田大学交通政策学会）．
『産業金融時報』（日本興業銀行）．
『産業能率』（日本能率研究会）．
『自動車運転手』（→『月間　自動車』）（日本自動車興信所）．
『自動車記事』（陸軍自動車学校→陸軍機甲整備学校）．
『自動車月報』（日本自動車興信所）．

『自動車統制会報』（自動車統制会）．
『自動車と機械　自動車界』（自動車界社）．
『自動車之日本』（東京自動車用品商組合）．
『旬刊モーター』（モーター社）．
『スピード』（日本自動車学校）．
『ダイヤモンド』（ダイヤモンド社）．
『帝国鉄道協会会報』（帝国鉄道協会）．
『東京市産業時報』（東京市役所産業局）．
『東洋経済新報』（東洋経済新報社）．
『内燃機関』（山海堂）．
『日本能率』（日本能率協会）．
『汎自動車　経営資料』（自動車資料社）．
『汎自動車　技術資料』（自動車資料社）．
『ヘッドライト』（ヘッドライト社）．
『モーター』（モーター社）．
『モーターファン』（モーターファン社）．
『流線型』（流線型社）．
Automotive Industries（Chilton Co.）．

雑誌（戦後）
『オートバイ』（モーターマガジン社）．
『技術の友』（トヨタ技術会）．
『軽自動車情報』（全国軽自動車協会連合会）．
『月間小型自動車』（自動車通信社）．
『小型自動車界』（小型自動車界社）→『自動車雑誌』（自動車雑誌社）．
『小型情報』（←『第一事業年度事業報告』）（日本小型自動車工業会）．
『ゴーグル』（モーターマガジン社）．
『自動車』（自動車交通弘報社）．
『自動車界』（自動車週報社）．
『自動車技術（会会報）』（自動車技術会）．
『自動車工業資料月報』（自動車工業会）．
『自動車産業』（自動車産業社）．
『自動車時報』（←『車両部報』）（通産省通商機械局車両部）．
『自動車青年』（自動車交通弘報社）．
『自動車の日本』（→『モーターライン』）（新生日本社）．
『調査月報』（日本開発銀行）．
『調査月報』（日本興業銀行）．
『調査月報』（日本自動車会議所）．
『調査月報』（日本長期信用銀行）．

『鉄鋼界』（日本鉄鋼連盟）.
『鉄と鋼』（日本鉄鋼協会）.
『特殊鋼』（特殊鋼倶楽部）.
『トヨタ技術』（トヨタ技術会）.
『トヨタ博物館紀要』（トヨタ自動車・トヨタ博物館）.
『日機連会報』（日本機械工業連合会）.
『日産技術』（日産技術会）.
『日産協月報』（日本産業協会準備会）.
『モーターサイクリスト』（モーターサイクリスト社）.

年鑑（戦前，戦前～戦後）
『英国自動自転車便覧』（オートバイ雑誌社）.
『軽自動車便覧』（モーターファン社）.
『軽自動車年鑑』（モーターファン社）.
『京浜自動車便覧』（自動車之日本社）.
『工場通覧』（農商務省工務局工務課）.
『工業年鑑』（日刊工業新聞社）.
『小型自動車年鑑』（モーターファン社）.
『国産自動車全史』（オートモビル社）.
『自動車関係者大鑑』（交通問題調査会，自動車日日新聞社）.
『自動車経済年鑑』（自動車問題研究所）.
『自動車事業と人』（自動車情報社）.
『自動車便覧』（オートモビル社）.
『自動車年鑑』（交通問題調査会，日刊自動車新聞社，工業日日新聞社，日本自動車会議
    所・日刊自動車新聞社）.
『大日本自動車油界紳士録』（日刊自動車タイム社）.
『全国自動車界名鑑』（ポケットモーター社）.
『全国自動車自動自転車自転車名鑑』（極東モーター社）.
『統制会社年鑑』（東亜工業新聞社）.
『日本帝国統計年鑑』（内閣統計局）.
『パーツ年鑑』（日本交通新聞社）.
『陸軍軍需工業経済年鑑　昭和十八年度版』（陸軍省）.

年鑑（戦後）
『軽自動車及び原動機付自転車一覧』（地方財政協会）.
『自動車関係会社要覧』（自研社）.
『自動車産業ハンドブック』（日産自動車調査部）.
『自動車図鑑』（モーターファン社）.
『自動車統計年表』（自動車工業会・日本小型自動車工業会）.

『自動車部品業者銘鑑』（自動車新聞社）.
『全国小型自動車関係者名簿』（小型自動車新聞社）.
『道路統計年報』（建設省道路局）.
『日本自動車年鑑』（日本自動車会議所）.
『日本の自動車工業』（通商産業省重工業局自動車課）.
『労働生産性統計調査報告　自動車製造業』（労働大臣官房労働統計調査部）.
『労働生産性統計調査報告』（労働大臣官房労働統計調査部）.
Automobile Facts and Figures（Automobile Manufacturers Association）.
Facts and Figures of the Automobile Industry（National Automobile Chamber of Commerce）.
Ward's Automotive Yearbook（Ward's Reports Inc.）.
World Motor Vehicle Data（Motor Vehicle Manufacturers Association）.

資　料

「稲田久作文書」（私家所蔵）.
『梅村四郎氏の手記』（私家所蔵）.
「官報」.
「工鉱業関係会社報告書」（雄松堂出版）.
「国策研究会文書」（東京大学総合図書館所蔵）.
「商工政策史編纂室資料（小金文書）」（経済産業研究所所蔵）.
「乗用車関係資料」（東京大学社会科学研究所所蔵）.
「証券処理調整協議会（SCLC）史料」（東京大学経済学図書館所蔵）.
「戦時金融金庫史料」（国立公文書館所蔵）.
「帝国議会衆議院・貴族院委員会会議録」.
「柏原兵太郎文書」（国立国会図書館所蔵）.
「日高資料」（通商産業調査会所蔵）.
各社の『営業報告書』・『有価証券報告書』.
U.S. Strategic Bombing Survey（Pacific）, *Reports and Other Records 1928-1947*, roll258.

あとがき

「一緒に研究しましょう」．手元にある故橋本寿朗先生の便箋からことははじまった．韓国学生運動の落ちこぼれである私が紆余曲折の末，日本への留学を決心し，先生に指導教官承諾願の手紙を出したことに対する返事であった．この一行の文章を「読み解く」にも相当苦労するほどの日本語能力しか持ち合わせなかった私が，東京大学大学院経済学研究科に研究生として来日したのが 1995 年であった．

留学の目的は，当時まだ韓国で盛んだった「韓国資本主義論争」を改めて勉強するためであった．韓国で自動車企業研究所に勤めたこともあり，そのための素材を自動車産業にすることは予め決めていた．ところが，大学院入試のための勉強の過程で，石井寛治先生の「青い教科書」に接し，大きな衝撃を受けた．膨大な研究史の蓄積に基づいた力強い主張は，それまで私が韓国で経験できなかった方法のように見受けられたからである．そして，まずは，経済史，それも日本経済史をしっかり勉強しようということに留学の目的を変えた．

こうして 1996 年に大学院に入学してから日本の自動車工業史について本格的に研究することになった．それから博士論文を提出した 2003 年までに行った内容が，本書の基になっている．博士論文としてまとめられる前後に本書の各章は個別論文として発表する機会を得た．それを記せば，以下の通りである．

① 「戦間期日本における『小型車』工業の形成と展開――三輪車を中心にして」『社会経済史学』第 65 巻第 3 号，1999 年（第 3 章，第 4 章の一部）

②「戦時期日本における『大衆車』工業の形成と展開——トヨタ自動車工業を中心に」『土地制度史学』第170号，2001年（第6章）

③「戦後日本における『小型車』工業の復興と再編——三輪車から四輪車へ」『経営史学』第36巻第4号，2002年（第8章）

④「戦後日本における自動車工業の確立過程——トラック部門を中心にして」『経済学論集』第68巻第3号，2002年（第9章）

⑤「『自動車製造事業法』によって日本の自動車工業は確立されたのか——自動車製造事業法と戦時統制政策による自動車工業の再編成」『経済学論集』第69巻第2号，2003年（第5章）

⑥「戦時統制下における日本自動車産業の『民軍転換』——小型車製造部門と販売部門の事例」『経営史学』第40巻第2号，2005年（第7章）

⑦「戦前日本における自動車産業政策の実施とその意義」『韓日経商論集』第44巻，2009年（第1章，第2章の一部）

⑧「『国民車構想』とモーターリゼーションの始動——新三菱の乗用車開発を中心に」原朗編『高度成長始動期の日本経済』日本経済評論社，2010年（第10章）

　日本自動車工業史を研究テーマと定めた当初は周りから心配された．日本資本主義との関係を意識しながら産業史をやるなら，自動車工業が重要であることは言うまでもないものの，その歴史的な分析が可能な程度の史料を見つけることは難しいであろうというのがその理由であった．もっとも，修士論文を作成するために，先行研究を調べる過程で三輪車の存在を知り，本格的な研究があまり行われていないことがわかった．さらに，業界史を編纂するために使われた様々な業界雑誌が日本自動車工業会図書館などに所蔵されていることが判明した．それらの雑誌を読み直すことによって，なんとか戦前の小型車について調べ，修士論文としてまとめることができた．なお，自動車工業史の研究を目指す者であれば避けて通ることができないものの，史料が一部しか利用できなかった「自動車製造事業法」

あとがき   465

に関する分析も，「商工政策史編纂室史料」（小金文書）を閲覧することができて可能となった．そして，これらの研究は学会で報告する機会を得，いろいろな方々から励ましをいただいた．

　それからは，今から振り返ると，あまりにも幸運が続いたとしかいいようがない状況となった．まず，2001年には東京大学大学院経済学研究科助手に採用され，このうえない研究状況に恵まれることになった．また，「閉鎖機関関係史料」という一次資料を整理する作業に参加させてもらい，その過程で戦時・戦後の産業・企業分析に必要な貴重な史料を見つけることができた．その史料を利用した戦後の小型車に関する論文（本書第8章）は経営史学会賞を受賞することもできた．

　こうして個別の実証論文を積み上げながら，これらを貫く一つの論理によってまとめ，博士論文の作成に取り組むことにした．それは研究者としての力量が問われる場面であると思えた．それまで私の研究は，最初の解明すべき一貫した論理を組み立てた上で，それを順どおりに調べて書いていくというものでなく，どちらかというと，やや場当たり的で，先行研究の隙間を狙うようなスタイルとなっていてからである．ただし，そうして自らのそれまでの研究をあらためて振り返ってみると，「グランド・セオリー」を前提にすることなく自動車工業に関わる様々な出来事を調べてきたことは，やや瑣末と思われるところまでのファクト・ファインディングを可能にしたように思われた．また，先行研究では産業政策・生産の側面に重点が置かれていたのに対して，私は市場・需要要因，個別企業の経営戦略を強調していることにも気づいた．

　こうした自己認識は，日本資本主義の発達過程と関連しながら自動車工業の歴史的な変化過程を分析し，それによって日本資本主義の段階的な特徴を解明するという，それまで漠然として抱いていた目標にそのまま挑戦することは無謀であろうという判断につながった．そして，それを念頭に置きつつも，さしあたりは日本自動車工業の形成と展開過程のダイナミズムを解明してみたいと目標を下方修正した．

　工業発展のダイナミズムという観点から見た場合，それまで日本自動車

工業の「後進性」「脆弱性」といわれた要因が，むしろ「創造的な適応」過程として捉え直されることは確かであった．問題は，三輪車・小型車部門の温存と拡大，大衆車部門のキャッチ・アップという歴史的な事象を，どのように統一的なロジックで説明しうるかという点あった．結果的には，市場の特殊性をより強調し，産業政策と企業の経営戦略・採用技術をその市場・需要への対応過程として検証してみることにした．それによって，在来的な流れを汲む小型車部門と近代的な部門としての大衆車部門が互いに分離して断絶することなく，日本自動車工業史という一つの土俵で対等に議論されうると思えたからである．こうした問題意識から，改めて既存の個別論文を読み直し，組み替えることで博士論文を完成した．その後，さらに戦時・戦後の分析を追加したのが本書である．

　本書の副題は，小型車と大衆車による二つの道程となっているが，それは両部門が別々の領域で独自的に展開された，あるいは，先行研究のように三輪車・小型車部門は歴史の一齣にすぎなかったことを意味するのではないことを強調するためである．両部門はいずれも，市場・需要・政策という与えられた環境の下で，企業内部の資源状況を考慮しつつ創造的な適応の努力を重ねており，その結果として日本自動車工業のダイナミックな発展の基盤が整えられるようになったということが本書の意図である．こうした試みが成功しているかどうか，産業史・機械工業史研究にいかなる貢献ができたかどうかは読者の判断に仰ぐしかない．

　限界の多い書物となってしまったかもしれないが，ここまで漕ぎ着けられたのも，多くの方々からのご指導によることを忘れてはなるまい．冒頭に述べた故橋本寿朗先生は大学院修士課程の指導教官であり，私は先生に日本経済史のイロハから教えていただいた．とりわけ，論文の長所やインプリケーションをキャッチする方法について多くを学ばせていただいた．博士課程の途中で先生が他大学に移られてからも続けて指導を受けることができた．「論文を書くのに慣れているね」というコメントをいただいたのが2001年末であったが，私はこれをマンネリに陥ってはいけないと叱責されたものと受け止めた．それを確認することもできないまま，先生は

2002年1月に急逝された．いよいよこれから本格的に教えていただきたいと思っていたところであったのに，誠に悔やまれる．

　武田晴人先生は大学院博士課程からの指導教官であり，研究だけでなく生活の面においても大変なお世話になった．論文指導過程からは論理展開が整合的であること，先行研究を内在的に批判することの大事さを教えていただいた．テーマの設定から論理の展開に至るまで好き勝手にさせていただく指導パターンに最初は戸惑ったが，結果的には一人の研究者として歩き出すのに大きな力となったと思う．いまも続いている研究会などを通じて先生からはいつも多くのことを学ばせていただいている．橋本・武田両先生の学恩に答えるために私のできることはこれからも少しでも良い研究を続けることだと肝に銘じている．

　その他，東京大学大学院経済学研究科では，多様な研究方法を有している先生方々のご指導・ご鞭撻を受ける幸運に恵まれた．石井寛治先生と原朗先生には講義や著作から多くのことを学ばせていただいた．とりわけ，原先生には経済学だけの狭い視野に陥らないようにと度々ご指導をいただいた．橘川武郎先生，岡崎哲二先生，谷本雅之先生，大東英祐先生，和田一夫先生からはゼミや研究会などで日本経済史だけでなく，欧米経済史・経営史についても多くのことを教えていただいた．自由な討論が可能であった，これら先生方々のゼミでは毎回新鮮な感動と刺激を与えられることができた．

　東京大学大学院経済学研究科以外の先生方々からは，私の研究と関連して大きなご指導をいただいた．修士論文の作成の時から老川慶喜先生，長島修先生，坂上茂樹先生には大変お世話になった．とくに，坂上先生は，技術にほぼ門外漢である私が何度も大学や自宅にお邪魔して質問するたびにいつもご親切に教えてくださった．論文に直接に関わることの多かった沢井実先生には学会などでいつも有益なコメントをいただいた．

　院生の間で忌憚なき議論を繰り広げる，東京大学大学院経済学研究科の最も誇るべき伝統も私の研究の進捗に大きな刺激剤となった．全ての方を記名するのは省略させていただくが，一緒に議論した大学院の先輩・後

輩・同僚たちから多くのことを学ばせていただき，いまでもそれを最も懐かしく思っている．山口由等さんには大学院先輩としての論文指導だけでなく，日本語の使い方についても細かく教えていただいた．時々家族と共にドライブしていただいたことも忘れ難い思い出である．同僚の池元有一さんは，いつも夕食を一緒にしながら，私の研究について細かなアドバイスをして下さった．留学生の先輩である宣在源さんからは留学生のあり方について常々親切なアドバイスを受けることができた．図書館職員さんたちとのバドミントンも，寂しくなりがちな留学生活の大きな活力となった．

2004年に帰国してからは，研究会活動を通じて日本の研究者たちと交流を続けている．武田先生と若手研究者を中心とする「復興期研究会」と「高度成長期研究会」からは新たな分野に接していく楽しみを味わわせていただいている．原先生と山崎志郎先生を中心とする「現代日本経済史研究会」からは産業史以外の分野についていつも勉強させていただいている．とりわけ，同研究会からは資料調査や出張のための経済的な援助をいただいており，いつも感謝している．老川慶喜先生を中心とする「戦間期日本交通史研究会」からも自分の専門領域以外について多くのことを学ばせていただいている．韓国では宣さんを中心とする「産業史研究会」に参加する機会を得た．同研究会には若手の韓国経済史研究者が集まっており，改めて韓国経済史を勉強させていただいている．これらの研究会からはいつも有益な議論を通じて視野を広げることができたが，本書のいたるところでその成果が活かされているはずである．

史料の調査にあたっては以下の資料館の方々にお世話となった．東京大学経済学図書館，東京大学総合図書館，東京大学工学・情報理工学図書館機械系図書室，早稲田大学中央図書館，日本自動車工業会図書館，自動車技術会図書館，国立国会図書館，国立公文書館，トヨタ博物館，大阪府立中之島図書館，通商産業政策研究所資料室．とくに，東京大学経済学図書館の中村京子さん，自動車技術会の稲次克之さんには，資料の手配や閲覧について大変なご苦労をさせていただいた．記して感謝の意を表したい．

日本経済史・経営史の研究を専門とする私にとって，最近の研究状況は

良好とは言えないというのが事実である．海外の経済史を研究するという一般的な条件の困難さよりも，韓国では経済史の研究状況が日本にも増して厳しくなりつつあるからである．しかも，大きな議論を求める傾向が強まっている．しかし，それを念頭に置きつつも，戦後を中心に日本経済史・経営史の細かい実証研究を続けたいと私は思っている．そして，地味ながら，経済史・経営史分野において日韓の架け橋としての役割をも果たしていきたいと考えている．

本書の出版に際しては東京大学出版会の刊行助成を受けることができた．厳しい出版事情の中，しかも，外国の研究者にこうした機会を与えて下さった刊行委員会の方々に感謝したい．これからももっと頑張れという激励として受け止めたい．編集にあたっては東京大学出版会の大矢宗樹さんに大変お世話になった．編集者として相当に骨を折られたに違いない．本書が少しでも読みやすくなっているとすれば，それはひとえに大矢さんのご尽力によるものである．記して感謝の意を表したい．

最後に，私事にわたって恐縮であるが，9年間にわたって不慣れな日本での生活に耐え，帰国してからもやはり馴染まない生活に悪戦苦闘しつつも，いつも励ましあっている妻の金永愛，賢壽・潤壽の二人の息子にお詫びをかねて感謝したい．そして，一人息子をいまでも勝手にさせてくれながら，いつも暖かく見守ってくれる両親にも感謝したい．しかし，もし許されるなら，本書を故橋本先生の御霊前に捧げ，2002年以後の私の姿に対する報告とさせていただきたい．

2011年1月

呂　寅満

人名索引

朝倉希一　150
石井寛治　1
宇田川勝　5
内山駒之助　36
太田祐雄　72
大場四千男　6
岡崎哲二　2
小川菊造　307
尾高煌之助　6
柿坪精吾　407
川原晃　407
岸信介　209, 210
橘川武郎　2
ゴーハム（W. Gorham）　190
小金義照　209, 404
小宮山長造　140
斎藤尚一　384
佐川直躬　404
桜井清　6
沢井実　3
塩地洋　25
宍戸兄弟　131, 137
四宮正親　6
島津楢蔵　130, 137
鈴木淳　3
隅谷三喜男　2
大東英祐　22
高村直助　1
武田晴人　1, 2, 10
田中常三郎　45
谷本雅之　2
寺田甚吉　298
豊川順弥　72
豊田英二　285, 384, 429
豊田喜一郎　284, 298
中岡哲郎　3
長島修　8
中村尚史　2

橋本増治郎　37
原朗　1
平尾収一　407
藤井魁　131
蒔田鉄司　131, 137, 138, 297
村田延治　131
山岡（坂上）茂樹　8
山崎広明　2
山羽虎夫　37
吉城肇　407
吉田真太郎　36
渡辺志　131
亘理厚　407

事項索引

あ 行

相沢造船所　131, 141
愛知機械　328, 346
愛知時計電機　163
葵自動車　105
浅野物産　162
旭内燃機　188, 195
熱田号　163
安部甚溶接所　131
アマル（Amal）　181
アメリカ・メーカーの日本進出　89
安全自動車　103, 315
池貝鉄工所　164
石川島自動車　→東京石川島造船所
石川商会（丸石商会）　39, 140
維持補助金　50, 79, 81
いすゞ　368
1県1店主義　94, 97, 99, 103
1県1店の販売店　332
一手販売　195
委任製造　263
岩崎商会　141
インデアン（Indian）　117, 137
ウーズレー（Wolseley）　75
　──社　75
ウエルビー商会　140
請負制　370
梅鉢鉄工所　107
運転免許　173
円タク　64, 100
　──問題　156, 176
円太郎バス　65
エンパイヤ自動車　94
大倉財閥　297, 306, 311
大阪小型自動車商工組合　173
大阪自転車商工組合　124
大阪乗合自動車　66

大阪発動機製造　→発動機製造
大阪砲兵工廠　46, 53, 54
大沢商会　139
オースチン　391, 419
大隈鉄工所　163
オオタ号　72
太田自動車製作所　72, 189
オオタスピードショップ　413
オートサンダル　413
オートバイ　117, 216, 346
　──のフレーム　176
オートバイ輸入商　141
オートモ　74
　──号　72
岡田商会　141
岡村製作所　413
岡本自転車自動車製作所（岡本自動車）　185

か 行

買受機関　295, 310
買替需要　356
買替比率　341
海軍航空本部　310
外国為替管理法　243, 263
外国車（メーカー）排除　211
外国大衆車　236
外国メーカーの既得権　220, 222, 231, 233
快進社　37, 42, 51
外注部品　267
　──内製切替命令　279
価格競争力　85
価格分析　10
革新官僚　209
貸自動車（ハイヤー）　32
過剰融資　266
瓦斯電　→東京瓦斯電気工業

索　引

型鍛造　284
割賦販売　104, 339
　──制度　99
川崎車輛　162
川崎製鉄　382
川崎造船　53
為替レートの切下げ　180
為替レートの下落　263
川西航空機（明和自動車）　327, 346
関税の引き上げ　109, 110, 180, 215, 263
関東大震災　4, 60
関連工業（から）のバックアップ　22, 284, 286
機械工業史　3
機械構成の高度化　378
企業間競争（メーカー間競争）　322, 332, 342, 430
企業合理化促進法　344
企業再建整備　332, 345
企業整備　247
（労働力の）希釈化　283
技術委員会　270
技術改善　253
牛車　115
規模の経済　25
キャラバン　100
急進的な国産化論　217, 224
供給重視論　217
協同国産自動車　165
協豊会　280
共立自動車　105, 162
許可会社　231, 244, 254
均一タクシー自動車　64
金輸出再禁止　154
勤労世帯　435
久保田鉄工所　190
組立用部品　42, 108
組立用部品メーカー　105
クライスラー　105
軍民転換　327
軍用小型車　248
軍用（自動）車　20, 28, 219
　──補助法　11, 31, 46, 47, 49, 59, 60, 105, 204, 215, 221, 411
軍用車メーカー　74, 80, 105, 134, 165, 193
　──3社　83
軍用二輪車　185
軍用保護自動車　56
経済安定本部　364
経済復興五ヶ年計画　364
軽三輪車　322, 353, 355, 356, 358
軽三輪トラック　416, 441
軽自動車工業組合　241
軽乗用車　414, 427, 435
　──部門　399
軽四輪乗用車　416
軽四輪トラック　416
月賦販売　99, 332
　──制　20, 194
原価構成　277, 385
原価節減　253, 277, 282, 373, 394-396
原付自転車　117
高級仕上鋼板　379, 383
工業センサス　421
鉱業法　221
号口管理制度　273
高速機関（工業）　189
交通調整　446
交通取締令　172
公定価格　276, 331, 332
工程別生産性増加率　394
工程別配置　272
購買補助金　82, 85
小型三輪車　322, 352, 355
小型自動車工業会　325, 331
小型車　7, 8, 113, 238
　──の規格変更　324
小型車抑制政策　245
小型タクシー　175, 176, 215
　──の料金　175
小型四輪車　174, 181, 193, 299, 301, 322, 352, 440
小型四輪トラック　334, 349, 355
互換性部品　19
　──製造　21

索引

国際収支悪化　204
国産エンジン　179, 184, 186, 189
国産化論争　203, 212
国産組立車　403
国産自動車確立調査委員会　165
国産自動車型式決定委員会　206
国産自動車工業振興に関する決議案　405
国産自動車工業の確立　213
国産自動車部品製作業組合　214
国産車振興小委員会　405
国産乗用車振興普及協議会（乗振協）　404
国産奨励　108, 204
国産振興委員会　108, 110, 148
国産大衆車　236, 251, 256, 257, 269, 270
　　──工業の確立　208
国産部品の価格競争力　168
小口貨物運送　70
国民車　407, 421
　　──構想　401, 405, 427, 441
国民所得倍増計画　358
国有車交換法案　405
コスト分析　10
挙母工場　257, 258
金剛自動車商会　315
コンベア　260, 284
　　──・ライン　22, 23, 27, 90, 91, 93, 392

さ　行

財政経済三原則　237
サイドカー　116, 126, 173
在来技術　12
差動装置　130, 187
産業合理化　371
　　──審議会　371, 382
産業五ヶ年計画　261
産業政策　2, 6
産業世帯　436
山合工作所　188
三光製作所　413
山合製作所　299

三輪車から四輪車への代替　359
三輪車企業の履歴　139
三輪車段階　322
三輪車の大型化　338
三輪トラック　8
事業法　→自動車製造事業法
事業法施行令　→自動車事業法施行令
施行細則　→自動車事業法施行細則
宍戸オートバイ製作所　131, 137, 185
市場・供給の重層的構造　12
市場構造　9
下請けメーカー　280
日新工業　328, 345
質的市場調査　418
実用自動車（製造）　190
市電　61, 68
自転車工業の生産方法　134
自転車問屋　139
自転車の国産化　39
自転車のフレーム　176
自動車市場の重層性　174
自動車運輸業　71, 158
自動三輪車　126
自動自転車　114, 116, 118-120, 127, 128, 238
自動車（新車）配給要綱　331
自動車割賦金融　105
自動車技術会　369, 379
自動車金融　99
自動車工業　164, 231
　　──5ヶ年計画　329, 365
自動車工業会　406
自動車工業確立　220
　　──調査委員会　148
自動車工業の編成替え　9
自動車工業法案要綱　203
自動車交通事業法　71, 158
自動車交通網調査委員会　158
自動車市場構造　396
自動車税　30, 353
自動車製造事業委員会　254
自動車製造事業の確立　219
自動車製造事業法（事業法）　4-6, 8, 9, 12, 60, 201, 219, 251, 253, 404, 410,

索引　475

440
自動車事業法施行令　228
自動車事業法施行細則　228
自動車タイヤ・チューブ配給統制規則　310
自動車統制会　241, 246, 248, 280
自動車取締規則　31
自動車取締令　70, 120
自動車の国際競争力　362
自動車百貨店　35
自動車輸入商　32, 42
自動車用鋼板　366
自動人力車　122
シトロエン（Citroen）　408
絞り鋼板　388
シボレー　62, 67, 69, 73, 84, 94, 151, 257, 439
ジャスト・イン・タイム　273
車体製造　45
車輌規則　412
重層的な市場構造　3, 10, 174
重点産業　280
修理用部品　42
　　──メーカー　105
純国産　135
　　──車　184
準内製品　279
省営自動車　71
省営バス　153, 158, 159, 189, 204
商業センサス　421
商工省　204, 210
商工省標準車（標準車）　145, 146, 149-151, 158, 160
　　──政策　12, 146, 147, 204, 206, 215, 221
乗振協　→国産乗用車振興普及協議会
乗用車の個人普及率　435
シンジケート融資団　264
新三菱名古屋製作所　417
人力車　32, 68, 115
ストリップミル　382
スーパーマーケット方式　393
スクーター　415, 424, 427
スチュードベーカー（Studbaker）　18

スバル360　428
住江製作所　413
スミス・モーター（Smith Motor）　119, 120, 128, 130, 140
スミダ　160
　　──号　76
スモールカー　416
生産拡充　274
生産に関する統制　238
生産力拡充計画大綱　261
製造のアメリカンシステム　21, 27
製造補助金　50, 52, 79, 81, 85
精密鍛造　368
セール・フレーザー商会（Sale & Frazer Ltd.）　93, 97
素材部門の脆弱性　367
設備老朽化　368
ゼネラル・モータース（GM）　4, 59, 63, 74, 88, 90, 99, 169, 196, 216, 218, 221, 231, 256, 295, 384
ゼブラー（Zebra）　181
生産力拡充計画　252, 261, 262
戦金　→戦時金融金庫
全国自動車部品工業組合聯合会　→部品工聯
「戦時型」トラック　279
戦時型標準小型車　246
戦時金融金庫（戦金）　303, 304
戦時（経済）統制政策　12, 440
前進式流れ方式　285
漸進論的国産化論　217, 224
専属販売店　295, 332, 339
全日本小型自動車協会　173
専用機械　→専用工作機械
専用工作機械（専用機械）　271, 284, 344, 368
創意くふう運動　385
操縦安定性問題　337
創造的適応　442

た　行

大衆車　4, 7, 24, 59, 113, 150, 151, 156, 158, 204, 235, 433
大衆車工業確立構想　252

大衆車工業政策　209
大衆車工業の確立　210, 212, 255
大衆車国産化　440
大衆車中心の国産化政策　214
大衆車部門　439
大衆乗用車　175, 422
ダイナスター　354
ダイハツ　→発動機製造
大量生産　4, 191, 210, 220, 225, 226, 233, 259, 260, 271, 272, 388
大量生産システム　21, 23, 286
大量生産組織　191
大量生産体制　108, 252
　——の確立　230
大量生産方式　10, 27, 260, 284, 285, 363, 439
大量販売システム　25
タクシー自動車株式会社（東京）　32, 35, 64
タクシー統制　69
タクリー号　37
多台持ち　370
ダット　76
ダットサン　8, 182, 190, 191, 216, 247, 324, 409, 411
ダット自動車製造　74, 76
ダンロップ・タイヤ　306, 310
ダンロップ護謨（極東）　310
ヂーゼル自動車　274, 292
地方配給株式会社（地配）　295, 310, 312
中央ゴム　310
中央自動車　103, 306
中央兵器　312
中央貿易　140
中型（級）車　146
中型車　146, 153, 158, 225, 255, 289, 439
中京デトロイト計画　163
中古車（下取車）の流通　341
中古車対策協議会　352
超小型車　421
超小型乗用車　401
朝鮮特需　323, 333, 343, 371

ちよだ　160
提案制度　385
ディーラー制度　93
（トラックの）定期路線営業　69
帝国銀行　→三井銀行
帝国精機　328
帝国製鋲　188, 247
低床式バス　159
適正技術　3, 12, 441
適正利潤　276, 301
鉄道省　153, 161, 204
寺田財閥　297, 298, 303
伝達装置　176
統一価格　352
東京石川島造船所（石川島自動車）　74, 75, 85, 166
東京瓦斯電気　50
東京瓦斯電気工業（瓦斯電）　53, 54, 74, 85, 166, 231
東京急行電鉄　345
東京市営バス　65
東京市街自動車株式会社　31, 45, 55, 65
東京自動車業聯合会　175
東京自動車工業　165, 244
東京自動車製作所　37, 45
東洋工業　187, 195, 247, 296, 297, 325, 344, 428
東洋紡績　265
道路運送車輛法　334, 336
道路運送法　336
特別下請工場　280
ドッジ（Dodge）　103
ドッヂ・ライン　402
戸畑鋳物　42, 169, 190, 193
ドミナント・デザイン　20, 162, 443
トヨエース　349
豊国自動車　192, 195
トヨタ　→豊田自動織機製作所，トヨタ自動車工業
トヨタ・日産・フォードの3社間の提携交渉　270
豊田式織機　162
トヨタシステム　444

索引　　　477

トヨタ自動車工業（トヨタ）　240, 251,
　　252, 264, 295, 368, 379, 429
豊田自動織機製作所（トヨタ）　209,
　　217, 222, 230, 259, 264, 285, 298
豊田製鋼　281
トヨタ対フォード（の提携）　270
トヨペット　349, 411
トライアンフ（Triumph）　179
トラックの国際競争力　361
トランスファーマシン　389, 391, 392

な　行

内製転換　271
中島三輪車部　140
流れ作業　260, 284
　──化　391
流れ生産　260, 285, 286, 363
　──方式　368
ナッシュ（Nash）　105
新潟鉄工所　40, 164
荷車　32, 115
二重構造　445
日米商店（日米富士自動車）　39
日産自動車　37, 169, 190, 193, 216,
　　222, 230, 240, 251, 295, 349, 368,
　　391
日産とGMの提携　209, 216, 217
荷積用自転車　115
荷積（用）馬車　115
日本機械工業会　421
日本軽自動車工業　413
　──組合　246
日本鋼管　366
日本工業規格（JIS）　379, 380, 388
日本自動三輪車協会　124
日本自動車　33, 35, 46, 51, 103, 131,
　　137, 162, 192, 290, 306
日本自動車工業の競争力　6
日本自動車工業の国際競争力　9
日本自動車製造工業組合　241
日本自動車配給株式会社（日配）　243,
　　295, 310, 312, 331
日本資本主義論　1, 2, 4
日本車輛　162

日本スピンドル製造所　299
日本精工　180
日本製鉄株式会社　221
日本第二自動車工業組合聯合　241,
　　246
日本的生産システム（方式）　6, 9
日本内燃機　138, 184, 186, 193, 195,
　　247, 290, 296, 297, 339, 345
日本乗合自動車協会　214
日本無線電信株式会社　221
日本モータース　131, 137
熱河作戦　205, 206
年式競争　100
乗合馬車　32, 115

は　行

バー型（ハンドル）　182, 337
ハーレー・ダビッドソン（ハーレー，
　　Harley-Davidson）　117, 118, 137,
　　138, 184, 190
配給統制　240, 241, 246
賠償指定機械の解除　364
賠償指定工作機械　344
配置転換　370, 394
ハイヤー　→貸自動車
白楊社　72, 74, 131, 137
発動機製造（大阪発動機製造，ダイハツ）
　　40, 42, 53, 131, 132, 186, 193, 195,
　　247, 296, 297, 325, 344
パブリカ　432
半国産　133, 135, 188
半国産三輪車　138
半流れ作業方式　285
販売店簡易会計法　97
日立製作所　180
日野重工業　292
ビュイック（Buick）　73
兵庫モータース　188
標準車　→商工省標準車
標準車政策　→商工省標準車政策
標準車メーカー　165, 189, 217, 231
ピラミッド・ビジョン　428
ビリヤス（Villiers）・エンジン　120,
　　128

ヒルマン（Hillman）　26, 419
フォードT型　23, 24, 28
フォードとGMの組立事業　89
フォードとGMの進出　101, 105
フォードとGMの販売システム　103
フォードとGMの日本進出　91
フォード（メーカー）　4, 19, 59, 63, 66, 67, 69, 73, 74, 84, 88, 90, 94, 97, 99, 151, 169, 196, 216, 218, 221, 231, 233, 256, 295, 306, 384, 439
フォード（モデル）　62
フォードやGMのモデル　101, 103
フォルクスワーゲン（Volkswagen）　408, 409
深絞り性　379, 381, 382
──研究会　388
富士重工業　427
富士製鉄　382
富士精密　→プリンス
富士鉄工所　141, 188
物的労働生産性　393
部品工聯（全国自動車部品工業組合聯合会）　311
フライングフェザー　413
ブラックバーン（Blackburn）　179
──・エンジン　140
ブリヂストン　180
プリンス（富士精密）　334
プレス鋼板　176
フロントカー　120, 126, 130
軍用自動車調査委員会　47
貿易自由化　396
ホープ（Hope）　18
ホープスター　354
保護車　79, 80, 84
ボッシュ（Bosch）　180

ま行

マス・プロダクション　→大量生産
松永商店　94
丸石商会　→石川商会
丸型（ハンドル）　182, 337, 348, 353, 355
水野鉄工所　195

ミゼット　355
三井（帝国）銀行　303
三井精機　328, 345
三井玉井造船所　162
三井物産　265
三菱500　402, 426, 432
三菱重工業（三菱水島）　327, 328, 346
三菱商事　193
三菱造船神戸造船所（三菱神戸）　53, 162
三菱造船　163
三菱電機　180
三菱水島　→三菱重工業
見通しの転換　358
ミニカ　430
宮田製作所　39, 247
民軍転換　290, 291, 312
ムサシノ号　131
武蔵野工業　131
無免許（無試験）運転　123, 170, 172
無免許三輪車　122
無免許車　126, 172, 174
村田鉄工所　131
命令融資　295
明和自動車　→川西航空機
メーカー間競争　→企業間競争
目黒製作所　180
モーター商会　33, 140, 189
モータリゼーション　399, 402, 433
モリス（Morris）　26

や行

八洲自動車　105
安川電機製作所　285
梁瀬自動車　33, 35, 71, 103, 162, 192, 315
梁瀬商会　43, 45, 46
八幡製鉄　366, 382
有効需要　354
輸出入品等臨時措置法　237, 243, 263
輸入エンジン　179, 189
要綱　→自動車工業法案要綱
横山商会　139, 140

索引 479

ら・わ 行

ライト自動車工業　304
陸王内燃機　184, 246, 247, 304
陸軍省　75, 204, 210
理研　180
リヤカー　116, 120, 126
リラー号　191
臨時工　393
臨時資金調整法　237
ルーカス（Lucas）　180
ルノー（Renault）　19, 408, 419
6輪軍用車　146
6輪車　81
ロット生産　368

渡辺製作所　131

アルファベット

BSA　179
DKW三輪車　188
GM　→ゼネラル・モータース
GM割賦金融会社（GMAC）　99
JAC　189
　——エンジン　132, 184
JAP　179
　——エンジン　132, 141, 143
M1優位論　423
M2優位論　423
MTP　391
R360　429, 434
SAE（Society of Automobile Engineers）　20, 23
TWI　391
T型フォード　→フォードT型

著者略歴

1965 年　韓国生まれ
1986 年　ソウル大学社会科学学部経済学科修了
2001 年　東京大学大学院経済学研究科博士課程修了
　　　　経済学博士（東京大学）
2001 年　東京大学大学院経済学研究科助手
2005 年　（韓国）江陵原州大学国際通商学科准教授．現職

主要業績

『日本経済の戦後復興』有斐閣，2007 年（共著）．
"Yet Another Route for Growth in Japan's Automobile Industry", *Japanese Yearbook on Business History*, No. 20, 2003.

日本自動車工業史
——小型車と大衆車による二つの道程

2011 年 2 月 28 日　初　版

［検印廃止］

著　者　呂　寅満
　　　　　よ　いんまん

発行所　財団法人　東京大学出版会

代表者　長谷川寿一
　　　113-8654 東京都文京区本郷 7-3-1 東大構内
　　　http://www.utp.or.jp/
　　　電話 03-3811-8814　Fax 03-3812-6958
　　　振替 00160-6-59964

印刷所　株式会社精興社
製本所　矢嶋製本株式会社

Ⓒ 2011 Inman YEO
ISBN 978-4-13-046103-0　Printed in Japan

Ⓡ〈日本複写権センター委託出版物〉
本書の全部または一部を無断で複写複製（コピー）することは，著作権法上での例外を除き，禁じられています．本書からの複写を希望される場合は，日本複写権センター（03-3401-2382）にご連絡ください．

橋本寿朗著・武田晴人解題
　　　戦間期の産業発展と産業組織 1　　A5・6800 円
　　　　戦間期の造船工業

　　　戦間期の産業発展と産業組織 2　　A5・6800 円
　　　　重化学工業化と独占

橋本寿朗著　大恐慌期の日本資本主義　　A5・5800 円

三和良一著　概説日本経済史　近現代（第 2 版）　A5・2500 円

三和良一・原　朗編
　　　近現代日本経済史要覧（補訂版）　　B5・2800 円

石井寛治著　日本経済史（第 2 版）　　A5・2800 円

大石嘉一郎著
　　　日本資本主義百年の歩み　　四六・2600 円
　　　　安政の開国から戦後改革まで

加藤榮一・馬場宏二・三和良一編
　　　資本主義はどこに行くのか　　A5・3800 円
　　　　二十世紀資本主義の終焉

石井寛治・原　朗・武田晴人編
　　　日本経済史　全 6 巻
　　　　1　幕末維新期　　　　　A5・4800 円
　　　　2　産業革命期　　　　　A5・3800 円
　　　　3　両大戦間期　　　　　A5・4800 円
　　　　4　戦時・戦後期　　　　A5・5200 円
　　　　5　高度成長期　　　　　A5・5800 円
　　　　6　日本経済史研究入門　A5・5500 円

　　　ここに表示された価格は本体価格です．ご購入の
　　　際には消費税が加算されますのでご了承ください．